ゼロから学ぶ

実践　マルチボディダイナミクス入門

マルチボディダイナミクス協議会 編
井上剛志 著

コ ロ ナ 社

は じ め に

現在はさまざまな汎用ソフトウェアが開発・普及し，その操作を覚えればさまざまなことがかなり詳細かつ高速に解析できる時代となった。しかし，そのごく基本的・基礎的な理論がわかっていなければ，そのソフトウェアを扱う技術者のレベルは低いままにとどまり，継続的な成長は期待できない。一方，アウトプットがよい技術者はそのソフトウェアの背後にある基本・基礎がわかっている。

著者は2024年10月現在，マルチボディダイナミクス協議会（はじめにの末尾に示す）を通して，マルチボディダイナミクスの啓蒙・啓発と教育活動を行っている。その中で，マルチボディダイナミクス理論の基本・基礎をわかりやすく説明し，簡単なプログラミングを通して実践的にもその内容を体感的に理解できる図書の必要性を感じた。

本書は，大学の工学部機械系卒業レベルの学習経験を有する広い層の方すべてを対象とする。この対象は2023年時点で毎年約20 000人が該当している。所属した研究室が機械力学系でなくても問題はない。本書は，読者がマルチボディダイナミクスに興味をもったときに，最初にそして気楽に手にとれるものであり，学部の力学と数学のごく基礎知識以外はほぼ予備知識なしでマルチボディダイナミクスの基礎を幅広く学べるものであることを心がけて執筆した。そして，本書だけで機械システムの運動学解析や動力学解析のための定式化とそのプログラミングまでを実践的に学び，グラフやアニメーションの出力結果を通じて理解・実感・習得できるようにした。そのために，わかりやすく書くことを最重要視して構成し，説明もできるかぎり丁寧に詳しく記述した。

本書は，この目的に沿って運動は平面運動に絞っている。そして，さまざまな機械要素・状況（多ボディ，接触，ばね・ダンパ要素，拘束，運動と力の評価，順動力学と運動学など）が網羅されている。本書の内容を一つずつ理解し積み上げていけば，実際の機械の設計・開発・解析にも非常に有用である。

大学の学部教育での利用も意識し，全体を３部に分け，各章は１週で進められる程度の量として全体の構成を15章とした。1章は計算環境の整備を説明しており，実質的には２章から15章である。また，ライブラリ化や消去法などの発展内容も加えているが，これらは省略して進めてもよい。

ある程度の経験を有する技術者からも「マルチボディダイナミクスの理論は難しい」とよく聞く。その点については，本書では機械システムの挙動を表すプログラムの考え方の習得やプログラム・アニメーションを用いた機械システムの視覚的な理解を深めることを重視し，ほぼすべての内容について合計68のプログラムを含む例題・演習を準備した。そのプログラム面からの学習も強化し，理論と実践の両面からわかりやすく楽しみつつ学べるように工夫している。したがって，本書を読めば「マルチボディダイナミクスプログラムは意外と簡単に書ける」という感想をもつであろう。そして，より詳しい理論に興味をもつ読者に向けては適切な文献も適宜示している。本書の内容からさらに学習を深めていきたい場合のために，16章で文献を示しつつフレキシブルマルチボディ系や３次元空間マルチボディ系へのつながり・発展の考え方を述べた。読者が本書を通してマルチボディダイナミクスに興味をもち，活用いただければ，著者およびマルチボディダイナミクス協議会にとって大きな喜びである。

なお，本書のプログラムは2024年７月時点ではすべてMATLAB（互換フリーソフトウェアOctaveにも対応）で記述し，本書の記述と対応する解説も追記した。本書の例題プログラムはコロナ社の本書書籍詳細ページ（https://www.coronasha.co.jp/np/isbn/9784339046922/）で配布し，MATLABの1D-CAEツールであるSimscapeでも同じ例題プログラムを作成して提供する。また，数年以内に全プログラムをPythonでも記述して提供予定である。各例題・演習を通して理論的内容の理解を行い，このプログラムを実際に走らせて時刻歴応答やアニメーションを通して解析結果を体感していただきたい。また，具体的な機械システムの解析に対して本書の例題プログラムをベースとして適宜活用いただき，対象の挙動をいち早くマルチボディダイナミクス的に捉えることにチャレンジいただきたい。そして，汎用ソフトウェアの背後にある基本・基礎を，実感をもって身につけていただきたい。これらのプログラムが読者の理解と実践応用に役立つことを期待する。

最後に多数のフィードバックをいただいた名古屋大学機械力学研究グループの OB・OG の皆さん，議論をさせていただいた愛知工業大学の神谷恵輔教授，MATLAB プログラムのチェック等で貢献してくれた研究室 OB の永野一樹氏，文章チェック等で貢献してくれた現修士課程 2 年生の江尻晴斗氏，Simscape プログラム作成で貢献してくれた現博士課程 2 年生の田博文氏に感謝します。

2024 年 10 月

編・著者一同

マルチボディダイナミクス協議会

会　長：井上　剛志（名古屋大学）
副会長：清水　信行（株式会社モーションラボ）

役　員（五十音順）

安藝　雅彦（日本大学）
安藤　　良（株式会社電通総研）
伊地知勝美（エムエスシーソフトウェア株式会社）
石塚　真一（サイバネットシステム株式会社）
神田　元裕（株式会社システムプラス）
古茂田和馬（株式会社東芝）
橋本　信之（シーメンス株式会社）
畠山　英二（株式会社エヌ・エス・ティ）
原　　謙介（横浜国立大学）
福澤　浩昭（スカイ技術研究所株式会社）
星野　裕昭（スターダイナ）
門傳　徳久（ダッソー・システムズ株式会社）

（2024 年 10 月現在）

MATLAB は MathWorks, Inc. の登録商標です。本書では，MATLAB およびその他の製品に ™，®マークは明記しておりません。

目　　　次

1. 計算環境の準備，本書の用語について

解析実践　第 1 部
機械システムのモデリングと解析の基礎

2. 質点の並進運動と剛体の回転運動

3. ボディの平面運動

4. ばね・ダンパの定式化

5. 接 触 の 表 現

6. 拘束を伴うシステムの運動方程式

7. 拡　大　法

解析実践　第 2 部
回転ジョイント拘束と固定ジョイント拘束を含むシステム

8. 実践例題・演習：グラウンドとボディの回転ジョイント

9．実践例題・演習：ボディとボディの回転ジョイント

10. 実践例題・演習：固定ジョイント

11. 実践演習：3 リンク振り子

解析実践 第 3 部
回転ジョイント拘束と並進ジョイント拘束を含むシステム

12. 実践例題・演習：グラウンドとボディの並進ジョイント拘束

13．実践例題・演習：ボディとボディの並進ジョイント拘束

14．実践演習：ピストンクランク系

15. 実践演習：平地・坂道を走行する車両

16. おわりに：本書からの発展について

1 計算環境の準備，本書の用語について

本書ではプログラミングにMATLABを用い，理論の理解のためのプログラム理解と実行および結果の観察を重視している。このプログラムは互換フリーソフトウェアOctaveでも実行できる。読者の計算環境にMATLABが入っていない（購入・導入予定もない）場合は，下記の要領でOctaveを導入されたい(2024年7月時点)。また，本書全体で用いる用語についてもまとめる。

1.1 Octave（MATLAB互換フリーソフトウェア）のインストール

1.1.1 Octave本体のインストール

・下記ダウンロード先からダウンロードする。

https://www.gnu.org/software/octave/download#ms-windows

・上記からダウンロードしたら，exeファイルをダブルクリックする（2024年7月時点での最新は9.2.0)。

・インストーラが立ち上がったら通常のWindowsソフトと同様にインストールを完了する。

・BLAS（Basic Linear Algebra Subprograms）の選択は特にこだわりがなければ，OpenBLASでよい。

1.1.2 videoパッケージのインストール

本書ではプログラムにおいて動作の理解を深めるために頻繁に動画を作成す

る。そのためにはvideoライブラリ・パッケージが必要だが，通常は標準で入っているので何もしなくてよい。

パッケージリストの確認は，Octaveのコマンドウィンドウで「pkg list」と入力して行える。もし入ってない場合は下記からダウンロードできる（2024年7月時点での最新は2.1.1）。

・packageのダウンロード先

https://octave.sourceforge.io/packages.php

・mp4ファイルの出力方法：Octave起動時にコマンドウィンドウで「pkg load video」と入力し，videoパッケージをロードする。

1.2　インストール時，実行時の注意

配布するMATLABファイル（mファイル）で走らない場合は，下記の変更が必要である場合がある。

VideoWriter（'ファイル名.mp4', 'MPEG-4'）　⇒　VideoWriter（'ファイル.mp4'）

プログラムファイルをOctaveで開いたときに文字化けしている場合は文字コードを修正すればよい。例えば，テキストエディタ等でプログラムファイルを開き，文字コードをUTF-8に変更して保存すれば修正できる。

1.3　本 書 の 用 語

本書全体で用いる用語についてここでまとめる。

グラウンド	地面。全体座標系が固定される。記号Gで表す。
$\cdot_{n\times m}$	そのマトリックスのサイズがn行m列であることを示す。
Ref.	既出の数式や図を再掲もしくは参照したい場合に用いる。
:=，=:	記号:=は左辺を右辺の式で，記号=:は右辺を左辺の式で定義することを意味する。
$\boldsymbol{C}_{\boldsymbol{q}}$	拘束式$\boldsymbol{C}$の一般化座標$\boldsymbol{q}$に関するヤコビマトリックス。

$\boldsymbol{C}_t$	拘束式 $\boldsymbol{C}$ の時間 t の偏導関数。
$\boldsymbol{C}_{\mathrm{rev}(\mathrm{G},i)}$	グラウンドにボディ i を回転ジョイント拘束する拘束式。
$\boldsymbol{C}_{\mathrm{rev}(i,j)}$	ボディ i にボディ j を回転ジョイント拘束する拘束式。
$\boldsymbol{C}_{\mathrm{fix}(\mathrm{G},i)}$	グラウンドにボディ i を固定ジョイント拘束する拘束式。
$\boldsymbol{C}_{\mathrm{fix}(i,j)}$	ボディ i にボディ j を固定ジョイント拘束する拘束式。
$\boldsymbol{C}_{\mathrm{trans}(\mathrm{G},i)}$	グラウンドにボディ i を並進ジョイント拘束する拘束式。
$\boldsymbol{C}_{\mathrm{trans}(i,j)}$	ボディ i にボディ j を並進ジョイント拘束する拘束式。

解析実践　第１部

機械システムのモデリングと解析の基礎

第１部では，まずは機械力学的な視点で機械システムのモデリングと解析の基礎を説明する。具体的には，機械システムの動的モデリングの観点で

・ボディの運動

・力やモーメントの作用の考え方と数式的な表現方法

・並進ばね・ダンパ要素や回転ばね・ダンパ要素の考え方と数式的な表現方法

・接触の考え方と数式的な表現方法

を一つひとつ段階的に学び，対象の動的モデリングに習熟することを目的とする。また，２ボディ間やボディとグラウンド間を各種のジョイントにより幾何学的に拘束するための定式化（ペナルティ法，拡大法，消去法）の基礎も学び，第２部，第３部における応用のための準備を行う。

第1部　機械システムのモデリングと解析の基礎

2 質点の並進運動と剛体の回転運動

本章では，物体の運動を扱う基本的な系として，物体の並進運動のみの系と回転運動のみの系を扱う。そして，本書を通じて用いる運動方程式の1階の微分方程式表現をまとめ，MATLABを用いたサンプルプログラムの基本構成を学ぶ。

2.1　質点の並進運動の定式化

物体の**並進運動**（translational motion）のみを扱う場合，**質点**（particle）で表すのがシンプルである。

図2.1は質点モデルである。まず，**全体基準枠**（global reference frame）O-xyを定める。これは，**原点**（origin）をOとし，水平方向にx軸，鉛直方向にy軸をとるもので，質点の運動によらず空間（平面）に固定されている。なお，以降では全体基準枠Oと表すこともある。この全体基準枠Oで表され

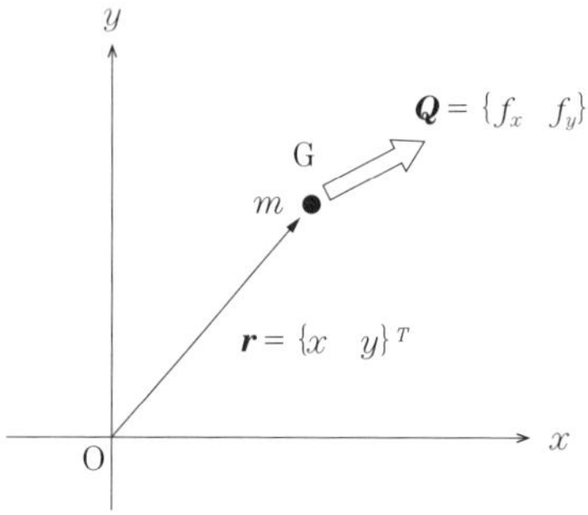

図2.1　質点モデル

る平面内での質点の位置は2変数 x, y で表すことができ，この質点の位置ベクトル $\boldsymbol{r}$ は次式となる。

$$\boldsymbol{r} = \{x \quad y\}^T \tag{2.1}$$

この質点の質量を m とするとき，全体基準枠Oにおける質点の**運動方程式**（equation of motion）はつぎのように表される。

$$m\ddot{x} = f_x, \quad m\ddot{y} = f_y \tag{2.2}$$

ここで，f_x，f_y はそれぞれ**外力**（applied force）の x, y 方向成分である。

系の**配位**（configuration）を決めることができ，自由度と同じ個数の変数の組を**一般化座標**（generalized coordinate）といい，$\boldsymbol{q}$ で表すこととする。この質点の場合は，配位は単純に質点の位置 $\boldsymbol{r}$ であり，一般化座標 $\boldsymbol{q}$ は次式となる。

$$\boldsymbol{q} = \boldsymbol{r} \tag{2.3}$$

その結果，全体基準枠Oにおける質点の運動方程式(2.2)は次式で表される。

$$\boldsymbol{M}\ddot{\boldsymbol{q}} = \boldsymbol{Q} \tag{2.4}$$

ここで，$\boldsymbol{M}$ は**質量マトリックス**（mass matrix）であり

$$\boldsymbol{M} = \begin{bmatrix} m & 0 \\ 0 & m \end{bmatrix} = \mathrm{diag}[m \quad m] \tag{2.5}$$

と表される。ここで，diag は成分を対角に並べた**対角マトリックス**（diagonal matrix）を示す。

系の運動方程式をある一般化座標 $\boldsymbol{q}$ で表した際に，対応して得られる外力の表現を**一般化外力**（generalized external force）といい，$\boldsymbol{Q}$ で表すこととする。質点の場合の一般化外力は，単純に次式で表される。

$$\boldsymbol{Q} = \{f_x \quad f_y\}^T \tag{2.6}$$

重力が y 軸の負方向に作用する質点系では，一般化外力ベクトル $\boldsymbol{Q}$ は次式となる。

$$\boldsymbol{Q} = \{0 \quad -mg\}^T \tag{2.7}$$

2.2　数値積分の準備と運動方程式の変形

動的システムの運動方程式の数値積分手法[1)†]は**表 2.1** に示すように大きく分けて二つに分類される。一つは 2 階の微分方程式をそのまま解く手法，もう一つは 1 階の微分方程式に変形して解く手法である。

表 2.1　対象とする微分方程式の形式と数値積分手法の例

扱う微分方程式の階数	数値積分手法
2 階の微分方程式をそのまま解く手法	ニューマーク β 法系
1 階の微分方程式に変形して解く手法	アダムス法系，ルンゲ-クッタ法系

前者（2 階の微分方程式をそのまま解く手法）の代表的なものは**ニューマーク β 法**（Newmark β method）系の数値積分手法である。このニューマーク β 法系の数値積分手法を用いるならば，この運動方程式(2.2)あるいは式(2.4)はそのまま数値積分できる。

一方，後者（1 階の微分方程式に変形して解く手法）の代表的なものは**アダムス法**（Adams method）系や**ルンゲ-クッタ法**（Runge-Kutta method）系の数値積分手法である。本書の例題プログラムで用いる ode45 はこの後者である。後者の手法を用いる場合は，まず，運動方程式(2.4)を 1 階の微分方程式に変換する必要がある。その場合は，新たに変数として速度ベクトル $\boldsymbol{v}=\{v_x \quad v_y\}^T$ を導入し，つぎのように表す。

$$\dot{x}=v_x,\quad \dot{y}=v_y \tag{2.8}$$

この式は，ベクトル表記を用いるとつぎのように表される。

$$\dot{\boldsymbol{q}}=\boldsymbol{v} \tag{2.9}$$

この速度ベクトル $\boldsymbol{v}$ を用いると，運動方程式(2.4)はつぎのように表される。

$$\boldsymbol{M}\dot{\boldsymbol{v}}=\boldsymbol{Q} \tag{2.10}$$

さらに，この配位ベクトル $\boldsymbol{q}=\{x \quad y\}^T$ と速度ベクトル $\boldsymbol{v}=\{v_x \quad v_y\}^T$ をまとめ

† 肩付き数字は巻末の引用・参考文献を示す。

て，この質点モデルの**状態変数**（state space variables）$\boldsymbol{y}$ を定義する。

$$\boldsymbol{y}=\{x \quad y \quad v_x \quad v_y\}^T=\begin{Bmatrix}\boldsymbol{q}\\ \boldsymbol{v}\end{Bmatrix} \tag{2.11}$$

式(2.9)，(2.10)をこの状態変数 $\boldsymbol{y}$ を用いてまとめる。最終的に，運動方程式(2.4)はつぎのように 1 階の微分方程式に変換される。

$$\dot{\boldsymbol{q}}=\boldsymbol{v},\quad \dot{\boldsymbol{v}}=\boldsymbol{M}^{-1}\boldsymbol{Q} \tag{2.12}$$

式(2.12)を状態変数 $\boldsymbol{y}$ を用いてまとめると次式となる。

$$\dot{\boldsymbol{y}}=\begin{Bmatrix}\dot{\boldsymbol{q}}\\ \dot{\boldsymbol{v}}\end{Bmatrix}=\begin{Bmatrix}\boldsymbol{v}\\ \boldsymbol{0}\end{Bmatrix}+\begin{Bmatrix}\boldsymbol{0}\\ \boldsymbol{M}^{-1}\boldsymbol{Q}\end{Bmatrix} \tag{2.13}$$

あるいは，右辺も状態変数 $\boldsymbol{y}$ を用いて表すと次式となる。

$$\dot{\boldsymbol{y}}=\begin{bmatrix}\boldsymbol{0} & \boldsymbol{I}_2\\ \boldsymbol{0} & \boldsymbol{0}\end{bmatrix}\boldsymbol{y}+\begin{Bmatrix}\boldsymbol{0}\\ \boldsymbol{M}^{-1}\boldsymbol{Q}\end{Bmatrix} \tag{2.14}$$

ここで，$\boldsymbol{I}_2$ は 2×2 の単位マトリックスである。質量マトリックス $\boldsymbol{M}$ の逆マトリックス $\boldsymbol{M}^{-1}$ があるが，これは $\boldsymbol{M}$ が定数マトリックスの場合は，**時刻歴解析**（time history analysis，2.2.2 項参照）を行う前に一度求めれば，時々刻々と更新する必要はない。

2.2.1　例題 1：重力下の質点の自由運動

図 2.2 に示すような，重力 $-mg$ の作用のもとで平面内で運動する質点を考える。質点の質量を $m=2$〔kg〕とし，重力加速度は $g=9.81$〔m/s^2〕とする。初期位置 $(x(0), y(0))=(0,1)$〔m〕，初期速度 $(\dot{x}(0), \dot{y}(0))=(3,1)$〔m/s〕

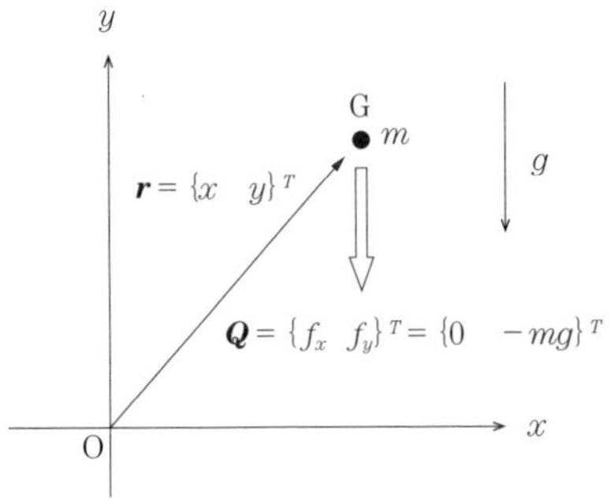

図 2.2　重力下の質点モデル

とする。運動方程式を求め，1 階の微分方程式に整理し，プログラムを作成してその動的挙動を解け。

解答

系の運動方程式は次式となる。

$$m\ddot{x}=0,\quad m\ddot{y}=-mg \tag{2.15}$$

状態変数 $\boldsymbol{y}$ を次式のように導入する（Ref.(2.11)）。

$$\boldsymbol{y}=\{x\quad y\quad v_x\quad v_y\}^T=\begin{Bmatrix}\boldsymbol{q}\\ \boldsymbol{v}\end{Bmatrix} \tag{2.16}$$

1 階の微分方程式で表した運動方程式は式(2.12)であり

$$\dot{\boldsymbol{q}}=\boldsymbol{v},\quad \dot{\boldsymbol{v}}=\boldsymbol{M}^{-1}\boldsymbol{Q} \qquad \text{Ref.(2.12)}$$

配位ベクトル $\boldsymbol{q}$，速度ベクトル $\boldsymbol{v}$，一般化外力 $\boldsymbol{Q}$，質量マトリックス $\boldsymbol{M}$ は次式となる。なお，本書では理解を助けるために再掲する際に「Ref.」で示す。

$$\boldsymbol{q}=\{x\quad y\}^T,\quad \boldsymbol{v}=\{v_x\quad v_y\}^T,$$
$$\boldsymbol{M}=\mathrm{diag}[m\quad m],\quad \boldsymbol{Q}=\{0\quad -mg\}^T \tag{2.17}$$

プログラム：02-1 質点

この式(2.17)を用いたプログラムを実行して動的挙動を確認する。パラメータ値

表 2.2　プログラムに用いたパラメータの記号，表記，値と説明

記　号	プログラム	値	説　明
g	g	9.81	重力加速度〔m/s^2〕
m	m	2	質点の質量〔kg〕
$x(0)$，$y(0)$	px(1)，py(1)	0，1	x, y 方向初期位置〔m〕
$\dot{x}(0)$，$\dot{y}(0)$	dx(1)，dy(1)	3，1	x, y 方向初速度〔m/s〕

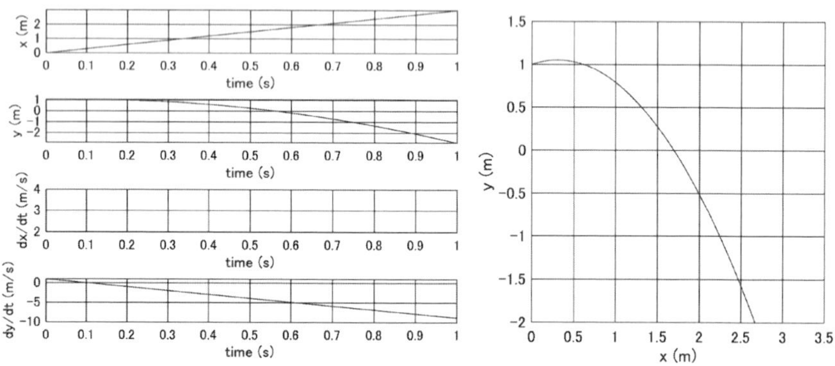

図 2.3　重力の作用下での質点の運動

と初期値を**表 2.2** で示す。

プログラムの実行結果を**図 2.3** に示す。x 方向の等速直線運動と y 方向の重力の作用による自由落下運動として質点の動的応答が得られている。

2.2.2　本書のプログラムの一般的な流れ

本書ではおおむねメインプログラムとサブプログラムで構成される。プログラム：02-1 質点を例にとり，本書のプログラムの一般的な流れを説明する。

Main_particle.m
数値シミュレーションを実行するメインプログラム
（プログラム：02-1 質点の中の説明と比較して理解すること）

1：ワークスペースの初期化，図の初期化
2：グローバル変数の定義（関数プログラムとの数値の受け渡し）
　変数(Mr Q)を global 宣言し，sub_particle.m と共有する
3：定数の定義
4：初期条件（初期位置，初期速度）の定義
5：数値シミュレーションの時間に関するパラメータの定義
6：数値シミュレーションの実行
　MATLAB の数値積分ソルバー ode45 を用いる
　[t,y] = ode45 (‘1 階の運動方程式を示す関数名’, [開始時刻 : 時間増分 : 終了時刻] , 初期条件)
　運動方程式（sub_particle.m で指定）が解かれた結果の $\boldsymbol{y}$ の時刻歴が時間ベクトル t とともに出力され，左辺に格納される
7：解析結果の時刻歴と軌道の描画
　Fig.1 質点の位置 x,y，速度 dx/dt,dy/dt の時刻歴（図 2.3）
　Fig.2 質点の位置 x,y の軌道（図 2.3）
8：解析結果のアニメーション描画
　Fig.3 質点の運動のアニメーション

sub_particle.m
シミュレーションでソルバー ode45 で解く対象の式を記述するプログラム
（プログラム中の説明と比較して理解すること）

1：グローバル変数の定義（メインプログラムとの数値の受け渡し）
　変数(Mr Q)を global 宣言し，main_particle.m と共有する
2：1 階の微分方程式として運動方程式を記述

2.2.3　例題2：ばねで支持された質点の運動

図2.4 に示すような，二つのばね・ダンパ（ばね定数 k，減衰係数 c）で支持された質量 m の質点の運動を考える。運動は微小とし，x 方向と y 方向のばね・ダンパからはそれぞれ x 方向と y 方向のみの力が作用するとする。運動方程式を求め，1階の微分方程式に整理し，プログラムを作成して自由振動応答を解け。

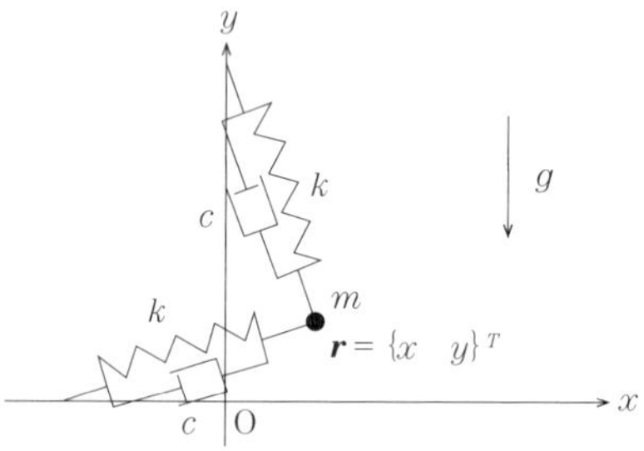

図2.4　ばねとダンパで支持された質点モデル

解答

図2.4の1自由度振動系の運動方程式は次式となる。

$$m\ddot{x} = -c\dot{x} - kx,\quad m\ddot{y} = -c\dot{y} - ky - mg \tag{2.18}$$

状態変数を次式のように導入する（Ref.(2.11)）。

$$\boldsymbol{y} = \{x \quad y \quad v_x \quad v_y\}^T = \begin{Bmatrix} \boldsymbol{q} \\ \boldsymbol{v} \end{Bmatrix} \tag{2.19}$$

この状態変数 $\boldsymbol{y}$ について運動方程式(2.18)を整理する。一般化外力ベクトル $\boldsymbol{Q}$ は次式となる。

$$\boldsymbol{f}_{kc} = \begin{Bmatrix} -c\dot{x} - kx \\ -c\dot{y} - ky \end{Bmatrix},\quad \boldsymbol{f}_g = \begin{Bmatrix} 0 \\ -mg \end{Bmatrix},\quad \boldsymbol{Q} = \boldsymbol{f}_{kc} + \boldsymbol{f}_g \tag{2.20}$$

1階の運動方程式表現は次式となる（Ref.(2.13)）。

$$\dot{\boldsymbol{y}} = \begin{Bmatrix} \dot{\boldsymbol{q}} \\ \dot{\boldsymbol{v}} \end{Bmatrix} = \begin{Bmatrix} \boldsymbol{v} \\ \boldsymbol{0} \end{Bmatrix} + \begin{Bmatrix} \boldsymbol{0} \\ \boldsymbol{M}^{-1}\boldsymbol{Q} \end{Bmatrix} \tag{2.21}$$

プログラム：02-2 質点 並進ばねダンパ

この式を用いたプログラムを実行して動的挙動を確認する。パラメータ値と初期値を**表2.3**で示す。

実行結果を**図2.5**に示す。x，y 方向それぞれの1自由度応答が確認できる。

表 2.3 プログラムに用いたパラメータの記号，表記，値と説明

記 号	プログラム	値	説 明
g	g	9.81	重力加速度〔m/s^2〕
m	m	5	質点の質量〔kg〕
k	k	1×10^4	ばね定数〔N/m〕
c	c	10	減衰係数〔Ns/m〕
$x(0)$，$y(0)$	px(1)，py(1)	0.01，0.01	x, y 方向初期位置〔m〕
$\dot{x}(0)$，$\dot{y}(0)$	dx(1)，dy(1)	−0.2，0.2	x, y 方向初速度〔m/s〕

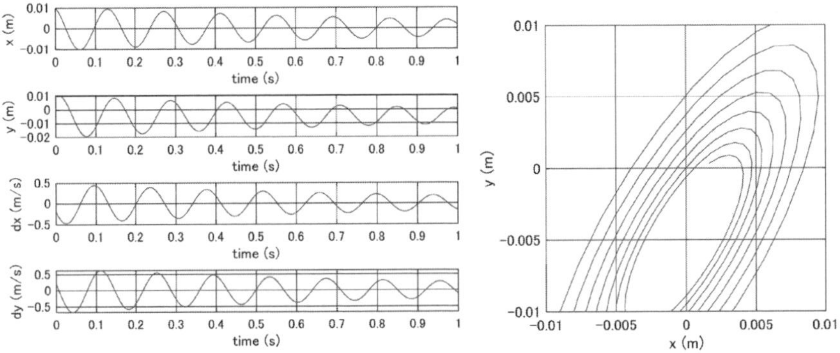

図 2.5 ばねとダンパで支持された質点モデルの自由振動応答

2.3 剛体の回転運動

2.3.1 剛体の回転運動のみの運動方程式の定式化

対象を質点から剛体に拡張する。剛体の運動は，剛体上のある点（通常は剛体の質量中心を選ぶ）の並進運動とその点まわりの**回転運動**（rotational motion）で表すことができる。この前者（並進運動）は質点の運動と同じであり，すでに 2.1，2.2 節で扱った内容である。そこで，ここでは，後者の剛体の回転運動を解説する。

図 2.6 は剛体の回転運動のモデルである。剛体の**質量中心**（center of mass）G がつねに原点 O にあるとし，回転運動のみを行う。この剛体の角度 θ のこ

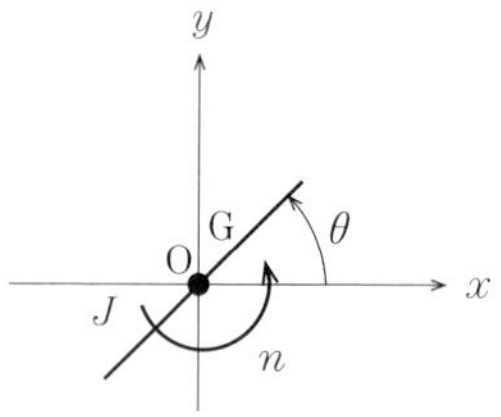

図 2.6　剛体の回転運動のみのモデル

とを**姿勢**（orientation）と呼ぶ。なお，平面内の剛体の姿勢は 1 変数で表すことができ，本書では θ で表す。

剛体の質量中心まわりの慣性モーメントを J_G で表す。その結果，その注目点まわりの剛体の回転に関する運動方程式はつぎのように表される。

$$J_G\ddot{\theta}=n \tag{2.22}$$

ここで，n は質量中心まわりで作用する**外モーメント**（applied moment）である。

基本的な剛体の質量中心まわりの慣性モーメント J_G を**図 2.7** に示す。

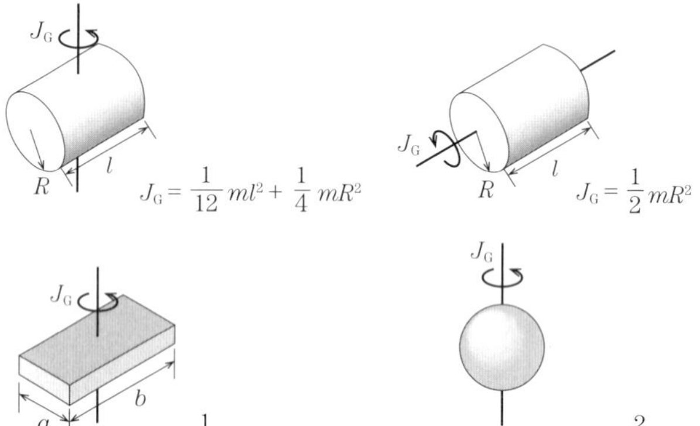

注：本書では長細いボディで太さを記述しない場合は $J_G=ml^2/12$ で近似する。

図 2.7　剛体の質量中心まわりの慣性モーメント

運動方程式(2.22)を1階の微分方程式に変換する必要がある場合は，2.2節の並進運動の場合と同様に行う。新たな変数として角速度ωを導入し，次式で表す。

$$\dot{\theta} = \omega \tag{2.23}$$

この角速度変数ωを用いると，運動方程式(2.22)はつぎのように表される。

$$J_G \dot{\omega} = n \tag{2.24}$$

そして，剛体の回転運動の状態変数$\boldsymbol{y}$をつぎのように定義する。

$$\boldsymbol{y} = \{\theta \quad \omega\}^T \tag{2.25}$$

この状態変数$\boldsymbol{y}$を用いて式(2.23)，(2.24)をまとめる。その結果，運動方程式(2.22)はつぎのように1階の微分方程式に変換される。

$$\dot{\boldsymbol{y}} = \begin{bmatrix} 0 & 1 \\ 0 & 0 \end{bmatrix} \boldsymbol{y} + \begin{Bmatrix} 0 \\ n/J_G \end{Bmatrix} \tag{2.26}$$

2.3.2　例題3：剛体の質量中心まわりの回転運動

図2.6で外モーメント$n = 10 \sin t$〔Nm〕が作用するときの動的挙動を求めよ。

解答

プログラム：02-3 剛体 回転運動のみ

プログラム中の記号の対応を**表2.4**に示す。そして，解析結果を**図2.8**に示す。周期的に変動する外モーメントに応じて棒が回転する様子が確認できる。

表2.4　プログラムに用いたパラメータの記号，表記，値と説明

記　号	プログラム	値	説　明
g	g	9.81	重力加速度〔m/s^2〕
l	l（エル）	1	剛体の長さ〔m〕
J_G	J	1	慣性モーメント〔kgm^2〕
$\theta(0)$	theta(1)	$\pi/6$	初期角度〔rad〕
$\dot{\theta}(0)$	dtheta(1)	0	初期角速度〔rad/s〕
n	n	$10 \sin t$	外モーメント〔Nm〕

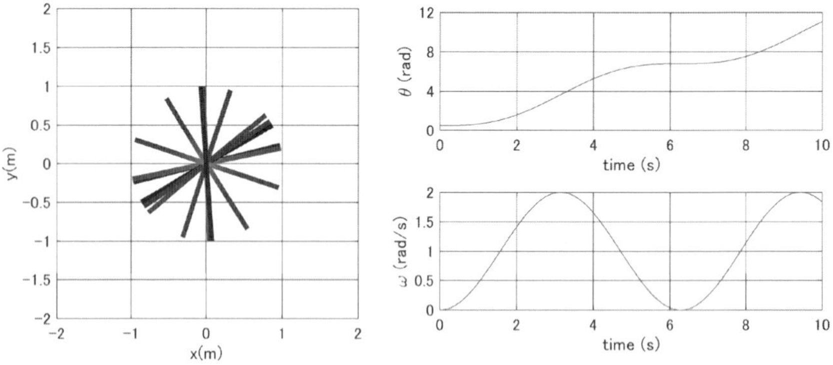

図 2.8　剛体の回転運動の解析結果

2.3.3　例題 4：回転ばねで支持された剛体の回転運動

図 2.9 の剛体の回転運動を解く。剛体の質量中心まわりの慣性モーメントを J_G〔kgm^2〕，回転ばねのばね定数は k_θ〔Nm/rad〕，そのグラウンド側の取り付け角度は x 軸から θ_0〔rad〕，ばねの**自由角度**（free angle）は 0 rad とする。また，回転ダンパの減衰係数は c_θ〔Nms/rad〕とする。初期角度 $\theta(0)=\pi/6$〔rad〕，初期角速度 $\omega(0)=0$〔rad/s〕とし，作用する強制外モーメント $n_{\mathrm{ext}}(t)$〔Nm〕とする。

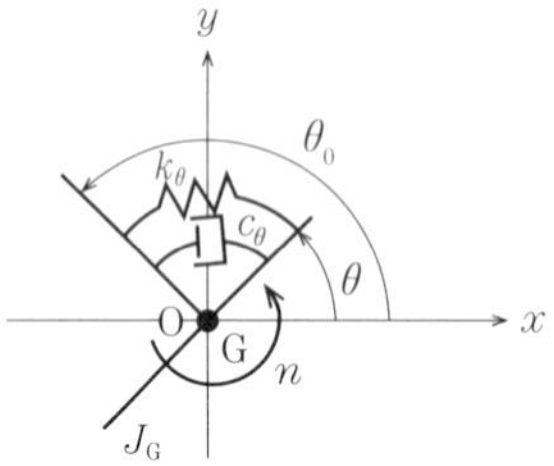

図 2.9　回転ばねと回転ダンパがある剛体の回転運動のみのモデル

(1)　この系の運動方程式を立てよ。

(2)　プログラムを作成して θ の時刻歴を解け。

解答

(1)　この系の運動方程式は次式となる。

$$\dot{\boldsymbol{y}}=\begin{bmatrix}0 & 1\\ 0 & 0\end{bmatrix}\boldsymbol{y}+\begin{Bmatrix}0\\ n/J_G\end{Bmatrix},$$
$$n=-k_\theta(\theta-\theta_0)-c_\theta\dot{\theta}+n_{ext}(t) \tag{2.27}$$

(2)　プログラム：02-4 剛体 回転運動のみ＋回転ばねダンパ

式(2.27)を用いたプログラムを実行して動的挙動を確認する。パラメータ値と初期値を**表 2.5** で示す。

表 2.5　プログラムに用いたパラメータの記号，表記，値と説明

記　号	プログラム	値（初期値）	説　明
g	g	9.81	重力加速度〔m/s^2〕
l	l	1	剛体の長さ〔m〕
J_G	J	1	慣性モーメント〔kgm^2〕
k_θ	k_th	10	回転ばね定数〔Nm/rad〕
c_θ	c_th	1	回転減衰係数〔Nms/rad〕
θ_0	theta0	$3\pi/4$	グラウンド取り付け角度〔rad〕
$\theta(0)$	theta(1)	$\pi/6$	初期角度〔rad〕
$\dot{\theta}(0)$	dtheta(1)	0	初期角速度〔rad/s〕
n_{ext}	n_ext	$1\sin t$	外モーメント〔Nm〕

実行結果を**図 2.10** に示す。回転ばねのグラウンド取り付け角度 $\theta_0=3\pi/4$〔rad〕を左図に示す。回転ばねの自由角度を 0 rad としているため，この取り付け角度に向けて自由振動応答的な動的応答が得られている。

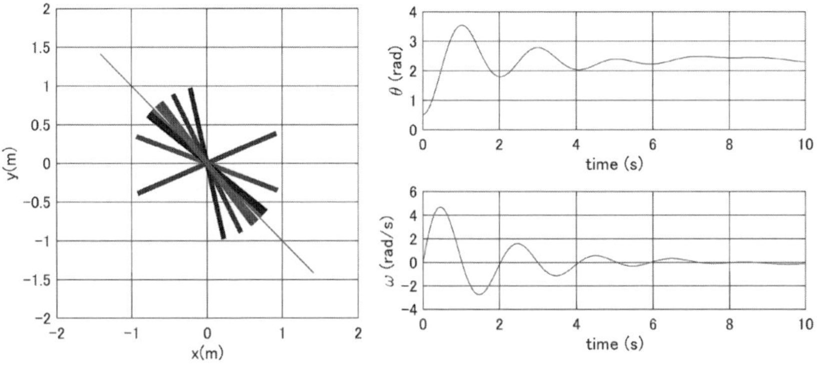

図 2.10　剛体の回転運動

第1部　機械システムのモデリングと解析の基礎

3 ボディの平面運動

本章では，前章で学んだ物体の並進運動と回転運動を組み合わせることによる一般的な平面運動系を扱う。そして，ボディの運動を扱う際に重要な，質量中心や力によるモーメントの概念と用い方を学ぶ。

3.1　ボディの運動方程式の定式化

本章以降では物体は剛体として扱うこととし，**ボディ**（body）と呼ぶこととする。一般的なボディの運動は「ボディの並進変位の基準点の並進運動＋その並進変位の基準点まわりの回転運動」である。したがって，2.1～2.3節で説明した内容を併せて考えればよい。

図3.1は一般的なボディの運動を表すモデルである。並進変位の基準点は質量中心Gとする。平面内のボディの運動は，質量中心Gの並進運動と質量中心Gまわりの回転運動の和で表される。ボディの質量中心の座標を$\boldsymbol{r}=\{x_G \quad y_G\}^T$で表し，ボディの姿勢（回転角）を$\theta$で表す。この位置と姿勢をまとめて，**ボディの配位**（body's configuration）と呼ぶ。このとき，全体基準枠Oにおけるボディの運動方程式は，これまでの2.1，2.3節の式(2.2)，(2.22)

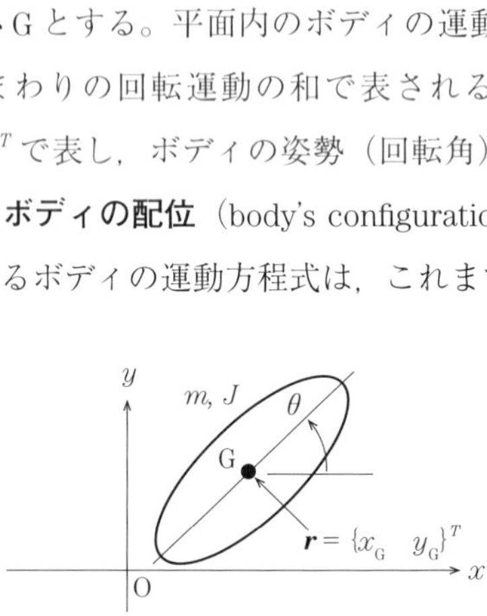

図3.1　ボディの並進運動と回転運動のモデル

より，つぎのように表される。

$$m\ddot{x}_G=f_x,\ \ m\ddot{y}_G=f_y,\ \ J\ddot{\theta}=n \tag{3.1}$$

この式は，ベクトルを用いればつぎのように表される。

$$m\ddot{\boldsymbol{r}}=\boldsymbol{f},\ \ J\ddot{\theta}=n \tag{3.2}$$

ここで，外力が重力のみの場合の外力ベクトル$\boldsymbol{f}$は，次式となる。

$$\boldsymbol{f}=\{f_x \quad f_y\}^T=\{0 \quad -mg\}^T \tag{3.3}$$

この系の一般化座標$\boldsymbol{q}$は，ボディの質量中心Gの位置と姿勢を用いて次式で表す。

$$\boldsymbol{q}=\{x_G \quad y_G \quad \theta\}^T \tag{3.4}$$

運動方程式(3.2)はつぎのようにまとめて示すことができる。

$$\boldsymbol{M}\ddot{\boldsymbol{q}}=\boldsymbol{Q},$$
$$\boldsymbol{M}=\mathrm{diag}[m \quad m \quad J],\ \ \boldsymbol{Q}=\{\boldsymbol{f}^T \quad n\}^T \tag{3.5}$$

数値積分手法（本書で扱うMATLABのode45など）を用いる準備として運動方程式(3.5)を1階の微分方程式に変換するために，2.2，2.3節と同様，新たに速度変数をつぎのように導入する。

$$\boldsymbol{v}=\{v_{xG} \quad v_{yG} \quad \omega\}^T \tag{3.6}$$

そして，運動方程式(3.5)を1階の微分方程式に変換すると次式となる。

$$\dot{\boldsymbol{q}}=\boldsymbol{v},\ \ \dot{\boldsymbol{v}}=\boldsymbol{M}^{-1}\boldsymbol{Q} \tag{3.7}$$

さらに，状態変数$\boldsymbol{y}$をつぎのように定義する。

$$\boldsymbol{y}=\{\boldsymbol{q}^T \quad \boldsymbol{v}^T\}^T \tag{3.8}$$

この状態変数$\boldsymbol{y}$を用いて表現すると

$$\dot{\boldsymbol{y}}=\begin{bmatrix}\boldsymbol{0} & \boldsymbol{I}_3\\ \boldsymbol{0} & \boldsymbol{0}\end{bmatrix}\boldsymbol{y}+\begin{Bmatrix}\boldsymbol{0}\\ \boldsymbol{M}^{-1}\boldsymbol{Q}\end{Bmatrix} \tag{3.9}$$

となる。ここで，$\boldsymbol{I}_3$は3×3の単位マトリックスである。

3.1.1 例題5：重力下のボディの自由運動

質量m〔kg〕，慣性モーメントJ〔kgm^2〕のボディの運動（並進運動＋回転運動）を解く。ボディの質量中心の初期位置を$\boldsymbol{r}(0)=\{x(0) \quad y(0)\}^T$〔m〕，

初期速度 $\boldsymbol{v}(0)=\{\dot{x}(0)\quad \dot{y}(0)\}^T$〔m/s〕とし，初期角度 $\theta(0)$〔rad〕，初期角速度 $\omega(0)$〔rad/s〕とする。重力加速度は，g〔m/s^2〕とする。適当な外力 $\boldsymbol{f}=\{f_x\quad f_y\}^T$〔N〕（例えば重力＋外力），外モーメント n〔Nm〕を与え，ボディの動的挙動を求めよ。

解答

プログラム：03-1 剛体

プログラムを実行して動的挙動を確認する。パラメータ値と初期値を**表 3.1** で示す。そして，解析して得られた結果を**図 3.2** に示す。なお，以降の例題では，ボディ

表 3.1　プログラムに用いたパラメータの記号，表記，値と説明

記　号	プログラム	値	説　明
g	g	9.81	重力加速度〔m/s^2〕
m	m	2	剛体の質量〔kg〕
l	l	0.1	剛体の長さ〔m〕
J	J	$ml^2/12$	慣性モーメント〔kgm^2〕
f_x	fx	0	x 方向外力〔N〕
f_y	fy	$-mg$	y 方向外力〔N〕
n	nA	0.02	外モーメント〔Nm〕
$x(0)$，$y(0)$	px(1)，py(1)	0.1，1	x, y 方向初期位置〔m〕
$\dot{x}(0)$，$\dot{y}(0)$	dx(1)，dy(1)	2，6	x, y 方向初速度〔m/s〕
$\theta(0)$	theta(1)	$10\pi/180$	初期角度〔rad〕
$\dot{\theta}(0)=\omega(0)$	dtheta(1)	0	初期角速度〔rad/s〕

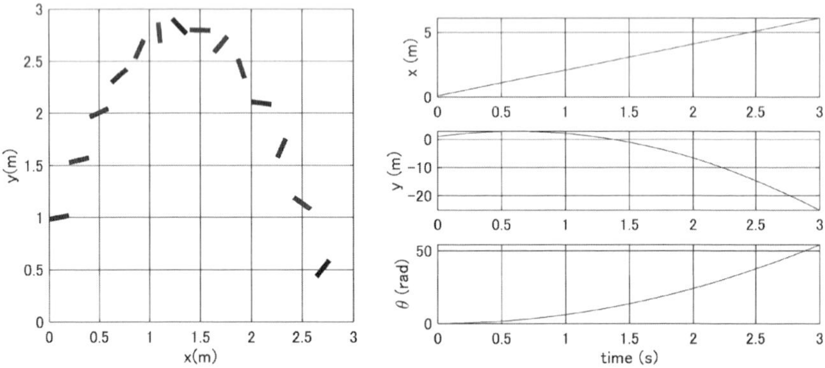

図 3.2　ボディの並進運動と回転運動

が長細い場合は図 2.7 の慣性モーメントの式を $J=ml^2/12$ で近似して扱う。

3.1.2　例題 6：並進と回転のばね・ダンパで支持したボディの運動

図 3.3 の系を考える。ボディの質量を m，慣性モーメントを J とする。ボディの質量中心を並進ばね k，並進ダンパ c で質量中心 G をグラウンドに接続し，並進ばねの平衡位置は $\boldsymbol{r}_0=\{x_0 \quad y_0\}^T$ とする。並進運動は微小であるとし，x 方向と y 方向それぞれの並進ばね・ダンパからは x 方向と y 方向のみの力が作用すると近似する。ボディの回転運動についても全体基準枠 O から回転ばね k_θ と並進ダンパ c_θ で接続する。回転ばねのグラウンド側の取り付け角度は θ_0 とする。外力として重力 $\boldsymbol{f}_g$ および強制外力 $\boldsymbol{f}_{\rm ext}$ が作用し，強制外モーメント $n_{\rm ext}$ が作用する。

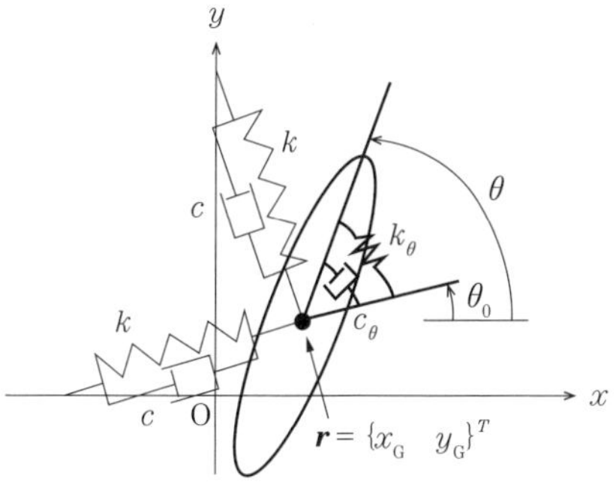

図 3.3　並進ばね・ダンパ，回転ばね・ダンパで接続したボディ

(1)　運動方程式を示せ。

(2)　プログラムを作成し，ボディの動的挙動を求めよ。

解答

(1)　運動方程式は次式となる。

$$
\boldsymbol{M}\ddot{\boldsymbol{q}}=\boldsymbol{Q},\quad \boldsymbol{M}=\mathrm{diag}[m \quad m \quad J],\quad \boldsymbol{Q}=\boldsymbol{Q}_k+\boldsymbol{Q}_c+\boldsymbol{Q}_g+\boldsymbol{Q}_{\rm ext},
$$

$$
\boldsymbol{Q}_k=\begin{Bmatrix}\boldsymbol{f}_k\\ n_k\end{Bmatrix}=\begin{Bmatrix}-k(x_{\rm G}-x_0)\\ -k(y_{\rm G}-y_0)\\ -k_\theta(\theta-\theta_0)\end{Bmatrix},\quad \boldsymbol{Q}_c=\begin{Bmatrix}\boldsymbol{f}_c\\ n_c\end{Bmatrix}=\begin{Bmatrix}-c\dot{x}_{\rm G}\\ -c\dot{y}_{\rm G}\\ -c_\theta\dot{\theta}\end{Bmatrix},
$$

$$
\boldsymbol{Q}_g=\begin{Bmatrix}\boldsymbol{f}_g\\ n_g\end{Bmatrix}=\begin{Bmatrix}0\\ -mg\\ 0\end{Bmatrix},\quad \boldsymbol{Q}_{\rm ext}=\begin{Bmatrix}\boldsymbol{f}_{\rm ext}(t)\\ n_{\rm ext}(t)\end{Bmatrix}=\begin{Bmatrix}f_{{\rm ext}x}\\ f_{{\rm ext}y}\\ n_{\rm ext}\end{Bmatrix} \tag{3.10}
$$

この式を1階の微分方程式に変形すると

$$\dot{\boldsymbol{q}}=\boldsymbol{v},\quad \dot{\boldsymbol{v}}=\boldsymbol{M}^{-1}\boldsymbol{Q} \tag{3.11}$$

となり，さらに状態変数 $\boldsymbol{y}$ で表すと次式となる。

$$\dot{\boldsymbol{y}}=\begin{bmatrix}\boldsymbol{0} & \boldsymbol{I}_3\\ \boldsymbol{0} & \boldsymbol{0}\end{bmatrix}\boldsymbol{y}+\begin{Bmatrix}\boldsymbol{0}\\ \boldsymbol{M}^{-1}\boldsymbol{Q}\end{Bmatrix} \tag{3.12}$$

（2）　プログラム：03-2 剛体 並進と回転のばねダンパ

質量 m〔kg〕，慣性モーメント J〔kgm^2〕，並進ばね k〔N/m〕，並進ダンパ c〔Ns/m〕で質量中心Gを接続する。並進ばねの平衡位置は全体基準枠の原点(x_0, y_0)，回転ばね・ダンパのグラウンド側の取り付け角度は θ_0 とする。また，回転ばねの自由角度は0radとする。重力加速度は，$g=9.81$〔m/s^2〕とする。初期条件は質量中心の位置 $\boldsymbol{r}(0)=\{x(0)\quad y(0)\}^T$〔m〕，速度 $\boldsymbol{v}(0)=\{\dot{x}(0)\quad \dot{y}(0)\}^T$〔m/s〕，角度 $\theta(0)$〔rad〕，角速度 $\omega(0)$〔rad/s〕とし，外力 $\boldsymbol{f}$〔N〕，外モーメント n_{ext}〔Nm〕を与える。パラメータ値と初期値を**表3.2**で示す。その動的挙動の解析結果を**図3.4**に示す。周期的な並進運動，回転運動が現れ，減衰していく様子が確認できる。

表3.2　プログラムに用いたパラメータの記号，表記，値と説明

記　号	プログラム	値	説　明
g	g	9.81	重力加速度〔m/s^2〕
m	m	2	剛体の質量〔kg〕
l	l	0.3	剛体の長さ〔m〕
J	J	$ml^2/12$	慣性モーメント〔kgm^2〕
k	k	100	ばね定数〔N/m〕
c	c	1	減衰係数〔Ns/m〕
k_θ	k_th	10	回転ばね定数〔Nm/rad〕
c_θ	c_th	0.01	回転減衰係数〔Nms/rad〕
θ_0	theta0	$45\pi/180$	平衡角度〔rad〕
$f_{\mathrm{ext}x}$	f_extx	0	x 方向外力〔N〕
$f_{\mathrm{ext}y}$	f_exty	-3	y 方向外力〔N〕
n_{ext}	n_ext	$10\sin t$	外モーメント〔Nm〕
$x(0)$，$y(0)$	px(1)，py(1)	0.01，0	x, y 方向初期位置〔m〕
$\dot{x}(0)$，$\dot{y}(0)$	dx(1)，dy(1)	1，1	x, y 方向初速度〔m/s〕
$\theta(0)$	theta(1)	$\pi/2$	初期角度〔rad〕
$\dot{\theta}(0)=\omega(0)$	dtheta(1)	3	初期角速度〔rad/s〕

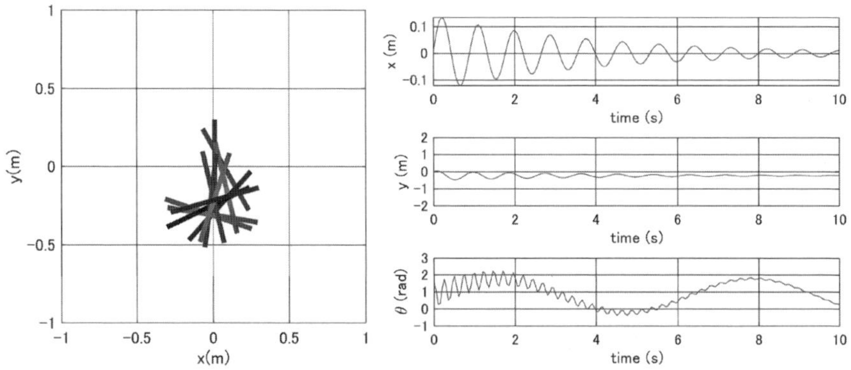

図 3.4　並進ばね・ダンパ，回転ばね・ダンパで接続したボディの運動

3.2　並進変位の基準点以外に作用する力の表現

3.2.1　力によるモーメント

前節でボディの運動は「並進変位の基準点の並進運動＋その基準点まわりの回転運動」で表されると述べた。しかし一般的には**図 3.5** のように，その並進変位の基準点（図では質量中心 G）以外の点 A に力 $\vec{\boldsymbol{f}}$ が作用する場合がある。

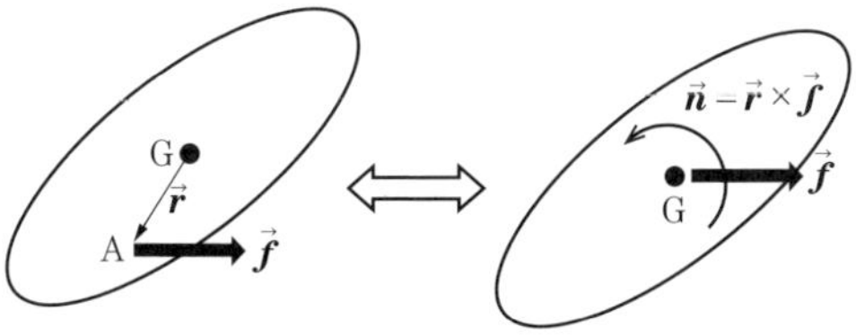

図 3.5　質量中心 G 以外の点 A に作用する力 $\vec{\boldsymbol{f}}$＝質量中心 G に作用する同じ力 $\vec{\boldsymbol{f}}$＋その力が質量中心 G まわりで作るモーメント $\vec{\boldsymbol{n}}$

点 G から点 A の位置ベクトルを $\vec{\boldsymbol{r}}$ とすると，この力 $\vec{\boldsymbol{f}}$ は下記のように整理して式(3.10)の一般化力ベクトルに用いることができる。

ボディの並進変位の基準点以外に作用する力$\vec{f}$ 　＝並進変位の基準点に作用する同じ力$\vec{f}$ 　　＋その力$\vec{f}$が並進変位の基準点まわりで作るモーメント$\vec{n}=\vec{r}\times\vec{f}$

さらに，力によるモーメント$\vec{n}=\vec{r}\times\vec{f}$の表現については便利な表記方法がある。

メモ　幾何ベクトルと代数ベクトル

幾何ベクトル（geometric vector）は大きさと方向をもつ物理量である[2]。本書では，幾何ベクトルは**図3.6**のように上付き矢印を用いて$\vec{r}$，$\vec{f}$のように表す。**代数ベクトル**（algebraic vector）とは，幾何ベクトルをある基準枠の基底ベクトルを用いて成分表示したものである。本書では，全体基準枠O-xyの基底ベクトルを$(\vec{e}_x, \vec{e}_y)$で表し，幾何ベクトルは$\vec{r}=\boldsymbol{r}\cdot(\vec{e}_x, \vec{e}_y)=x\vec{e}_x+y\vec{e}_y$，$\vec{f}=\boldsymbol{f}\cdot(\vec{e}_x, \vec{e}_y)=f_x\vec{e}_x+f_y\vec{e}_y$と表される。一方，代数ベクトルは，全体基準枠Oではそれぞれ$\boldsymbol{r}=\{x \quad y\}^T$，$\boldsymbol{f}=\{f_x \quad f_y\}^T$と表される。したがって，幾何ベクトルは基準枠によらないが，代数ベクトルは基準枠の選択によって変化する。代数ベクトルは，基準枠（座標系）が決まって初めて決定されるベクトルである[3]。なお，本書では前節まで暗黙のうちに全体基準枠O-xyの代数ベクトルで議論してきていたことを言及しておく。

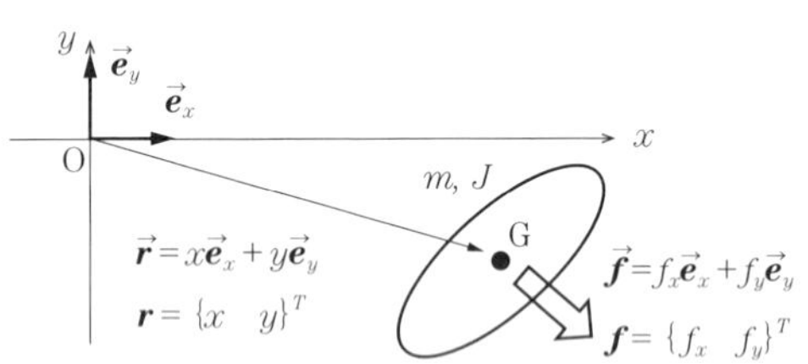

図3.6　幾何ベクトルと代数ベクトル，基底ベクトル

ボディの運動を質量中心Gで表すとき，図3.5のように力$\vec{f}$がボディの質量中心G以外の点（例えば点A）に作用する際には，この力$\vec{f}$によるモーメント$\vec{n}$も考慮する必要がある。質量中心Gから作用点Aの位置ベクトルを$\vec{r}$とし，紙面に垂直な単位ベクトル$\vec{e}_z$を導入すると，モーメント$\vec{n}$は空間表記で下記のように表される[2]。

$$\vec{\boldsymbol{r}}=x\vec{\boldsymbol{e}}_x+y\vec{\boldsymbol{e}}_y+0\vec{\boldsymbol{e}}_z,\quad \vec{\boldsymbol{f}}=f_x\vec{\boldsymbol{e}}_x+f_y\vec{\boldsymbol{e}}_y+0\vec{\boldsymbol{e}}_z,$$

$$\vec{\boldsymbol{n}}=\vec{\boldsymbol{r}}\times\vec{\boldsymbol{f}}=\begin{vmatrix}\vec{\boldsymbol{e}}_x & \vec{\boldsymbol{e}}_y & \vec{\boldsymbol{e}}_z\\ x & y & z\\ f_x & f_y & f_z\end{vmatrix}=\begin{vmatrix}\vec{\boldsymbol{e}}_x & \vec{\boldsymbol{e}}_y & \vec{\boldsymbol{e}}_z\\ x & y & 0\\ f_x & f_y & 0\end{vmatrix}=(xf_y-yf_x)\vec{\boldsymbol{e}}_z=n\vec{\boldsymbol{e}}_z \tag{3.13}$$

式(3.13)より，モーメント n は xy 平面の物理量のみで次式で表せる。

$$n=xf_y-yf_x=\left(\begin{bmatrix}0 & -1\\ 1 & 0\end{bmatrix}\begin{Bmatrix}x\\ y\end{Bmatrix}\right)^T\begin{Bmatrix}f_x\\ f_y\end{Bmatrix}=(\boldsymbol{Vr})^T\boldsymbol{f} \tag{3.14}$$

ここで，$\boldsymbol{V}$ は 90° の回転を表すマトリックスであり，次式で定義する。

$$\boldsymbol{V}:=\begin{bmatrix}\cos 90^\circ & -\sin 90^\circ\\ \sin 90^\circ & \cos 90^\circ\end{bmatrix}=\begin{bmatrix}0 & -1\\ 1 & 0\end{bmatrix} \tag{3.15}$$

なお，本書では読者の混乱を避けるため岩村[4)]と同じ表記 $\boldsymbol{V}$ を採用している。

3.2.2 発展 チルダマトリックス（外積オペレータ）

3 次元空間マルチボディダイナミクスを扱う際には式(3.14)の表現は使えない。その場合には，外積を**チルダマトリックス**（tilde matrix，**外積オペレータ**（cross product operator））[2)]を導入する。

$$\boldsymbol{r}=\begin{Bmatrix}x\\ y\\ z\end{Bmatrix}\quad\Rightarrow\quad\tilde{\boldsymbol{r}}=\begin{bmatrix}0 & -z & y\\ z & 0 & -x\\ -y & x & 0\end{bmatrix} \tag{3.16}$$

この外積オペレータを用いて表すと，外積を内積として表現でき便利である。

$$\begin{aligned}&\vec{\boldsymbol{r}}=x\vec{\boldsymbol{e}}_x+y\vec{\boldsymbol{e}}_y+z\vec{\boldsymbol{e}}_z,\quad \boldsymbol{r}=\{x\quad y\quad z\}^T,\\ &\vec{\boldsymbol{f}}=f_x\vec{\boldsymbol{e}}_x+f_y\vec{\boldsymbol{e}}_y+f_z\vec{\boldsymbol{e}}_z,\quad \boldsymbol{f}=\{f_x\quad f_y\quad f_z\}^T,\\ &\vec{\boldsymbol{n}}=\vec{\boldsymbol{r}}\times\vec{\boldsymbol{f}},\quad \boldsymbol{n}=\tilde{\boldsymbol{r}}\boldsymbol{f}\end{aligned} \tag{3.17}$$

式(3.17)を 2 次元平面に適用した場合の結果が，式(3.13)，(3.14)の $\boldsymbol{n}=\{0\quad 0\quad n\}^T$ と一致することを確認されたい。

3.2.3 例題 7：力による並進変位基準まわりのモーメント

図 3.7 のようにボディの点 A が全体基準枠の原点 O に回転ジョイントで固定された系を考える。質量中心 G（$\boldsymbol{r}=\{x_G\quad y_G\}^T$）に集中荷重として重力 $\boldsymbol{f}=$

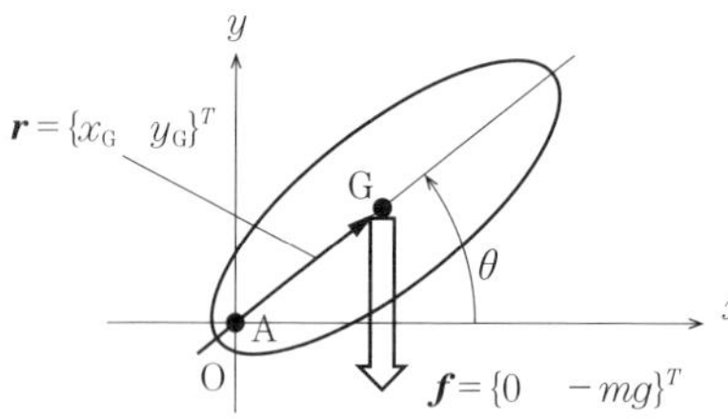

図 3.7　並進変位基準が質量中心以外の場合

$\{0 \quad -mg\}^T$ が作用している。支持点 A を並進変位の基準点とする。重力 $\boldsymbol{f}$ により，支持点 A まわりに作用するモーメント n_A を求めよ。

解答

支持点 A まわりに作用するモーメント n_A は重力 $\boldsymbol{f}=\{0 \quad -mg\}^T$ によって生じ，次式となる。

$$n_A=(\boldsymbol{Vr})^T\boldsymbol{f}=\left(\begin{bmatrix}0 & -1\\ 1 & 0\end{bmatrix}\begin{Bmatrix}x_G\\ y_G\end{Bmatrix}\right)^T\begin{Bmatrix}0\\ -mg\end{Bmatrix}=-mgx_G \tag{3.18}$$

すなわち，質量中心 G で運動方程式を立てるなら重力ベクトル $\boldsymbol{f}$ によるモーメントは生じないが，支持点 A で運動方程式を立てるなら，同じ重力ベクトル $\boldsymbol{f}$ に加えて式(3.18)のモーメント n_A も考慮する必要がある。

3.3 発展 並進変位基準が質量中心以外の場合の運動方程式

モデル化において，ボディの並進変位を質量中心 G 以外の点 A（x_A, y_A）で評価したい場合がある。その場合には，質量中心 G で表した運動方程式(3.1)

$$m\ddot{x}_G=f_x,\quad m\ddot{y}_G=f_y,\quad J\ddot{\theta}=n \qquad \text{Ref.(3.1)}$$

において，運動を評価する基準点 G(x_G, y_G) から点 A(x_A, y_A) に変換して表し直せばよい。なお，この表記（並進変位基準が質量中心以外の場合の運動方程式）は，英語では Non-centroidal equation of motion[5] と呼ばれる。

いま，**図 3.8** の例を考える。点 G と点 A の 2 点の位置関係は次式で表される。

$$x_A=x_G+l_A\cos(\theta+\alpha),\quad y_A=y_G+l_A\sin(\theta+\alpha) \tag{3.19}$$

また，x_A，y_A の時間導関数は次式で得られる。

$$\dot{x}_A=\dot{x}_G-\dot{\theta}l_A\sin(\theta+\alpha),\quad \dot{y}_A=\dot{y}_G+\dot{\theta}l_A\cos(\theta+\alpha),$$

$$\ddot{x}_A=\ddot{x}_G-\dot{\theta}^2l_A\cos(\theta+\alpha)-\ddot{\theta}l_A\sin(\theta+\alpha),$$

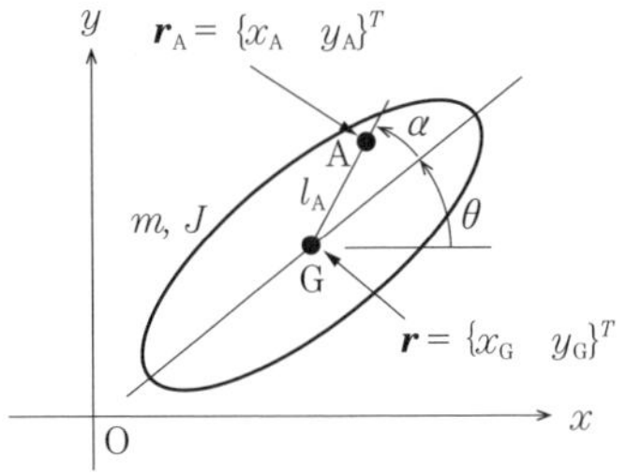

図 3.8 並進変位の基準点 A が質量中心 G 以外の場合

$$\ddot{y}_A = \ddot{y}_G - \dot{\theta}^2 l_A \sin(\theta+\alpha) + \ddot{\theta} l_A \cos(\theta+\alpha) \tag{3.20}$$

ボディの慣性モーメント J も点 A まわりの慣性モーメント $J_A := J + ml_A^2$ を用いる。これらを質量中心 G に関する運動方程式(3.1)に代入して整理すると次式となる。

$$m(\ddot{x}_A + \ddot{\theta} l_A \sin(\theta+\alpha)) = f_x - m\dot{\theta}^2 l_A \cos(\theta+\alpha),$$
$$m(\ddot{y}_A - \ddot{\theta} l_A \cos(\theta+\alpha)) = f_y - m\dot{\theta}^2 l_A \sin(\theta+\alpha),$$
$$(J_A - ml_A^2)\ddot{\theta} = n \tag{3.21}$$

メモ　平行軸の定理

一般的な剛体の運動を解析する際には，剛体のある軸まわりで運動方程式を求めたいときがある。その軸まわりの慣性モーメント J は，質量中心 G を通りその軸に平行な軸まわりの慣性モーメント J_G をまず求め，それらの平行 2 軸間の距離 h により**平行軸の定理**（parallel axis theorem）により次式で得ることができる。

$$J = J_G + mh^2 \tag{3.22}$$

運動を点 A（x_A, y_A）で評価するので，式(3.21)の第 3 式はつぎのように変形する。

$$J_A\ddot{\theta} = n + ml_A^2\ddot{\theta} \tag{3.23}$$

つぎにこの右辺の $ml_A^2\ddot{\theta}$ を点 A の配位（x_A, y_A）で表して消去する。そのために，式(3.20)の第 3，4 式を用いて（具体的には第 4 式×cos（$\theta+\alpha$）− 第 3 式×sin（$\theta+\alpha$)により）$l_A\ddot{\theta}$ を求め，それに ml_A を掛けると次式を得る。

$$ml_A^2\ddot{\theta}=ml_A\left\{\begin{array}{l}(\ddot{y}_A-\ddot{y}_G+\dot{\theta}^2 l_A\sin(\theta+\alpha))\cos(\theta+\alpha)\\-(\ddot{x}_A-\ddot{x}_G+\dot{\theta}^2 l_A\cos(\theta+\alpha))\sin(\theta+\alpha)\end{array}\right\}$$

$$=-ml_A\ddot{x}_A\sin(\theta+\alpha)+ml_A\ddot{y}_A\cos(\theta+\alpha)$$

$$+ml_A\ddot{x}_G\sin(\theta+\alpha)-ml_A\ddot{y}_G\cos(\theta+\alpha) \tag{3.24}$$

ここで，さらにこの最後の2項の（x_G, y_G）を消去していく。そのために，式(3.1)の第1，2式と式(3.19)を用いる。これらを下記に示す。

$$m\ddot{x}_G=f_x,\quad m\ddot{y}_G=f_y \qquad \text{Ref.}(3.1)$$

$$x_A=x_G+l_A\cos(\theta+\alpha),\quad y_A=y_G+l_A\sin(\theta+\alpha) \qquad \text{Ref.}(3.19)$$

これらから式(3.24)の最後の2項はつぎのように変形できる。

$$ml_A\ddot{x}_G\sin(\theta+\alpha)-ml_A\ddot{y}_G\cos(\theta+\alpha)$$

$$=f_x l_A\sin(\theta+\alpha)-f_y l_A\cos(\theta+\alpha)$$

$$=-f_x(y_G-y_A)+f_y(x_G-x_A)$$

$$=\left(\begin{bmatrix}0 & -1\\1 & 0\end{bmatrix}\begin{Bmatrix}x_G-x_A\\y_G-y_A\end{Bmatrix}\right)^T\begin{Bmatrix}f_x\\f_y\end{Bmatrix}$$

$$=(\boldsymbol{V}\boldsymbol{r}_{AG})^T\boldsymbol{f}=:n_{nc} \tag{3.25}$$

ここで，質量中心Gに関する運動方程式(3.1)をまとめる際に図3.5で整理したことを思い出そう。すなわち，質量中心G以外の点Aに力が作用するとき

> 質量中心G以外の点Aに作用する力$\boldsymbol{f}$
> ＝質量中心Gに作用する同じ力$\boldsymbol{f}$
> ＋その点Aに作用する力$\boldsymbol{f}$が質量中心Gまわりで作るモーメントn

に変換して運動方程式(3.1)の右辺にモーメントnを考慮した。本節では逆に，基準位置を質量中心Gから点Aに変えようとしている。式(3.1)の並進運動の2式の右辺$\boldsymbol{f}=\{f_x \quad f_y\}^T$は質量中心Gに作用する力であり，これを**図3.9**のように並進変位の基準点Aで再整理すると

> 質量中心Gに作用する力＝点Aで作用する同じ力$\boldsymbol{f}$
> ＋その力が点Aまわりで作るモーメントn_{nc}

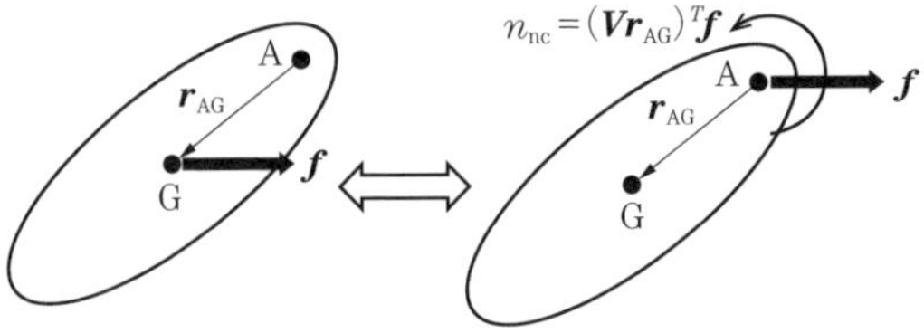

図 3.9 質量中心 G に作用する力 $\boldsymbol{f}$＝点 A（質量中心以外）に作用する同じ力 $\boldsymbol{f}$＋その力 $\boldsymbol{f}$ が点 A まわりで作るモーメント n_{nc}

となる。式(3.25)で得られたモーメントがこの n_{nc} である。

上記の式(3.21)，(3.24)をまとめて整理すると，下記となる。

$$m(\ddot{x}_A+\ddot{\theta}l_A\sin(\theta+\alpha))=f_x-m\dot{\theta}^2l_A\cos(\theta+\alpha),$$
$$m(\ddot{y}_A-\ddot{\theta}l_A\cos(\theta+\alpha))=f_y-m\dot{\theta}^2l_A\sin(\theta+\alpha),$$
$$J_A\ddot{\theta}+ml_A\ddot{x}_A\sin(\theta+\alpha)-ml_A\ddot{y}_A\cos(\theta+\alpha)=n+n_{nc} \tag{3.26}$$

これをマトリックス表記すると次式となる。

$$\begin{bmatrix} m & 0 & ml_A\sin(\theta+\alpha) \\ 0 & m & -ml_A\cos(\theta+\alpha) \\ ml_A\sin(\theta+\alpha) & -ml_A\cos(\theta+\alpha) & J_A \end{bmatrix}\begin{Bmatrix} \ddot{x}_A \\ \ddot{y}_A \\ \ddot{\theta} \end{Bmatrix}$$
$$=\begin{Bmatrix} f_x \\ f_y \\ n \end{Bmatrix}+\begin{Bmatrix} -m\dot{\theta}^2l_A\cos(\theta+\alpha) \\ -m\dot{\theta}^2l_A\sin(\theta+\alpha) \\ n_{nc} \end{Bmatrix},$$
$$n_{nc}=(\boldsymbol{V}\boldsymbol{r}_{AG})^T\boldsymbol{f} \tag{3.27}$$

一般化座標を下記のように導入する。

$$\boldsymbol{q}_A=\{x_A \quad y_A \quad \theta\}^T \tag{3.28}$$

すると，並進変位基準が質量中心以外の場合の運動方程式(3.2)はつぎのようにまとめて示すことができる。

$$\boldsymbol{M}_A\ddot{\boldsymbol{q}}_A=\boldsymbol{Q} \quad \text{あるいは} \quad \begin{cases} \dot{\boldsymbol{q}}_A=\boldsymbol{v}_A \\ \dot{\boldsymbol{v}}_A=\boldsymbol{M}_A^{-1}\boldsymbol{Q} \end{cases} \tag{3.29}$$

ここで，質量マトリックス $\boldsymbol{M}_A$ は次式となる。

$$\boldsymbol{M}_A=\begin{bmatrix} \boldsymbol{M}_{Arr} & \boldsymbol{M}_{Ar\theta} \\ \boldsymbol{M}_{A\theta r} & M_{A\theta\theta} \end{bmatrix},$$

$$\boldsymbol{M}_{\mathrm{A}rr} = \mathrm{diag}[m \quad m],\ M_{\mathrm{A}\theta\theta} = J_{\mathrm{A}}(:= J + ml_{\mathrm{A}}^2),$$
$$\boldsymbol{M}_{\mathrm{A}\theta r} = \boldsymbol{M}_{\mathrm{A}r\theta}^T = \{ml_{\mathrm{A}}\sin(\theta+\alpha) \quad -ml_{\mathrm{A}}\cos(\theta+\alpha)\} \tag{3.30}$$

一般化外力ベクトル $\boldsymbol{Q}$ は次式となる。

$$\boldsymbol{Q} = \{(\boldsymbol{f}+\boldsymbol{f}^v)^T \quad n+n_{\mathrm{nc}})\}^T,$$
$$\boldsymbol{f} = \{f_x \quad f_y\}^T,$$
$$\boldsymbol{f}^v = \{-m\dot{\theta}^2 l_{\mathrm{A}}\cos(\theta+\alpha) \quad -m\dot{\theta}^2 l_{\mathrm{A}}\sin(\theta+\alpha)\}^T,$$
$$n_{\mathrm{nc}} = (\boldsymbol{V}\boldsymbol{r}_{\mathrm{AG}})^T\boldsymbol{f} = -f_x(y_{\mathrm{G}}-y_{\mathrm{A}}) + f_y(x_{\mathrm{G}}-x_{\mathrm{A}}) \tag{3.31}$$

位置の評価基準点をボディの質量中心 G 以外の点 A でとる際の注意点を三つ述べる。

① 質量マトリックス $\boldsymbol{M}_{\mathrm{A}}$ は対角マトリックスではない（$\boldsymbol{M}_{\mathrm{A}\theta r} = \boldsymbol{M}_{\mathrm{A}r\theta}^T \neq \boldsymbol{0}$）。これは質量中心 G と評価点 A の位置関係の 2 階微分量から現れる項である。さらに，この非対角項 $\boldsymbol{M}_{\mathrm{A}\theta r} = \boldsymbol{M}_{\mathrm{A}r\theta}^T$ は θ の関数であり，運動とともに変化する。したがって，数値シミュレーションの際に，$\boldsymbol{M}_{\mathrm{A}}^{-1}$ は時々刻々更新する必要がある。この点は，評価点を質量中心 G にとる場合には $\boldsymbol{M}_{\mathrm{G}}$ が定数であり，$\boldsymbol{M}_{\mathrm{G}}^{-1}$ はあらかじめ 1 回評価しておけばよかったことと大きく異なる。これは，運動方程式の評価基準点を質量中心 G にとることの利点である。

② 並進に関する方程式に新たに力 $\boldsymbol{f}^v$ が現れる。これは，**速度 2 乗慣性力ベクトル**（quadratic-velocity inertia vector）と呼ばれるものであり[4]，質量中心 G と評価点 A の位置関係の 1 階微分量から現れる項である。さらに詳しい計算・解説は岩村の著書[4]を参照されたい。

③ 並進運動を表す基準点を質量中心 G から別の点 A に変えると新たにモーメント n_{nc} が生じる。質量中心 G まわりで整理した運動方程式で現れていた質量中心 G に作用する力 $\boldsymbol{f} = \{f_x \quad f_y\}^T$ は，基準点を点 A に変える際に，点 A に作用する同じ力 $\boldsymbol{f} = \{f_x \quad f_y\}^T$ に加えて点 A まわりにモーメント n_{nc} を作る。

4

ばね・ダンパの定式化

本章では，ボディとグラウンド，ボディとボディを接続する並進ばね・ダンパや回転ばね・ダンパの考え方，定式化を学ぶ。

4.1　並進ばねダンパ要素（ボディとグラウンドの接続）

4.1.1　並進ばねのベクトル，並進ばね長さとその時間変化率

並進ばねダンパ要素（translational spring damper）の定式化を考える。**図4.1**のように要素両端がボディ i の点Aとグラウンドの点Bに接続されているとする。並進ばねダンパ要素の**自由長**（free length）は l_{ts0}，現在の長さを l_{ts} とする。ここで，ボディ i に固定されてボディとともに回転する枠 G_i-$x'_i y'_i$ を考える。以降では，このようなボディに固定されてボディとともに回転する枠を**ボディ固定枠**（body fixed frame）と呼ぶ。なお，マルチボディダイナミクスの定式化では，ボディ固定枠で表す位置ベクトルはプライム（ダッシュ）記号で表されることが多く[2]，本書でもその表記にならう。

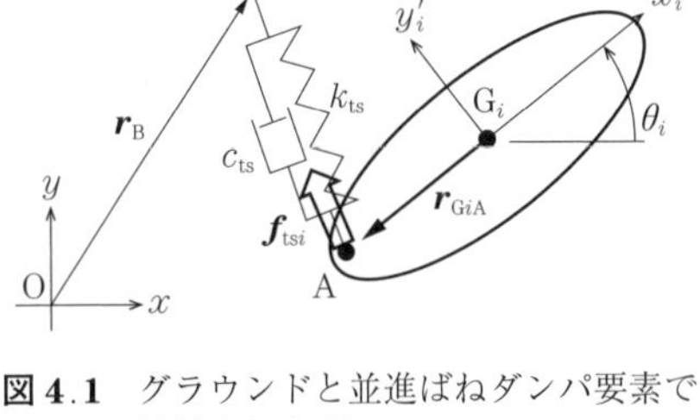

図4.1　グラウンドと並進ばねダンパ要素で接続されたボディ

ボディ i の質量中心 G_i から点 A への位置ベクトルは全体基準枠では $\boldsymbol{r}_{GiA}$，ボディ固定枠で表すと $\boldsymbol{r}'_{GiA}$ となる。ここで注目すべき特徴は，このプライム（ダッシュ）記号が付いたベクトルは，ボディが剛体（変形しないボディ）ならば**ボディの運動に関わらずつねに一定**であることである。これら（$\boldsymbol{r}_{GiA}$，$\boldsymbol{r}'_{GiA}$）を用いると，全体基準枠 O で表したボディ i の点 A の位置ベクトル $\boldsymbol{r}_A$ は

$$\boldsymbol{r}_A = \{x_{OA} \quad y_{OA}\}^T = \boldsymbol{r}_{Gi} + \boldsymbol{r}_{GiA} = \boldsymbol{r}_{Gi} + \boldsymbol{A}_{OGi}(\theta_i)\boldsymbol{r}'_{GiA} \tag{4.1}$$

となる。ここで，マトリックス $\boldsymbol{A}_{OGi}(\theta_i)$ はボディ i のボディ固定枠 G_i から全体基準枠 O への角度 θ_i の回転変換を表す**座標変換マトリックス**（coordinate transformation matrix）であり，次式で表される。

$$\boldsymbol{A}_{OGi}(\theta_i) = \begin{bmatrix} \cos\theta_i & -\sin\theta_i \\ \sin\theta_i & \cos\theta_i \end{bmatrix} \tag{4.2}$$

点 B の位置ベクトル $\boldsymbol{r}_B$ を用いると，並進ばねダンパ要素を接続するボディ i の点 A からグラウンドの点 B への位置ベクトル $\boldsymbol{d}_{AB}$ は次式となる。

$$\begin{aligned} \boldsymbol{d}_{AB} &= \boldsymbol{r}_B - \boldsymbol{r}_A \\ &= \boldsymbol{r}_B - (\boldsymbol{r}_{Gi} + \boldsymbol{r}_{GiA}) \\ &= \boldsymbol{r}_B - (\boldsymbol{r}_{Gi} + \boldsymbol{A}_{OGi}(\theta_i)\boldsymbol{r}'_{GiA}) \end{aligned} \tag{4.3}$$

また，その時間変化率 $\dot{\boldsymbol{d}}_{AB}$ は点 B の位置ベクトル $\boldsymbol{r}_B$ が定数ベクトルであることから次式となる。

$$\begin{aligned} \dot{\boldsymbol{d}}_{AB} &= -\dot{\boldsymbol{r}}_A \\ &= -(\dot{\boldsymbol{r}}_{Gi} + \dot{\boldsymbol{A}}_{OGi}(\theta_i)\boldsymbol{r}'_{GiA}) \\ &= -(\dot{\boldsymbol{r}}_{Gi} + \boldsymbol{V}\boldsymbol{A}_{OGi}(\theta_i)\boldsymbol{r}'_{GiA}\dot{\theta}_i) \end{aligned} \tag{4.4}$$

ここで，$\boldsymbol{V}$ は式(3.15)で示した 90° の回転を表すマトリックス

$$\boldsymbol{V} := \boldsymbol{A}(90^\circ) = \begin{bmatrix} \cos 90^\circ & -\sin 90^\circ \\ \sin 90^\circ & \cos 90^\circ \end{bmatrix} = \begin{bmatrix} 0 & -1 \\ 1 & 0 \end{bmatrix} \qquad \text{Ref.(3.15)}$$

であり，平面の座標変換マトリックス $\boldsymbol{A}_{OGi}(\theta_i)$ の微分がもつつぎの性質を用いた。

$$\dot{\boldsymbol{A}}_{OGi}(\theta_i) = \boldsymbol{V}\boldsymbol{A}_{OGi}(\theta_i)\dot{\theta}_i \tag{4.5}$$

なお，この式(4.5)についてはつぎの メモ で確認する。

並進ばねダンパ要素の自由長 l_{ts0}，現在の長さ l_{ts} を用いると，伸び量は Δl_{ts}

$=l_{ts}-l_{ts0}$，その時間変化率は $\dot{l}_{ts}$ となる。ばねの長さ l_{ts} はベクトル $\boldsymbol{d}_{AB}$ を用いて表される。また，その時間変化率 $\dot{l}_{ts}$ は $\boldsymbol{d}_{AB}$ と $\dot{\boldsymbol{d}}_{AB}$ で表される。

$$l_{ts}^2=\boldsymbol{d}_{AB}^T\boldsymbol{d}_{AB} \quad\Rightarrow\quad l_{ts}=\sqrt{\boldsymbol{d}_{AB}^T\boldsymbol{d}_{AB}},$$

$$2l_{ts}\dot{l}_{ts}=2\boldsymbol{d}_{AB}^T\dot{\boldsymbol{d}}_{AB} \quad\Rightarrow\quad \dot{l}_{ts}=\frac{\boldsymbol{d}_{AB}^T\dot{\boldsymbol{d}}_{AB}}{l_{ts}} \tag{4.6}$$

メモ 座標変換マトリックス $\boldsymbol{A}_{OGi}(\theta_i)$ の姿勢 θ_i に関する勾配

座標変換マトリックス $\boldsymbol{A}_{OGi}(\theta_i)$ の姿勢 θ_i に関する勾配 $\partial\boldsymbol{A}_{OGi}/\partial\theta_i$ は，岩村[4)]，遠山[6)]，清水[3)]らの本にも詳しく示されており，90°の回転を表すマトリックス $\boldsymbol{V}$(式(3.15))を用いて，次式で表される。

$$\frac{\partial\boldsymbol{A}_{OGi}(\theta_i)}{\partial\theta_i}=\begin{bmatrix}-\sin\theta_i & -\cos\theta_i\\ \cos\theta_i & -\sin\theta_i\end{bmatrix}=\begin{bmatrix}\cos\theta_i & -\sin\theta_i\\ \sin\theta_i & \cos\theta_i\end{bmatrix}\begin{bmatrix}0 & -1\\ 1 & 0\end{bmatrix}$$
$$=\boldsymbol{A}_{OGi}(\theta_i)\boldsymbol{V} \tag{4.7}$$

あるいは下記でもよい。

$$\frac{\partial\boldsymbol{A}_{OGi}(\theta_i)}{\partial\theta_i}=\begin{bmatrix}-\sin\theta_i & -\cos\theta_i\\ \cos\theta_i & -\sin\theta_i\end{bmatrix}=\begin{bmatrix}0 & -1\\ 1 & 0\end{bmatrix}\begin{bmatrix}\cos\theta_i & -\sin\theta_i\\ \sin\theta_i & \cos\theta_i\end{bmatrix}$$
$$=\boldsymbol{V}\boldsymbol{A}_{OGi}(\theta_i) \tag{4.8}$$

本書では回転に関する微分操作として後者の $\partial\boldsymbol{A}_{OGi}(\theta_i)/\partial\theta_i=\boldsymbol{V}\boldsymbol{A}_{OGi}(\theta_i)$ を用いる。

4.1.2 並進ばねダンパ要素による力ベクトルとモーメント

並進ばねのばね定数を k_{ts}〔N/m〕，並進ダンパの減衰係数を c_{ts}〔Ns/m〕とする。このとき，並進ばねダンパ要素により（グラウンドの点Bから）ボディ i の点Aに作用する力ベクトル $\boldsymbol{f}_{tsi}$ およびその大きさ f_{ts} は次式となる。

$$\boldsymbol{f}_{tsi}=f_{ts}\left(\frac{\boldsymbol{d}_{AB}}{l_{ts}}\right),\quad f_{ts}=k_{ts}\Delta l_{ts}+c_{ts}\dot{l}_{ts} \tag{4.9}$$

また，この力ベクトル $\boldsymbol{f}_{tsi}$ はボディ i に対してモーメント n_{tsi} を生じさせる。

$$n_{tsi}=(\boldsymbol{V}\boldsymbol{A}_{OGi}(\theta_i)\boldsymbol{r}'_{GiA})^T\boldsymbol{f}_{tsi} \tag{4.10}$$

4.1.3 例題8：端点を並進ばねダンパ要素で支持したボディの運動（並進変位基準点は質量中心）

図4.2に示すように，ボディの点A（$\boldsymbol{r}_A=\{x_A\quad y_A\}^T$）と全体基準枠の原点O

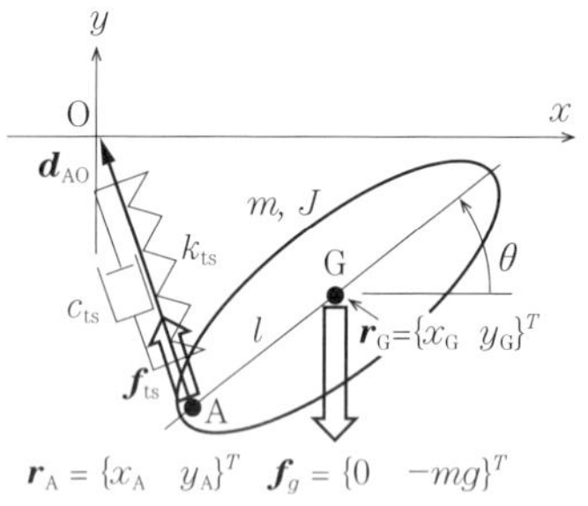

図 4.2　力によるモーメントが作用する系（端点が並進ばねダンパ要素で支持されたボディの運動（基準点を質量中心で表した場合））

がばね定数 k_{ts}，減衰係数 c_{ts}，自由長 l_{ts0} の並進ばねダンパ要素で接続されている。ボディの位置は質量中心 G（$\boldsymbol{r}_{\mathrm{G}}=\{x_{\mathrm{G}}\quad y_{\mathrm{G}}\}^T$），姿勢は θ で表す。質量中心 G から点 A までの距離は l とする。質量中心 G に集中荷重として重力 $\boldsymbol{f}_g=\{0\quad -mg\}^T$ が作用しているとする。

（1）　点 A の位置 $(x_{\mathrm{A}}, y_{\mathrm{A}})$ と速度 $(\dot{x}_{\mathrm{A}}, \dot{y}_{\mathrm{A}})$ を，l と x_{G}，y_{G}，θ，$\dot{x}_{\mathrm{G}}$，$\dot{y}_{\mathrm{G}}$，$\dot{\theta}$ で表せ。

（2）　並進ばねダンパ要素からボディの点 A に作用する力ベクトル $\boldsymbol{f}_{\mathrm{ts}}=\{f_{\mathrm{ts}x}\quad f_{\mathrm{ts}y}\}^T$，およびその質量中心 G まわりのモーメント n_{ts} を求めよ。なお，点 A から原点 O へのベクトルを $\boldsymbol{d}_{\mathrm{AO}}$ で表す。

（3）　このボディの質量中心 G まわりの運動方程式を求めよ。

（4）　プログラムを作成し，この系の運動を求めよ。

解答

（1）　点 A の座標 $(x_{\mathrm{A}}, y_{\mathrm{A}})$ と速度 $(\dot{x}_{\mathrm{A}}, \dot{y}_{\mathrm{A}})$ は次式となる。

$$x_{\mathrm{A}}=x_{\mathrm{G}}-l\cos\theta,\quad y_{\mathrm{A}}=y_{\mathrm{G}}-l\sin\theta,$$
$$\dot{x}_{\mathrm{A}}=\dot{x}_{\mathrm{G}}+\dot{\theta}l\sin\theta,\quad \dot{y}_{\mathrm{A}}=\dot{y}_{\mathrm{G}}-\dot{\theta}l\cos\theta \tag{4.11}$$

あるいは，式（4.2）の座標変換マトリックス $\boldsymbol{A}_{\mathrm{OG}}(\theta)$ と式（4.5）を用いると，次式となる。

$$\boldsymbol{r}_{\mathrm{A}}=\boldsymbol{r}_{\mathrm{G}}+\boldsymbol{A}_{\mathrm{OG}}(\theta)\boldsymbol{r}'_{\mathrm{GA}},\quad \dot{\boldsymbol{r}}_{\mathrm{A}}=\dot{\boldsymbol{r}}_{\mathrm{G}}+\boldsymbol{V}\boldsymbol{A}_{\mathrm{OG}}(\theta)\boldsymbol{r}'_{\mathrm{GA}}\dot{\theta},$$
$$\boldsymbol{r}_{\mathrm{A}}=\begin{Bmatrix}x_{\mathrm{A}}\\y_{\mathrm{A}}\end{Bmatrix},\quad \boldsymbol{r}_{\mathrm{G}}=\begin{Bmatrix}x_{\mathrm{G}}\\y_{\mathrm{G}}\end{Bmatrix},\quad \boldsymbol{r}'_{\mathrm{GA}}=\begin{Bmatrix}-l\\0\end{Bmatrix} \tag{4.12}$$

（2）　ばねの長さ l_{ts} を求めると，ばねから支持点 A に作用する力ベクトル $\boldsymbol{f}_{\mathrm{ts}}$ および質量中心 G まわりのモーメント n_{ts} は次式となる。

$$l_{\mathrm{ts}}=|\boldsymbol{r}_{\mathrm{A}}|=\sqrt{x_{\mathrm{A}}^2+y_{\mathrm{A}}^2},\quad \Delta l_{\mathrm{ts}}=l_{\mathrm{ts}}-l_{\mathrm{ts0}},\quad \boldsymbol{d}_{\mathrm{AO}}=-\begin{Bmatrix}x_{\mathrm{A}}\\y_{\mathrm{A}}\end{Bmatrix},$$

$$f_{\mathrm{ts}}=(k_{\mathrm{t}}\Delta l_{\mathrm{ts}}+c_{\mathrm{t}}\dot{l}_{\mathrm{ts}}),\quad \boldsymbol{f}_{\mathrm{ts}}=f_{\mathrm{ts}}\left(\frac{\boldsymbol{d}_{\mathrm{AO}}}{l_{\mathrm{ts}}}\right),$$

$$\boldsymbol{r}'_{\mathrm{GA}} = \{-l \quad 0\},\ \ n_{\mathrm{ts}} = (\boldsymbol{V}\boldsymbol{A}_{\mathrm{OG}}(\theta)\boldsymbol{r}'_{\mathrm{GA}})^T \boldsymbol{f}_{\mathrm{ts}} \tag{4.13}$$

（3）　ボディの質量中心 G まわりの運動方程式は，重力ベクトル $\boldsymbol{f}_g = \{0 \quad -mg\}^T$ も考慮し，次式となる。

$$m\ddot{\boldsymbol{r}}_{\mathrm{G}} = \boldsymbol{f}_{\mathrm{ts}} + \boldsymbol{f}_g,\ \ J\ddot{\theta} = n_{\mathrm{ts}} \qquad \text{Ref.(3.1)}$$

（4）　プログラムを下記にて示す。

プログラム：04-1 並進ばね支持の剛体（質量中心 G まわり）

また，パラメータ値と初期値を**表 4.1** で示す。

図 4.3 にプログラムを実行して得られるボディの運動の様子と時刻歴を示す。プ

表 4.1　プログラムに用いたパラメータの記号，表記，値と説明

記　号	プログラム	値	説　明
g	g	9.81	重力加速度〔m/s^2〕
m	m	0.5	剛体の質量〔kg〕
l	l	0.1	ボディ長さの半分〔m〕
J	J	$m(2l)^2/12$	慣性モーメント〔kgm^2〕
k_{ts}	kts	100	ばね定数〔N/m〕
c_{ts}	cts	未考慮	減衰係数〔Ns/m〕
l_{ts0}	lts0	0.1	ばねの自由長〔m〕
$x_{\mathrm{G}}(0)$, $y_{\mathrm{G}}(0)$	px(1), py(1)	0.2, 0	x, y 方向初期位置〔m〕
$\dot{x}_{\mathrm{G}}(0)$, $\dot{y}_{\mathrm{G}}(0)$	dx(1), dy(1)	0, 0	x, y 方向初速度〔m/s〕
$\theta(0)$	theta(1)	0	初期角度〔rad〕
$\dot{\theta}(0)$	dtheta(1)	0	初期角速度〔rad/s〕

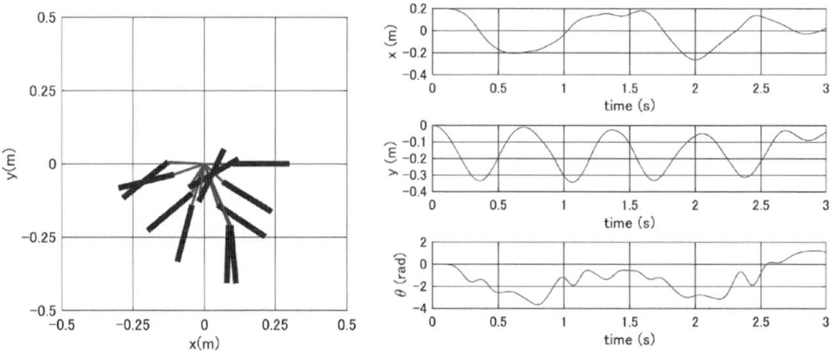

（a）　ボディの運動　　（b）　運動の時刻歴

図 4.3　端点がばねで支持されたボディの運動（質量中心 G が基準点）

ログラム実行時には，ばねダンパ要素に作用する力の時刻歴も示される。

4.2 発展 並進ばねダンパ要素（グラウンドとボディの接続）のライブラリ

4.2.1 系全体の一般化外力ベクトル

並進ばねダンパ要素（グラウンドとボディ間）のライブラリ化を考え，系全体（ボディ数 n_{b}，全自由度 $n=3n_{\mathrm{b}}$）の一般化外力ベクトルの表現を求める。**図4.4** に示すように，ボディ i の点 A_i がグラウンドの点 B と並進ばねダンパ要素で接続されているとする。

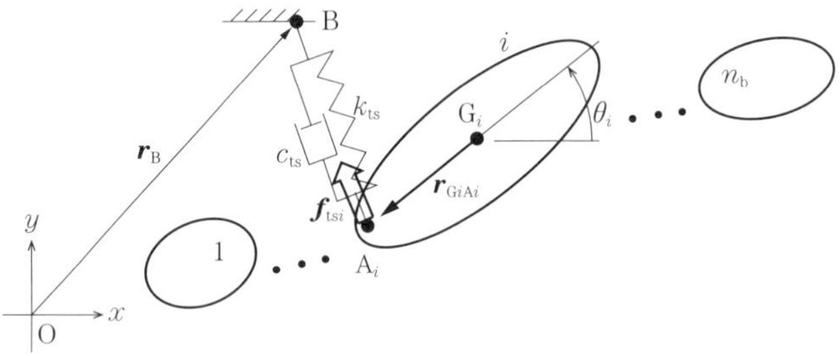

図 4.4　系のボディ i が並進ばねダンパ要素でグラウンドに接続の状態

4.1 節の式(4.3)，(4.4)，(4.6)，(4.9)，(4.10)より $\boldsymbol{f}_{\mathrm{ts}i}$，$n_{\mathrm{ts}i}$ を求め，それを用いてボディ i の並進ばねダンパ要素による一般化外力ベクトル $\boldsymbol{Q}_{\mathrm{ts}i}$ を求める。そして，系全体（ボディ数 n_{b}，全自由度 $n=3n_{\mathrm{b}}$）に拡張した一般化外力ベクトル $\boldsymbol{Q}_{\mathrm{ts}}$ を表すと次式となる。

$$\boldsymbol{Q}_{\mathrm{ts}i}=\begin{Bmatrix}\boldsymbol{f}_{\mathrm{ts}i}\\ n_{\mathrm{ts}i}\end{Bmatrix}_{3\times1}=\begin{bmatrix}\boldsymbol{I}_2\\ (\boldsymbol{VA}_{\mathrm{OG}i}(\theta_i)\boldsymbol{r}'_{\mathrm{G}i\mathrm{A}i})^T\end{bmatrix}\boldsymbol{f}_{\mathrm{ts}i},\quad \boldsymbol{Q}_{\mathrm{ts}(n\times1)}=\begin{Bmatrix}\boldsymbol{0}_{3(i-1)\times1}\\ \boldsymbol{Q}_{\mathrm{ts}i}\\ \boldsymbol{0}_{3(n\mathrm{b}-i)\times1}\end{Bmatrix} \tag{4.14}$$

グラウンドとボディをつなぐ並進ばねダンパ要素による一般化外力ベクトル $\boldsymbol{Q}_{\mathrm{ts}}$ を，式(4.14)を用いて求めるライブラリ func_trans_spring_damper_b2G は下記のように用いる。

[Qts] = func_trans_spring_damper_b2G(kts,cts,lts0,nb,ib,q,v,n_loci,n_ground)

入力

kts　並進ばねの剛性係数

cts　並進ダンパの減衰係数

lts0　並進ばねダンパ要素の自由長〔m〕

nb　系全体のボディ数

ib　並進ばねを取り付けたボディの番号

q　系の一般化座標ベクトル

v　系の一般化速度ベクトル

n_loci　ボディ質量中心から並進ばねダンパ要素のボディ側取り付け点までのボディ固定枠で表した位置ベクトル

n_ground　並進ばねダンパ要素のグラウンド側取り付け点の全体基準枠の位置ベクトル

出力

Qts　並進ばねダンパ要素による系全体の一般化外力ベクトル $\boldsymbol{Q}_{\mathrm{ts}(3n\mathrm{b}\times 1)}$

メモ　ライブラリ化について

本書では，モデル化において繰り返し記述される部分のライブラリ化についても記述する。本節では，グラウンドとボディをつなぐ並進ばねダンパ要素について，そのボディに作用する力ベクトルとその力によるモーメントからなる一般化力ベクトルを求める部分をfunc_trans_spring_damper_b2Gでライブラリ化する。本節の内容を理解してこのライブラリを用いることにより，プログラムをより簡単に構築できる。

4.2.2　例題 9：端点を並進ばねダンパ要素で支持したボディの運動（並進変位基準点は質量中心，ライブラリ）

4.1.3 項の例題 8（系は図 4.2）のボディの運動を，並進ばねダンパ要素のライブラリfunc_trans_spring_damper_b2G(4.2.1 項参照）を用いて求めよ。パラメータ値と初期値は例題 8 と同じである。

解答

プログラム：04-2 並進ばね支持の剛体（質量中心Gまわり ばねライブラリ）

このライブラリを用いたプログラムによる解析結果を**図 4.5** に示す。減衰係数 c_{ts} $=0$〔Ns/m〕の場合は例題８の図 4.3 と結果が一致する。図 4.5 は減衰係数が大きくなった場合であり，運動が徐々に収束していく様子が確認できる。

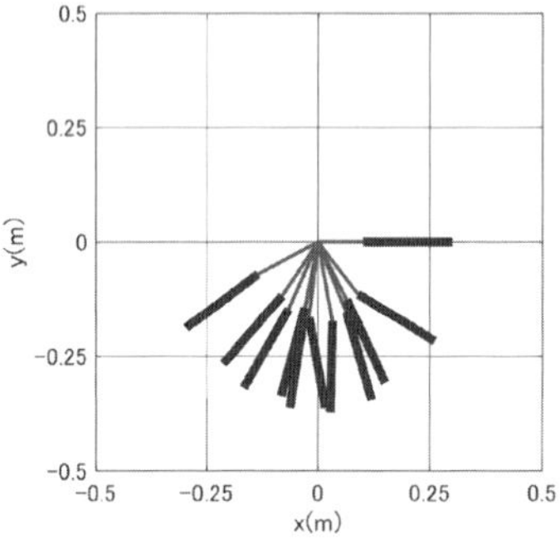

(a)　ボディの運動

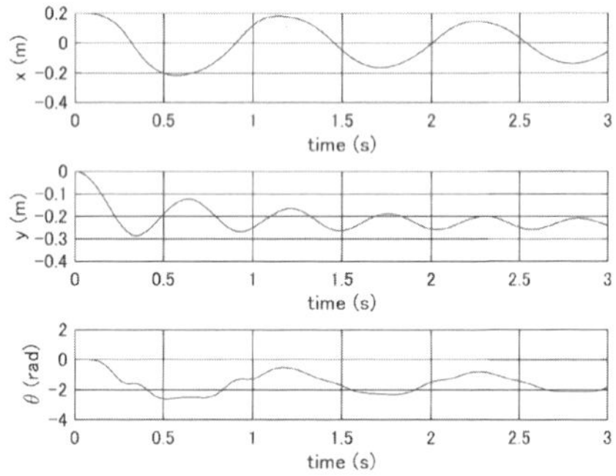

(b)　運動の時刻歴

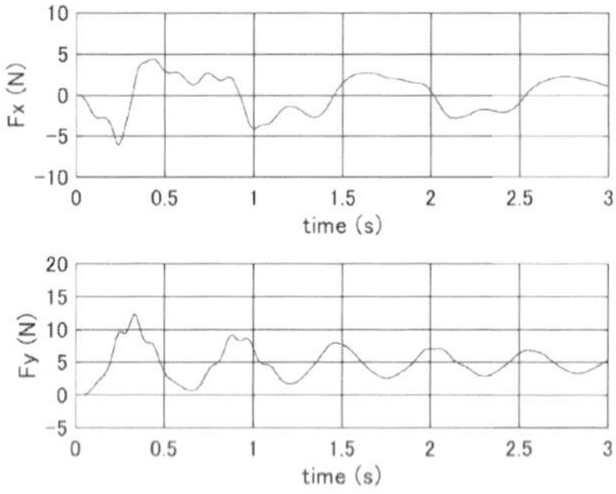

(c)　ボディに作用する並進ばねダンパ要素の力の時刻歴

図 4.5　端点が並進ばねダンパ要素で支持されたボディの運動（基準点は質量中心）（ライブラリ化）例題８と同じ（減衰係数 $c_{ts}=10$〔Ns/m〕）

4.2.3　補足　例題 10：端点を並進ばねダンパ要素で支持されたボディの運動（並進変位基準点は支持点 A）

4.1.3 項の例題８の図 4.2 と同じ系を考える。支持点 A まわりの運動方程式を求めよ。そして，プログラムを作成し，この系の運動を求めよ。

解答

点 G の座標(x_G, y_G)と速度$(\dot{x}_G, \dot{y}_G)$は次式となる。

$$x_G = x_A + l\cos\theta,\quad y_G = y_A + l\sin\theta,$$
$$\dot{x}_G = \dot{x}_A - \dot{\theta} l\sin\theta,\quad \dot{y}_G = \dot{y}_A + \dot{\theta} l\cos\theta \tag{4.15}$$

並進ばねダンパ要素の長さl_{ts}を用いて，並進ばねダンパ要素から支持点 A に作用する力ベクトル$\boldsymbol{f}_{ts}$は式(4.13)で得られている。

$$l_{ts} = |\boldsymbol{r}_A| = \sqrt{x_A^2 + y_A^2},\quad \Delta l_{ts} = l_{ts} - l_{ts0},\quad \boldsymbol{d}_{AO} = -\begin{Bmatrix} x_A \\ y_A \end{Bmatrix},$$
$$f_{ts} = (k\Delta l_{ts} + c\dot{l}_{ts}),\quad \boldsymbol{f}_{ts} = f_{ts}\left(\frac{\boldsymbol{d}_{AO}}{l_{ts}}\right) \qquad \text{Ref.}(4.13)$$

支持点 A まわりのモーメントn_Aには，ボディの質量中心 G に作用する重力ベクトル$\boldsymbol{f}_g = \{0 \quad -mg\}^T$は寄与するが，支持点 A に作用するばねダンパ力$\boldsymbol{f}_{ts}$は寄与しないことに注意する。ボディ固定枠の点 A から点 G への位置ベクトル$\boldsymbol{r}'_{AG} = \{l \quad 0\}$を用いると，モーメント$n_A$は次式となる。

$$n_A = n_{nc} = (\boldsymbol{VA}_{OG}(\theta)\boldsymbol{r}'_{AG})^T \boldsymbol{f}_g \tag{4.16}$$

以上から，運動方程式は式(3.29)～(3.31)より次式となる。

$$\boldsymbol{M}_A \ddot{\boldsymbol{q}}_A = \boldsymbol{Q} \tag{4.17}$$

ここで以下を考慮している。

$$\boldsymbol{M}_A = \begin{bmatrix} \boldsymbol{M}_{Arr} & \mathbf{M}_{Ar\theta} \\ \boldsymbol{M}_{A\theta r} & M_{A\theta\theta} \end{bmatrix},$$
$$\boldsymbol{M}_{Arr} = \mathrm{diag}[m \quad m],\quad M_{A\theta\theta} = J_A\,(:= J + ml^2),$$
$$\boldsymbol{M}_{A\theta r} = \boldsymbol{M}_{Ar\theta}^T = \{ml\sin\theta \quad -ml\cos\theta\},$$

表 4.2 プログラムに用いたパラメータの記号，表記，値と説明

記　号	プログラム	値	説　明
g	g	9.81	重力加速度〔m/s^2〕
m	m	0.5	剛体の質量〔kg〕
l	l	0.1	ボディ長さの半分〔m〕
J	J	$m(2l)^2/12$	慣性モーメント〔kgm^2〕
k_{ts}	kts	100	ばね定数〔N/m〕
l_{ts0}	lts0	0.1	ばねの自由長〔m〕
$x_A(0)$，$y_A(0)$	px(1)，py(1)	0.1，0	x, y 方向初期位置（端点 A）〔m〕
$\dot{x}_A(0)$，$\dot{y}_A(0)$	dx(1)，dy(1)	0，0	x, y 方向初速度（端点 A）〔m/s〕
$\theta(0)$	theta(1)	0	初期角度〔rad〕
$\dot{\theta}(0)$	dtheta(1)	0	初期角速度〔rad/s〕

$$\boldsymbol{Q}=\boldsymbol{Q}_{\mathrm{A}}+\boldsymbol{Q}_{\mathrm{nc}},\ \ \boldsymbol{Q}_{\mathrm{A}}=\{\boldsymbol{f}^T\ \ 0\}^T,\ \ \boldsymbol{Q}_{\mathrm{nc}}=\{\boldsymbol{f}^{vT}\ \ n_{\mathrm{nc}}\}^T,$$
$$\boldsymbol{f}=\boldsymbol{f}_{\mathrm{ts}}+\boldsymbol{f}_g=\{f_x\ \ f_y\}^T,\ \ \boldsymbol{f}^v=\{-m\dot{\theta}^2 l\cos\theta\ \ -m\dot{\theta}^2 l\sin\theta\}^T,$$
$$n_{\mathrm{nc}}=(\boldsymbol{VA}_{\mathrm{OG}}(\theta)\boldsymbol{r}'_{\mathrm{AG}})^T\boldsymbol{f}_g \tag{4.18}$$

プログラム：04-3 並進ばね支持の剛体（端点Aまわり）

パラメータ値と初期値を**表 4.2** で示す。

解析結果は，評価基準を質量中心Gにおいた場合の例題8の図 4.3 と一致する。

4.3　並進ばねダンパ要素（ボディとボディの接続）

4.3.1　並進ばねのベクトル，並進ばね長さとその時間変化率

図 4.6 のような系を考える。並進ばねダンパ要素があり，その両端がボディ i の点 A_i とボディ j の点 A_j に接続されている。ここで便宜上，ボディ番号は $i<j$ で選ぶ。ボディ固定枠で表すと，ボディ i の質量中心 G_i から点 A_i の位置ベクトルは $\boldsymbol{r}'_{\mathrm{G}i\mathrm{A}i}$，ボディ j の質量中心 G_j から点 A_j の位置ベクトルは $\boldsymbol{r}'_{\mathrm{G}j\mathrm{A}j}$ とする。全体基準枠で表した点 A_i と点 A_j の位置ベクトルは次式となる。

$$\boldsymbol{r}_{\mathrm{A}i}=(x_{\mathrm{OA}i},y_{\mathrm{OA}i})=\boldsymbol{r}_{\mathrm{G}i}+\boldsymbol{A}_{\mathrm{OG}i}(\theta_i)\boldsymbol{r}'_{\mathrm{G}i\mathrm{A}i},$$
$$\boldsymbol{r}_{\mathrm{A}j}=(x_{\mathrm{OA}j},y_{\mathrm{OA}j})=\boldsymbol{r}_{\mathrm{G}j}+\boldsymbol{A}_{\mathrm{OG}j}(\theta_j)\boldsymbol{r}'_{\mathrm{G}j\mathrm{A}j} \tag{4.19}$$

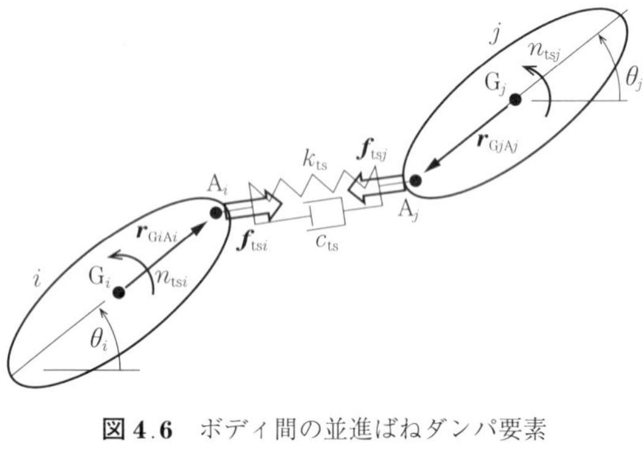

図 4.6　ボディ間の並進ばねダンパ要素

点 A_i から点 A_j へのベクトル $\boldsymbol{d}_{\mathrm{A}i\mathrm{A}j}$ とその時間変化率 $\dot{\boldsymbol{d}}_{\mathrm{A}i\mathrm{A}j}$ は次式となる。

$$
\begin{aligned}
\boldsymbol{d}_{\mathrm{A}i\mathrm{A}j} &= \boldsymbol{r}_{\mathrm{A}j} - \boldsymbol{r}_{\mathrm{A}i} \\
&= (\boldsymbol{r}_{\mathrm{G}j} + \boldsymbol{A}_{\mathrm{OG}j}(\theta_j)\boldsymbol{r}'_{\mathrm{G}j\mathrm{A}j}) - (\boldsymbol{r}_{\mathrm{G}i} + \boldsymbol{A}_{\mathrm{OG}i}(\theta_i)\boldsymbol{r}'_{\mathrm{G}i\mathrm{A}i}), \\
\dot{\boldsymbol{d}}_{\mathrm{A}i\mathrm{A}j} &= \dot{\boldsymbol{r}}_{\mathrm{A}j} - \dot{\boldsymbol{r}}_{\mathrm{A}i} \\
&= (\dot{\boldsymbol{r}}_{\mathrm{G}j} + \boldsymbol{V}\boldsymbol{A}_{\mathrm{OG}j}(\theta_j)\boldsymbol{r}'_{\mathrm{G}j\mathrm{A}j}\dot{\theta}_j) - (\dot{\boldsymbol{r}}_{\mathrm{G}i} + \boldsymbol{V}\boldsymbol{A}_{\mathrm{OG}i}(\theta_i)\boldsymbol{r}'_{\mathrm{G}i\mathrm{A}i}\dot{\theta}_i)
\end{aligned}
\tag{4.20}
$$

並進ばねの自由長を l_{ts0}，現在の長さを l_{ts} とする。伸び量は $\Delta l_{\mathrm{ts}} = l_{\mathrm{ts}} - l_{\mathrm{ts0}}$，その時間変化率は $\dot{l}_{\mathrm{ts}}$ となる。並進ばねの長さ l_{ts} およびその時間変化率は $\boldsymbol{d}_{\mathrm{A}i\mathrm{A}j}$, $\dot{\boldsymbol{d}}_{\mathrm{A}i\mathrm{A}j}$ を用いて次式で表される。

$$
\begin{aligned}
&l_{\mathrm{ts}}^2 = \boldsymbol{d}_{\mathrm{A}i\mathrm{A}j}^T \boldsymbol{d}_{\mathrm{A}i\mathrm{A}j} \quad \Rightarrow \quad l_{\mathrm{ts}} = \sqrt{\boldsymbol{d}_{\mathrm{A}i\mathrm{A}j}^T \boldsymbol{d}_{\mathrm{A}i\mathrm{A}j}}, \\
&2 l_{\mathrm{ts}} \dot{l}_{\mathrm{ts}} = 2 \boldsymbol{d}_{\mathrm{A}i\mathrm{A}j}^T \dot{\boldsymbol{d}}_{\mathrm{A}i\mathrm{A}j} \quad \Rightarrow \quad \dot{l}_{\mathrm{ts}} = \frac{\boldsymbol{d}_{\mathrm{A}i\mathrm{A}j}^T}{l_{\mathrm{ts}}} \dot{\boldsymbol{d}}_{\mathrm{A}i\mathrm{A}j}
\end{aligned}
\tag{4.21}
$$

4.3.2 並進ばねダンパ要素による力ベクトルとモーメント

並進ばねダンパ要素のばね定数を k_{ts}〔N/m〕，減衰係数を c_{ts}〔Ns/m〕とする。このとき，並進ばねダンパ要素が（ボディ j の点 A_j から）点 A_i（ボディ i）に作用させる力ベクトル $\boldsymbol{f}_{\mathrm{ts}i}$，および（ボディ i の点 A_i から）点 A_j（ボディ j）に作用させる力ベクトル $\boldsymbol{f}_{\mathrm{ts}j}$ は次式となる。

$$
\begin{aligned}
&\boldsymbol{f}_{\mathrm{ts}i} = f_{\mathrm{ts}}\left(\frac{\boldsymbol{d}_{\mathrm{A}i\mathrm{A}j}}{l_{\mathrm{ts}}}\right), \quad \boldsymbol{f}_{\mathrm{ts}j} = -\boldsymbol{f}_{\mathrm{ts}i} = -f_{\mathrm{ts}}\left(\frac{\boldsymbol{d}_{\mathrm{A}i\mathrm{A}j}}{l_{\mathrm{ts}}}\right) = f_{\mathrm{ts}}\left(\frac{\boldsymbol{d}_{\mathrm{A}j\mathrm{A}i}}{l_{\mathrm{ts}}}\right), \\
&f_{\mathrm{ts}} = (k_{\mathrm{ts}} \Delta l_{\mathrm{ts}} + c_{\mathrm{ts}} \dot{l}_{\mathrm{ts}})
\end{aligned}
\tag{4.22}
$$

また，これらの力ベクトル $\boldsymbol{f}_{\mathrm{ts}i}$ と $\boldsymbol{f}_{\mathrm{ts}j}$ は，それぞれのボディ i，ボディ j の並進変位の基準点まわりにモーメントを生じさせる。例えば，それぞれのボディの質量中心 G まわりのモーメントは次式で表される。

$$
\begin{aligned}
n_{\mathrm{ts}i} &= (\boldsymbol{A}_{\mathrm{OG}i}(\theta_i)\boldsymbol{r}'_{\mathrm{G}i\mathrm{A}i}) \times \boldsymbol{f}_{\mathrm{ts}i} = (\boldsymbol{V}\boldsymbol{A}_{\mathrm{OG}i}(\theta_i)\boldsymbol{r}'_{\mathrm{G}i\mathrm{A}i})^T \boldsymbol{f}_{\mathrm{ts}i}, \\
n_{\mathrm{ts}j} &= (\boldsymbol{A}_{\mathrm{OG}j}(\theta_j)\boldsymbol{r}'_{\mathrm{G}j\mathrm{A}j}) \times \boldsymbol{f}_{\mathrm{ts}j} = (\boldsymbol{V}\boldsymbol{A}_{\mathrm{OG}j}(\theta_j)\boldsymbol{r}'_{\mathrm{G}j\mathrm{A}j})^T \boldsymbol{f}_{\mathrm{ts}j}
\end{aligned}
\tag{4.23}
$$

4.4 発展 並進ばねダンパ要素のライブラリ（2 ボディ間）

4.4.1 系全体の一般化外力ベクトル

2 ボディ間の並進ばねダンパ要素のライブラリ化を考え，系全体（ボディ数 n_b，全自由度 $n=3n_b$）の一般化外力ベクトルの表現を求める。**図 4.7** に示すように，ボディ i の点 A_i がボディ j の点 A_j と並進ばねダンパ要素で接続されているとする。

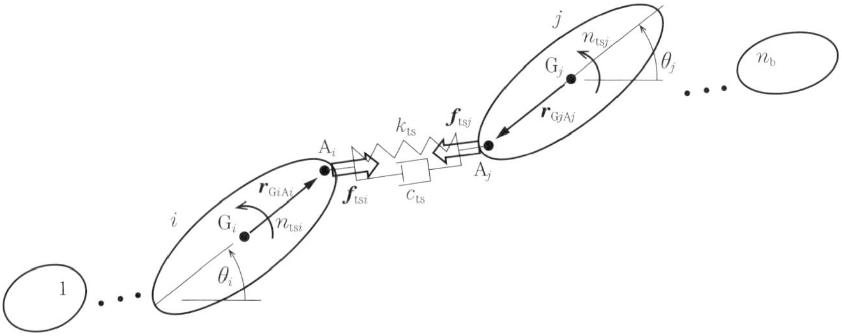

図 4.7 ボディ i とボディ j が並進ばねダンパ要素で接続された系

4.3 節の式(4.20) ～ (4.23)より $\boldsymbol{f}_{tsi}$，$\boldsymbol{f}_{tsj}$，n_{tsi}，n_{tsj} を求め，それを用いてボディ i とボディ j の並進ばねダンパ要素による一般化外力ベクトル $\boldsymbol{Q}_{tsi}$，$\boldsymbol{Q}_{tsj}$ を求める。そして，系全体（ボディ数 n_b，全自由度 $n=3n_b$）に拡張した一般化外力ベクトル $\boldsymbol{Q}_{ts}$ を表すと次式となる。

$$
\boldsymbol{Q}_{tsi}=\begin{Bmatrix}\boldsymbol{f}_{tsi}\\ n_{tsi}\end{Bmatrix}_{3\times1}=\begin{bmatrix}\boldsymbol{I}_2\\ (\boldsymbol{VA}_{OGi}(\theta_i)\boldsymbol{r}'_{GiAi})^T\end{bmatrix}\boldsymbol{f}_{tsi},
$$
$$
\boldsymbol{Q}_{tsj}=\begin{Bmatrix}\boldsymbol{f}_{tsj}\\ n_{tsj}\end{Bmatrix}_{3\times1}=\begin{bmatrix}\boldsymbol{I}_2\\ (\boldsymbol{VA}_{OGj}(\theta_j)\boldsymbol{r}'_{GjAj})^T\end{bmatrix}\boldsymbol{f}_{tsj},
$$
$$
\boldsymbol{Q}_{ts(n\times1)}=[\boldsymbol{0}_{1\times3(i-1)}\ \ \boldsymbol{Q}_{tsi}^T\ \ \boldsymbol{0}_{1\times3(nb-i)}]^T
+[\boldsymbol{0}_{1\times3(j-1)}\ \ \boldsymbol{Q}_{tsj}^T\ \ \boldsymbol{0}_{1\times3(nb-j)}]^T \tag{4.24}
$$

この定式化は他の文献（例えば岩村の著書[4)]の 9.2.2 項）にも同様に詳しく記

述されているので，参照されたい。

ボディ間をつなぐ並進ばねダンパ要素により，それぞれのボディに作用する力ベクトルとその力により作用するモーメントからなる一般化外力ベクトル $\boldsymbol{Q}_{\mathrm{ts}}$ を求めるライブラリ func_trans_spring_damper_b2b は下記のように用いる。

[Qts] = func_trans_spring_damper_b2b(kts,cts,lts0,nb,ib,jb,q,v,n_loci,n_locj)

入力

kts　並進ばねの剛性係数

cts　並進ダンパの減衰係数

lts0　並進ばねダンパ要素の自由長〔m〕

nb　系全体のボディ数

ib　並進ばねダンパ要素を取り付けたボディ i の番号

jb　並進ばねダンパ要素を取り付けたボディ j の番号

q　系の一般化座標ベクトル

v　系の一般化速度ベクトル

n_loci　ボディ i の質量中心から並進ばねダンパ要素の取り付け点までのボディ固定枠で表した位置ベクトル

n_locj　ボディ j の質量中心から並進ばねダンパ要素の取り付け点までのボディ固定枠で表した位置ベクトル

出力

Qts　並進ばねダンパ要素による系全体の一般化外力ベクトル $\boldsymbol{Q}_{\mathrm{ts}(3n\mathrm{b}\times 1)}$

4.4.2 例題 11：並進ばねダンパ要素で支持された 2 ボディ系の運動（並進運動基準点は質量中心 G，ライブラリ）

対象の系を**図 4.8** に示す。ボディ 1 の点 A_1 と全体基準枠の原点 O が並進ばねダンパ要素 1 で接続され，ボディ 1 の点 B_1 とボディ 2 の端点 A_2 が並進ばねダンパ要素 2 で接続されている。どちらの並進ばねダンパ要素も，ばね定数 k_{ts}，減衰係数 c_{ts}，自由長 l_{ts0} とする。ボディ 1 の質量中心 G_1 の位置は $\boldsymbol{r}_1 = \{x_1 \quad y_1\}^T$，姿勢は θ_1，ボディ 2 の質量中心 G_2 の位置は $\boldsymbol{r}_2 = \{x_2 \quad y_2\}^T$，姿勢は

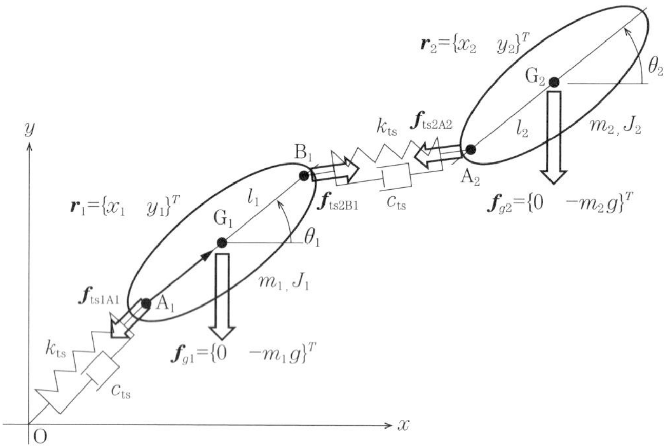

図 4.8　2 ボディが並進ばねダンパ要素で接続された系の運動
（基準点を質量中心で表した場合）

θ_2 で表す。運動中のそれらのばねダンパ要素の長さはそれぞれ l_{ts1}，l_{ts2} とする。それぞれのボディには，質量中心に集中荷重として重力 $\boldsymbol{f}_{g1}=\{0 \quad -m_1 g\}^T$，$\boldsymbol{f}_{g2}=\{0 \quad -m_2 g\}^T$ が作用している。このボディ 1 とグラウンド間およびボディどうしの並進ばねダンパ要素による接続はライブラリ func_trans_spring_damper_b2G（4.2.1 項参照）と func_trans_spring_damper_b2b（4.4.1 項参照）を用いて表し，この系の運動を求めよ。

解答

プログラム：04-4 2 ボディ 並進ばね ばねライブラリ

系の運動方程式は次式となる。

$$
\begin{aligned}
&\boldsymbol{M}\ddot{\boldsymbol{q}}=\boldsymbol{Q},\\
&\boldsymbol{M}=\begin{bmatrix}\boldsymbol{M}_1 & \boldsymbol{0}\\ \boldsymbol{0} & \boldsymbol{M}_2\end{bmatrix},\ \boldsymbol{M}_1=\mathrm{diag}[m_1 \quad m_1 \quad J_1],\ \boldsymbol{M}_2=\mathrm{diag}[m_2 \quad m_2 \quad J_2],\\
&\boldsymbol{Q}=\boldsymbol{Q}_{ts1}+\boldsymbol{Q}_{ts2}+\boldsymbol{Q}_g,\\
&\boldsymbol{Q}_g=\begin{bmatrix}\boldsymbol{Q}_{g1}\\ \boldsymbol{Q}_{g2}\end{bmatrix},\ \boldsymbol{Q}_{g1}=\{\boldsymbol{f}_{g1}{}^T \quad 0\}^T,\ \boldsymbol{Q}_{g2}=\{\boldsymbol{f}_{g2}{}^T \quad 0\}^T,\\
&\boldsymbol{f}_{g1}=\{0 \quad -m_1 g\}^T,\ \boldsymbol{f}_{g2}=\{0 \quad -m_2 g\}^T
\end{aligned}
\tag{4.25}
$$

点 A_1，B_1，A_2 のボディ固定枠における位置ベクトルは $\boldsymbol{r}_{G1A1}=\{-l_1 \quad 0\}^T$，$\boldsymbol{r}_{G1B1}=\{l_1 \quad 0\}^T$，$\boldsymbol{r}_{G2A2}=\{-l_2 \quad 0\}^T$ である。これらを用いて，ボディ 1 とグラウンドの並進

表 4.3 プログラムに用いたパラメータの記号，表記，値と説明

記号	プログラム	値	説明
g	g	9.81	重力加速度〔m/s²〕
m_1	m1	5	ボディ 1 の質量〔kg〕
m_2	m2	5	ボディ 2 の質量〔kg〕
l_1	l1	1	ボディ 1 の長さの半分〔m〕
l_2	l2	1	ボディ 2 の長さの半分〔m〕
J_1	J1	$m_1(2l_1)^2/12$	ボディ 1 の慣性モーメント〔kgm²〕
J_2	J2	$m_2(2l_2)^2/12$	ボディ 2 の慣性モーメント〔kgm²〕
k_{ts}	kts	100	ばね定数〔N/m〕
c_{ts}	cts	10	減衰係数〔Ns/m〕
l_{ts0}	lts0	0.1	ばねの自由長〔m〕
$x_1(0)$	px(1)	$l_1 \cos\theta_1(0)$	ボディ 1 の x 方向初期位置〔m〕
$y_1(0)$	py(1)	$l_1 \sin\theta_1(0)$	ボディ 1 の y 方向初期位置〔m〕
$\theta_1(0)$	theta(1)	$80\pi/180$	ボディ 1 の初期角度〔rad〕
$\dot{x}_1(0)$	dx(1)	0	ボディ 1 の x 方向初速度〔m/s〕
$\dot{y}_1(0)$	dy(1)	0	ボディ 1 の y 方向初速度〔m/s〕
$\dot{\theta}_1(0)$	dtheta(1)	0	ボディ 1 の初期角速度〔rad/s〕
$x_2(0)$	px(2)	$2l_1\cos\theta_1(0)+l_2\cos\theta_2(0)$	ボディ 2 の x 方向初期位置〔m〕
$y_2(0)$	py(2)	$2l_1\sin\theta_1(0)+l_2\sin\theta_2(0)$	ボディ 2 の y 方向初期位置〔m〕
$\theta_2(0)$	theta(2)	$80\pi/180$	ボディ 2 の初期角度〔rad〕
$\dot{x}_2(0)$	dx(2)	0	ボディ 2 の x 方向初速度〔m/s〕
$\dot{y}_2(0)$	dy(2)	0	ボディ 2 の y 方向初速度〔m/s〕
$\dot{\theta}_2(0)$	dtheta(2)	0	ボディ 2 の初期角速度〔rad/s〕

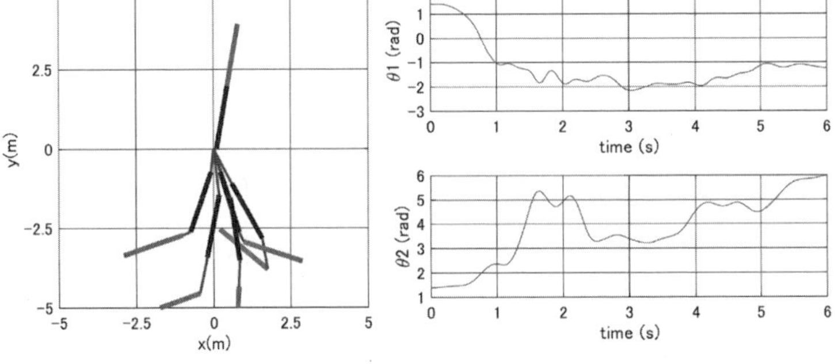

図 4.9 2ボディが並進ばねダンパ要素で接続された系の運動
（並進運動の基準点は質量中心，ライブラリ）

ばねダンパ要素による一般化力ベクトル $\boldsymbol{Q}_{\mathrm{ts1}}$，ボディ 1 とボディ 2 の並進ばねダンパ要素による一般化力ベクトル $\boldsymbol{Q}_{\mathrm{ts2}}$ は指定されたライブラリで求める。パラメータ値と初期値を**表 4.3** で示す。解析結果を**図 4.9** に示す。

4.5　回転ばねダンパ要素（グラウンドとボディの接続）

4.5.1　回転ばねの符号，伸び量とその時間変化率

回転ばねダンパ要素（rotational spring damper）でボディ i とグラウンドが接続されているとする（**図 4.10**）。回転ばねの**自由角度**（free angle）を θ_{s0} とする。なお，用語「回転ばねの自由角度」は変形していないときの回転ばね両端の角度として用いる。

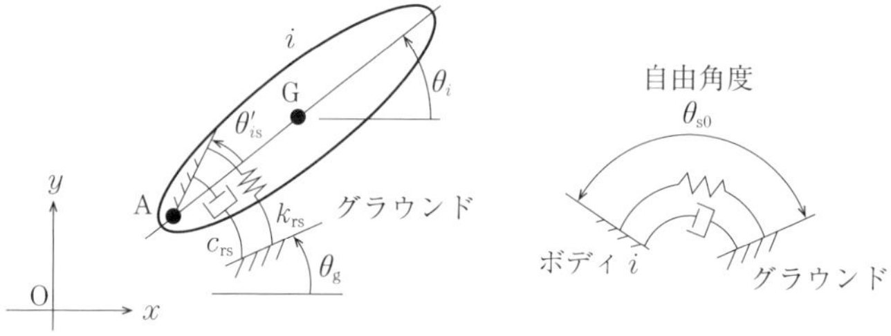

図 4.10　回転ばねダンパ要素（グラウンドとボディの接続）

ボディ i の姿勢を θ_i，ボディ i 内のボディ固定枠 G_i-x_iy_i で見た回転ばね取り付け位置の姿勢を θ'_{is}，グラウンド側の回転ばね取り付け面の角度を θ_{g} とするとき，下記の関係が成立し，回転ばねが自由角度のときのボディ i の姿勢 θ_{i0} が得られる。

$$
\begin{cases}
\theta_{i0}+\theta'_{is}>\theta_g \text{ のとき(グラウンド側取り付け点から見てボディ取り付け点が反時計回り側にあるとき，\textbf{図 4.11}(a))} \\
\quad \theta_{\mathrm{s0}}=(\theta_{i0}+\theta'_{is})-\theta_{\mathrm{g}} \quad \Rightarrow \quad \theta_{i0}=\theta_{\mathrm{g}}-\theta'_{is}+\theta_{\mathrm{s0}} \\
\theta_{i0}+\theta'_{is}<\theta_{\mathrm{g}} \text{ のとき(グラウンド側取り付け点から見てボディ取り付け点が時計回り側にあるとき，図 4.11(b))} \\
\quad \theta_{\mathrm{s0}}=\theta_{\mathrm{g}}-(\theta_{i0}+\theta'_{is}) \quad \Rightarrow \quad \theta_{i0}=\theta_{\mathrm{g}}-\theta'_{is}-\theta_{\mathrm{s0}}
\end{cases}
\tag{4.26}
$$

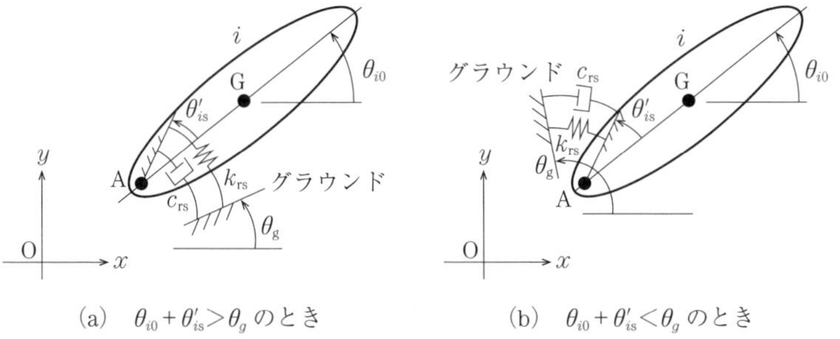

図 4.11 回転ばねダンパ要素の位置関係

ボディ i の姿勢が自由角度 θ_{i0} のとき，回転ばねによる反モーメントは作用しない。

回転ばねの伸び量 $\Delta\theta_{rs}$ およびその時間変化率 $\Delta\dot{\theta}_{rs}$ は次式となる。

$$\begin{cases} \theta_{i0}+\theta'_{is}>\theta_g \text{ のとき} \\ \quad \Delta\theta_{rs}=(\theta_i+\theta'_{is})-\theta_g-\theta_{s0}=\theta_i-\theta_{i0},\ \ \Delta\dot{\theta}_{rs}=\dot{\theta}_i \\ \theta_{i0}+\theta'_{is}<\theta_g \text{ のとき} \\ \quad \Delta\theta_{rs}=\theta_g-(\theta_i+\theta'_{is})-\theta_{s0}=-(\theta_i-\theta_{i0}),\ \ \Delta\dot{\theta}_{rs}=-\dot{\theta}_i \end{cases} \tag{4.27}$$

上記を一つでまとめた記述を考える。回転ばねを接続するときのボディ i とグラウンドの位置関係で決まる**符号関数**（sign function）を下記のように導入する。

$$i_{\mathrm{sign\ s}}=\mathrm{sign}(\theta_{i0}+\theta'_{is}-\theta_g) \tag{4.28}$$

ここで，符号関数（sign）は，次式で定義される関数である。

$$\mathrm{sign}(a)=\begin{cases} 1 & (a>0) \\ 0 & (a=0) \\ -1 & (a<0) \end{cases} \tag{4.29}$$

すなわち，グラウンドの取り付け位置 θ_g から見て，どちらの角度方向に回転ばねを設置してボディ i と接続するかを示しており，グラウンドに対して反時計回りの方向に回転ばねを置いてボディ i と接続する場合（$\theta_{i0}+\theta'_{is}>\theta_g$）は $+1$，グラウンドに対して時計回りの方向に回転ばねを置いてボディ i と接続する場合（$\theta_{i0}+\theta'_{is}<\theta_g$）は -1 とする。本ライブラリではこの値は入力パラメー

タとする。この符号関数による値 $i_{\mathrm{sign\,s}}$ は最初の設定時に定まり，その後の解析中は変化しない。この符号関数による値 $i_{\mathrm{sign\,s}}$ を用いると，以下のように定まる。

$$\theta_{i0}=\theta_{\mathrm{g}}-\theta'_{is}+i_{\mathrm{sign\,s}}\theta_{\mathrm{s0}},\quad \mathit{\Delta}\theta_{\mathrm{rs}}=i_{\mathrm{sign\,s}}(\theta_i-\theta_{i0}),\quad \mathit{\Delta}\dot{\theta}_{\mathrm{rs}}=i_{\mathrm{sign\,s}}\dot{\theta}_i \tag{4.30}$$

メモ　変形していないときの並進ばね，回転ばねの長さ，角度

変形していないときの並進ばねの長さは自然長あるいは自由長で表される。JIS B 0103（ばね用語）では自由長さ（あるいは自由高さ）と定義され，日本機械学会の便覧では自然長で定義されている。一方，変形していないときの回転ばねの角度はJIS B 0103では自由角度と定義されているが，自然角度という用語はほとんど用いられていない。本書では，並進ばねと回転ばねの用語の一貫性の観点から，JISにならい，用語「自由長」と「自由角度」を用いる。

4.5.2　回転ばねダンパ要素によるモーメント

回転ばねダンパ要素のばね定数を k_{rs}〔Nm/rad〕，減衰係数を c_{rs}〔Nms/rad〕とするとき，回転ばねダンパ要素がボディ i に作用させるモーメント $n_{\mathrm{rs}i}$ は次式となる。

$$n_{\mathrm{rs}i}=-k_{\mathrm{rs}}\mathit{\Delta}\theta-c_{\mathrm{rs}}\mathit{\Delta}\dot{\theta} \tag{4.31}$$

なお，回転ばねと回転ダンパはボディ i に対して力は与えず，$\boldsymbol{f}_{\mathrm{rs}i}=\mathbf{0}_{2\times1}$ である。以上をまとめると，図4.10のようにグラウンドとボディ i を接続する回転ばねダンパ要素がボディ i に作用させる一般化力ベクトル $\boldsymbol{Q}_{\mathrm{rs}i}$ は次式となる。

$$\boldsymbol{Q}_{\mathrm{rs}i}=\begin{Bmatrix}\boldsymbol{f}_{\mathrm{rs}i}\\ n_{\mathrm{rs}i}\end{Bmatrix}_{3\times1}=\begin{bmatrix}\mathbf{0}_{2\times1}\\ -k_{\mathrm{rs}}\mathit{\Delta}\theta_{\mathrm{rs}}-c_{\mathrm{rs}}\mathit{\Delta}\dot{\theta}_{\mathrm{rs}}\end{bmatrix} \tag{4.32}$$

4.6　発展　回転ばねダンパ要素のライブラリ（グラウンドとボディの接続）

4.6.1　系全体の一般化外力ベクトル

4.5節の回転ばねダンパ要素のライブラリ化を考え，系全体（ボディ数 n_{b}，

全自由度 $n=3n_{\mathrm{b}}$）に作用させる一般化外力ベクトル $\boldsymbol{Q}_{\mathrm{rs}}$ の表現を求める。ボディ i のある点 A_i がグラウンドのある点に回転ばねダンパ要素で接続されているときの系全体に作用する一般化力ベクトル $\boldsymbol{Q}_{\mathrm{rs}(n\times 1)}$ は，式(4.28)～(4.30)，(4.32)より得られる $\boldsymbol{Q}_{\mathrm{rs}i}$ を用いて表すと次式となる。

$$\boldsymbol{Q}_{\mathrm{rs}(n\times 1)}=\begin{Bmatrix}\mathbf{0}_{3(i-1)\times 1}\\ \boldsymbol{Q}_{\mathrm{rs}i}\\ \mathbf{0}_{3(n\mathrm{b}-i)\times 1}\end{Bmatrix} \tag{4.33}$$

この記述は他の文献（例えば岩村の著書[4)]の 9.2.3 項）にも同様に詳しく記述されているので，参照されたい。

グラウンドとボディを接続する回転ばねダンパ要素により系に作用する一般化力ベクトルを求めるライブラリ func_rot_spring_damper_b2G は下記のように用いる。

[Qrs] = func_rot_spring_damper_b2G（krs,crs,theta_s0,nb,ib,q,v,theta_loc_s, theta_g,isign_rot_spring）

入力

krs　回転ばねの剛性係数〔Nm/rad〕

crs　回転ダンパの減衰係数〔Nms/rad〕

theta_s0　回転ばねダンパ要素の自由角度〔rad〕

nb　系全体のボディ数

ib　回転ばねダンパ要素を取り付けたボディの番号

q　系の一般化座標ベクトル

v　系の一般化速度ベクトル

theta_loc_s　ボディ ib のボディ固定枠で見た回転ばね取り付け位置の姿勢（θ'_{is}）

theta_g　グラウンド側の回転ばね取り付け位置の姿勢（θ_{g}）

isign_rot_spring　回転ばねを接続するボディ i とグラウンドの位置関係で決まる符号関数

出力

Qrs　回転ばねダンパ要素による系全体の一般化外力ベクトル $\boldsymbol{Q}_{\mathrm{rs}(3n\mathrm{b}\times 1)}$

4.6.2　例題12：回転ばねダンパ要素で支持されたボディの運動（回転ばねダンパ要素のライブラリ）[†]

系を**図 4.12**に示す。ボディ1の端点 A_1 が全体基準枠の原点Oに回転ジョイントで拘束されている。ボディ内のボディ固定枠 G_1-$x'y'$ で見た回転ばね取り付け位置の姿勢を $\theta'_{1\mathrm{s}}$，グラウンド側の回転ばね取り付け位置の姿勢を θ_{g} とし，この間を回転ばねダンパ要素で支持する。この回転ばねダンパ要素の自由角度を $\theta_{\mathrm{s}0}$，回転ばね定数を k_{rs}，回転ダンパの減衰係数を c_{rs} とする。ボディの姿勢の初期条件を $\theta_1(0)$，$\dot{\theta}_1(0)$ とする。回転ばねダンパ要素のライブラリ func_rot_spring_damper_b2G（4.6.1項参照）を用いて，この系の運動を求めよ。

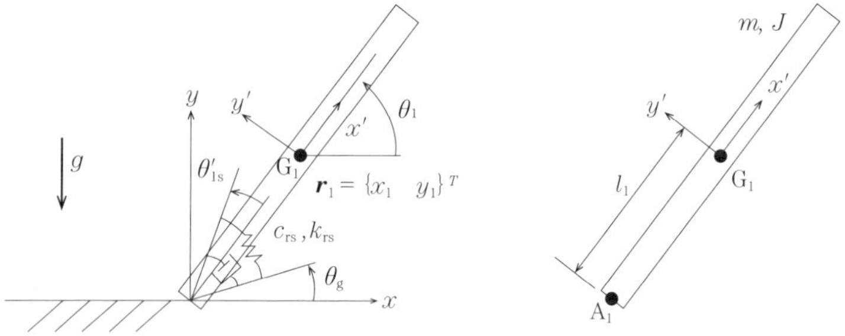

図 4.12　回転ばねダンパで支持されたボディ（ばねダンパ要素ライブラリ）

解答

プログラム：04-5 剛体振り子 回転J拘束 回転ばね 拡大法 ライブラリ

指定されたライブラリを用いる。パラメータ値と初期値を**表 4.4**で示す。

† グラウンドとボディの間の回転ばねダンパ要素を組み込む例題では，グラウンドとボディの回転ジョイントを考慮せざるを得ない。しかし，この回転ジョイントのライブラリ func_rev_b2G は8.2節で学ぶ内容である。そのため，いったんこの例題は飛ばして進み，8.2節を学んだ後に本項を読んでもよい。

表 4.4 プログラムに用いたパラメータの記号，表記，値と説明

記号	プログラム	値	説明
g	g	9.81	重力加速度〔m/s^2〕
m	m	5	ボディの質量〔kg〕
l	l	1	ボディの長さの半分〔m〕
J	J	$m(2l)^2/12$	慣性モーメント〔kgm^2〕
$k_{\rm rs}$	krs	100	ばね定数〔N/m〕
$c_{\rm rs}$	crs	10	減衰係数〔Ns/m〕
$i_{\rm sign\ s}$	isign_rot_spring	1	符号関数
$\theta_{\rm s0}$	theta_s0	$\pi/3$	ばねダンパの自由角度〔rad〕
$\theta_{\rm g}$	theta_g	$-\pi/4$	グラウンド側の回転ばね接続角度〔rad〕
θ'_{is}	theta_loc_s	$-\pi/10$	ボディ側の回転ばね接続角度〔rad〕
$x_1(0)$	px(1)	$l\cos\theta(0)$	ボディの x 方向初期位置〔m〕
$y_1(0)$	py(1)	$l\sin\theta(0)$	ボディの y 方向初期位置〔m〕
$\theta_1(0)$	theta(1)	$-45\pi/180$	ボディの初期角度〔rad〕
$\dot{x}_1(0)$	dx(1)	0.1	ボディの x 方向初速度〔m/s〕
$\dot{y}_1(0)$	dy(1)	0.1	ボディの y 方向初速度〔m/s〕
$\dot{\theta}_1(0)$	dtheta(1)	0	ボディの初期角速度〔rad/s〕

運動の解析結果を**図 4.13** に示す。回転ばねダンパ要素により減衰しつつ振動的な振る舞いを行う様子が確認できる。

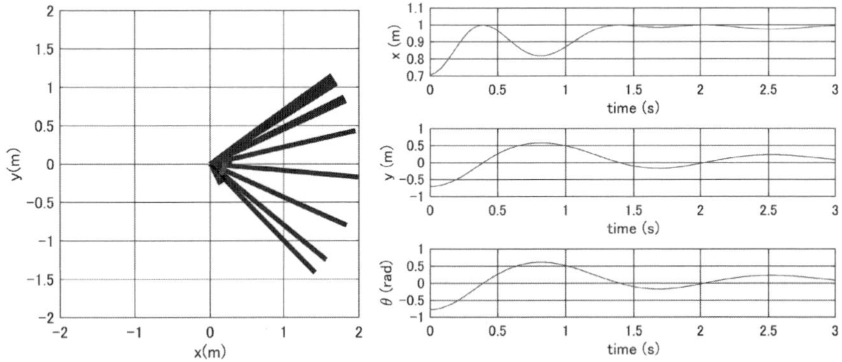

図 4.13 回転ばねダンパで支持されたボディの運動

4.7 回転ばねダンパ要素（ボディとボディの接続）

4.7.1 回転ばねの符号，伸び量とその時間変化率

回転ばねダンパ要素でボディ i とボディ j を接続する（**図 4.14**）。回転ばねの自由角度を θ_{s0} とする。ボディ i の姿勢は θ_i，ボディ j の姿勢は θ_j とする。ここで，ボディ番号 i，j は，回転ばねが自由角度のときの 2 ボディの姿勢 θ_{i0}，θ_{j0} が $\theta_{i0}>\theta_{j0}$ の関係となるように選ぶこととする。すなわち，ボディ j から見て反時計回りの方向に回転ばねを置いてボディ i と接続する。ボディ i，j のボディ固定枠 G_i-$x'y'$，G_j-$x'y'$ で見た回転ばね取り付け位置の姿勢をそれぞれ θ'_{is}，θ'_{js} とするとき，全体基準枠 O における取り付け位置の姿勢はそれぞれ $\theta_i+\theta'_{is}$，$\theta_j+\theta'_{js}$ となる。このとき，回転ばねが自由角度 θ_{s0} のときのボディ i，j の相対姿勢 $\theta_{i0}-\theta_{j0}$ は次式で得られる。

$$\theta_{s0}=(\theta_{i0}+\theta'_{is})-(\theta_{j0}+\theta'_{js}) \quad \Rightarrow \quad \theta_{i0}-\theta_{j0}=\theta_{s0}-(\theta'_{is}-\theta'_{js}) \tag{4.34}$$

すなわち，ボディ i，j の相対姿勢 $\theta_i-\theta_j$ が $\theta_{i0}-\theta_{j0}$ のとき，回転ばねによる反モーメントは作用しない。この式(4.34)を用いると，回転ばねの伸び量 $\Delta\theta_{rs}$ および回転ばねの伸び量の時間変化率 $\Delta\dot{\theta}_{rs}$ は次式となる。

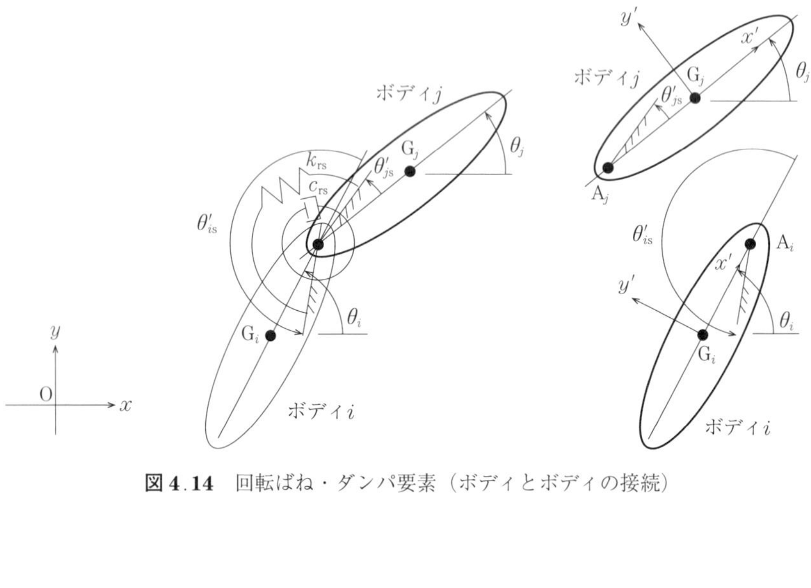

図 4.14　回転ばね・ダンパ要素（ボディとボディの接続）

$$\Delta\theta_{\mathrm{rs}} = (\theta_i + \theta'_{i\mathrm{s}}) - (\theta_j + \theta'_{j\mathrm{s}}) - \theta_{\mathrm{s0}} = (\theta_i - \theta_j) + (\theta'_{i\mathrm{s}} - \theta'_{j\mathrm{s}}) - \theta_{\mathrm{s0}}$$
$$= (\theta_i - \theta_j) - (\theta_{i0} - \theta_{j0}),$$
$$\Delta\dot{\theta}_{\mathrm{rs}} = \dot{\theta}_i - \dot{\theta}_j \qquad (4.35)$$

4.7.2 回転ばねダンパ要素によるモーメント

回転ばねダンパ要素のばね定数を k_{rs}〔Nm/rad〕，減衰係数を c_{rs}〔Nms/rad〕とする。このとき，回転ばねダンパ要素がボディ i およびボディ j に作用させるモーメント $n_{\mathrm{rs}i}$ および $n_{\mathrm{rs}j}$ は次式となる。

$$n_{\mathrm{rs}i} = -(k_{\mathrm{rs}}\Delta\theta_{\mathrm{rs}} + c_{\mathrm{rs}}\Delta\dot{\theta}_{\mathrm{rs}}),$$
$$n_{\mathrm{rs}j} = -n_{\mathrm{rs}i} = k_{\mathrm{rs}}\Delta\theta_{\mathrm{rs}} + c_{\mathrm{rs}}\Delta\dot{\theta}_{\mathrm{rs}} \qquad (4.36)$$

ここで，回転ばねダンパ要素は各ボディに対して力は与えず，$\boldsymbol{f}_{\mathrm{rs}i} = \boldsymbol{f}_{\mathrm{rs}j} = \mathbf{0}_{2\times 1}$ であることに注意する。以上をまとめると，図 4.14 のようにボディ i とボディ j を接続する回転ばねダンパ要素がボディ i とボディ j に作用させる一般化力ベクトル $\boldsymbol{Q}_{\mathrm{rs}ii}$ と $\boldsymbol{Q}_{\mathrm{rs}jj}$ は次式となる。

$$\boldsymbol{Q}_{\mathrm{rs}ii} = \begin{Bmatrix} \boldsymbol{f}_{\mathrm{rs}i} \\ n_{\mathrm{rs}i} \end{Bmatrix} = \begin{Bmatrix} \mathbf{0}_{2\times 1} \\ -(k_{\mathrm{rs}}\Delta\theta_{\mathrm{rs}} + c_{\mathrm{rs}}\Delta\dot{\theta}_{\mathrm{rs}}) \end{Bmatrix},$$
$$\boldsymbol{Q}_{\mathrm{rs}jj} = \begin{Bmatrix} \boldsymbol{f}_{\mathrm{rs}j} \\ n_{\mathrm{rs}j} \end{Bmatrix} = \begin{Bmatrix} \mathbf{0}_{2\times 1} \\ k_{\mathrm{rs}}\Delta\theta_{\mathrm{rs}} + c_{\mathrm{rs}}\Delta\dot{\theta}_{\mathrm{rs}} \end{Bmatrix} \qquad (4.37)$$

4.8 発展 回転ばねダンパ要素のライブラリ（ボディ間）

4.8.1 系全体の一般化外力ベクトル

4.7 節の回転ばねダンパ要素のライブラリ化を考え，系全体（ボディ数 n_{b}，全自由度 $n = 3n_{\mathrm{b}}$）に作用させる一般化外力ベクトル $\boldsymbol{Q}_{\mathrm{rs}}$ の表現を求める。ボディ i の点 A_i とボディ j の点 A_j が回転ばねダンパ要素で接続されているときの系全体に作用する一般化力ベクトル $\boldsymbol{Q}_{\mathrm{rs}(n\times 1)}$ は，式(4.32)，(4.33)，(4.37) の $\boldsymbol{Q}_{\mathrm{rs}ii}$，$\boldsymbol{Q}_{\mathrm{rs}jj}$ を用いて表すと次式となる。

$$\boldsymbol{Q}_{\mathrm{rs}i(n\times 1)} = \{\mathbf{0}_{1\times 3(i-1)} \quad \boldsymbol{Q}^T_{\mathrm{rs}ii} \quad \mathbf{0}_{1\times 3(n\mathrm{b}-i)}\}^T,$$

$$\boldsymbol{Q}_{\mathrm{rs}j(n\times1)} = \{\boldsymbol{0}_{1\times3(j-1)} \quad \boldsymbol{Q}^T_{\mathrm{rs}jj} \quad \boldsymbol{0}_{1\times3(n\mathrm{b}-j)}\}^T,$$

$$\boldsymbol{Q}_{\mathrm{rs}(n\times1)} = \boldsymbol{Q}_{\mathrm{rs}i} + \boldsymbol{Q}_{\mathrm{rs}j} \tag{4.38}$$

この記述は他の文献（例えば岩村の著書[4)]の 9.2.3 項）にも同様に詳しく記述されているので，参照されたい。

このボディ間をつなぐ回転ばねダンパ要素により系に作用する一般化力ベクトル $\boldsymbol{Q}_{\mathrm{rs}}$ を求めるライブラリ func_rot_spring_damper_b2b は下記のように用いる。

[Qrs] = func_rot_spring_damper_b2b（krs,crs,theta_s0,nb,ib,jb,q,v,theta_loc_si,theta_loc_sj）

入力

krs　回転ばねの剛性係数〔Nm/rad〕

crs　回転ダンパの減衰係数〔Nms/rad〕

theta_s0　回転ばねダンパ要素の自由角度〔rad〕

nb　系全体のボディ数

ib, jb　回転ばねダンパ要素を取り付けたボディ i, j の番号

q　系の一般化座標ベクトル

v　系の一般化速度ベクトル

theta_loc_si　ボディ ib 内のボディ固定枠で見た回転ばね取り付け位置の姿勢

theta_loc_sj　ボディ jb 内のボディ固定枠で見た回転ばね取り付け位置の姿勢

出力

Qrs　回転ばねダンパ要素による系全体の一般化外力ベクトル $\boldsymbol{Q}_{\mathrm{rs}(3n\mathrm{b}\times1)}$

4.8.2　例題 13：回転ばねダンパ要素で支持された 2 ボディ系の運動（回転ばねダンパ要素のライブラリ）†

系を**図 4.15** に示す。点 G_1, G_2 はボディ 1，2 の質量中心である。ボディ 1

† ボディとボディの間の回転ばねダンパ要素を組み込む例題として，ボディとボディの回転ジョイントを考慮せざるを得ない。しかし，この回転ジョイントのライブラリ func_rev_b2b は 9.2 節で学ぶ内容である。そのため，いったんこの例題は飛ばして，9.2 節を学んだ後に本項を読んでもよい。

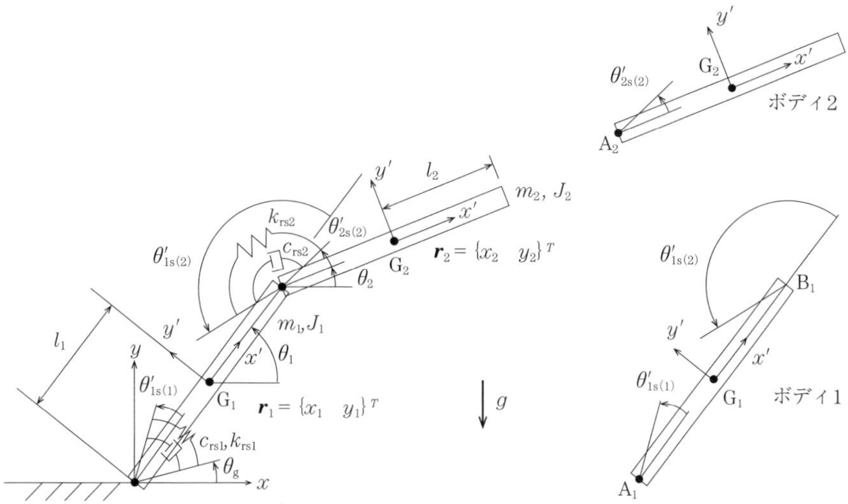

図 4.15 回転ばねで支持された 2 重振り子のモデル

の端点 A_1 が全体基準枠の原点 O に回転ジョイントで拘束されており（グラウンドとボディの回転ジョイントのライブラリ func_rev_b2G は 8.2 節で学ぶ），もう一方の端点 B_1 はボディ 2 の端点 A_2 と回転ジョイントで拘束されている（ボディとボディの回転ジョイントのライブラリ func_rev_b2b は 9.2 節で学ぶ）。回転ばねダンパ要素 1 については，ボディ 1 内のボディ固定枠 G_1-$x'y'$ で見た取り付け位置の姿勢を $\theta'_{1s(1)}$，グラウンド側の回転ばね取り付け位置の姿勢を θ_g とする。この回転ばねダンパ要素 1 の自由角度を θ_{s01}，回転ばね定数を k_{rs1}，回転ダンパの減衰係数を c_{rs1} とする。回転ばねダンパ要素 2 については，ボディ 1 内のボディ固定枠 G_1-$x'y'$ で見た取り付け位置の姿勢を $\theta'_{1s(2)}$，ボディ 2 内のボディ固定枠 G_2-$x'y'$ で見た取り付け位置の姿勢を $\theta'_{2s(2)}$ とする。この回転ばねダンパ要素 2 の自由角度を θ_{s02}，回転ばね定数を k_{rs2}，回転ダンパの減衰係数を c_{rs2} とする。それぞれのボディの初期条件を $\theta_1(0)$，$\dot{\theta}_1(0)$，$\theta_2(0)$，$\dot{\theta}_2(0)$ とする。ボディ間の回転ばねダンパ要素のライブラリ func_rot_spring_damper_b2b（4.8.1 項参照）を用いて，この系の運動を求めよ。

解答

プログラム：04-6 2重振り子 回転J拘束 回転ばね 拡大法 ライブラリ

パラメータ値と初期値を**表 4.5** で示す。

表 4.5　プログラムに用いたパラメータの記号，表記，値と説明

記　号	プログラム	値	説　明
g	g	9.81	重力加速度〔m/s²〕
m_1	m1	5	ボディ 1 の質量〔kg〕
m_2	m2	5	ボディ 2 の質量〔kg〕
l_1	l1	1	ボディ 1 の長さの半分〔m〕
l_2	l2	1	ボディ 2 の長さの半分〔m〕
J_1	J1	$m_1(2l_1)^2/12$	ボディ 1 の慣性モーメント〔kgm²〕
J_2	J2	$m_2(2l_2)^2/12$	ボディ 2 の慣性モーメント〔kgm²〕
k_{rs1}	krs(1)	100	回転ばねダンパ 1 のばね定数〔Nm/rad〕
c_{rs1}	crs(1)	10	回転ばねダンパ 1 の減衰定数〔Nms/rad〕
θ_{s01}	theta_s0(1)	$\pi/3$	回転ばねダンパ 1 の自由角度〔rad〕
θ_g	theta_g(1)	$-\pi/2$	回転ばねダンパ 1 のグラウンド側の接続角度〔rad〕
$\theta'_{1s(1)}$	theta_loc_s(1)	0	回転ばねダンパ 1 のボディ側の接続角度〔rad〕
k_{rs2}	krs(2)	500	回転ばねダンパ 2 の回転ばね定数〔Nm/rad〕
c_{rs2}	crs(2)	10	回転ばねダンパ 2 の回転減衰定数〔Nms/rad〕
θ_{s02}	theta_s0(2)	$\pi/4$	回転ばねダンパ 2 の自由角度〔rad〕
$\theta'_{1s(2)}$	theta_loc_si(2)	π	回転ばねダンパ 2 のボディ 1 ボディ座標の接続角度〔rad〕
$\theta'_{2s(2)}$	theta_loc_sj(2)	0	回転ばねダンパ 2 のボディ 2 ボディ座標の接続角度〔rad〕
$x_1(0)$	px(1)	$l_1 \cos\theta_1(0)$	ボディ 1 の x 方向初期位置〔m〕
$y_1(0)$	py(1)	$l_1 \sin\theta_1(0)$	ボディ 1 の y 方向初期位置〔m〕
$\theta_1(0)$	theta(1)	$80\pi/180$	ボディ 1 の初期角度〔rad〕
$\dot{x}_1(0)$	dx(1)	0	ボディ 1 の x 方向初速度〔m/s〕
$\dot{y}_1(0)$	dy(1)	0	ボディ 1 の y 方向初速度〔m/s〕
$\dot{\theta}_1(0)$	dtheta(1)	0	ボディ 1 の初期角速度〔rad/s〕
$x_2(0)$	px(2)	$2l_1 \cos\theta_1(0)+l_2 \cos\theta_2(0)$	ボディ 2 の x 方向初期位置〔m〕
$y_2(0)$	py(2)	$2l_1 \sin\theta_1(0)+l_2 \sin\theta_2(0)$	ボディ 2 の y 方向初期位置〔m〕

表 4.5　（つづき）

記　号	プログラム	値	説　明
$\theta_2(0)$	theta(2)	80π/180	ボディ 2 の初期角度〔rad〕
$\dot{x}_2(0)$	dx(2)	0	ボディ 2 の x 方向初速度〔m/s〕
$\dot{y}_2(0)$	dy(2)	0	ボディ 2 の y 方向初速度〔m/s〕
$\dot{\theta}_2(0)$	dtheta(2)	0	ボディ 2 の初期角速度〔rad/s〕

解析結果を**図 4.16** に示す。回転ばねダンパ要素により，2 ボディが影響し合いつつ減衰しながら振動的な振る舞いを行う様子が確認できる。

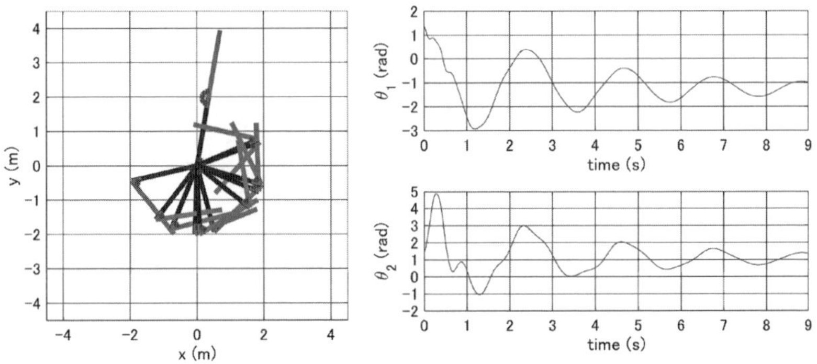

図 4.16　回転ばねダンパ要素で支持された 2 ボディ系の運動
（回転ばねダンパ要素のライブラリ化）

5
第1部　機械システムのモデリングと解析の基礎

接触の表現

本章では，ボディの接触を学ぶ。本書ではおもに弾性接触力表現を用いる。弾性接触力には多数の表現があり，その代表的なものを文献 7)，8）から紹介する。

5.1　接触の表現：反発係数

ボディどうしの接触，ボディと固定面の接触を表す代表的な方法の一つに，**反発係数**（coefficient of restitution）を用いた表現がある。この係数は 0 ～ 1 の間の値をとり，1 の場合は**完全弾性衝突**（fully elastic impact/collision），1 と 0 の間の場合は**非弾性衝突**（inelastic impact/collision），そして 0 の場合は**完全非弾性衝突**（perfectly plastic impact/collision）と呼ぶ。実際にはこの係数は接触するボディの形状，材料特性，接触速度，摩擦現象の有無によって影響を受ける。この反発係数の表現にもいくつかのモデルがある[8)]。

5.1.1　ポアソンのモデル

図 5.1 に**ポアソンのモデル**（Poisson's model）を示す。これは，衝突時の圧縮過程と反発過程の**力積**（momentum）の比で反発係数を表すモデルであり，圧縮過程の力積 p_0，反発過程の力積 p_f を用いて，反発係数 c_{res} は次式で表される。

$$c_{\mathrm{res}} = \frac{p_f}{p_0} \tag{5.1}$$

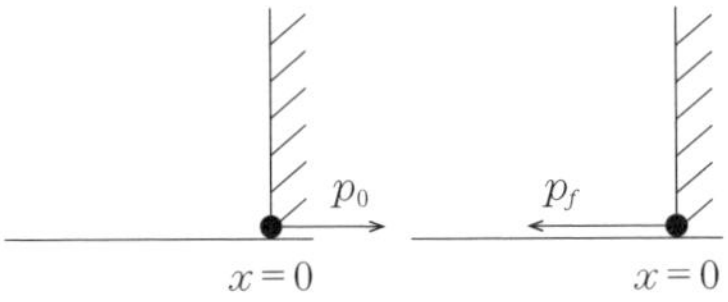

図 5.1 反発係数：ポアソンのモデル

5.1.2 ニュートンのモデル

図 5.2 に**ニュートンのモデル**（Newton's model）を示す。これは，衝突時の圧縮過程と反発過程の相対速度の比で反発係数を表すモデルであり，衝突前と衝突後の相対速度 v_0, v_f を用いて，反発係数 c_{res} は次式で表される。

$$c_{\mathrm{res}} = -\frac{v_f}{v_0} \tag{5.2}$$

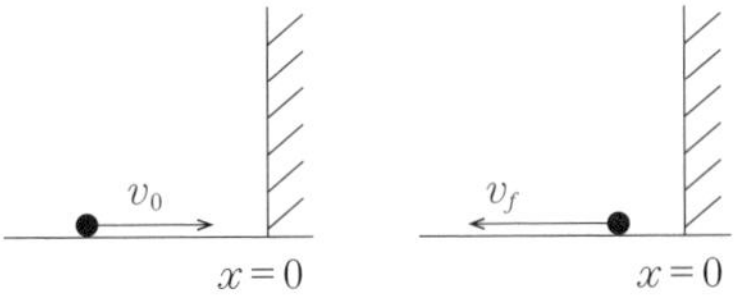

図 5.2 反発係数：ニュートンのモデル

5.1.3 例題 14：接触（反発係数）

質量 $m=2$〔kg〕の質点が重力の作用のもとでバウンシング運動する。その系の運動方程式を立てよ。重力加速度は，$g=9.81$〔m/s^2〕とする。初期位置 $\boldsymbol{q}(0)=(x(0), y(0))$〔m〕，初期速度 $\boldsymbol{v}(0)=(\dot{x}(0), \dot{y}(0))$〔m/s〕とする。法線方向の衝突についてはニュートンのモデルを用い，反発係数は c_{res} とする。衝突前後の衝突面に対する水平（接線）方向の速度は衝突前後で保たれるとする。

解答

プログラム：05-1 接触 反発係数

質点の 1 階の運動方程式表現は次式となる。

$$\dot{\boldsymbol{y}} = \begin{Bmatrix} \dot{\boldsymbol{q}} \\ \dot{\boldsymbol{v}} \end{Bmatrix} = \begin{Bmatrix} \boldsymbol{v} \\ \boldsymbol{0} \end{Bmatrix} + \begin{Bmatrix} \boldsymbol{0} \\ \boldsymbol{M}^{-1}\boldsymbol{Q} \end{Bmatrix}, \quad \boldsymbol{q} = \begin{Bmatrix} x \\ y \end{Bmatrix}, \quad \boldsymbol{M} = \begin{bmatrix} m & 0 \\ 0 & m \end{bmatrix} \tag{5.3}$$

一般化外力ベクトル $\boldsymbol{Q}$ は重力のみであり，次式で表される。

$$\boldsymbol{Q}=\begin{Bmatrix} 0 \\ -mg \end{Bmatrix} \tag{5.4}$$

ニュートンのモデルは，$\dot{y}(t+)=-c_{\rm res}\dot{y}(t-)$で表される。ここで，$\dot{y}(t-)$と$\dot{y}(t+)$は衝突直前と直後の法線方向速度である。プログラムでは下記のように表す。

$$y<0.0 \quad \Rightarrow \quad \dot{y}=-c_{\rm res}\dot{y} \tag{5.5}$$

パラメータ値と初期値を**表 5.1** で示す。

表 5.1　プログラムに用いたパラメータの記号，表記，値と説明

記　号	プログラム	値	説　明
g	g	9.81	重力加速度〔m/s^2〕
$c_{\rm res}$	c_res	0.8	反発係数
$x(0)$	px0	0	x 方向初期位置〔m〕
$y(0)$	py0	1	y 方向初期位置〔m〕
$\dot{x}(0)$	dx0	1	x 方向初速度〔m/s〕
$\dot{y}(0)$	dy0	1	y 方向初速度〔m/s〕

得られた解析結果を**図 5.3** に示す。接触が正しく検出され，その都度反発係数を用いて速度$\dot{y}(t+)$が与えられてバウンシング運動が表現されている。

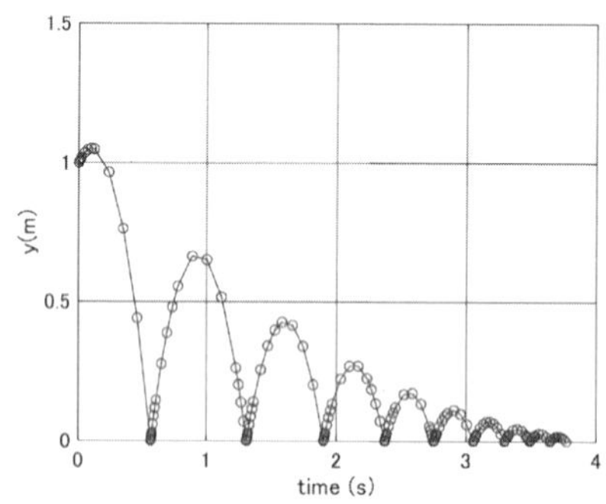

図 5.3　バウンシングボール（反発係数モデル）

メモ　**MATLAB の event 関数**

MATLAB には，接触の瞬間（$y=0.0$）を event 関数で検出することができる。event 関数を用い，その都度反発係数 $c_{\rm res}$ で接触後の速度$\dot{y}(t+)$を与えるプログラムも プログラム：05-1b 接触 反発係数 event 関数 に示しておく。

5.2 接触の表現：弾性接触力

接触を表すもう一つの代表的な表現が，接触をボディの有限時間の変形として表し，その際の接触力をボディどうしの相対的な食い込み量によって表す弾性接触力モデルである。この接触面は，**図 5.4** のようなばねダンパ要素で支持された面でモデル化される。

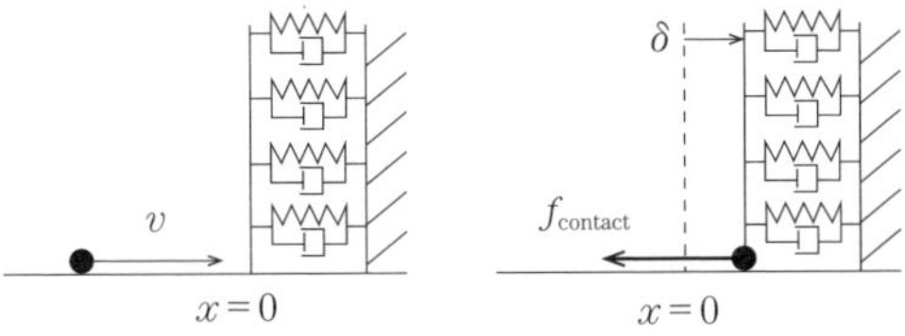

図 5.4 弾性接触力モデル

5.2.1 フックの法則

接触を弾性接触力で表す表現にもいくつかの表現がある。まず考えられるものは，**フックの法則**（Hooke's law）の適用である。

$$f_{\mathrm{contact}}(\delta) = -k_{\mathrm{c}}\delta \tag{5.6}$$

この量 δ は**凹み**，**圧入**（indentation）や**食い込み量**（penetration）と呼ばれる。このモデルはボディの接触を非常に簡便に表すことができる。しかし一方で，実際の接触中には接触面積の変化などがあるのに対し，その影響をこのフックの法則の線形剛性係数 k_{c} のみで考慮することは難しい。

5.2.2 エネルギー散逸を伴う線形弾性接触力モデル（Kelvin-Voigt モデル）

上記のフックの法則を適用した接触モデルには接触によるエネルギー散逸が含まれてない。この点について最も初期に提案されたエネルギー散逸を含む弾性接触力モデルとして **Kelvin-Voigt**（ケルビン-フォークト）**モデル**（Kelvin-Voigt model）[9]が有名である。質点が x 軸上を負の領域から速度 $\dot{x}(0)$ で運動しており，$x=0$ で壁に接触するとし，その接触の食い込み量を δ で表す。そのとき，Kelvin-Voigt モデルは壁との接触を仮想的な線形ばね k_c と線形ダンパ c_c を用いた線形弾性接触力で次式のように表現する。

$$f_{\mathrm{contact}}(\delta)=\begin{cases}-k_c\delta-c_c\dot{\delta} & (\delta>0)\\ 0 & (\delta\leq 0)\end{cases} \tag{5.7}$$

この線形ダンパ c_c は，例えば次式で減衰係数 c_c を調整すれば，反発係数 c_{res} の衝突現象と対応した接触を表すことができる[8)]。

$$c_c=2\zeta_i\sqrt{mk_c},\quad \zeta_i=\frac{-\ln c_{\mathrm{res}}}{\sqrt{\pi^2+(\ln c_{\mathrm{res}})^2}} \tag{5.8}$$

5.2.3　例題 15：Kelvin-Voigt モデルの接触力

接触に Kelvin-Voigt モデルを用いるとき，接触開始から終了までの食い込み量と接触力を解き，図示せよ。

解答

プログラム：05-2 線形弾性接触力

パラメータ値と初期値を**表 5.2** で示す。

表 5.2　プログラムに用いたパラメータの記号，表記，値と説明

記　号	プログラム	値	説　明
m	m	1	質点の質量〔kg〕
Q	Q	0	接触力以外の外力〔N〕
$x(0)$	px0	-0.1	x 方向初期位置〔m〕
$\dot{x}(0)$	dx0	0.2	x 方向初速度〔m/s〕
k_c	kc	1×10^3	Kelvin-Voigt モデルの剛性係数〔N/m〕
c_c	cc	10	Kelvin-Voigt モデルの減衰係数〔Ns/m〕

接触時の Kelvin-Voigt モデルの接触力を**図 5.5** に示す。この図では，ボディが $\delta=0$，$\dot{\delta}>0$ で接触すると（点 A），圧縮相（$\dot{\delta}>0$）では $k_c\delta>0$ かつ $c_c\dot{\delta}>0$ となり，フックの法則の復元力（$k_c\delta$）よりも大きな接触力が生じる（点 B，C）。やがて圧縮相が終わり（点 D），伸張相（$\dot{\delta}<0$）に入ると今度は $k_c\delta>0$，$c_c\dot{\delta}<0$ となりフックの法則の復元力（$k_c\delta$）よりも小さな接触力で接触開始面に戻っていく（点 E，F）。この圧縮相と伸張相の接触力曲線が覆う面積が減衰 c_c によって散逸されたエネルギーを示している。

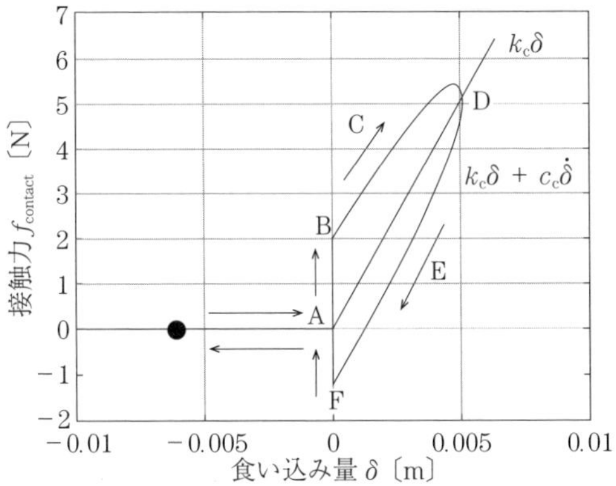

図 5.5　接触力（線形弾性接触力）

5.2.4　例題 16：反発係数と等価減衰係数（Kelvin-Voigt モデル）

Kelvin-Voigt モデルにおける反発係数 c_{res} に対する等価減衰係数 c_c を，式(5.8)を用いて求め，図示せよ。質量 m と線形剛性係数 k_c は表 5.2 の値を用いよ。

解答

プログラム：05-3 線形弾性接触力 反発係数と減衰係数の関係

式(5.8)を用いて反発係数 c_{res} に対する等価減衰係数 c_c を求めた結果を**図 5.6** に示す。反発係数 $c_{res}=1$ の完全弾性衝突のときは等価減衰係数 $c_c=0$ となり，反発係数 c_{res} が小さくなるのに対応して等価減衰係数 c_c が増加する様子が確認できる。

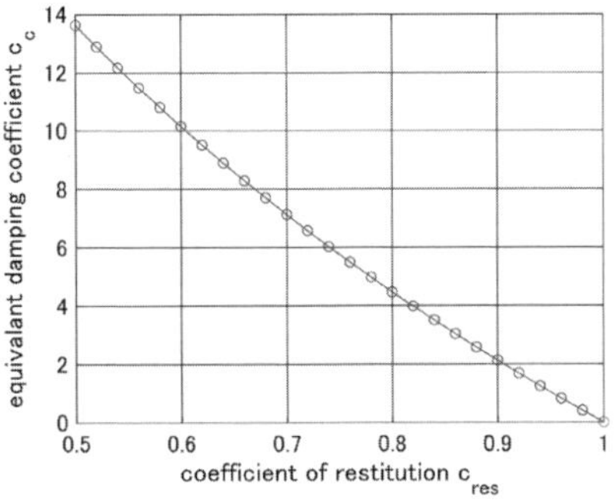

図 5.6　反発係数 c_{res} と等価減衰係数 c_c の関係

5.2.5　例題 17：Kelvin–Voigt モデルの接触力を用いたバウンシング運動の解析

重力の作用のもとで質量 m〔kg〕の質点のバウンシング運動を解くための運動方程式を立てよ。重力加速度は，$g=9.81$〔m/s^2〕とする。初期位置$(x(0), y(0))$〔m〕，初期速度$(\dot{x}(0), \dot{y}(0))$〔m/s〕とする。法線方向の衝突は Kelvin–Voigt モデルによる弾性接触力表現を用い，水平（接線）方向の速度は衝突前後で保たれるとする。

解答

プログラム：05-4 質点 バウンシング 弾性接触力

1 階の運動方程式表現は次式となる。

$$\dot{\boldsymbol{y}}=\begin{Bmatrix}\dot{\boldsymbol{q}}\\ \dot{\boldsymbol{v}}\end{Bmatrix}=\begin{Bmatrix}\boldsymbol{v}\\ \boldsymbol{0}\end{Bmatrix}+\begin{Bmatrix}\boldsymbol{0}\\ \boldsymbol{M}^{-1}\boldsymbol{Q}\end{Bmatrix},\quad \boldsymbol{q}=\begin{Bmatrix}x\\ y\end{Bmatrix},\quad \boldsymbol{M}=\begin{bmatrix}m & 0\\ 0 & m\end{bmatrix} \tag{5.9}$$

一般化外力ベクトル $\boldsymbol{Q}$ は重力と接触力 f_{contact} の和として次式で表される。

$$\boldsymbol{Q}=\begin{Bmatrix}0\\ -mg+f_{\mathrm{contact}}\end{Bmatrix} \tag{5.10}$$

接触力 f_{contact} は，y 方向で考慮し，下記で表される。

$$f_{\mathrm{contact}}=\begin{cases}-k_{\mathrm{c}}y-c_{\mathrm{c}}\dot{y} & (y<0)\\ 0 & (y>0)\end{cases} \tag{5.11}$$

パラメータ値と初期値を**表 5.3** で示す。

表 5.3　プログラムに用いたパラメータの記号，表記，値と説明

記　号	プログラム	値	説　明
g	g	9.81	重力加速度〔m/s^2〕
m	m	5	質点の質量〔kg〕
$x(0)$，$y(0)$	px0，py0	0，1	x, y 方向初期位置〔m〕
$\dot{x}(0)$，$\dot{y}(0)$	dx0，dy0	0.2，0.1	x, y 方向初速度〔m/s〕
k_{c}	kc	1×10^7	Kelvin–Voigt モデルの剛性係数〔N/m〕
c_{c}	cc	500	Kelvin–Voigt モデルの減衰係数〔Ns/m〕

この運動方程式を解いたバウンシングボールの挙動の解析結果を**図 5.7** に示す。エネルギーを散逸しつつボールがバウンドし続けている様子が表されている。

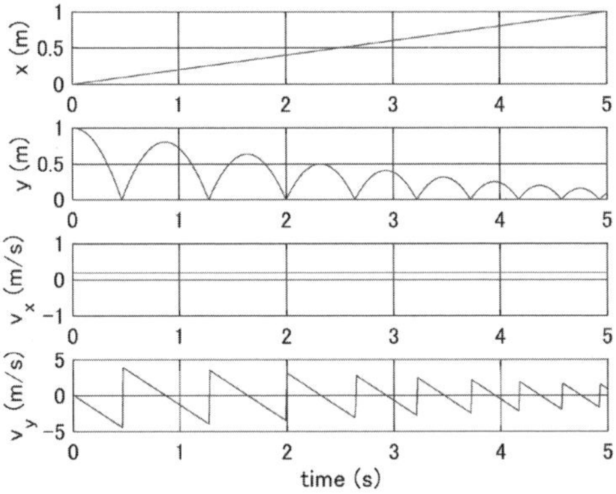

図 5.7 質点のバウンシング運動（Kelvin-Voigt モデル）

5.2.6 エネルギー散逸を伴う線形弾性接触力モデル（負の接触力を避けた Kelvin-Voigt モデル）

5.2.2 項の Kelvin-Voigt モデルによる弾性接触力表現（相対変位 δ の符号だけで判断）は，つぎの二つの点で実際の衝突現象と対応していない。

・接触開始時にいきなり接触力が増える（不連続，図 5.5 の点 B）。

・接触終了時に負の接触力の領域が生じる（図 5.5 の点 F 付近）。

このいずれも，線形減衰力項 $-c_c\dot{\delta}$ により生じる効果である。この二つ目の負の接触力（$f_{\rm contact}(\delta)<0$）は不自然であり，この発生を避けるには，例えば

$$f_{\rm tmp}(\delta) = -k_c\delta - c_c\dot{\delta},$$

$$f_{\rm contact}(\delta) = \begin{cases} f_{\rm tmp}(\delta) & (f_{\rm tmp}(\delta)>0) \\ 0 & (f_{\rm tmp}(\delta)<0) \end{cases} \qquad (5.12)$$

のように負の接触力を避ける表現がある。

5.2.7 例題 18：負の接触力を避けた Kelvin-Voigt モデルの接触力

5.2.3 項の例題 15 と同様，速度 $\dot{x}(0)$ で運動している質量 m の質点の接触を考える。接触には式(5.12)を用いて負の接触力は生じない形式の Kelvin-Voigt モデルを用いるとき，接触開始から終了までの食い込み量と接触力を解き，図示せよ。パラメータ値と初期値は例題 15 と同じとする。

解答

プログラム：05-5 線形弾性接触力（負の接触力回避）

式(5.12)を用いた場合の弾性接触力を**図 5.8**に示す。接触の終盤（点 G）で負の接触力が生じることなく接触から離脱していく様子がわかる。

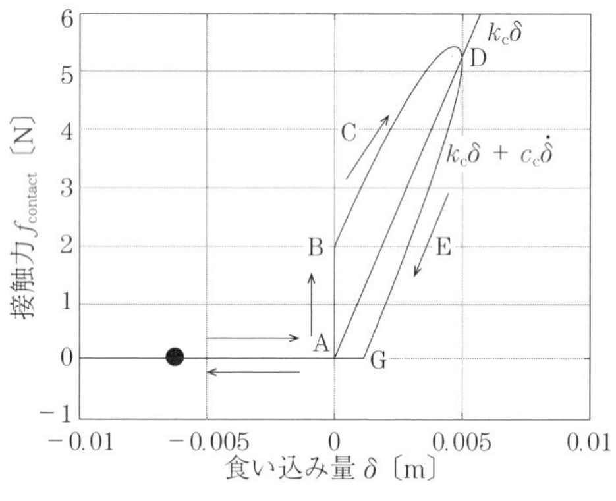

図 5.8　接触力（負の接触力の発生を避けた線形弾性接触力）

5.2.8　Hertz の接触理論

接触力の代表的な表現の一つに **Hertz**（ヘルツ）**の接触理論**（Hertzian contact theory）[10)]があり，広く用いられている。この理論は次式で表される。

$$f_{contact}(\delta) = -K\delta^n \tag{5.13}$$

ここで，δ は食い込み量，K は**一般化剛性パラメータ**（generalized stiffness parameter），n は**非線形指数ファクター**（nonlinear exponent factor）である。この非線形指数ファクター n については，Hertz の接触理論では接触面内の圧力について放物線分布の仮定を置いており，金属材料の場合では $n=3/2$ が用いられ，ガラスや高分子材料では異なる値が用いられる。係数 K は，接触するボディ i とボディ j の形状が球面どうしの場合は下記で与えられる。

$$K = \frac{4}{3(\sigma_i - \sigma_j)}\sqrt{R_{\mathrm{eff}}},\quad R_{\mathrm{eff}} = \frac{R_i R_j}{R_i + R_j} \tag{5.14}$$

R_{eff} は**有効半径**（equivalent radius）であり，R_i，R_j は**図 5.9**のような 2 球面の半径である。ここで，R_i，R_j の符号は，凸面は正，凹面は負で表す。片方の

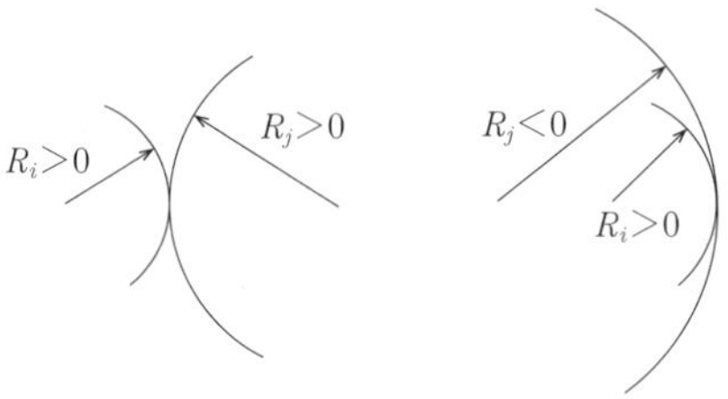

図 5.9 凸面と凸面の接触，凸面と凹面の接触

接触面（例えばボディ j）が平面（$R_j=\infty$）の場合は$\sqrt{R_{\mathrm{eff}}}=\sqrt{R_i}$となる。

σ_i，σ_j は**材料パラメータ**（material parameter）であり，下記で表される。

$$\sigma_* = \frac{1-\nu_*}{E_*} \quad (* = i, j) \tag{5.15}$$

ν_i，ν_j は**ポアソン比**（Poisson's ratio），E_i，E_j は**縦弾性係数**（**ヤング率**，Young's modulus）である。

5.2.9 エネルギー散逸を伴う非線形弾性接触力モデル（Hunt and Crossley モデル）

Hertz の接触理論に基づく非線形表現に対するエネルギー散逸を考慮した接触モデルもいくつか提案されている。例として，**Hunt and Crossley**（**ハント-クロスリー**）**の非線形接触モデル**（Hunt and Crossley's nonlinear contact model）[11]を次式で示す。

$$f_{\mathrm{contact}}(\delta) = -K\delta^n - D\dot{\delta},\ \ D=\chi\delta^n,\ \ \chi=\frac{3K(1-c_{\mathrm{res}})}{2\dot{\delta}^{(-)}} \tag{5.16}$$

ここで，D は**減衰係数**（damping coefficient）である。χ は**ヒステリシス**（**履歴**）**減衰ファクター**（hysteresis damping factor），c_{res} は反発係数，$\dot{\delta}^{(-)}$ は**接触開始時の速度**（relative contact velocity at the initial instant of the contact event）である。このモデルでは，接触によるエネルギー散逸はボディ材料の内部減衰によるもので，熱として消散すると仮定されている。この Hunt and Crossley モデルはその利用の簡単さから広く用いられているが，反発係数 c_{res} が 1 に近い範囲で対応するモデルであることに注意する必要がある。

5.2.10 例題 19：Hunt and Crossley モデルの接触力

5.2.3 項の例題 15 と同様，速度 $\dot{x}(0)$ で運動している質量 m の質点の接触を考える。接触には式(5.16)の Hunt and Crossley モデルを用いる。接触開始から終了までの食い込み量と接触力を解き，図示せよ。

解答

プログラム：05-6 非線形弾性接触力

パラメータ値と初期値を**表 5.4** で示す。Hunt and Crossley モデルの接触力を**図 5.10** に示す。なお，比較のために図には Hertz モデルの接触力（$K\delta^n$）も示す。

表 5.4　プログラムに用いたパラメータの記号，表記，値と説明

記　号	プログラム	値	説　明
m	m	1	質点の質量〔kg〕
Q	Q	0	接触力以外の外力〔N〕
$x(0)$	px0	-0.1	x 方向初期位置〔m〕
$\dot{x}(0)$	dx0	0.2	x 方向初速度〔m/s〕
K	K	2.4×10^4	Hunt and Crossley モデルの剛性係数〔N/m^n〕
c_{res}	cres	0.8	Hunt and Crossley モデルの反発係数

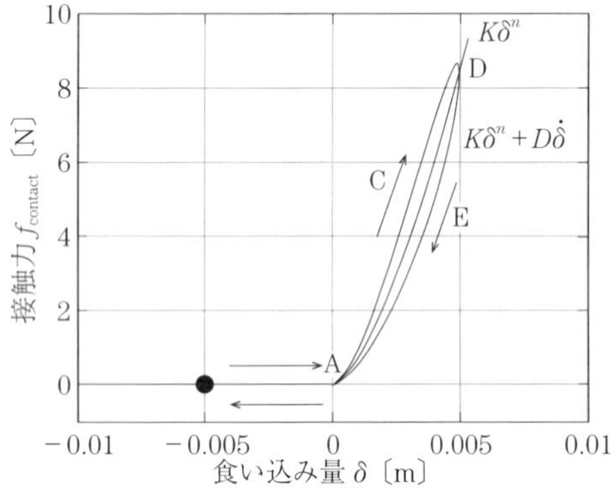

図 5.10　Hunt and Crossley の非線形接触モデルの接触力

図 5.10 より 5.2.6 項で挙げた Kelvin-Voigt モデルの二つの問題点が解消されており，現実的な接触力の表現といえる。なお，このモデルの計算においては，毎衝突で衝突開始時の速度 $\dot{\delta}^{(-)}$ を求め，かつその接触現象中はその値を保つ必要があり，プログラムにおいては工夫が必要となる場合がある。

5.2.11 エネルギー散逸を伴う非線形弾性接触力モデル（その他のモデル）

Hunt and Crossley の非線形接触モデルに類似したものに Lankarani and Nikravesh の非線形接触モデル[12]があり，これは次式で与えられている。

$$f_{\text{contact}}(\delta) = -(K\delta^n + \chi\dot{\delta}),\quad \chi = \frac{3(1-c_{\text{res}}^2)}{4}\frac{K}{\dot{\delta}^{(-)}} \tag{5.17}$$

このモデルは，ヒステリシス（履歴）減衰と関連させた Hertz の接触理論に沿っており，このヒステリシス減衰ファクター χ は接触前後の内部減衰による運動エネルギーの散逸から得られている。

他にも，Hunt and Crossley の非線形接触モデルを基にした発展版が複数提案されており，反発係数 c_{res} の値全体（0 ～ 1）に適応することを目指したものなどがある。これらのいくつかを**表 5.5** にまとめる。それらの詳細やその他の表現については，例えばマルチボディ系の接触に関するレビュー論文[8]に述べられており，その中で各文献が紹介されているので，参照されたい。

表 5.5　接触モデル[8]

モデル	表　記	ヒステリシス減衰ファクター
Kelvin-Voigt[9]	$K\delta + D\dot{\delta}$	5.2.2 項で説明
Anagnostopoulos[13]		$D = 2\xi\sqrt{Km_{\text{eff}}}$, $\xi = \dfrac{-\ln c_{\text{res}}}{\sqrt{\pi^2 + (\ln c_{\text{res}})^2}}$
Hunt and Crossley[11]	$K\delta^n + D\dot{\delta}$	$D = \chi\delta^n$, $\chi = \dfrac{3(1-c_{\text{res}})}{2}\dfrac{K}{\dot{\delta}^{(-)}}$
Lankarani and Nikravesh[12]	$K\delta^{3/2} + \chi\delta^{3/2}\dot{\delta}$	$\chi = \dfrac{3(1-c_{\text{res}}^2)}{4}\dfrac{K}{\dot{\delta}^{(-)}}$
Herbert-McWhannell[14]		$\chi = \dfrac{6(1-c_{\text{res}})}{[(2c_{\text{res}}-1)^2+3]}\dfrac{K}{\dot{\delta}^{(-)}}$
Gonthier ら[15]		$\chi = \dfrac{(1-c_{\text{res}}^2)}{c_{\text{res}}}\dfrac{K}{\dot{\delta}^{(-)}}$
Ye ら[16], Flores ら[17]		$\chi = \dfrac{8(1-c_{\text{res}})}{5c_{\text{res}}}\dfrac{K}{\dot{\delta}^{(-)}}$
Hu and Guo[18]		$\chi = \dfrac{3(1-c_{\text{res}})}{2c_{\text{res}}}\dfrac{K}{\dot{\delta}^{(-)}}$
Safaeifar and Farshidianfar[19]		$\chi = \dfrac{5(1-c_{\text{res}})}{4c_{\text{res}}}\dfrac{K}{\dot{\delta}^{(-)}}$

5.2.12　例題 20：Hunt and Crossley モデルの等価減衰係数の評価

Hunt and Crossley の非線形接触モデルを例にとって図 5.10 のシミュレーションを行え。反発係数 c_{res} を入力（横軸）とし，Hunt and Crossley の非線形接触モデルを用いて壁に対する衝突前後の速度比から反発係数 c_{res} の推定値を求めて縦軸に示し，等価減衰係数の妥当性・適用範囲を評価せよ。

解答

プログラム：05-7 非線形弾性接触力 反発係数と減衰係数の関係

解析結果を**図 5.11** に示す。反発係数 c_{res}（入力）が 1 付近では反発係数 c_{res} の推定値はおおむね正確である。c_{res} の入力値を 1 から減少させていくと，正しい場合の破線に対して Hunt and Crossley の非線形接触モデルによる結果では反発係数 c_{res} の推定値をわずかに大きく評価する。

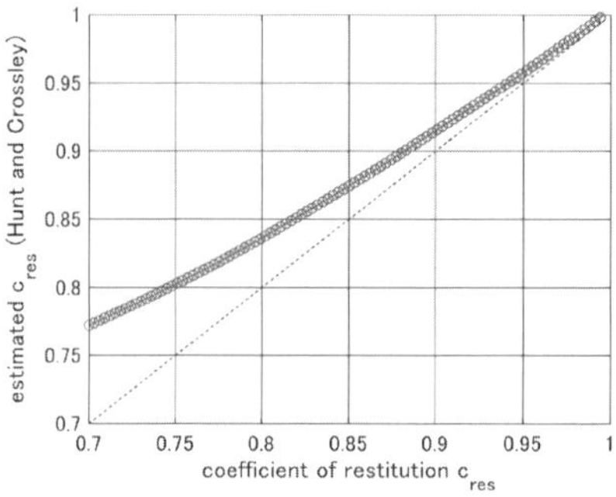

図 5.11　等価減衰係数の評価（Hunt and Crossley の接触力モデル）

5.3　ボディの弾性接触力と摩擦力

5.3.1　クーロン摩擦

ボディの接触を，弾性接触力表現を用いて考える。ボディが重力の作用のもとで，速度 $\dot{x}=v_{\mathrm{G}}$ で運動しており，**図 5.12** に示すように $y=0$ のグラウンドに接触したとする。そのとき，グラウンドとの接触による法線方向の線形弾性接触力 $f_{\mathrm{n}}(y,\dot{y})$ は質点の場合と同様に得られ，用いることができる。

ボディには，法線方向の接触力 f_{n} に加え，接線方向の摩擦力 f_{t} も考慮する。ボディの質量中心 G からボディ上の接触点 A までの位置ベクトルを $\boldsymbol{r}_{\mathrm{A}}$ で表す。

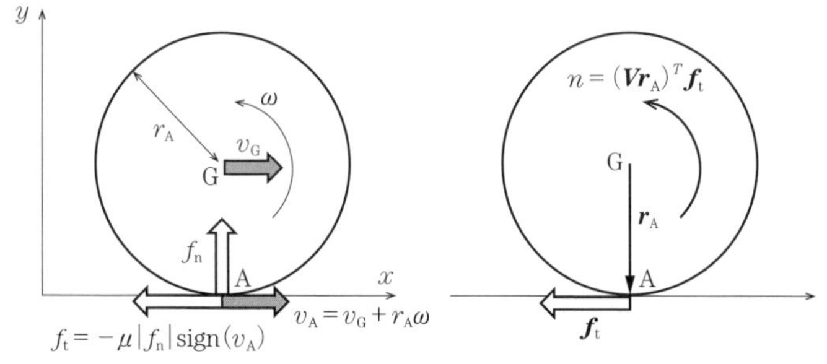

図 5.12　ボディの接触力（法線・接線方向）と接触力によるモーメント

接触点 A におけるボディのグラウンドに対する相対速度 v_A は，ボディの質量中心 G の速度 v_G にボディの回転速度 ω による速度成分 $r_A\omega$ を加えた次式で表される。

$$v_A = v_G + r_A\omega \tag{5.18}$$

接線方向の摩擦力 f_t はこの接触点 A におけるボディのグラウンドに対する相対速度 v_A とは逆方向に作用し，クーロン摩擦でモデル化すると次式で表される。

$$f_t = -\mu|f_n|\mathrm{sign}(v_A) \tag{5.19}$$

ここで，sign は 4.5.1 項の式(4.29)で定義した符号関数である。さらには，ボディには，3.2 節で説明したように，接触点 A で作用する法線方向の接触力 f_n および接線方向の摩擦力 f_t によるモーメントも作用する。このモーメントは次式のような外積で表現できる。

$$n = \tilde{\boldsymbol{r}}_A(\boldsymbol{f}_n + \boldsymbol{f}_t) = (\boldsymbol{V}\boldsymbol{r}_A)^T(\boldsymbol{f}_n + \boldsymbol{f}_t) \tag{5.20}$$

ここで，$\boldsymbol{f}_n$, $\boldsymbol{f}_t$ は法線方向の接触力 f_n と接線方向の摩擦力 f_t を全体基準枠で表現した代数ベクトルである。なお，この図 5.12 の例では外積 $\tilde{\boldsymbol{r}}_A\boldsymbol{f}_n = \boldsymbol{0}$ である。

メモ　atan 関数やシグモイド関数による近似表現

式(5.19)を用いてプログラムを作成すると，転がりに対応する状態において符号の頻繁な切り替わりが発生して実行速度が遅くなることがある。そのような場合にはこの式を atan 関数やシグモイド関数で近似すると，結果はほとんど変わらないままで実行速度が速められる。詳しくは 15.1 節で後述するので参照されたい。

5.3.2　例題 21：ボディの並進運動と回転運動（滑り運動と摩擦力）

図 5.13 に示すような円板形ボディの並進＋回転運動を考える。円板は半径 r_A〔m〕，質量 m〔kg〕とする。回転運動は反時計方向を正とする。重力加速度は $g=9.81$〔m/s^2〕とする。円板は初期状態からつねに地面に接触しているとし，接触点 A で摩擦力が作用する。質量中心の初期位置 $x(0)$〔m〕，初期速度 $\dot{x}(0)$〔m/s〕とし，初期角度 $\theta(0)$〔rad〕，初期角速度 $\omega(0)$〔rad/s〕とする。地面からの垂直抗力は $f_n=mg$ のままとする。摩擦力はクーロン摩擦で，摩擦係数 μ と接触点 A の速度 $v_A=v+r_A\omega$ を用いて $f_t=-\mu|f_n|\mathrm{sign}(v_A)$ で表す。円板の質量中心 G からボディ上の接触点 A への位置ベクトル $\boldsymbol{r}_A=\{0\ -r_A\}^T$，接触力ベクトル $\boldsymbol{f}_n=\{0\quad mg\}^T$，摩擦力ベクトル $\boldsymbol{f}_t=\{f_t\quad 0\}^T$ を用いる。力によるモーメント n には接触力 $\boldsymbol{f}_n$ は寄与せず（$(\boldsymbol{Vr}_A)^T\boldsymbol{f}_n=0$），$n=(\boldsymbol{Vr}_A)^T\boldsymbol{f}_t=f_t(x)r_A$ が作用する。系の運動を求めよ。

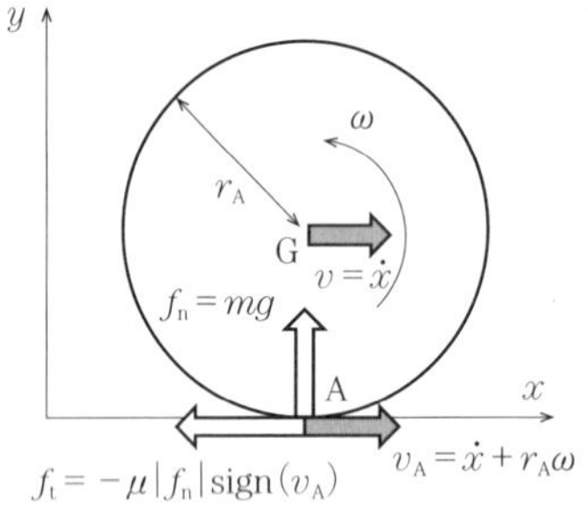

図 5.13　ボディの並進運動と回転運動：滑り運動と摩擦力

解答

プログラム：05-8 剛体 並進運動と回転運動（滑り運動と転がり運動，摩擦力）

パラメータ値と初期値を**表 5.6** で示す。

図 5.14 に解析で得られた物理量の時刻歴を示す。上から円板の水平位置 x_G，回転角度 θ，並進速度 v_G，角速度 ω，そして接触点 A の並進速度 v_A である。1 秒くらいまで滑り運動が生じ，その後，転がり運動（接触点 A の並進速度 $v_A=0$）に転じている。プログラムを実行した際には，全体基準枠で見た円板の回転状態，回転座標で見た相対回転運動状態がアニメーションで示される。

表5.6 プログラムに用いたパラメータの記号，表記，値と説明

記 号	プログラム	値	説 明
g	g	9.81	重力加速度〔m/s^2〕
m	m	5	円板の質量〔kg〕
r_A	r	0.1	円板の半径〔m〕
μ	mu	0.3	摩擦係数
$x(0)$	px(1)	0	x 方向初期位置〔m〕
$\dot{x}(0)$	dx(1)	$(30\times10^3)/3\,600$	x 方向初速度〔m/s〕
$\theta(0)$	theta(1)	0	初期回転角度〔rad〕
$\omega(0)$	dtheta(1)	0	初期回転角速度〔rad/s〕

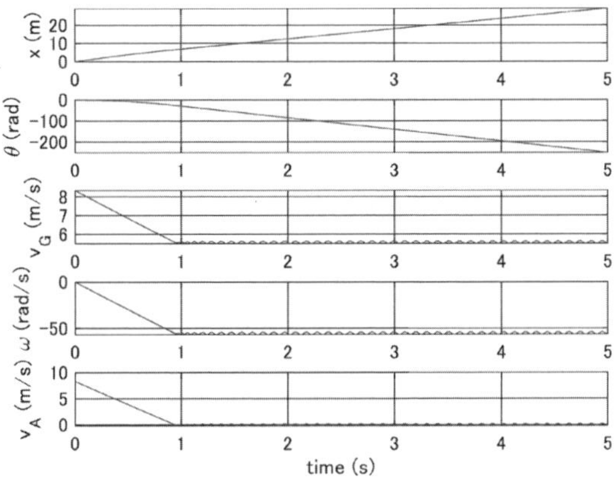

図5.14 ボディの並進運動と回転運動：滑り運動と摩擦力

接触点Aの並進速度 $v_A=0$ で摩擦力が最大静止摩擦力以下であれば，転がり状態に切り替えて1自由度を消去することもできるが，一方でこの転がり状態と滑り状態の切り替えが繰り返され，自由度変化の扱いが煩雑になる場合がある。この例題の解析ではそのような転がり状態への切り替えによる自由度縮小はせず，代わりに，接触点Aの並進速度 v_A によってボディに作用する摩擦力 f_t（x）の向き（符号）を各時刻で切り替えつつ作用させる。その結果として図に示すように接触点Aの速度 v_A はほぼ0に保たれ，転がり運動が擬似的に表現されている。なお，この方法をとったことにより，図の v_G，ω，v_A では1秒以降の時刻歴に微小振動が残っている。

5.3.3　例題 22：ボディのバウンシングからの並進運動と回転運動（滑り運動と転がり運動，摩擦力）

図 5.15 のような円板形ボディのバウンシングからの並進＋回転運動を考える。円板は半径 r_A〔m〕，質量 m〔kg〕とする。回転方向は，反時計方向を正とする。重力加速度は，$g=9.81$〔m/s²〕とする。質量中心の初期位置（$x(0), y(0)$）〔m〕，初期速度（$\dot{x}(0), \dot{y}(0)$）〔m/s〕とし，初期角度 $\theta(0)$〔rad〕，初期角速度 $\omega(0)$〔rad/s〕とする。系の運動を求めよ。

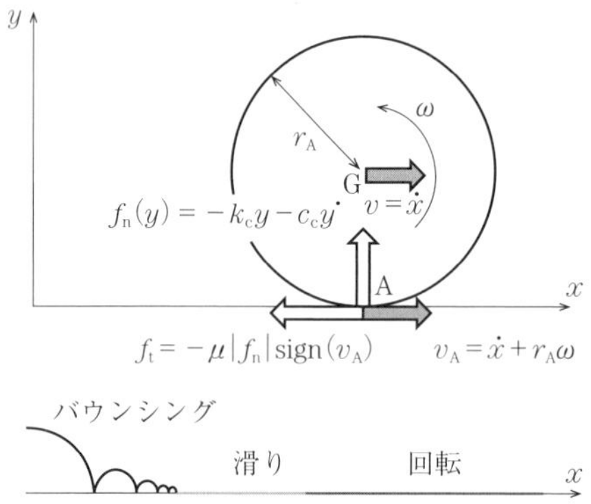

図 5.15　ボディの並進運動と回転運動とバウンシング：弾性接触力と摩擦力

法線方向の弾性接触力は Kelvin-Voigt モデル（$f_n(y)=-k_c y-c_c\dot{y}$）を用いる。また接線方向はクーロン摩擦力で，摩擦係数 μ と接触点 A の速度 $v_A=v+r_A\omega$ を用いて $f_t(x)=-\mu|f_n(y)|\mathrm{sign}(v_A)$ で求める。円板の質量中心 G から接触点 A への位置ベクトル $\boldsymbol{r}_A=\{0\quad -r_A\}^T$，接触力ベクトル $\boldsymbol{f}_n=\{0\quad f_n(y)\}^T$，摩擦力ベクトル $\boldsymbol{f}_t=\{f_t(x)\quad 0\}^T$ である。力によるモーメント n には接触力 $\boldsymbol{f}_n$ は寄与せず（$(\boldsymbol{V}\boldsymbol{r}_A)^T\boldsymbol{f}_n=0$），摩擦力 $\boldsymbol{f}_t$ による $n=(\boldsymbol{V}\boldsymbol{r}_A)^T\boldsymbol{f}_t=f_t(x)r_A$ が作用する。

解答

プログラム：05-9 剛体 バウンシングから滑り運動，転がり運動への移行

系の運動方程式は次式となる。

$$
\begin{aligned}
m\ddot{x}&=-c\dot{x}+f_t(x),\\
m\ddot{y}&=-c\dot{y}+f_n(y)-mg,\\
J\ddot{\theta}&=-c_\theta\dot{y}+n
\end{aligned}
\qquad (5.21)
$$

パラメータ値と初期値を**表 5.7** で示す。

表 5.7　プログラムに用いたパラメータの記号，表記，値と説明

記　号	プログラム	値	説　明
g	g	9.81	重力加速度〔m/s^2〕
m	m	5	円板の質量〔kg〕
r_A	r	0.2	円板の半径〔m〕
μ	mu	0.1	摩擦係数
k_c	kc	0.12×10^7	Kelvin-Voigt モデルの剛性係数〔N/m〕
c_c	cc	600	Kelvin-Voigt モデルの減衰係数〔Ns/m〕
c	cr	0.1	並進運動の減衰係数〔Ns/m〕
c_θ	ctheta	0.001	回転運動の減衰係数〔Nms/rad〕
$x(0)$	px(1)	0	x 方向初期位置〔m〕
$\dot{x}(0)$	dx(1)	30 000/3 600	x 方向初速度〔m/s〕
$y(0)$	py(1)	0.5	y 方向初期位置〔m〕
$\dot{y}(0)$	dy(1)	0	y 方向初速度〔m/s〕
$\theta(0)$	theta(1)	0	初期回転角度〔rad〕
$\omega(0)$	dtheta(1)	0	初期回転角速度〔rad/s〕

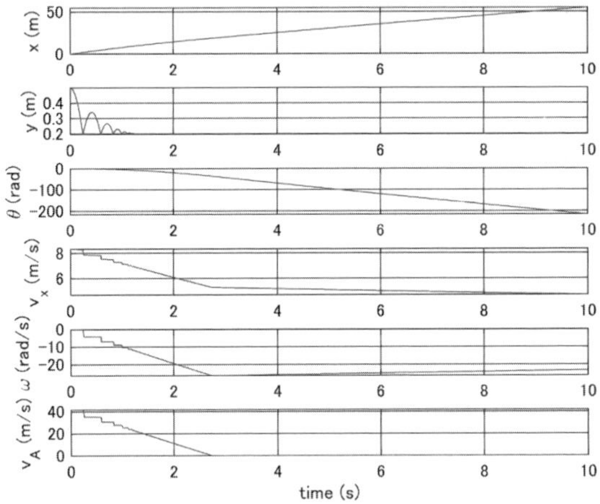

図 5.16　ボディのバウンシング運動から滑り運動，転がり運動

図 5.16 に解析で得られた物理量の時刻歴結果を示す。上から円板の水平位置 x_G，鉛直位置 y_G，回転角度 θ，並進速度 v_G，角速度 ω，そして接触点 A の並進速度 v_A である。1.3 秒くらいまでバウンシング運動が生じ，その後，2.7 秒くらいに滑りながら回転している状態から転がり運動状態に転じている。この解析でも転がり運動は自由度の縮小はせず，摩擦力の作用で擬似的に表現されている。プログラム実行時には，全体基準枠で見た円板の回転状態，回転座標で見た相対回転運動状態がアニメーションで示される。

6

拘束を伴うシステムの運動方程式

本章では，ボディの拘束を学ぶ。ペナルティ法による拘束力の定式化を紹介し，さらに次章の拡大法の準備として拘束式とその速度・加速度方程式を学ぶ。

6.1　運動方程式と拘束力

本章では拘束を伴う系の例として，**図 6.1** の平面振り子の運動解析を行う。ボディの質量を m，質量中心を G，質量中心まわりの慣性モーメントを J とする。そして，ボディの端点 A の位置を**回転ジョイント**（revolute joint）により全体基準枠の原点 O に固定する。このような条件を**拘束**（constraint）と呼び，この点 A を**拘束点**（constraint point）と呼ぶ。

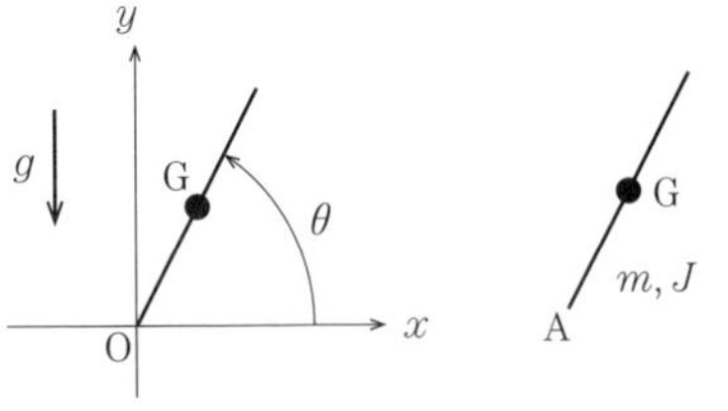

図 6.1　振り子の解析モデル

これまでと同様，ボディの質量中心位置は $\boldsymbol{r} = \{x_{\mathrm{G}} \quad y_{\mathrm{G}}\}^T$ で，姿勢は θ で表す。この解析モデルの一般化座標 $\boldsymbol{q}$ と状態変数 $\boldsymbol{y}$ を，つぎのように定義する。

$$\boldsymbol{q} = \{x_{\mathrm{G}} \quad y_{\mathrm{G}} \quad \theta\}^T = \{\boldsymbol{r}^T \quad \theta\}^T,$$

$$\boldsymbol{v} = \{v_{x\mathrm{G}} \quad v_{y\mathrm{G}} \quad \omega\}^T = \{\boldsymbol{v}^T \quad \omega\}^T,$$

$$\boldsymbol{y} = \{x_{\mathrm{G}} \quad y_{\mathrm{G}} \quad \theta \quad v_{x\mathrm{G}} \quad v_{y\mathrm{G}} \quad \omega\}^T = \{\boldsymbol{r}^T \quad \theta \quad \boldsymbol{v}^T \quad \omega\}^T \tag{6.1}$$

点Aが原点Oに回転ジョイントで拘束されているため，ボディには点Aにおいて回転ジョイント拘束による拘束力$\boldsymbol{f}^{(C)}$が作用する。さらに，その拘束力$\boldsymbol{f}^{(C)}$によるモーメント$n^{(C)}$も作用する。

メモ　ある点に作用する力の別の点における置き換え（力とモーメント）
ボディのある点（例えば点A）に作用する力は，3.2節で説明したように，ボディの点Gにそのまま平行移動した力と，その力が点Gまわりに作用させるモーメントの和に置き換えられる（図3.5参照）。そして，この力はボディの並進運動で加味し，この力によるモーメントはボディの回転運動の式で加味する。

ボディの並進運動については，3.1節で求めた全体基準枠Oにおけるボディの並進運動に関する運動方程式(3.2)に，点Aの回転ジョイント拘束による拘束力$\boldsymbol{f}^{(C)}$を加え，次式となる。なお，$\boldsymbol{f}$は外力である。

$$m\ddot{\boldsymbol{r}}=\boldsymbol{f}+\boldsymbol{f}^{(C)},\quad \boldsymbol{r}=\{x_G \quad y_G\}^T,\quad \boldsymbol{f}=\{0 \quad -mg\}^T \tag{6.2}$$

ボディの回転運動については，3.1節で求めた質量中心Gまわりの回転に関する運動方程式(3.2)に，点Aにおける回転ジョイントの拘束による拘束モーメント$n^{(C)}$を加え，次式となる。なお，nは外モーメントである。

$$J\ddot{\theta}=n+n^{(C)} \tag{6.3}$$

式(6.2)，(6.3)をまとめると拘束を含む系の運動方程式が得られる。

$$\boldsymbol{M}\ddot{\boldsymbol{q}}=\boldsymbol{Q}+\boldsymbol{Q}^{(C)},$$

$$\boldsymbol{M}=\mathrm{diag}[m \quad m \quad J],\quad \boldsymbol{Q}=\begin{Bmatrix}\boldsymbol{f}\\ n\end{Bmatrix},\quad \boldsymbol{Q}^{(C)}=\begin{Bmatrix}\boldsymbol{f}^{(C)}\\ n^{(C)}\end{Bmatrix} \tag{6.4}$$

ここで，$\boldsymbol{Q}^{(C)}$は一般化拘束力ベクトルである。また，図6.1の場合は，$\boldsymbol{f}^{(C)}\neq\boldsymbol{0}$，$n^{(C)}\neq 0$，$\boldsymbol{f}\neq\boldsymbol{0}$，$n=0$である。この系の運動方程式は，おもにつぎの三つの方法で表すことができる。

① **ペナルティ法**　　一つ目は**ペナルティ法**（penalty method）である。これは長さ0の硬いばねで点Aと原点Oを接続することにより拘束力ベクトル$\boldsymbol{Q}^{(C)}$を表し，回転ジョイント拘束を擬似的に表現する定式化である。ペナルティ法では，扱う変数の数は系の自由度nのまま変化しない（図6.1の場合

は $n=3$)。

② **拡大法**　二つ目は**拡大法**（augmented method）である。これは，系の一般化座標 $\boldsymbol{q}=\{\boldsymbol{r}^T \quad \theta\}^T$ の三つの変数を用いた運動方程式に加え，点Aの回転ジョイント拘束を**拘束式**（constraint equation）で表して，同時に用いて解いていく方法である。拘束式の一般的な形は次式となる。

$$\boldsymbol{C}(\boldsymbol{q}, t)=\boldsymbol{0} \tag{6.5}$$

図6.1のボディの運動ではこの拘束は，点Aの位置 $\boldsymbol{r}_A=\{x_A \quad y_A\}^T$ を原点Oの位置 $\boldsymbol{r}_O=\{0 \quad 0\}^T$ に固定する二つの条件となる。この場合，系の自由度 $n=3$ と拘束数 $m=2$ から，扱う変数の数はつぎのようになる。

$$n+m=3+2=5 \tag{6.6}$$

すなわち，この拡大法では図6.1のボディの運動を五つの式を同時に解いて求めていく。これは，「二つの拘束をつねに満足しつつ」＋「三つの変数の運動方程式を解く」ことを意味している。拡大法は，定式化が対象によらずほとんど同じ手順で行える利点があるが，ボディ数が多くなると扱う変数および式の数が多くなり，計算コスト的には不利である。なお，拘束の表し方としては上記の②拡大法の発展形として，拡大法とペナルティ法の複合形式もある[20]。

③ **消去法**　三つ目は**消去法**（elimination method）である。これは，点Aが全体基準枠の原点Oに回転ジョイントで拘束されている条件の二つの拘束式 $\boldsymbol{C}(\boldsymbol{q}, t)=\boldsymbol{0}$ を用いて，ボディの一般化座標 $\boldsymbol{q}=\{x_G \quad y_G \quad \theta\}^T$ の3変数から2変数を消去する方法である。この場合，系の自由度 n と拘束数 m から，扱う変数の数はつぎのようになる。

$$n-m=3-2=1 \tag{6.7}$$

図6.1のボディの運動の例では，三つの運動方程式から拘束により1変数（例えば θ）に関する運動方程式に変形する。その場合，拘束されたボディの運動がわかりやすい変数を残せばよい。消去法は，変数の数が自由度と同じになるので計算コスト的に有利である。

本書では，おもにこの二つ目の拡大法を用いて説明と例題による実践を進める。その他については比較のために，ペナルティ法は6.2節で，消去法は7.4節で概要を述べ，それぞれいくつかの例題を扱う程度にとどめる。

6.2 ペナルティ法

ペナルティ法による定式化を行う。ここでは，位置拘束を**長さ0の硬いばね** k_c で表現する。すなわち図6.1では，原点 $\mathrm{O} = \{0 \quad 0\}^T$ に拘束したい点Aの位置 $\boldsymbol{r}_\mathrm{A} = \{x_\mathrm{A} \quad y_\mathrm{A}\}^T$ に対して，硬いばねで点Oに戻す力 $\boldsymbol{f}^{(\mathrm{C})}$ を作用させる。

$$\boldsymbol{f}^{(\mathrm{C})} = -k_c \boldsymbol{r}_\mathrm{A} \tag{6.8}$$

6.2.1 例題23：剛体振り子の解析（ペナルティ法）

図6.2に示すように，長さ $2l$，質量 m，慣性モーメント J のボディがある。ボディの点Aは原点Oに回転ジョイント拘束され，この回転ジョイント拘束はペナルティ法で表す。

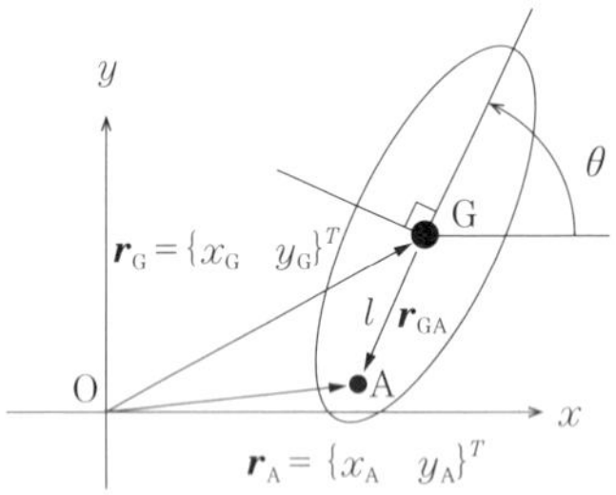

図6.2　振り子の解析モデル

(1)　ペナルティ法による一般化拘束力ベクトル $\boldsymbol{Q}^{(\mathrm{C})}$ を示せ。

(2)　重力加速度は g〔m/s^2〕とし，鉛直下方に作用するとする。そのとき，このボディの運動方程式を式(3.9)の形で具体的に表し，運動を解け。

解答

(1)　回転ジョイント拘束をペナルティ法（長さ0の硬いばね k_c で支持）で表す。点Aの位置ベクトル $\boldsymbol{r}_\mathrm{A}$ は式(4.12)で示した座標変換マトリックス $\boldsymbol{A}_\mathrm{OG}(\theta)$ を用いて表す。ボディの質量中心Gからその固定点Aまでの位置ベクトルを $\boldsymbol{r}_\mathrm{GA}$ とする。そのとき，点Aでボディに作用する拘束力 $\boldsymbol{f}^{(\mathrm{C})}$ は次式となる。

$$\boldsymbol{f}^{(\mathrm{C})} = -k_c \boldsymbol{r}_{\mathrm{A}},$$

$$\boldsymbol{r}_{\mathrm{A}} = \boldsymbol{r}_{\mathrm{G}} + \boldsymbol{r}_{\mathrm{GA}},\ \ \boldsymbol{r}_{\mathrm{GA}} = \boldsymbol{A}_{\mathrm{OG}}(\theta)\boldsymbol{r}'_{\mathrm{GA}},\ \ \boldsymbol{r}'_{\mathrm{GA}} = \{-l \quad 0\}^T \tag{6.9}$$

また，拘束力$\boldsymbol{f}^{(\mathrm{C})}$がボディの質量中心G以外の点Aに作用するので，ボディには**図6.3**に示すように拘束力$\boldsymbol{f}^{(\mathrm{C})}$によるモーメント$n^{(\mathrm{C})}$も作用する。このモーメント$n^{(\mathrm{C})}$は式(3.14)より次式である。

$$n^{(\mathrm{C})} = (\boldsymbol{V}\boldsymbol{r}_{\mathrm{GA}})^T \boldsymbol{f}^{(\mathrm{C})} = x_{\mathrm{GA}} f_y^{(\mathrm{C})} - y_{\mathrm{GA}} f_x^{(\mathrm{C})} \tag{6.10}$$

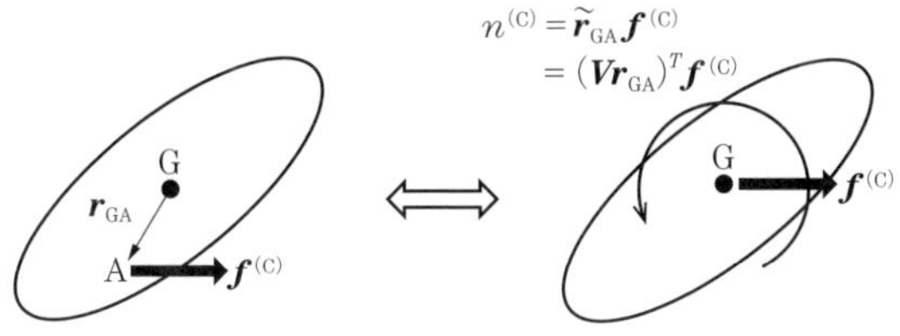

図6.3　拘束力によるモーメント$n^{(\mathrm{C})}$

以上をまとめると，一般化拘束力ベクトル$\boldsymbol{Q}^{(\mathrm{C})}$は次式となる。

$$\boldsymbol{Q}^{(\mathrm{C})} = \begin{Bmatrix} \boldsymbol{f}^{(\mathrm{C})} \\ n^{(\mathrm{C})} \end{Bmatrix} \tag{6.11}$$

(2)　この系の質量マトリックス$\boldsymbol{M}$，一般化外力ベクトル$\boldsymbol{Q}$，一般化座標$\boldsymbol{q}$は次式となる。

$$\boldsymbol{M} = \mathrm{diag}[m \quad m \quad J],\ \ \boldsymbol{Q} = \{\boldsymbol{f}^T \quad n\}^T = \{0 \quad -mg \quad 0\}^T,$$

$$\boldsymbol{y} = \{\boldsymbol{q}^T \quad \boldsymbol{v}^T\}^T,\ \ \boldsymbol{q} = \{x_{\mathrm{G}} \quad y_{\mathrm{G}} \quad \theta\}^T,\ \ \boldsymbol{v} = \{v_{x\mathrm{G}} \quad v_{y\mathrm{G}} \quad \omega\}^T \tag{6.12}$$

これらを用いると，このボディの運動方程式は式(3.9)の形で次式となる。

$$\dot{\boldsymbol{y}} = \begin{bmatrix} \boldsymbol{0} & \boldsymbol{I} \\ \boldsymbol{0} & \boldsymbol{0} \end{bmatrix} \boldsymbol{y} + \begin{Bmatrix} \boldsymbol{0} \\ \boldsymbol{M}^{-1}(\boldsymbol{Q} + \boldsymbol{Q}^{(\mathrm{C})}) \end{Bmatrix} \qquad \text{Ref.(3.9)}$$

プログラム：06-1 単振り子 回転J拘束 ペナルティ法

パラメータ値と初期値を**表6.1**で示す。

図6.4に結果を示す。図(a)がペナルティ法，図(b)が7.3.1項（例題30（プログラム：07-1 剛体振り子 回転J拘束 拡大法）で述べる拡大法を用いた場合である。両者の結果は一致しており，それぞれの方法の有効性が確認できる。

メモ　ペナルティ法の剛性係数の数値の影響

ペナルティ法の剛性係数の数値のとり方により，挙動が変化することに注意しておく。このことは9.3.4項の発展演習2の図9.10で示しているので確認されたい。また，本例題でも剛性係数の数値を変えてその影響を確認されたい。

表 6.1　プログラムに用いたパラメータの記号，表記，値と説明

記　号	プログラム	値	説　明
g	g	9.81	重力加速度〔m/s^2〕
m	m	5	振り子の質量〔kg〕
l	l	1	振り子の長さの半分〔m〕
J	J	$m(2l)^2/12$	慣性モーメント〔kgm^2〕
k_c	kC	1×10^5	ペナルティ法の剛性係数〔N/m〕
$\theta(0)$	theta(1)	$-45\pi/180$	振り子の初期角度〔rad〕
$x(0)$	px(1)	$l\cos\theta(0)$	振り子の x 方向初期位置〔m〕
$y(0)$	py(1)	$l\sin\theta(0)$	振り子の y 方向初期位置〔m〕
$\dot{\theta}(0)$	dtheta(1)	0	振り子の初期角速度〔rad/s〕
$\dot{x}(0)$	dx(1)	0.1	振り子の x 方向初速度〔m/s〕
$\dot{y}(0)$	dy(1)	0.1	振り子の y 方向初速度〔m/s〕

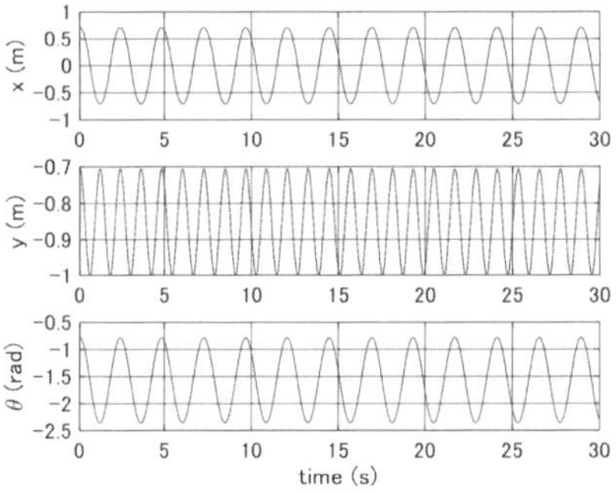

(a)　ペナルティ法

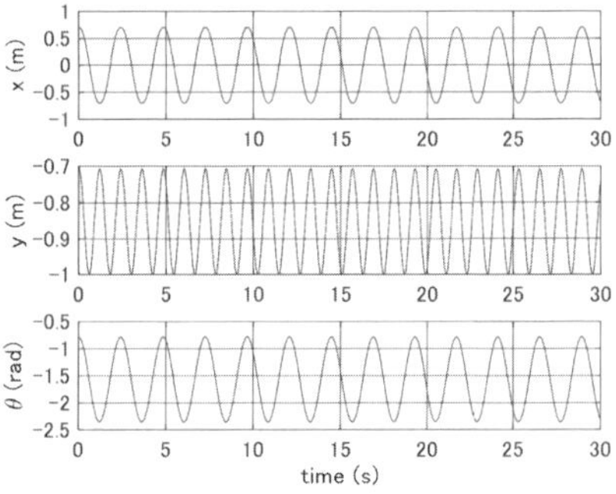

(b)　拡大法

図 6.4　ペナルティ法と拡大法を用いた振り子の解析

6.2.2　例題 24：剛体 2 重振り子の解析（ペナルティ法）

図 6.5 に示すような，長さ $2l$，質量 m，慣性モーメント J のボディが二つある系を考える。ボディ 1 は一端（点 A_1）が回転ジョイントで全体基準枠の原点 O に固定され，ボディ 1 の他端（点 B_1）はもう一つのボディ 2 の一端（点 A_2）と回転ジョイントで接続されている。回転ジョイント拘束をペナルティ法で表す。

(1)　ペナルティ法による一般化拘束力ベクトル $\boldsymbol{Q}^{(C)}$ を示せ。

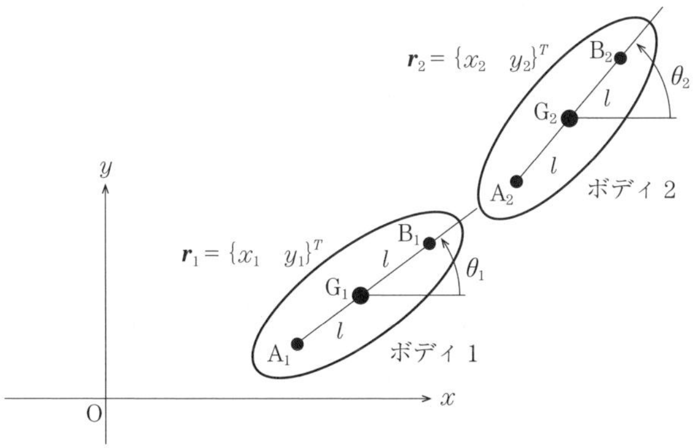

図 6.5　2重振り子系の解析モデル

(2)　重力加速度は g〔m/s²〕とし，鉛直下方に作用するとする。運動方程式を式(3.9)の形で表し，運動を解け。

解答

(1)　回転ジョイント拘束をペナルティ法（長さ0の硬いばね k_c で支持）で表す。点 A_1 でボディ1に作用する拘束力 $\boldsymbol{f}_{A1}^{(C)}$ およびこの拘束力に起因するモーメント $n_{A1}^{(C)}$ は，6.2.1項の例題23と同じであり，次式となる。

$$\boldsymbol{r}_{A1} = \boldsymbol{r}_{G1} + \boldsymbol{r}_{G1A1},\ \boldsymbol{r}_{G1A1} = \boldsymbol{A}_{OG1}(\theta_1)\boldsymbol{r}'_{G1A1},$$
$$\boldsymbol{r}'_{G1A1} = \{-l \quad 0\}^T,\ \boldsymbol{r}_{G1} = \{x_1 \quad y_1\}^T,$$
$$\boldsymbol{f}_{A1}^{(C)} = -k_c\boldsymbol{r}_{A1},\ n_{A1}^{(C)} = (\boldsymbol{V}\boldsymbol{r}_{G1A1})^T\boldsymbol{f}_{A1}^{(C)} \tag{6.13}$$

同様に，ボディ1の点 B_1 とボディ2の点 A_2 の回転ジョイント拘束もペナルティ法で表す。点 B_1 から見た点 A_2 の位置ベクトル $\boldsymbol{r}_{B1A2}$ は次式となる。

$$\boldsymbol{r}_{B1} = \boldsymbol{r}_{G1} + \boldsymbol{r}_{G1B1},\ \boldsymbol{r}_{G1B1} = \boldsymbol{A}_{OG1}(\theta_1)\boldsymbol{r}'_{G1B1},\ \boldsymbol{r}'_{G1B1} = \{l \quad 0\}^T,$$
$$\boldsymbol{r}_{A2} = \boldsymbol{r}_{G2} + \boldsymbol{r}_{G2A2},\ \boldsymbol{r}_{G2A2} = \boldsymbol{A}_{OG2}(\theta_2)\boldsymbol{r}'_{G2A2},\ \boldsymbol{r}'_{G2A2} = \{-l \quad 0\}^T,$$
$$\boldsymbol{r}_{G1} = \{x_1 \quad y_1\}^T,\ \boldsymbol{r}_{G2} = \{x_2 \quad y_2\}^T,\ \boldsymbol{r}_{B1A2} = \boldsymbol{r}_{A2} - \boldsymbol{r}_{B1} \tag{6.14}$$

回転ジョイントにより点 B_1 でボディ2からボディ1に作用する拘束力 $\boldsymbol{f}_{A2B1}^{(C)}$ およびこの拘束力に起因するモーメント $n_{A2B1}^{(C)}$ は次式となる。

$$\boldsymbol{f}_{A2B1}^{(C)} = -k_c\boldsymbol{r}_{A2B1} = -k_c(\boldsymbol{r}_{B1} - \boldsymbol{r}_{A2}),\ n_{A2B1}^{(C)} = (\boldsymbol{V}\boldsymbol{r}_{G1B1})^T\boldsymbol{f}_{A2B1}^{(C)} \tag{6.15}$$

逆に，作用反作用で，回転ジョイントにより点 A_2 でボディ1からボディ2に作用する拘束力 $\boldsymbol{f}_{B1A2}^{(C)}$ およびこの拘束力に起因するモーメント $n_{B1A2}^{(C)}$ は次式となる。

$$\boldsymbol{f}_{B1A2}^{(C)} = -\boldsymbol{f}_{A2B1}^{(C)},\ n_{B1A2}^{(C)} = (\boldsymbol{V}\boldsymbol{r}_{G2A2})^T\boldsymbol{f}_{B1A2}^{(C)} \tag{6.16}$$

以上をまとめると，一般化拘束力ベクトル $\boldsymbol{Q}^{(C)}$ は次式となる。

$$\boldsymbol{Q}^{(C)}=\{\boldsymbol{Q}_1^{(C)T}\quad \boldsymbol{Q}_2^{(C)T}\}^T,\ \ \boldsymbol{Q}_1^{(C)}=\boldsymbol{Q}_{A1}^{(C)}+\boldsymbol{Q}_{B1}^{(C)},\ \ \boldsymbol{Q}_2^{(C)}=\boldsymbol{Q}_{A2}^{(C)},$$
$$\boldsymbol{Q}_{A1}^{(C)}=\begin{Bmatrix}\boldsymbol{f}_{A1}^{(C)}\\ n_{A1}^{(C)}\end{Bmatrix},\ \ \boldsymbol{Q}_{B1}^{(C)}=\begin{Bmatrix}\boldsymbol{f}_{A2B1}^{(C)}\\ n_{A2B1}^{(C)}\end{Bmatrix},\ \ \boldsymbol{Q}_{A2}^{(C)}=\begin{Bmatrix}\boldsymbol{f}_{B1A2}^{(C)}\\ n_{B1A2}^{(C)}\end{Bmatrix} \tag{6.17}$$

(2)　系の質量マトリックス$\boldsymbol{M}$，一般化外力ベクトル$\boldsymbol{Q}$，一般化座標$\boldsymbol{q}$は次式となる。

$$\boldsymbol{M}=\mathrm{diag}[\boldsymbol{M}_1\quad \boldsymbol{M}_2],\ \ \boldsymbol{M}_1=\boldsymbol{M}_2=\mathrm{diag}[m\quad m\quad J],$$
$$\boldsymbol{Q}=\{\boldsymbol{Q}_1^T\quad \boldsymbol{Q}_2^T\}^T,\ \ \boldsymbol{Q}_1=\boldsymbol{Q}_2=\{0\quad -mg\quad 0\}^T,$$
$$\boldsymbol{y}=\{\boldsymbol{q}^T\quad \boldsymbol{v}^T\}^T,\ \ \boldsymbol{q}=\{\boldsymbol{q}_1^T\quad \boldsymbol{q}_2^T\}^T,\ \ \boldsymbol{v}=\{\boldsymbol{v}_1^T\quad \boldsymbol{v}_2^T\}^T,$$
$$\boldsymbol{q}_1=\{x_{G1}\quad y_{G1}\quad \theta_1\}^T,\ \ \boldsymbol{q}_2=\{x_{G2}\quad y_{G2}\quad \theta_2\}^T,$$
$$\boldsymbol{v}_1=\{v_{xG1}\quad v_{yG1}\quad \omega_1\}^T,\ \ \boldsymbol{v}_2=\{v_{xG2}\quad v_{yG2}\quad \omega_2\}^T \tag{6.18}$$

ここで，例えば$\boldsymbol{q}_1$と$\boldsymbol{v}_1$はボディ1の質量中心G_1の一般化座標とその速度および角速度を示す。以上からこの系の運動方程式は式(3.9)の形で次式となる。

$$\dot{\boldsymbol{y}}=\begin{bmatrix}\boldsymbol{0} & \boldsymbol{I}\\ \boldsymbol{0} & \boldsymbol{0}\end{bmatrix}\boldsymbol{y}+\begin{Bmatrix}\boldsymbol{0}\\ \boldsymbol{M}^{-1}(\boldsymbol{Q}+\boldsymbol{Q}^{(C)})\end{Bmatrix} \qquad \text{Ref.(3.9)}$$

プログラム：06-2 2 重振り子 回転 J 拘束 ペナルティ法

パラメータ値と初期値を**表6.2**で示す。

表6.2　プログラムに用いたパラメータの記号，表記，値と説明

記　号	プログラム	値	説　明
g	g	9.81	重力加速度〔m/s^2〕
m_1	m1	5	ボディ1の質量〔kg〕
m_2	m2	5	ボディ2の質量〔kg〕
l_1	l1	1	ボディ1の長さの半分〔m〕
l_2	l2	1	ボディ2の長さの半分〔m〕
J_1	J1	$m_1(2l_1)^2/12$	ボディ1の慣性モーメント〔kgm^2〕
J_2	J2	$m_2(2l_2)^2/12$	ボディ2の慣性モーメント〔kgm^2〕
k_c	kC	1×10^6	ペナルティ法の剛性係数〔N/m〕
k_{rs1}	krs1	0	ボディ1とグラウンド間の 回転ばね定数〔Nm/rad〕
c_{rs1}	crs1	0	ボディ1グラウンド間の 回転減衰定数〔Nms/rad〕
k_{rs2}	krs2	0	ボディ1，2間の回転ばね定数〔Nm/rad〕
c_{rs2}	crs2	0	ボディ1，2間の回転減衰定数〔Nms/rad〕
$\theta_1(0)$	theta(1)	$80\pi/180$	ボディ1の初期角度〔rad〕
$x_1(0)$	px(1)	$l_1\cos\theta_1(0)$	ボディ1のx方向初期位置〔m〕
$y_1(0)$	py(1)	$l_1\sin\theta_1(0)$	ボディ1のy方向初期位置〔m〕

表 6.2　(つづき)

記　号	プログラム	値	説　明
$\dot{\theta}_1(0)$	dtheta(1)	0	ボディ 1 の初期角速度〔rad〕
$\dot{x}_1(0)$	dx(1)	0	ボディ 1 の x 方向初速度〔m/s〕
$\dot{y}_1(0)$	dy(1)	0	ボディ 1 の y 方向初速度〔m/s〕
$\theta_2(0)$	theta(2)	$80\pi/180$	ボディ 2 の初期角度〔rad〕
$x_2(0)$	px(2)	$2l_1 \cos\theta_1(0)$ $+l_2\cos\theta_2(0)$	ボディ 2 の x 方向初期位置〔m〕
$y_2(0)$	py(2)	$2l_1 \sin\theta_1(0)$ $+l_2\sin\theta_2(0)$	ボディ 2 の y 方向初期位置〔m〕
$\dot{\theta}_2(0)$	dtheta(2)	0	ボディ 2 の初期角速度〔rad/s〕
$\dot{x}_2(0)$	dx(2)	0	ボディ 2 の x 方向初速度〔m/s〕
$\dot{y}_2(0)$	dy(2)	0	ボディ 2 の y 方向初速度〔m/s〕

図 6.6 に結果を示す。図(a)がペナルティ法，図(b)が 7 章で説明する拡大法を用いた場合(9.3.2 項の例題 40，プログラム：09-2 2 重振り子 回転 J 拘束 拡大法)である。両者の結果は一致しており，ペナルティ法の有効性が確認できる。

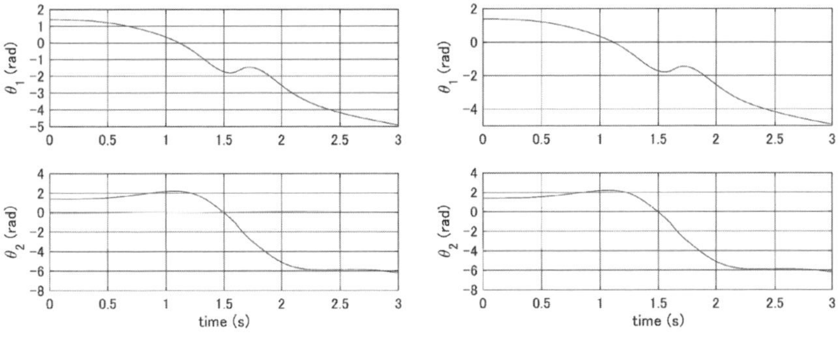

(a)　ペナルティ法　　(b)　拘束式（拡大法）

図 6.6　ペナルティ法と拡大法を用いた 2 重振り子の解析

6.2.3　例題 25：直方体の頂点で支持する剛体振り子（ペナルティ法）

図 6.7 に示すように直方体の頂点 A で支持する剛体振り子を考える。直方体の頂点 A の位置を全体基準枠の原点 O に回転ジョイント拘束する。重力加速度は，$g=9.81$〔m/s^2〕とする。回転ジョイント拘束はペナルティ法で表す。

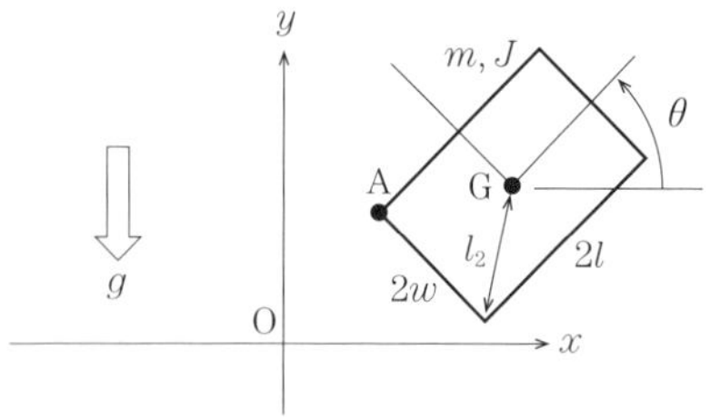

図 6.7　直方体の頂点 A で支持する剛体振り子

(1)　ペナルティ法による一般化拘束力ベクトル $\boldsymbol{Q}^{(C)}$を示せ。

(2)　初期条件を適切に与え，運動を示せ。

解答

(1)　6.2.1 項の例題 23 を参考に考える。回転ジョイント拘束をペナルティ法（長さ 0 の硬いばね k_c で支持）で表す。ボディの座標変換マトリックスを $\boldsymbol{A}_{OG}(\theta)$，質量中心 G から頂点 A までの位置ベクトルを $\boldsymbol{r}_{GA}$ とする。ボディに作用する拘束力 $\boldsymbol{f}^{(C)}$，その拘束力によるモーメント $n^{(C)}$，一般化拘束力ベクトル $\boldsymbol{Q}^{(C)}$は次式となる。

$$\boldsymbol{r}_A=\boldsymbol{r}_G+\boldsymbol{r}_{GA},\ \ \boldsymbol{r}_{GA}=\boldsymbol{A}_{OG}(\theta)\boldsymbol{r}'_{GA},\ \ \boldsymbol{r}'_{GA}=\{-l \quad w\}^T,$$

$$\boldsymbol{f}^{(C)}=-k_c\,\boldsymbol{r}_A,\ \ n^{(C)}=(\boldsymbol{V}\boldsymbol{r}_{GA})^T\boldsymbol{f}^{(C)},\ \ \boldsymbol{Q}^{(C)}=\begin{Bmatrix}\boldsymbol{f}^{(C)}\\ n^{(C)}\end{Bmatrix} \tag{6.19}$$

(2)　運動方程式は，6.2.1 項の例題 23 で示した式 Ref.(3.9)，式(6.12)と同じであり，一般化拘束力ベクトル $\boldsymbol{Q}^{(C)}$のみ式(6.19)を用いればよい。

プログラム：06-3 角点支持の剛体振り子 回転 J 拘束 ペナルティ法

パラメータ値と初期値を**表 6.3** で示す。

表 6.3　プログラムに用いたパラメータの記号，表記，値と説明

記　号	プログラム	値	説　明
g	g	9.81	重力加速度〔m/s^2〕
m	m	5	振り子の質量〔kg〕
l	l	$\sqrt{3}/2$	振り子の長さの半分〔m〕
w	w	0.5	振り子の幅の半分〔m〕
l_2	l2	1	振り子対角線の長さの半分〔m〕
J	J	$ml^2/9$	慣性モーメント〔kgm^2〕
k_c	kC	1×10^6	ペナルティ法の剛性係数〔N/m〕
$\theta(0)$	theta(1)	$-45\pi/180$	振り子の初期角度〔rad〕
$x(0)$	px(1)	$l_2\cos\theta(0)$	振り子の x 方向初期位置〔m〕
$y(0)$	py(1)	$l_2\sin\theta(0)$	振り子の y 方向初期位置〔m〕

表 6.3　（つづき）

記　号	プログラム	値	説　明
$\dot{\theta}(0)$	dtheta(1)	0	振り子の初期角速度〔rad/s〕
$\dot{x}(0)$	dx(1)	−3.5	振り子の x 方向初速度〔m/s〕
$\dot{y}(0)$	dy(1)	−3.5	振り子の y 方向初速度〔m/s〕
ϕ	phi2	$\pi/3$	振り子対角線の交わる角度〔rad〕（描画で利用）

図 6.8 に結果を示す。ペナルティ法を用いた回転ジョイント拘束の有効性が確認できる。

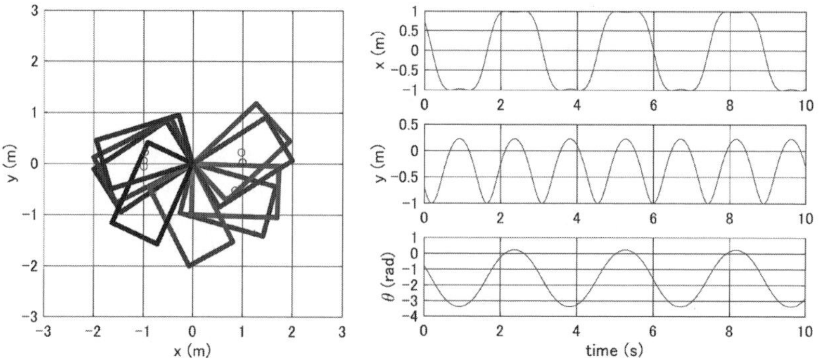

図 6.8　直方体の頂点 A で支持する剛体振り子の運動の解析

6.2.4　例題 26：回転円板に取り付けられたボディ（ペナルティ法）

図 6.9 に示すように，一定回転速度 ω で回転する円板の点 A_0 にボディの頂点 A を回転ジョイント拘束した系を考える。円板の姿勢（回転角）は ωt で与

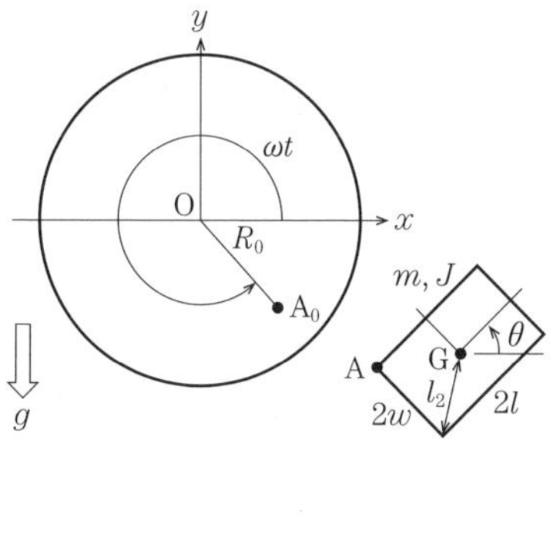

図 6.9　一定角速度 ω で回転する円板に取り付けられたボディ

えられ，その回転方向は反時計方向を正とする。重力加速度は $g=9.81$〔m/s^2〕とする。回転ジョイント拘束はペナルティ法で表す。

(1) ペナルティ法による一般化拘束力ベクトル $\boldsymbol{Q}^{(C)}$ を示せ。

(2) 初期条件を与えてその運動を解析せよ。

解答

(1) 6.2.3 項の例題 25 を参考に考える。回転ジョイント拘束をペナルティ法（長さ 0 の硬いばね k_c で支持）で表す。回転円板の点 A_0 のボディ固定枠における位置ベクトルを $\boldsymbol{r}'_{A0}=\{R_0 \quad 0\}^T$ とすると，ボディに作用する拘束力 $\boldsymbol{f}^{(C)}$ およびその拘束力によるモーメント $n^{(C)}$，一般化拘束力ベクトル $\boldsymbol{Q}^{(C)}$ は次式となる。

$$\boldsymbol{r}_{A0}=\boldsymbol{A}(\omega t)\boldsymbol{r}'_{A0},\quad \boldsymbol{r}'_{A0}=\{R_0 \quad 0\}^T,$$
$$\boldsymbol{r}_A=\boldsymbol{r}_G+\boldsymbol{r}_{GA},\quad \boldsymbol{r}_{GA}=\boldsymbol{A}_{OG}(\theta)\boldsymbol{r}'_{GA},\quad \boldsymbol{r}'_{GA}=\{-l \quad w\}^T,$$
$$\boldsymbol{f}^{(C)}=-k_c(\boldsymbol{r}_A-\boldsymbol{r}_{A0}),\quad n^{(C)}=(\boldsymbol{V}\boldsymbol{r}_{GA})^T\boldsymbol{f}^{(C)},\quad \boldsymbol{Q}^{(C)}=\begin{Bmatrix}\boldsymbol{f}^{(C)}\\ n^{(C)}\end{Bmatrix} \tag{6.20}$$

(2) 運動方程式は，6.2.1 項の例題 23 で示した式 Ref.(3.9)，式(6.12)と同じであり，一般化拘束力ベクトル $\boldsymbol{Q}^{(C)}$ のみ式(6.20)を用いればよい。

プログラム：06-4 回転円板＋剛体振り子 駆動拘束＋回転 J 拘束 ペナルティ法

表 6.4　プログラムに用いたパラメータの記号，表記，値と説明

記　号	プログラム	値	説　明
g	g	9.81	重力加速度〔m/s^2〕
m	m	0.115	振り子の質量〔kg〕
l	l	7.6×10^{-3}	振り子の長さ〔m〕
J	J	4.46×10^{-6}	慣性モーメント〔kgm^2〕
R_{10}	R10	56.0×10^{-3}	振り子取り付け位置の半径〔m〕
ω	om	$3(2\pi)$	円板の回転角速度〔rad/s〕
k_c	kC	1×10^5	ペナルティ法の剛性係数〔N/m〕
x_{A0}	xA0	$R_{10}\cos(0)$	振り子取り付け点の初期位置〔m〕
y_{A0}	yA0	$R_{10}\sin(0)$	振り子取り付け点の初期位置〔m〕
$\theta(0)$	theta(1)	$-90\pi/180$	振り子の初期角度〔rad〕
$x(0)$	px(1)	$x_{A0}+l\cos\theta(0)$	振り子の質量中心の初期位置〔m〕
$y(0)$	py(1)	$y_{A0}+l\sin\theta(0)$	振り子の質量中心の初期位置〔m〕
$\dot{\theta}(0)$	dtheta(1)	ω	振り子の初期角速度〔rad/s〕
$\dot{x}(0)$	dx(1)	$-(R_{10}+l)\omega\cos(0)$	振り子の質量中心の初速度〔m/s〕
$\dot{y}(0)$	dy(1)	$(R_{10}+l)\omega\sin(0)$	振り子の質量中心の初速度〔m/s〕

パラメータ値と初期値を**表 6.4** で示す。

図 6.10 にボディの時刻歴を示す。上からボディの質量中心 G の位置 (x, y)，姿勢 θ である。ペナルティ法を用いて回転円板に対するボディの回転ジョイント支持を表した解析が実施できる。プログラムを実行した際には，全体基準枠と回転円板のボディ固定枠で見たボディの運動も確認できる。

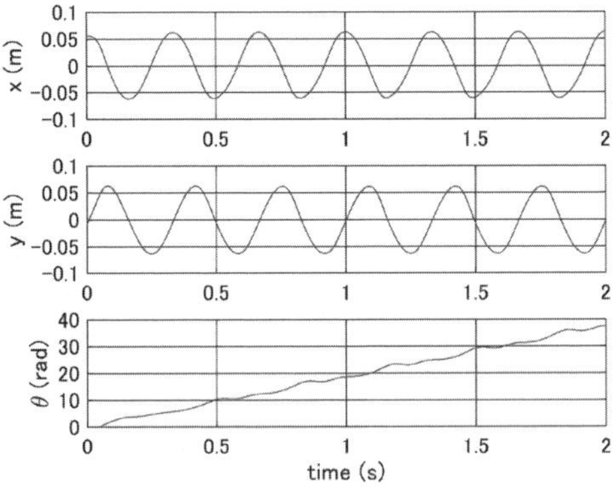

図 6.10 回転する円板に取り付けられた剛体振り子の解析

6.3 拘束式（回転ジョイント拘束の例）

6.3.1 グラウンドとボディの回転ジョイント拘束

7 章の拡大法の準備として，回転ジョイント拘束を例にとり，拘束式を示す。**図 6.11** にボディの配位（位置と姿勢）を示す。ボディの端点 A が全体基準枠

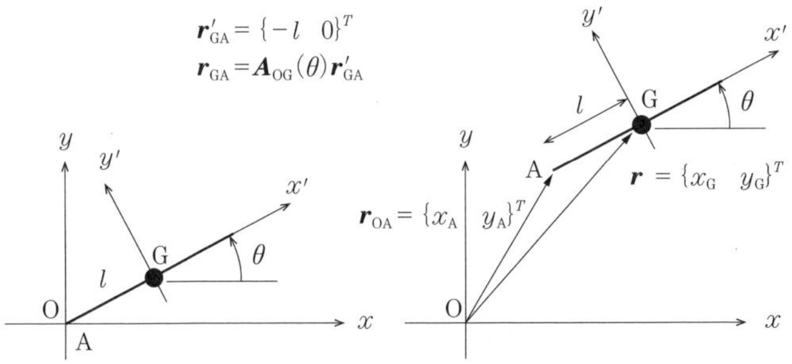

図 6.11 解析モデルと拘束を考えるための各位置ベクトル

の原点O（グラウンド固定点）に回転ジョイント拘束されているとする。4.1節で述べた表記を用い，この拘束式を一般化座標 $\boldsymbol{q} = \{x_G \quad y_G \quad \theta\}$ で表す。

ボディの質量中心Gから拘束点Aまでの長さを l とすると，ボディ固定枠G-$x'y'$ で見た点Aの位置ベクトル $\boldsymbol{r}'_{GA}$ は次式となる。

$$\boldsymbol{r}'_{GA} = \{-l \quad 0\}^T \tag{6.21}$$

また，物体固定枠から全体基準枠への座標変換マトリックス $\boldsymbol{A}_{OG}(\theta)$ を用いると，点Aの位置ベクトル $\boldsymbol{r}_{GA}$ は次式となる。

$$\boldsymbol{r}_{GA} = \boldsymbol{A}_{OG}(\theta)\boldsymbol{r}'_{GA} \tag{6.22}$$

全体基準枠O-xy における点Aの位置ベクトルを $\boldsymbol{r}_{OA}$ とし，質量中心Gの位置ベクトル $\boldsymbol{r}$ を用いると，**点Aがつねに原点Oに一致する**という点Aと原点Oの回転ジョイント拘束の拘束式は次式で表される。

$$\boldsymbol{C}(\boldsymbol{q}, t) = \boldsymbol{r}_{OA} = \boldsymbol{r} + \boldsymbol{r}_{GA} = \boldsymbol{r} + \boldsymbol{A}_{OG}(\theta)\boldsymbol{r}'_{GA} = \boldsymbol{0} \tag{6.23}$$

6.3.2　ボディとボディの回転ジョイント拘束

図6.12に示すようなボディ i とボディ j の回転ジョイント拘束を考える。

ボディ i のボディ固定枠 G_i から全体基準枠Oへの座標変換マトリックス $\boldsymbol{A}_{OGi}(\theta_i)$ を用いると，ボディ i とボディ j の回転ジョイント拘束は，つぎのように表される。

$$\begin{aligned}\boldsymbol{C} &= \boldsymbol{r}_{OAi} - \boldsymbol{r}_{OAj} = (\boldsymbol{r}_{OGi} + \boldsymbol{r}_{GiAi}) - (\boldsymbol{r}_{OGj} + \boldsymbol{r}_{GjAj}) \\ &= (\boldsymbol{r}_{OGi} + \boldsymbol{A}_{OGi}(\theta_i)\boldsymbol{r}'_{GiAi}) - (\boldsymbol{r}_{OGj} + \boldsymbol{A}_{OGj}(\theta_j)\boldsymbol{r}'_{GjAj}) = \boldsymbol{0}\end{aligned} \tag{6.24}$$

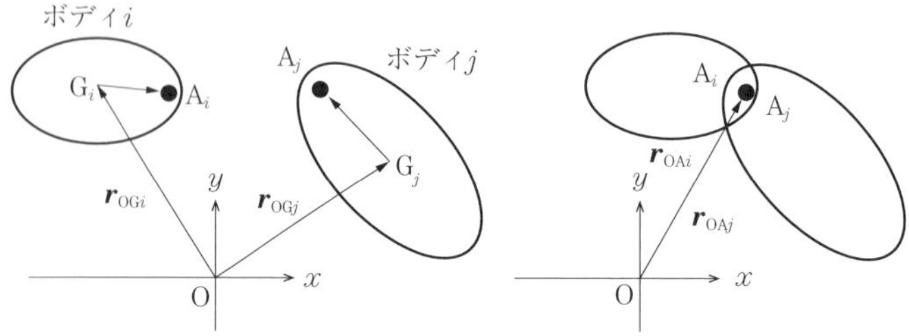

図6.12　ボディとボディの回転ジョイント拘束

6.3.3　例題 27：2 重振り子系の回転ジョイント拘束

系として 6.2.2 項の例題 24（Ref. 図 6.5）の 2 重振り子系を再度考える。ボディ 1 の点 A_1 と全体基準枠の原点 O の回転ジョイントの拘束式 $\boldsymbol{C}_1=\boldsymbol{0}$ と，ボディ 1 の点 B_1 とボディ 2 の点 A_2 の回転ジョイントの拘束式 $\boldsymbol{C}_2=\boldsymbol{0}$ を，ボディ固定枠の位置ベクトル $\boldsymbol{r}'_{\mathrm{G1A1}}, \boldsymbol{r}'_{\mathrm{G1B1}}, \boldsymbol{r}'_{\mathrm{G2A2}}$，および座標変換マトリックス $\boldsymbol{A}_{\mathrm{OG1}}(\theta_1)$，$\boldsymbol{A}_{\mathrm{OG2}}(\theta_2)$ を用いて示せ。

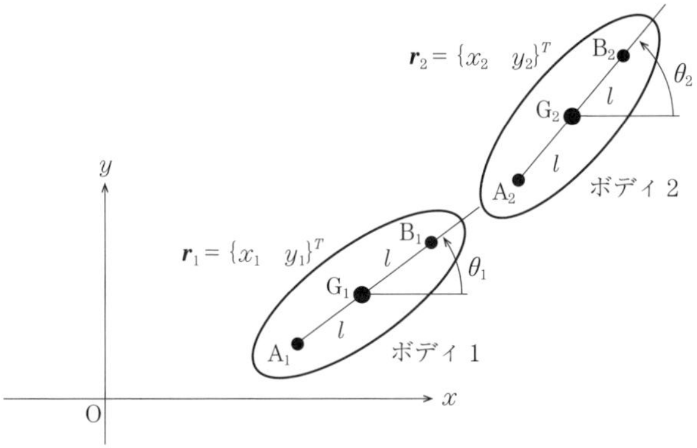

Ref. 図 6.5　2 重振り子系の解析モデル

解答

ボディ 1 の点 A_1 と全体基準枠の原点 O の回転ジョイントの拘束式 $\boldsymbol{C}_1=\boldsymbol{0}$，ボディ 1 の点 B_1 とボディ 2 の点 A_2 の回転ジョイントの拘束式 $\boldsymbol{C}_2=\boldsymbol{0}$ は次式となる。

$$\boldsymbol{C}_1=\boldsymbol{r}_{\mathrm{OG1}}+\boldsymbol{A}_{\mathrm{OG1}}(\theta_1)\boldsymbol{r}'_{\mathrm{G1A1}}=\boldsymbol{0},$$
$$\boldsymbol{C}_2=(\boldsymbol{r}_{\mathrm{OG1}}+\boldsymbol{A}_{\mathrm{OG1}}(\theta_1)\boldsymbol{r}'_{\mathrm{G1B1}})-(\boldsymbol{r}_{\mathrm{OG2}}+\boldsymbol{A}_{\mathrm{OG2}}(\theta_2)\boldsymbol{r}'_{\mathrm{G2A2}})=\boldsymbol{0}$$

6.3.4　例題 28：回転円板＋ボディ系の拘束式

6.2.4 項の例題 26（Ref. 図 6.9）の系を再度考える。回転円板の点 A_0 にボディの点 A を回転ジョイントで取り付ける。取り付け点 A_0 の半径を R_0 とし，その姿勢（回転角）は ωt とする。ボディの長さと幅を $2l$，$2w$ とする。

（1）　ボディ固定枠における点 A の位置ベクトル $\boldsymbol{r}'_{\mathrm{GA}}$ を示せ。また，全体基準枠の原点 O から点 A への全体基準枠の位置ベクトル $\boldsymbol{r}_{\mathrm{OA}}$ を $\boldsymbol{r}'_{\mathrm{GA}}$ と座

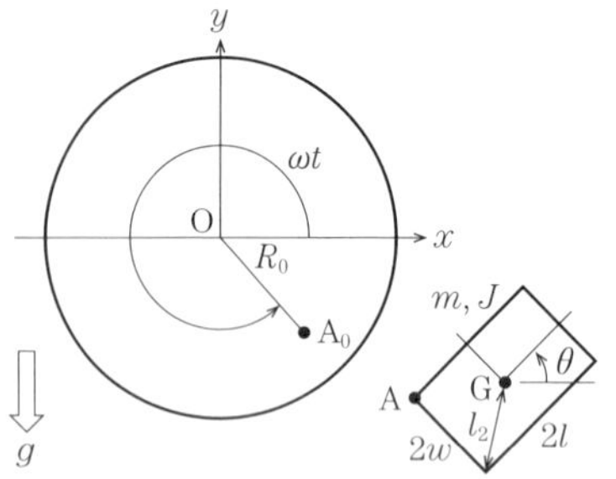

Ref. 図 6.9　一定角速度 ω で回転する円板に取り付けられたボディ

標変換マトリックス $\boldsymbol{A}_{\mathrm{OG}}(\theta)$ を用いて示せ。

(2)　全体基準枠 O における点 A_0 の位置ベクトル $\boldsymbol{r}_{\mathrm{OA0}}$ を座標変換マトリックス $\boldsymbol{A}(\omega t)$ を用いて示せ。

(3)　拘束式 $\boldsymbol{C}=\boldsymbol{0}$ を式(6.24)の表記で示せ。

解答

(1)　$\boldsymbol{r}'_{\mathrm{GA}}=\{-l \quad w\}^T$,　$\boldsymbol{r}_{\mathrm{OA}}=\boldsymbol{r}_{\mathrm{OG}}+\boldsymbol{A}_{\mathrm{OG}}(\theta)\boldsymbol{r}'_{\mathrm{GA}}$

(2)　$\boldsymbol{r}'_{\mathrm{OA0}}=\{R_0 \quad 0\}^T$,　$\boldsymbol{r}_{\mathrm{OA0}}=\boldsymbol{A}(\omega t)\boldsymbol{r}'_{\mathrm{OA0}}$

(3)　$\boldsymbol{C}=\boldsymbol{r}_{\mathrm{OA}}-\boldsymbol{r}_{\mathrm{OA0}}=(\boldsymbol{r}_{\mathrm{OG}}+\boldsymbol{A}_{\mathrm{OG}}(\theta)\boldsymbol{r}'_{\mathrm{GA}})-\boldsymbol{A}(\omega t)\boldsymbol{r}'_{\mathrm{OA0}}=\boldsymbol{0}$

6.4　拘束式の微分と速度方程式・加速度方程式

7 章の拡大法と消去法および 8 章以降の例題の運動学では，拘束式だけでなくその微分，そしてその式展開によって得られる速度方程式と加速度方程式を繰り返し用いていく。本節ではその準備として，速度方程式と加速度方程式を求めておく。

6.4.1　速度方程式

まず，拘束式(6.5)を再掲する。

$$\boldsymbol{C}(\boldsymbol{q},t)=\boldsymbol{0} \qquad \text{Ref.}(6.5)$$

この拘束式(6.5)を時間で微分すると次式を得る。

$$\dot{\boldsymbol{C}}(\boldsymbol{q},t)=\boldsymbol{C}_{\boldsymbol{q}}(\boldsymbol{q},t)\dot{\boldsymbol{q}}+\boldsymbol{C}_t(\boldsymbol{q},t)=\boldsymbol{0} \qquad (6.25)$$

ここで，$\boldsymbol{C_q}$ は拘束式 $\boldsymbol{C}$ の一般化座標 $\boldsymbol{q}$ に関するヤコビマトリックス，$\boldsymbol{C}_t$ は拘束式 $\boldsymbol{C}$ の時間 t の偏導関数である。この式を一般化座標の 1 階微分 $\dot{\boldsymbol{q}}$ の項について整理すると，次式となる。

$$\boldsymbol{C_q}(\boldsymbol{q}, t)\dot{\boldsymbol{q}} = -\boldsymbol{C}_t(\boldsymbol{q}, t) =: \boldsymbol{\eta} \tag{6.26}$$

この式から，一般化座標 $\boldsymbol{q}$ の時間変化を与えれば一般化座標の 1 階微分 $\dot{\boldsymbol{q}}$ が得られる。この式は**速度方程式**（velocity equation）[2)]と呼ばれる。

6.4.2 加速度方程式

式(6.25)をさらにもう一度時間で微分すると次式を得る。

$$\ddot{\boldsymbol{C}}(\boldsymbol{q}, t) = (\boldsymbol{C_q}\dot{\boldsymbol{q}})_{\boldsymbol{q}}\dot{\boldsymbol{q}} + 2\boldsymbol{C}_{\boldsymbol{q}t}\dot{\boldsymbol{q}} + \boldsymbol{C_q}\ddot{\boldsymbol{q}} + \boldsymbol{C}_{tt} = \boldsymbol{0} \tag{6.27}$$

この式を一般化座標の 2 階微分 $\ddot{\boldsymbol{q}}$ の項について整理すると，次式となる。

$$\boldsymbol{C_q}\ddot{\boldsymbol{q}} = -\left((\boldsymbol{C_q}\dot{\boldsymbol{q}})_{\boldsymbol{q}}\dot{\boldsymbol{q}} + 2\boldsymbol{C}_{\boldsymbol{q}t}\dot{\boldsymbol{q}} + \boldsymbol{C}_{tt}\right) =: \boldsymbol{\gamma} \tag{6.28}$$

この式から，一般化座標 $\boldsymbol{q}$ とその 1 階微分 $\dot{\boldsymbol{q}}$ を与えれば一般化座標の 2 階微分 $\ddot{\boldsymbol{q}}$ が得られる。この式は**加速度方程式**（acceleration equation）[2)]と呼ばれる。

6.4.3 例題 29：回転ジョイントで拘束された振り子の加速度方程式

図 6.13 の $m=1$〔kg〕，$l=1$〔m〕のボディの一端 A が回転ジョイントで全体基準枠の原点 O に固定されている。系の一般化座標は $\boldsymbol{q}=\{x \quad y \quad \theta\}$ である。重力加速度は g〔m/s^2〕とし，全体基準枠の $-y$ 方向とする。下記を行え。

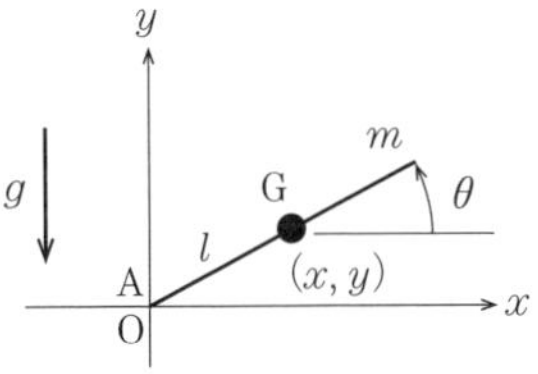

図 6.13 回転ジョイントで拘束された剛体振り子

(1) この系の質量マトリックス $\boldsymbol{M}$ と一般化外力ベクトル $\boldsymbol{Q}$ を示せ。

(2) この系の拘束式 $\boldsymbol{C}=\boldsymbol{0}$ とそのヤコビマトリックス $\boldsymbol{C_q}$ を陽に示せ。

(3) この系の拘束式 $\boldsymbol{C}=\boldsymbol{0}$ から得られる加速度方程式の右辺 $\boldsymbol{\gamma}$ を陽に示せ。

解答

(1)　この系の質量マトリックス $\boldsymbol{M}$ と外力 $\boldsymbol{Q}$ は次式となる。

$$\boldsymbol{M}=\mathrm{diag}[m \quad m \quad J],\quad \boldsymbol{Q}=\{0 \quad -mg \quad 0\}^T$$

(2)　この系の拘束式 $\boldsymbol{C}=\boldsymbol{0}$ およびそのヤコビマトリックス $\boldsymbol{C_q}$ は次式となる。

$$\boldsymbol{C}=\begin{Bmatrix} x-l\cos\theta \\ y-l\sin\theta \end{Bmatrix}=\boldsymbol{0},\quad \boldsymbol{C_q}=\frac{\partial \boldsymbol{C}}{\partial \boldsymbol{q}}=\begin{bmatrix} 1 & 0 & l\sin\theta \\ 0 & 1 & -l\cos\theta \end{bmatrix}$$

(3)　この系の拘束式から得られる加速度方程式の右辺 $\boldsymbol{\gamma}$ は次式となる。

$$\boldsymbol{C_q}\dot{\boldsymbol{q}}=\begin{Bmatrix} \dot{x}+l\dot{\theta}\sin\theta \\ \dot{y}-l\dot{\theta}\cos\theta \end{Bmatrix},\quad (\boldsymbol{C_q}\dot{\boldsymbol{q}})_{\boldsymbol{q}}=\begin{bmatrix} 0 & 0 & l\dot{\theta}\cos\theta \\ 0 & 0 & l\dot{\theta}\sin\theta \end{bmatrix},$$

$$\boldsymbol{C}_t=\boldsymbol{C}_{tt}=\boldsymbol{0}_{2\times 1},\quad \boldsymbol{C}_{\boldsymbol{q}t}=\boldsymbol{0}_{2\times 3},$$

$$\boldsymbol{\gamma}=-\left((\boldsymbol{C_q}\dot{\boldsymbol{q}})_{\boldsymbol{q}}\dot{\boldsymbol{q}}+2\boldsymbol{C}_{\boldsymbol{q}t}\dot{\boldsymbol{q}}+\boldsymbol{C}_{tt}\right)=-\begin{Bmatrix} l\dot{\theta}^2\cos\theta \\ l\dot{\theta}^2\sin\theta \end{Bmatrix}$$

拡　大　法

もし拘束式(6.5)の $\boldsymbol{C}(\boldsymbol{q}, t)=\boldsymbol{0}$ がつねに満足するように系（一般化座標 $\boldsymbol{q}$）をうまく動かしつつ運動方程式(6.4)を解くことができるならば，式(6.4)中の拘束力 $\boldsymbol{Q}^{(C)}$ は働かず，考えなくてよい。言い方を変えれば，拘束力 $\boldsymbol{Q}^{(C)}$ は系が拘束 $\boldsymbol{C}(\boldsymbol{q}, t)=\boldsymbol{0}$ を破ろうとする運動に対抗する力であり，系（一般化座標 $\boldsymbol{q}$）を拘束に合わせて動かすのに必要な力である。本章では，拘束を伴う系を解く際に拘束力 $\boldsymbol{Q}^{(C)}$ を考慮する一つの方法として，この拘束式(6.5)を運動方程式(6.4)と組み合わせて定式化する**拡大法**を学ぶ。また，その発展形として**消去法**についても紹介する。

7.1　拘束力とラグランジュの未定乗数法

7.1.1　許容仮想変位

ボディの仮想変位 $\delta\boldsymbol{q}$（仮想並進変位 $\delta\boldsymbol{r}$ と仮想回転 $\delta\theta$）を考える。まず一般的な（拘束を意識しない）仮想変位 $\delta\boldsymbol{q}$ を考え，拘束式(6.5)の $\boldsymbol{C}=\boldsymbol{0}$ の変分をとる。

$$\delta\boldsymbol{C}=\boldsymbol{C}_{\boldsymbol{q}}\delta\boldsymbol{q}=\boldsymbol{0}_{m\times 1} \tag{7.1}$$

ここで，m は拘束する自由度の数である。この右辺は $\boldsymbol{0}$ であり，各行が個々の拘束に対応していることに注意しておく。例えば，回転ジョイント拘束では x, y 方向の拘束条件二つに対応して $\boldsymbol{0}_{2\times 1}$ となる。なお，変分演算による式(7.1)の $\delta\boldsymbol{C}$ や $\delta\boldsymbol{q}$ は微分演算による式(6.25)の $\dot{\boldsymbol{C}}(\boldsymbol{q}, t)$ や $\dot{\boldsymbol{q}}$ と類似性があり，両者で現れる係数 $\boldsymbol{C}_{\boldsymbol{q}}$（拘束のヤコビマトリックス）は同一であることを言及しておく。そして，運動方程式(6.4) を式(7.1)に対応する仮想仕事の形に変更する。

$$\boldsymbol{M}\ddot{\boldsymbol{q}} = \boldsymbol{Q} + \boldsymbol{Q}^{(\mathrm{C})} \qquad \text{Ref.}(6.4)$$

その結果，次式を得る。

$$(\boldsymbol{M}\ddot{\boldsymbol{q}} - \boldsymbol{Q} - \boldsymbol{Q}^{(\mathrm{C})})^T \delta\boldsymbol{q} = 0 \tag{7.2}$$

ここで，この式は仕事であり，右辺はスカラーの 0 であることに注意する。この一般的な（拘束を意識しない）仮想変位 $\delta\boldsymbol{q}$ をとるとき，**図 7.1** に示すように，拘束力 $\boldsymbol{Q}^{(\mathrm{C})}$ とこの仮想変位 $\delta\boldsymbol{q}$ は一般的には直交しない。したがって，この（拘束を意識しない）仮想変位 $\delta\boldsymbol{q}$ により拘束力 $\boldsymbol{Q}^{(\mathrm{C})}$ がなす仮想仕事 $\boldsymbol{Q}^{(\mathrm{C})T}\delta\boldsymbol{q}$ は一般的には 0 でない。

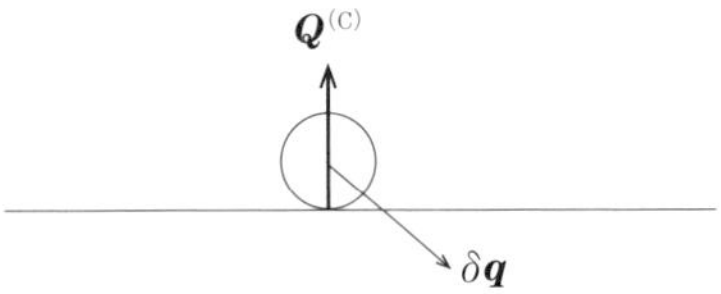

図 7.1　（拘束を意識しない）一般的な仮想変位 $\delta\boldsymbol{q}$ と拘束力 $\boldsymbol{Q}^{(\mathrm{C})}$

本節の目的は，「拘束条件 $\boldsymbol{C}(\boldsymbol{q}) = \boldsymbol{0}$ を満足しつつ，運動方程式に従う運動」を求めていくことである。そこで，仮想変位 $\delta\boldsymbol{q}$ を拘束条件 $\boldsymbol{C}(\boldsymbol{q}) = 0$ を満足する方向にとることを考える。この仮想変位は「拘束が許容する（admissible）方向にとる」という意味で $\delta\boldsymbol{q}_{\mathrm{a}}$ とし，これは**許容仮想変位**（kinematically admissible virtual displacement）と呼ばれる [21),22)]。

7.1.2　ラグランジュの未定乗数

許容仮想変位 $\delta\boldsymbol{q}_{\mathrm{a}}$ をとる状態の例を**図 7.2** に示す。この許容仮想変位 $\delta\boldsymbol{q}_{\mathrm{a}}$ をとるとき，拘束力 $\boldsymbol{Q}^{(\mathrm{C})}$ は許容仮想変位 $\delta\boldsymbol{q}_{\mathrm{a}}$ と直交する。したがって，この許容仮想変位 $\delta\boldsymbol{q}_{\mathrm{a}}$ により拘束力 $\boldsymbol{Q}^{(\mathrm{C})}$ がなす仮想仕事はなく，一般的につぎのように成立する。なお，岩村の著書 [4)] ではこのような拘束は**なめらかな拘束**（smooth constraint）と呼ばれている。

$$\boldsymbol{Q}^{(\mathrm{C})T}\delta\boldsymbol{q}_{\mathrm{a}} = 0 \tag{7.3}$$

このことを考慮すると，許容仮想変位 $\delta\boldsymbol{q}_{\mathrm{a}}$ を考えるときの仮想仕事表現の運動

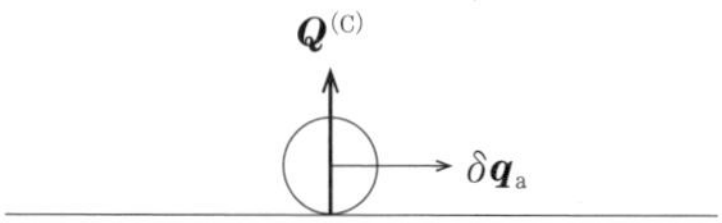

図 7.2 許容仮想変位 $\delta\boldsymbol{q}_a$ と拘束力 $\boldsymbol{Q}^{(\mathrm{C})}$

方程式(7.2)は次式となる。

$$(\boldsymbol{M}\ddot{\boldsymbol{q}}-\boldsymbol{Q})^T\delta\boldsymbol{q}_{\mathrm{a}}=0 \tag{7.4}$$

また，上記に合わせて，式(7.1)で示した拘束式 $\boldsymbol{C}=\boldsymbol{0}$ に関する変分形式 $\delta\boldsymbol{C}=\boldsymbol{C}_{\boldsymbol{q}}\delta\boldsymbol{q}=\boldsymbol{0}$ を式(7.4)を満たす許容仮想変位 $\delta\boldsymbol{q}_{\mathrm{a}}$ に対して改めて示すと次式となる。

$$\boldsymbol{C}_{\boldsymbol{q}}\delta\boldsymbol{q}_{\mathrm{a}}=\boldsymbol{0} \tag{7.5}$$

つぎに，ラグランジュの未定乗数を導入し，運動方程式(7.4)に拘束式の変分形式(7.5)を組み込む。ラグランジュの未定乗数の考え方(7.1.3項の補足の末尾参照）から，$\boldsymbol{C}_{\boldsymbol{q}}$ の各行と（$(\boldsymbol{M}\ddot{\boldsymbol{q}}-\boldsymbol{Q})^T$（すなわち，$\boldsymbol{C}_{\boldsymbol{q}}$ の各列と $\boldsymbol{M}\ddot{\boldsymbol{q}}-\boldsymbol{Q}$）は平行で定数倍の関係となる。そして，そのそれぞれの比をまとめてベクトル $\boldsymbol{\lambda}$ で表す。この $\boldsymbol{\lambda}$ が**ラグランジュの未定乗数**（Lagrange's multiplier）である。

運動方程式(7.4)の $\delta\boldsymbol{q}_{\mathrm{a}}$ の係数$(\boldsymbol{M}\ddot{\boldsymbol{q}}-\boldsymbol{Q})^T$ は $1\times n$ のベクトル，拘束式の変分形式(7.5)の $\delta\boldsymbol{q}_{\mathrm{a}}$ の係数 $\boldsymbol{C}_{\boldsymbol{q}}$ は $m\times n$ のマトリックスであり，その比であるベクトル $\boldsymbol{\lambda}^T$ は $1\times m$ ベクトルとなる。式(7.5)に左からベクトル $\boldsymbol{\lambda}^T$ を掛けたものを次式に示す。

$$((\boldsymbol{\lambda}^T)_{1\times m}(\boldsymbol{C}_{\boldsymbol{q}})_{m\times n})(\delta\boldsymbol{q}_{\mathrm{a}})_{n\times 1}=(\boldsymbol{C}_{\boldsymbol{q}}^T\boldsymbol{\lambda})^T\delta\boldsymbol{q}_{\mathrm{a}}=0 \tag{7.6}$$

この式の右辺はスカラーの 0 となっており，式(6.5)の拘束式 $\boldsymbol{C}=\boldsymbol{0}$ の m 個の拘束の情報がベクトル $\boldsymbol{\lambda}^T$ を介して合わさっている。最終的に，式(7.4)と式(7.6)の和をとり，許容仮想変位 $\delta\boldsymbol{q}_{\mathrm{a}}$ の係数でまとめると次式となる。

$$(\boldsymbol{M}\ddot{\boldsymbol{q}}-\boldsymbol{Q}+\boldsymbol{C}_{\boldsymbol{q}}^T\boldsymbol{\lambda})^T\delta\boldsymbol{q}_{\mathrm{a}}=0 \tag{7.7}$$

なお，この $\boldsymbol{C}_{\boldsymbol{q}}^T\boldsymbol{\lambda}$ は $\boldsymbol{M}\ddot{\boldsymbol{q}}-\boldsymbol{Q}$ と同じ力あるいはモーメントの単位をもつことになることを言及しておく。この式(7.7)は「(拘束条件を満たす）任意の許容仮想変位 $\delta\boldsymbol{q}_{\mathrm{a}}$ について成立する」ためその係数は 0 と置くことができ，次式を得る。

$$\boldsymbol{M}\ddot{\boldsymbol{q}} - \boldsymbol{Q} + \boldsymbol{C}_{\boldsymbol{q}}^{T}\boldsymbol{\lambda} = \boldsymbol{0} \tag{7.8}$$

なお，本節で扱う平面振り子の例では，運動方程式(7.4)の $\delta\boldsymbol{q}_{\mathrm{a}}$ の係数（$\boldsymbol{M}\ddot{\boldsymbol{q}} - \boldsymbol{Q})^T$ は 1×3 のベクトル，拘束のヤコビマトリックス $\boldsymbol{C}_{\boldsymbol{q}}$ は 2×3 のマトリックスであり，その比であるベクトル $\boldsymbol{\lambda}^T$ は 1×2 のベクトルとなる。

7.1.3 補足 ラグランジュの未定乗数の定理の説明

ここでは Lanczos の著書[23]を参照しつつ，**図 7.3** の単振り子の具体例を用いてラグランジュの未定乗数法の要点を説明する。

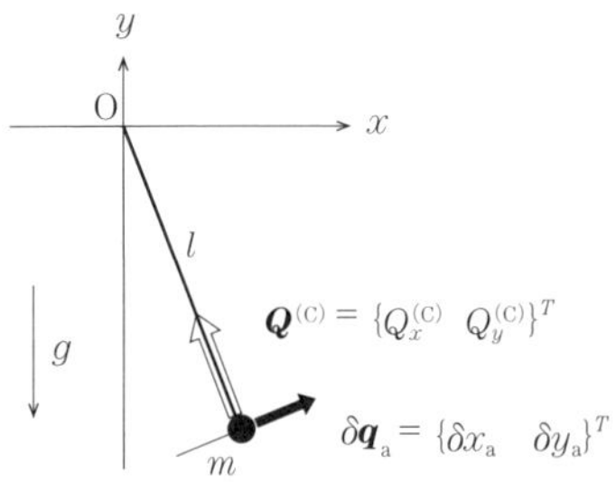

図 7.3　単振り子：ラグランジュの未定乗数の説明

長さ l の質量のない棒の先端に質量 m の質点がある単振り子を考える。この質点に作用する力ベクトル（拘束力ベクトル）を $\boldsymbol{Q}^{(\mathrm{C})} = \{Q_x^{(\mathrm{C})} \quad Q_y^{(\mathrm{C})}\}^T$ とし，質点の一般化座標を $\boldsymbol{q} = \{x \quad y\}^T$ とすると，運動方程式は次式となる。

$$\begin{bmatrix} m & 0 \\ 0 & m \end{bmatrix} \begin{Bmatrix} \ddot{x} \\ \ddot{y} \end{Bmatrix} = \begin{Bmatrix} 0 \\ -mg \end{Bmatrix} + \begin{Bmatrix} Q_x^{(\mathrm{C})} \\ Q_y^{(\mathrm{C})} \end{Bmatrix} \tag{7.9}$$

ここで，拘束力ベクトル $\boldsymbol{Q}^{(\mathrm{C})}$ は棒の方向に沿っており，次式で表せる。

$$\boldsymbol{Q}^{(\mathrm{C})} = -\frac{1}{l}\begin{Bmatrix} x \\ y \end{Bmatrix} |\boldsymbol{Q}^{(\mathrm{C})}| \tag{7.10}$$

つぎに棒の長さが l である拘束条件 $C(\boldsymbol{q}) = 0$ を考える。

$$C(\boldsymbol{q}) = \frac{(x^2 + y^2) - l^2}{2} = 0 \tag{7.11}$$

なお，変分をとったときの係数を 1 にするためにあらかじめ 1/2 倍して表している。この拘束の変分は，許容仮想変位 $\delta\boldsymbol{q}_{\mathrm{a}}$ を用いた式(7.5)の形では次式となる。

$$\delta C(\boldsymbol{q}) = C_{\boldsymbol{q}}\delta\boldsymbol{q}_{\mathrm{a}} = \frac{\partial C(\boldsymbol{q})}{\partial x}\delta x_{\mathrm{a}} + \frac{\partial C(\boldsymbol{q})}{\partial y}\delta y_{\mathrm{a}}$$
$$= x\delta x_{\mathrm{a}} + y\delta y_{\mathrm{a}} = \{x \quad y\}\begin{Bmatrix}\delta x_{\mathrm{a}}\\ \delta y_{\mathrm{a}}\end{Bmatrix} = 0 \tag{7.12}$$

式(7.10)と式(7.12)から，この許容仮想変位 $\delta\boldsymbol{q}_{\mathrm{a}}$ と拘束力 $\boldsymbol{Q}^{(\mathrm{C})}$ は式(7.3)で示したように直交関係 $\boldsymbol{Q}^{(\mathrm{C})T}\delta\boldsymbol{q}_{\mathrm{a}}=0$ にある。このことは図 7.3 でも直観的に確認できる。

つぎに，式(7.9)の運動方程式を変形し，拘束力 $\boldsymbol{Q}^{(\mathrm{C})}$ 以外の部分を表す $\boldsymbol{E}$ を導入して次式で表す。

$$\boldsymbol{Q}^{(\mathrm{C})} = \boldsymbol{E} \quad \Rightarrow \quad \boldsymbol{E} = \begin{Bmatrix}E_1\\ E_2\end{Bmatrix} := \begin{bmatrix}m & 0\\ 0 & m\end{bmatrix}\begin{Bmatrix}\ddot{x}\\ \ddot{y}\end{Bmatrix} - \begin{Bmatrix}0\\ -mg\end{Bmatrix} \tag{7.13}$$

この式と式(7.3)の直交関係 $\boldsymbol{Q}^{(\mathrm{C})T}\delta\boldsymbol{q}_{\mathrm{a}}=0$ から，次式を得る。

$$\left.\begin{matrix}\boldsymbol{Q}^{(\mathrm{C})} = \boldsymbol{E}\\ \boldsymbol{Q}^{(\mathrm{C})T}\delta\boldsymbol{q}_{\mathrm{a}} = 0\end{matrix}\right\} \quad \Rightarrow \quad \boldsymbol{E}^T\delta\boldsymbol{q}_{\mathrm{a}} = 0 \tag{7.14}$$

この式(7.14)に式(7.11)の拘束条件 $C(\boldsymbol{q})$ を考慮する。具体的には，物理的な単位を合わせるために式(7.12)に未定乗数 λ を掛けてから式(7.14)と和をとると，次式が得られる。

$$(\boldsymbol{E} + \lambda C_{\boldsymbol{q}})^T\delta\boldsymbol{q}_{\mathrm{a}} = (E_1 + \lambda C_{q1})\delta q_{\mathrm{a}1} + (E_2 + \lambda C_{q2})\delta q_{\mathrm{a}2}$$
$$= (m\ddot{x} + \lambda x)\delta x_{\mathrm{a}} + (m\ddot{y} + mg + \lambda y)\delta y_{\mathrm{a}} = 0 \tag{7.15}$$

この時点では未定乗数 λ は未知数である。

ここで，例えば 第 2 項の δy_{a} の係数が 0 になる式から未定乗数 λ を求めてみる。そうすると

$$m\ddot{y} + mg + \lambda y = 0 \quad \Rightarrow \quad \lambda = -\frac{m\ddot{y} + mg}{y} \tag{7.16}$$

となる。この λ のとき式(7.15)の第 2 項は消去され，残りは次式となる。

$$(m\ddot{x} + \lambda x)\delta x_{\mathrm{a}} = 0 \tag{7.17}$$

ここで，この式では未定乗数 λ は既知である。また，δx_{a} は拘束を満足する範囲で任意なので，その係数が 0 になる式から次式を得る。

$$m\ddot{x}+\lambda x=0 \tag{7.18}$$

ここで，改めて式(7.16)，(7.18)を考えてみると，元の式(7.15)の δx_{a}, δy_{a} の二つの係数に主従はなく，δx_{a} と δy_{a} の係数が 0 となる条件を同時に考えればよいことがわかる。すなわち，次式となる。

$$m\ddot{x}+\lambda x=0,\quad m\ddot{y}+mg+\lambda y=0 \tag{7.19}$$

あるいは，まとめると次式となる。

$$\begin{bmatrix} m & 0 \\ 0 & m \end{bmatrix}\begin{Bmatrix} \ddot{x} \\ \ddot{y} \end{Bmatrix}+\begin{Bmatrix} x \\ y \end{Bmatrix}\lambda=\begin{Bmatrix} 0 \\ -mg \end{Bmatrix} \tag{7.20}$$

この定式化は，**ラグランジュの未定乗数法**（method of Lagrange multiplier）として知られ，この λ はラグランジュの未定乗数と呼ばれる。

さらに，式(7.15)を n 自由度系で一般的に表記し，すべての $\delta q_{\mathrm{a}i}$ の係数を 0 ととると次式が得られる。

$$E_i+\lambda C_{qi}=0 \quad (i=1, \ldots, n) \tag{7.21}$$

ここで，E_i は式(7.13)で示したように運動方程式の各式の拘束力以外の部分を表したものである。

さらに，この考え方は拘束が複数ある場合にも容易に拡張できる。拘束が複数（m 個）の場合は $\boldsymbol{\lambda}$ は m 次元となり，式(7.15)は次式となる。

$$(\boldsymbol{E}+\lambda_1 C_{1\boldsymbol{q}}+\cdots+\lambda_m C_{m\boldsymbol{q}})^T\delta\boldsymbol{q}_{\mathrm{a}}=(\boldsymbol{E}+\boldsymbol{\lambda}^T\boldsymbol{C}_{\boldsymbol{q}})^T\delta\boldsymbol{q}_{\mathrm{a}} \tag{7.22}$$

そして，このすべての $\delta q_{\mathrm{a}i}$ の係数が 0 となる条件から運動方程式が得られる。なお，この式から，$\boldsymbol{C}_{\boldsymbol{q}}$ の各列と $\boldsymbol{E}$ は平行で定数倍の関係となり，その比が $\boldsymbol{\lambda}^T$ の各成分であることがわかる。詳しくはLanczosの著書[23]を参照されたい。

7.1.4　拡大系の運動方程式

拘束のあるボディの運動方程式は，このラグランジュの未定定数 $\boldsymbol{\lambda}$ を組み込んだ運動方程式(7.8)と拘束式 $\boldsymbol{C}=\boldsymbol{0}$ を 2 階微分した式(6.28)の組合せで表される[2]。式(6.28)を再掲しておく。

$$\boldsymbol{C}_{\boldsymbol{q}}\ddot{\boldsymbol{q}}=-((\boldsymbol{C}_{\boldsymbol{q}}\dot{\boldsymbol{q}})_{\boldsymbol{q}}\dot{\boldsymbol{q}}+2\boldsymbol{C}_{\boldsymbol{q}t}\dot{\boldsymbol{q}}+\boldsymbol{C}_{tt})=:\boldsymbol{\gamma} \qquad \text{Ref.(6.28)}$$

式(7.8)と式(6.28)をまとめると拡大系の運動方程式として次式を得る。

$$\begin{bmatrix} \boldsymbol{M} & \boldsymbol{C}_{\boldsymbol{q}}^{T} \\ \boldsymbol{C}_{\boldsymbol{q}} & \boldsymbol{0} \end{bmatrix} \begin{Bmatrix} \ddot{\boldsymbol{q}} \\ \lambda \end{Bmatrix} = \begin{Bmatrix} \boldsymbol{Q} \\ \boldsymbol{\gamma} \end{Bmatrix} \tag{7.23}$$

1階の微分方程式の解法（例えばMATLABで代表的なものはode45などがある）を用いる場合は，$\boldsymbol{v}=\dot{\boldsymbol{q}}$ を導入して表し，次式となる。

$$\dot{\boldsymbol{q}}=\boldsymbol{v},\quad \begin{bmatrix} \boldsymbol{M} & \boldsymbol{C}_{\boldsymbol{q}}^{T} \\ \boldsymbol{C}_{\boldsymbol{q}} & \boldsymbol{0} \end{bmatrix} \begin{Bmatrix} \dot{\boldsymbol{v}} \\ \lambda \end{Bmatrix} = \begin{Bmatrix} \boldsymbol{Q} \\ \boldsymbol{\gamma} \end{Bmatrix} \tag{7.24}$$

この式(7.24)を用いて数値シミュレーションを実施することはできる。しかし，この式(7.24)では拘束 $\boldsymbol{C}=\boldsymbol{0}$ の代わりに $\ddot{\boldsymbol{C}}=\boldsymbol{0}$ を用いたことに起因し，そのまま数値シミュレーションを実施すると不安定現象を起こす。その回避方法については7.2節で述べる。

メモ　拘束の別の捉え方[23)]

このラグランジュの未定乗数 $\boldsymbol{\lambda}$ を組み込んだ運動方程式(7.8)の拘束力 $\boldsymbol{C}_{\boldsymbol{q}}^{T}\boldsymbol{\lambda}$ をラグランジュの方程式から捉えた考察をLanczosの著書[23)]から紹介する。通常のラグランジアン L は，運動エネルギー T とポテンシャルエネルギー U から次式となる。

$$L=T-U \tag{7.25}$$

このラグランジアンに拘束 $\boldsymbol{C}$ の効果も含めることを考える。拘束 $\boldsymbol{C}$ が値をもつときは拘束が破られている状態，すなわち物理的には“拘束状態からの変位（距離あるいは角度）”が0でない状態を表す。そこで，$\boldsymbol{\lambda}$ を“**拘束に逆らう力**”と考えると，その積の変分 $\delta(\boldsymbol{\lambda}^{T}\boldsymbol{C})$ は拘束を仮想変位分だけ破るのに必要とされた仮想仕事となり，**拘束によるポテンシャルエネルギー**の変分量と考えることができる。なお，この量はスカラーである。この項を考慮した**拡張ラグランジアン**（extended Lagrangian）L_{C} を変分形式でつぎのように導入する。

$$\delta L_{\mathrm{C}}=\delta T-(\delta U+\delta(\boldsymbol{\lambda}^{T}\boldsymbol{C})) \tag{7.26}$$

この拡張ラグランジアン L_{C} をラグランジュの方程式に用いると次式となる。

$$\frac{d}{dt}\left(\frac{\partial L_{\mathrm{C}}}{\partial \dot{\boldsymbol{q}}}\right)-\left(\frac{\partial L_{\mathrm{C}}}{\partial \boldsymbol{q}}\right)=\boldsymbol{Q}^{T} \tag{7.27}$$

このうち，拘束 $\boldsymbol{C}=\boldsymbol{0}$ によるポテンシャルエネルギーの変分量 $\delta(\boldsymbol{\lambda}^{T}\boldsymbol{C})$ からの寄与を次式に示す。

$$\left(\frac{\partial(\boldsymbol{\lambda}^{T}\boldsymbol{C})}{\partial \boldsymbol{q}}\right)=\boldsymbol{\lambda}^{T}\boldsymbol{C}_{\boldsymbol{q}} \tag{7.28}$$

ここで，**ベクトル量による微分は行ベクトルとなる**というルール[2)]を適用しており，式(7.27)，(7.28)は行ベクトルであることに注意する。最後に，運動方程式を列ベクトルの形で表すために全体の転置をとり，力として評価するために右辺に移動すると，拘束力はつぎのようになる。

$$\boldsymbol{Q}^{(\mathrm{C})} = -\boldsymbol{C}_{\boldsymbol{q}}^T \boldsymbol{\lambda} \tag{7.29}$$

これは式(7.8)の拘束力と同一表現である。

なお，式(7.26)のように拘束を表す考え方（拘束によるポテンシャルエネルギーの変分 $\delta(\boldsymbol{\lambda}^T\boldsymbol{C})$）は1種類のみではない。そのような例を示しているものとして，Géradin と Cardona の著書[20] を挙げておく。ここでは，上記以外にもさまざまな方法が提案されていることが紹介されており，例えば

・拘束によるポテンシャルエネルギーの変分 $\delta(\boldsymbol{\lambda}^T\boldsymbol{C})$ とペナルティ法（$\beta\boldsymbol{C}^T\boldsymbol{C}$）の複合的方法（拡張ラグランジュ未定乗数法）

・拘束の高次項 $\boldsymbol{C}^n$ を用いる方法

が説明されている。

7.2 数値積分の安定化

拘束 $\boldsymbol{C}=\boldsymbol{0}$ を2階微分して得られた式(6.28)を再掲する。

$$\ddot{\boldsymbol{C}}=\boldsymbol{0} \quad \Rightarrow \quad \boldsymbol{C}_{\boldsymbol{q}}\ddot{\boldsymbol{q}} = -((\boldsymbol{C}_{\boldsymbol{q}}\dot{\boldsymbol{q}})_{\boldsymbol{q}}\dot{\boldsymbol{q}} + 2\boldsymbol{C}_{\boldsymbol{q}t}\dot{\boldsymbol{q}} + \boldsymbol{C}_{tt}) =: \boldsymbol{\gamma} \qquad \text{Ref.(6.28)}$$

この式(6.28)をそのまま用いて拡大系の運動方程式(7.23)の数値シミュレーションを行うことは可能ではある。しかし，拘束に関する不安定現象（拘束の誤差 $|\boldsymbol{C}|$ が時間とともに増大）が発生するために一般には行われない。この不安定性を回避するための安定化法はいくつか考えられている。

・ある程度の時間間隔あるいは判断基準で拘束 $\boldsymbol{C}$ を評価し，ニュートン-ラプソン法などにより $\boldsymbol{C}=\boldsymbol{0}$ となるように一般化座標 $\boldsymbol{q}$ を修正する。

・バウムガルテの安定化法（文献1）の7章）

本書では，その一つであるバウムガルテの安定化法を紹介し，実装する。

7.2.1 バウムガルテの安定化法

この**バウムガルテの安定化法**（Baumgarte's stabilization method）では式(6.27)（$\ddot{\boldsymbol{C}}=\boldsymbol{0}$）の代わりに次式を考える。

$$\ddot{\boldsymbol{C}}+2\alpha\dot{\boldsymbol{C}}+\beta^2\boldsymbol{C}=\boldsymbol{0} \tag{7.30}$$

このように左辺に二つの項（$2\alpha\dot{\boldsymbol{C}}$，$\beta^2\boldsymbol{C}$）を足す理由や考え方については，7.2.2 項の補足で説明する。式(7.30)に式(6.25)，(6.27)

$$\dot{\boldsymbol{C}}(\boldsymbol{q},t)=\boldsymbol{C}_{\boldsymbol{q}}(\boldsymbol{q},t)\dot{\boldsymbol{q}}+\boldsymbol{C}_t(\boldsymbol{q},t)=\boldsymbol{0} \qquad \text{Ref.}(6.25)$$

$$\ddot{\boldsymbol{C}}(\boldsymbol{q},t)=(\boldsymbol{C}_{\boldsymbol{q}}\dot{\boldsymbol{q}})_{\boldsymbol{q}}\dot{\boldsymbol{q}}+2\boldsymbol{C}_{\boldsymbol{q}t}\dot{\boldsymbol{q}}+\boldsymbol{C}_{\boldsymbol{q}}\ddot{\boldsymbol{q}}+\boldsymbol{C}_{tt}=\boldsymbol{0} \qquad \text{Ref.}(6.27)$$

を考慮すると次式を得る。これが改良された加速度方程式である。

$$\boldsymbol{C}_{\boldsymbol{q}}\ddot{\boldsymbol{q}}=-((\boldsymbol{C}_{\boldsymbol{q}}\dot{\boldsymbol{q}})_{\boldsymbol{q}}\dot{\boldsymbol{q}}+2\boldsymbol{C}_{\boldsymbol{q}t}\dot{\boldsymbol{q}}+\boldsymbol{C}_{tt})-2\alpha(\boldsymbol{C}_{\boldsymbol{q}}\dot{\boldsymbol{q}}+\boldsymbol{C}_t)-\beta^2\boldsymbol{C}=:\boldsymbol{\gamma}_{\mathrm{B}} \tag{7.31}$$

ここで，バウムガルテの安定化法に基づく $\boldsymbol{\gamma}_{\mathrm{B}}$ は次式となる。

$$\boldsymbol{\gamma}_{\mathrm{B}}=-((\boldsymbol{C}_{\boldsymbol{q}}\dot{\boldsymbol{q}})_{\boldsymbol{q}}\dot{\boldsymbol{q}}+2\boldsymbol{C}_{\boldsymbol{q}t}\dot{\boldsymbol{q}}+\boldsymbol{C}_{tt})-2\alpha(\boldsymbol{C}_{\boldsymbol{q}}\dot{\boldsymbol{q}}+\boldsymbol{C}_t)-\beta^2\boldsymbol{C} \tag{7.32}$$

この $\boldsymbol{\gamma}_{\mathrm{B}}$ を式(7.23)の $\boldsymbol{\gamma}$ の代わりに用いた拡大系の運動方程式は次式となる。

$$\begin{bmatrix}\boldsymbol{M} & \boldsymbol{C}_{\boldsymbol{q}}^T\\ \boldsymbol{C}_{\boldsymbol{q}} & \boldsymbol{0}\end{bmatrix}\begin{Bmatrix}\ddot{\boldsymbol{q}}\\ \boldsymbol{\lambda}\end{Bmatrix}=\begin{Bmatrix}\boldsymbol{Q}\\ \boldsymbol{\gamma}_{\mathrm{B}}\end{Bmatrix} \tag{7.33}$$

あるいは 1 階の微分方程式の形式では

$$\dot{\boldsymbol{q}}=\boldsymbol{v},\quad \begin{bmatrix}\boldsymbol{M} & \boldsymbol{C}_{\boldsymbol{q}}^T\\ \boldsymbol{C}_{\boldsymbol{q}} & \boldsymbol{0}\end{bmatrix}\begin{Bmatrix}\dot{\boldsymbol{v}}\\ \boldsymbol{\lambda}\end{Bmatrix}=\begin{Bmatrix}\boldsymbol{Q}\\ \boldsymbol{\gamma}_{\mathrm{B}}\end{Bmatrix},$$

$$\boldsymbol{\gamma}_{\mathrm{B}}=-((\boldsymbol{C}_{\boldsymbol{q}}\dot{\boldsymbol{q}})_{\boldsymbol{q}}\boldsymbol{v}+2\boldsymbol{C}_{\boldsymbol{q}t}\boldsymbol{v}+\boldsymbol{C}_{tt})-2\alpha(\boldsymbol{C}_{\boldsymbol{q}}\boldsymbol{v}+\boldsymbol{C}_t)-\beta^2\boldsymbol{C} \tag{7.34}$$

となる。この式(7.33)か式(7.34)の拡大系の運動方程式により数値シミュレーションを行えば，拘束の不安定化を回避できる。

7.2.2 補足 バウムガルテの安定化法の直観的な説明

質点が x 軸上の原点（$x=0$）でずっと動かない場合を考え，それをつぎの拘束式で表したとする（拘束式(6.5)に対応）。

$$C=x=0 \tag{7.35}$$

これを 2 階微分した式（式(6.27)に対応）は次式となる。

$$\ddot{C}=\ddot{x}=0 \tag{7.36}$$

この式は，一見，“ずっと動かない” 様子を表すようにも見える。しかし，この式を解くと，次式となる。

$$x=at+b \tag{7.37}$$

これは，計算中の何らかの外乱により生じたわずかな変動（位置変動 b，速度変動 a）によりボディの位置 x が拘束を破り続ける，あるいは時間とともに増大することを示している。したがって $\ddot{x}=0$ を $x=0$ の代わりに用いることは，運動の性質として大きな違いを生む可能性がある。

そこで，擬似的にでもできるだけ $x=0$ に近い状態を満足する表現式を考えてみる。その一つとして，もし何らかの外乱により生じたわずかな変動（位置変動 x，速度変動 $\dot{x}$）があっても，それを元に戻す**仮想的な“ばね”と“ダンパ”**があればよい。すなわち，拘束式の 2 階微分により得られた式 $\ddot{C}=\ddot{x}=0$ に“復元力”と“減衰力”を表す項を追加し，自動的に拘束状態 $C=x=0$ に復帰させればよい。例として，式(7.30)の記号 α，β を用いた次式を示す。

$$\ddot{x}=-\beta^2x-2\alpha\dot{x} \tag{7.38}$$

あるいは次式となる。

$$\ddot{x}+2\alpha\dot{x}+\beta^2x=0 \tag{7.39}$$

この表記は，振動工学の最初に学ぶ 1 自由度系の自由振動を表す無次元運動方程式によく似ている[24)]。そこで 1 自由度系の有次元運動方程式を考えてみる。

$$m\ddot{x}+c\dot{x}+kx=0 \tag{7.40}$$

この式(7.40)を $\ddot{x}$ の係数 m で割ると次式を得る。

$$\ddot{x}+\frac{c}{m}\dot{x}+\frac{k}{m}x=0 \tag{7.41}$$

式(7.39)と式(7.41)の係数を比較すると次式を得る。

$$2\alpha=\frac{c}{m},\quad \beta^2=\frac{k}{m} \tag{7.42}$$

振動工学では，1 自由度減衰系で**最も速く自由振動が収束するのは臨界減衰**（critical damping）**の場合**であることが基礎知識として知られている。臨界減衰とは特性方程式の根が重根になる減衰の場合であり，式(7.40)では次式である。

$$c=2\sqrt{mk} \tag{7.43}$$

この式(7.43)に，上記の係数の関係式(7.42)を代入すると次式のようになる。

$$2\alpha m = 2\sqrt{m^2\beta^2} \quad \Rightarrow \quad \alpha = \beta \tag{7.44}$$

この $\alpha=\beta$ が $\ddot{x}+2\alpha\dot{x}+\beta^2 x=0$ が最も速く $x=0$ に収束する条件である。なお，この $\alpha(=\beta)$ を大きくするほど，速く収束する。例えば文献 2）では，バウムガルテの安定化法では式(7.30)で $\alpha=\beta$ とし，値として 10 ～ 20 程度がよく用いられるとある。安定性が悪いときはこの値 $\alpha(=\beta)$ をさらに大きくするとよい。

7.3 数値解析のための運動方程式の変形

7.2節で，拘束を含むマルチボディ系の拡大系の運動方程式(7.33)を示した。

$$\begin{bmatrix} \boldsymbol{M} & \boldsymbol{C}_{\boldsymbol{q}}^T \\ \boldsymbol{C}_{\boldsymbol{q}} & \boldsymbol{0} \end{bmatrix} \begin{Bmatrix} \ddot{\boldsymbol{q}} \\ \lambda \end{Bmatrix} = \begin{Bmatrix} \boldsymbol{Q} \\ \boldsymbol{\gamma}_{\mathrm{B}} \end{Bmatrix} \qquad \text{Ref.(7.33)}$$

式中の $\boldsymbol{M}$ は質量マトリックスであり，$\boldsymbol{C}_{\boldsymbol{q}}$ は拘束 $\boldsymbol{C}$ の状態量 $\boldsymbol{q}$ に関するヤコビマトリックスである。また，$\boldsymbol{\gamma}_{\mathrm{B}}$ はバウムガルテの安定化法を考慮したものであり，式(7.32)を再掲する。

$$\boldsymbol{\gamma} = -\left((\boldsymbol{C}_{\boldsymbol{q}}\dot{\boldsymbol{q}})_{\boldsymbol{q}}\dot{\boldsymbol{q}} + 2\boldsymbol{C}_{\boldsymbol{q}t}\dot{\boldsymbol{q}} + \boldsymbol{C}_{tt}\right),$$

$$\boldsymbol{\gamma}_{\mathrm{B}} = \boldsymbol{\gamma} - 2\alpha(\boldsymbol{C}_{\boldsymbol{q}}\boldsymbol{v} + \boldsymbol{C}_t) - \beta^2\boldsymbol{C} \qquad \text{Ref.(7.32)}$$

本節では，この式を 1 階の微分方程式用の数値積分法を用いて解く場合の準備を行う。なお，これらを含めた数値積分法の詳細については，文献 1）に詳しく記述されているので，参照されたい。

式(7.33)を展開し，第 1 式に左から $\boldsymbol{C}_{\boldsymbol{q}}\boldsymbol{M}^{-1}$ を掛けると，次式となる。

$$\boldsymbol{C}_{\boldsymbol{q}}\ddot{\boldsymbol{q}} + \boldsymbol{C}_{\boldsymbol{q}}\boldsymbol{M}^{-1}\boldsymbol{C}_{\boldsymbol{q}}^T\lambda = \boldsymbol{C}_{\boldsymbol{q}}\boldsymbol{M}^{-1}\boldsymbol{Q},$$

$$\boldsymbol{C}_{\boldsymbol{q}}\ddot{\boldsymbol{q}} = \boldsymbol{\gamma}_{\mathrm{B}} \tag{7.45}$$

式(7.45)の 2 式の辺々を引き，ラグランジュの未定乗数 $\boldsymbol{\lambda}$ についてまとめると，次式となる。

$$\boldsymbol{\lambda} = (\boldsymbol{C}_{\boldsymbol{q}}\boldsymbol{M}^{-1}\boldsymbol{C}_{\boldsymbol{q}}^T)^{-1}(\boldsymbol{C}_{\boldsymbol{q}}\boldsymbol{M}^{-1}\boldsymbol{Q} - \boldsymbol{\gamma}_{\mathrm{B}}) \tag{7.46}$$

この式を運動方程式(7.33)の第 1 式に代入して $\boldsymbol{\lambda}$ を消去し，$\ddot{\boldsymbol{q}}$ について整理すると次式を得る。

$$\boldsymbol{M}\ddot{\boldsymbol{q}} = \boldsymbol{Q} - \boldsymbol{C}_{\boldsymbol{q}}^T(\boldsymbol{C}_{\boldsymbol{q}}\boldsymbol{M}^{-1}\boldsymbol{C}_{\boldsymbol{q}}^T)^{-1}(\boldsymbol{C}_{\boldsymbol{q}}\boldsymbol{M}^{-1}\boldsymbol{Q} - \boldsymbol{\gamma}_{\mathrm{B}}) \tag{7.47}$$

つぎに，状態量 $\boldsymbol{q}$ の1階微分量として $\boldsymbol{v}$ を導入し，式(7.47)を1階の微分方程式の形式でつぎのように表す。

$$\dot{\boldsymbol{q}} = \boldsymbol{v},$$
$$\dot{\boldsymbol{v}} = \boldsymbol{M}^{-1}\{\boldsymbol{Q} - \boldsymbol{C}_{\boldsymbol{q}}^T(\boldsymbol{C}_{\boldsymbol{q}}\boldsymbol{M}^{-1}\boldsymbol{C}_{\boldsymbol{q}}^T)^{-1}(\boldsymbol{C}_{\boldsymbol{q}}\boldsymbol{M}^{-1}\boldsymbol{Q} - \boldsymbol{\gamma}_{\mathrm{B}})\} \tag{7.48}$$

ここで，拘束力 $-\boldsymbol{C}_{\boldsymbol{q}}^T\boldsymbol{\lambda}$ を $\boldsymbol{Q}^{(\mathrm{C})}$ で表すと次式となる。

$$\boldsymbol{Q}^{(\mathrm{C})} := -\boldsymbol{C}_{\boldsymbol{q}}^T\boldsymbol{\lambda} = -\boldsymbol{C}_{\boldsymbol{q}}^T(\boldsymbol{C}_{\boldsymbol{q}}\boldsymbol{M}^{-1}\boldsymbol{C}_{\boldsymbol{q}}^T)^{-1}(\boldsymbol{C}_{\boldsymbol{q}}\boldsymbol{M}^{-1}\boldsymbol{Q} - \boldsymbol{\gamma}_{\mathrm{B}}) \tag{7.49}$$

この拘束力 $\boldsymbol{Q}^{(\mathrm{C})} = -\boldsymbol{C}_{\boldsymbol{q}}^T\boldsymbol{\lambda}$ を用いると，運動方程式は次式となる。

$$\dot{\boldsymbol{q}} = \boldsymbol{v},\quad \dot{\boldsymbol{v}} = \boldsymbol{M}^{-1}(\boldsymbol{Q} + \boldsymbol{Q}^{(\mathrm{C})}) \tag{7.50}$$

なお，拘束力 $\boldsymbol{Q}^{(\mathrm{C})} = -\boldsymbol{C}_{\boldsymbol{q}}^T\boldsymbol{\lambda}$ は各ボディに作用する拘束力である。ある拘束の拘束力を求めたい場合は，その拘束に対応する $\boldsymbol{\lambda}$ の成分で評価すればよい。

7.3.1　例題30：振り子の動力学解析（拡大法）

6.4.3項の例題29（Ref. 図6.13）の剛体振り子を拡大法でモデル化し，解析せよ。

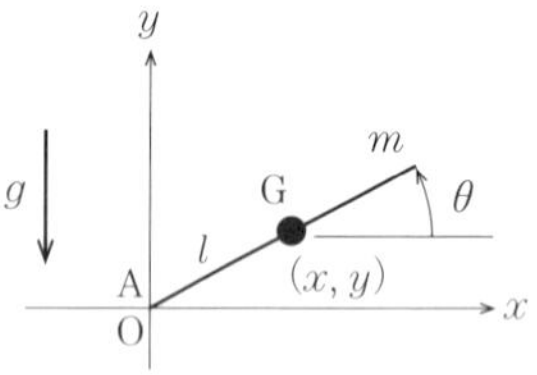

Ref. 図6.13　回転ジョイントで拘束された剛体振り子

(1)　単振り子と剛体振り子が鉛直下方（$\theta = -\pi/2$〔rad〕）近傍で微小振幅で自由振動する際の理論解と数値解析解を比較し，考察せよ（固有角振動数 p〔rad/s〕，固有振動数 f〔Hz〕，固有周期 T〔s〕のいずれで比較してもよい）。

(2)　振り子の振れ幅を増加したときの固有振動数 f〔Hz〕の変化を調べよ。

(3)　回転ジョイントの拘束力を求めよ。

解答

プログラム：07-1 剛体振り子 回転 J 拘束 拡大法

パラメータ値と初期値を**表 7.1** で示す。

表 7.1　プログラムに用いたパラメータの記号，表記，値と説明

記　号	プログラム	値	説　明
g	g	9.81	重力加速度〔m/s^2〕
m	m	5	質量〔kg〕
l	l	1	振り子の長さの半分〔m〕
J	J	$m(2l)^2/12$	慣性モーメント〔kgm^2〕
$\theta(0)$	theta(1)	$-45\pi/180$	振り子の初期角度〔rad〕
$x(0)$	px(1)	$l\cos\theta(0)$	振り子の x 方向初期位置〔m〕
$y(0)$	py(1)	$l\sin\theta(0)$	振り子の y 方向初期位置〔m〕
$\dot{\theta}(0)$	dtheta(1)	0	振り子の初期角速度〔rad/s〕
$\dot{x}(0)$	dx(1)	0.1	振り子の x 方向初速度〔m/s〕
$\dot{y}(0)$	dy(1)	0.1	振り子の y 方向初速度〔m/s〕

(1)　単振り子と剛体振り子が $\theta=-\pi/2$ 近傍で，微小振幅で自由振動する際の固有角振動数の理論解を示す[24)]。

$$\text{単振り子の固有角振動数の理論解：}p=\sqrt{\frac{g}{l}} \tag{7.51}$$

$$\text{剛体振り子の固有角振動数の理論解：}p=\sqrt{\frac{mgl}{J+ml^2}} \tag{7.52}$$

本例題のパラメータに対しては，式(7.51)の単振り子の理論解は 0.498 5 Hz，式(7.52)の剛体振り子の理論解は 0.431 7 Hz を与える。一方，初期値を鉛直下方から 1° とした剛体振り子のシミュレーション結果は 0.432 Hz（周期 $T=2.317$〔s〕）となり，式(7.52)の剛体振り子の理論解の結果と一致する。

(2)　本例題のパラメータのシミュレーション結果を**図 7.4** に示す。初期角度を 5°，10°，30°，60° と増加させて実施すると，対応する固有振動数は 0.431 Hz，0.431 Hz，0.424 Hz，0.402 Hz と減少する。これは振り子の復元力の非線形性に起因した現象である（詳しくは例えば文献 24）の 9 章を参照されたい）。

(3)　式(7.50)から回転ジョイント部の拘束力 $\boldsymbol{Q}^{(C)}(=-\boldsymbol{C}_{\boldsymbol{q}}^T\boldsymbol{\lambda})$ を求めた結果を**図 7.5** に示す。x, y 方向の拘束力 $f_x^{(C)}$，$f_y^{(C)}$ は振り子の運動と対応して周期的に変動する。また，$f_y^{(C)}$ の定数成分は振り子の重力分の支持力を示している。

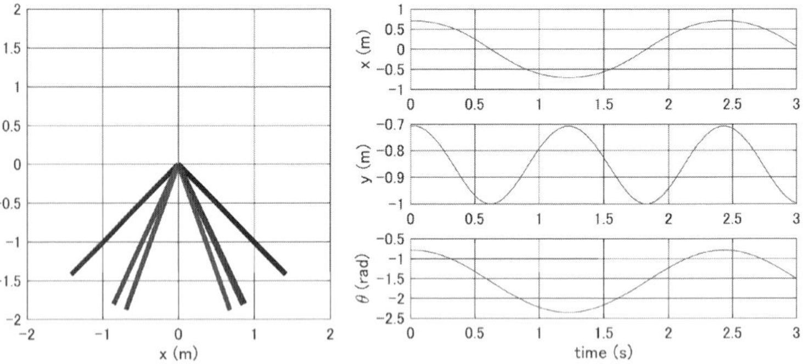

図 7.4　剛体振り子の運動と時刻歴（拡大法）

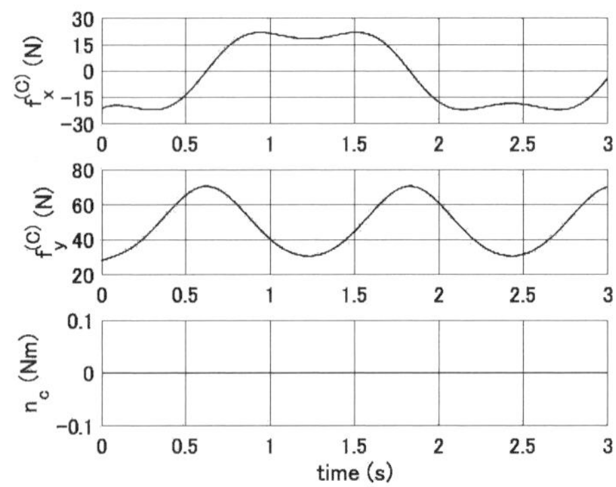

図 7.5　剛体振り子の回転ジョイント部の拘束力の時刻歴（拡大法）

7.3.2　例題 31：回転円板に取り付けられた剛体振り子の動力学解析

6.2.4 項の例題 26（図 6.9）の回転円板に取り付けられた振り子の運動を再度考える。振り子の回転ジョイント拘束を拡大法で表し，この系をモデル化せよ。そして，その運動を解析せよ。

解答

プログラム：07-2 回転円板＋剛体振り子 駆動拘束＋回転 J 拘束 拡大法

パラメータ値と初期値を**表 7.2** で示す。

表 7.2 プログラムに用いたパラメータの記号，表記，値と説明

記　号	プログラム	値	説　明
g	g	9.81	重力加速度〔m/s²〕
m	m	0.115	質量〔kg〕
l	l	7.6×10^{-3}	振り子の長さ〔m〕
J	J	4.46×10^{-6}	振り子の慣性モーメント〔kgm²〕
R_{10}	R10	56.0×10^{-3}	振り子取り付け位置の半径〔m〕
ω	om	$3(2\pi)$	回転軸の回転角速度〔rad/s〕
x_{A0}	xA0	$R_{10}\cos(0)$	振り子取り付け点の初期位置〔m〕
y_{A0}	yA0	$R_{10}\sin(0)$	振り子取り付け点の初期位置〔m〕
$\theta(0)$	theta(1)	0	振り子の初期角度〔rad〕
$x(0)$	px(1)	$x_{A0}+l\cos\theta(0)$	振り子の質量中心の初期位置〔m〕
$y(0)$	py(1)	$y_{A0}+l\sin\theta(0)$	振り子の質量中心の初期位置〔m〕
$\dot{\theta}(0)$	dtheta(1)	ω	振り子の初期角速度〔rad/s〕
$\dot{x}(0)$	dx(1)	$-(R_{10}+l)\omega\cos(0)$	振り子の質量中心の初速度〔m/s〕
$\dot{y}(0)$	dy(1)	$(R_{10}+l)\omega\sin(0)$	振り子の質量中心の初速度〔m/s〕

拡大法を用いて回転ジョイント拘束を表した解析結果を**図 7.6** に示す。6.2.4 項の例題 26 の図 6.10 のペナルティ法を用いた結果と一致している。

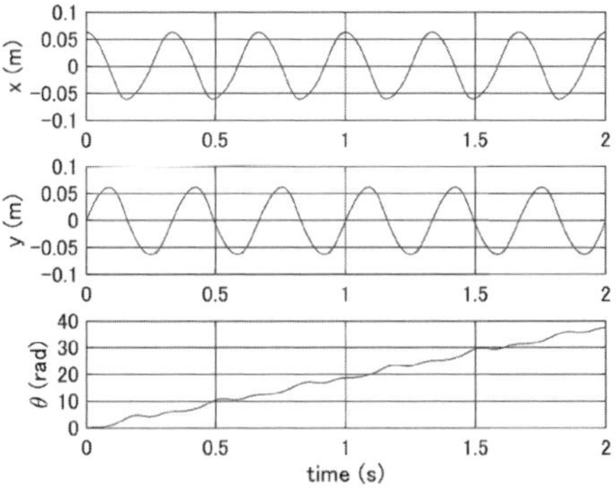

図 7.6 回転する円板に取り付けられた剛体振り子の解析

7.4 発展 消 去 法

本書では消去法は発展とし，補足的に紹介するにとどめる。この消去法の定式化は，岩村の著書[4]がわかりやすくかつ詳しくまとめているので，本書ではそこから引用しつつ，理解とプログラム構築に必要な部分のみをまとめる。詳細は岩村の著書[4]をぜひ参照されたい。

前節で得た拘束を伴う系の運動方程式(7.33)を再掲する。

$$\begin{bmatrix} \boldsymbol{M} & \boldsymbol{C}_{\boldsymbol{q}}^T \\ \boldsymbol{C}_{\boldsymbol{q}} & \boldsymbol{0} \end{bmatrix} \begin{Bmatrix} \ddot{\boldsymbol{q}} \\ \lambda \end{Bmatrix} = \begin{Bmatrix} \boldsymbol{Q} \\ \boldsymbol{\gamma}_{\mathrm{B}} \end{Bmatrix} \tag{Ref.(7.33)}$$

この方程式において，$\boldsymbol{q}$ は n 次元，拘束は m 個とすると，本来の系の自由度は $n-m$ である。そこで，式展開により，系の自由度 $n-m$ に対応した運動方程式を導出する。

いま，系全体の一般化ベクトル $\boldsymbol{q}$ を並べ替え，残したい（独立な）$n-m$ 個の座標 $\boldsymbol{q}_{\mathrm{I}}$ と消去したい（従属な）m 個の座標 $\boldsymbol{q}_{\mathrm{D}}$ の組の形式で $\boldsymbol{q}_{\mathrm{ID}}$ として表現する。対応して質量マトリックス $\boldsymbol{M}$ や外力 $\boldsymbol{Q}$ なども並べ替えて $\boldsymbol{M}_{\mathrm{ID}}$，$\boldsymbol{Q}_{\mathrm{ID}}$ とすると，式(7.33)は次式となる。

$$\begin{bmatrix} \boldsymbol{M}_{\mathrm{ID}} & \boldsymbol{C}_{\boldsymbol{q}\mathrm{ID}}^T \\ \boldsymbol{C}_{\boldsymbol{q}\mathrm{ID}} & \boldsymbol{0} \end{bmatrix} \begin{Bmatrix} \ddot{\boldsymbol{q}}_{\mathrm{ID}} \\ \lambda \end{Bmatrix} = \begin{Bmatrix} \boldsymbol{Q}_{\mathrm{ID}} \\ \boldsymbol{\gamma}_{\mathrm{B}} \end{Bmatrix},$$

$$\boldsymbol{q}_{\mathrm{ID}} = \begin{Bmatrix} \boldsymbol{q}_{\mathrm{I}} \\ \boldsymbol{q}_{\mathrm{D}} \end{Bmatrix},\ \ \boldsymbol{C}_{\boldsymbol{q}\mathrm{ID}} = [\boldsymbol{C}_{\boldsymbol{q}\mathrm{I}} \quad \boldsymbol{C}_{\boldsymbol{q}\mathrm{D}}],\ \ \boldsymbol{M}_{\mathrm{ID}} = \mathrm{diag}[\boldsymbol{M}_{\mathrm{I}} \quad \boldsymbol{M}_{\mathrm{D}}] \tag{7.53}$$

なお，この式において，$\boldsymbol{M}_{\mathrm{ID}}$ は $\boldsymbol{q}_{\mathrm{ID}}$ の並びに対応させて $\boldsymbol{M}$ を対角で並べ替えており，第 1 式の縦の並びは変化しているが，第 2 式の縦の並びは変化していないことに注意しておく。また，$\boldsymbol{C}_{\boldsymbol{q}\mathrm{ID}}$ は $\boldsymbol{C}_{\boldsymbol{q}}$ を求めてから $\boldsymbol{q}_{\mathrm{ID}}$ の並びに対応させて列を並べ替えればよい。この座標 $\boldsymbol{q}_{\mathrm{ID}}$ の並べ替えに対応し，速度レベルの拘束式(6.26)は次式となる。

$$\begin{aligned} &\boldsymbol{C}_{\boldsymbol{q}\mathrm{ID}} \dot{\boldsymbol{q}}_{\mathrm{ID}} = \boldsymbol{C}_{\boldsymbol{q}\mathrm{I}} \dot{\boldsymbol{q}}_{\mathrm{I}} + \boldsymbol{C}_{\boldsymbol{q}\mathrm{D}} \dot{\boldsymbol{q}}_{\mathrm{D}} = -\boldsymbol{C}_t =: \boldsymbol{\eta} \\ &\Rightarrow \quad \dot{\boldsymbol{q}}_{\mathrm{D}} = -\boldsymbol{C}_{\boldsymbol{q}\mathrm{D}}^{-1} \boldsymbol{C}_{\boldsymbol{q}\mathrm{I}} \dot{\boldsymbol{q}}_{\mathrm{I}} - \boldsymbol{C}_{\boldsymbol{q}\mathrm{D}}^{-1} \boldsymbol{C}_t = -\boldsymbol{C}_{\boldsymbol{q}\mathrm{D}}^{-1} \boldsymbol{C}_{\boldsymbol{q}\mathrm{I}} \dot{\boldsymbol{q}}_{\mathrm{I}} + \boldsymbol{C}_{\boldsymbol{q}\mathrm{D}}^{-1} \boldsymbol{\eta} \end{aligned} \tag{7.54}$$

同様に加速度レベルの拘束式(6.28)は次式となる。

$$\begin{aligned}&\boldsymbol{C}_{\boldsymbol{q}\mathrm{ID}}\ddot{\boldsymbol{q}}_{\mathrm{ID}}=\boldsymbol{C}_{\boldsymbol{q}\mathrm{I}}\ddot{\boldsymbol{q}}_{\mathrm{I}}+\boldsymbol{C}_{\boldsymbol{q}\mathrm{D}}\ddot{\boldsymbol{q}}_{\mathrm{D}}=:\boldsymbol{\gamma}\\ &\Rightarrow\quad \ddot{\boldsymbol{q}}_{\mathrm{D}}=-\boldsymbol{C}_{\boldsymbol{q}\mathrm{D}}^{-1}\boldsymbol{C}_{\boldsymbol{q}\mathrm{I}}\ddot{\boldsymbol{q}}_{\mathrm{I}}+\boldsymbol{C}_{\boldsymbol{q}\mathrm{D}}^{-1}\boldsymbol{\gamma}\end{aligned}\tag{7.55}$$

この式を用いると $\ddot{\boldsymbol{q}}_{\mathrm{ID}}$ は次式のように表すことができる。

$$\ddot{\boldsymbol{q}}_{\mathrm{ID}}=\begin{Bmatrix}\ddot{\boldsymbol{q}}_{\mathrm{I}}\\ \ddot{\boldsymbol{q}}_{\mathrm{D}}\end{Bmatrix}=\begin{bmatrix}\boldsymbol{I}\\ -\boldsymbol{C}_{\boldsymbol{q}\mathrm{D}}^{-1}\boldsymbol{C}_{\boldsymbol{q}\mathrm{I}}\end{bmatrix}\ddot{\boldsymbol{q}}_{\mathrm{I}}+\begin{Bmatrix}\boldsymbol{0}\\ \boldsymbol{C}_{\boldsymbol{q}\mathrm{D}}^{-1}\boldsymbol{\gamma}\end{Bmatrix}\tag{7.56}$$

あるいは次式となる。

$$\ddot{\boldsymbol{q}}_{\mathrm{ID}}=\boldsymbol{B}\ddot{\boldsymbol{q}}_{\mathrm{I}}+\boldsymbol{\sigma},\quad \boldsymbol{B}=\begin{bmatrix}\boldsymbol{I}\\ -\boldsymbol{C}_{\boldsymbol{q}\mathrm{D}}^{-1}\boldsymbol{C}_{\boldsymbol{q}\mathrm{I}}\end{bmatrix},\quad \boldsymbol{\sigma}=\begin{Bmatrix}\boldsymbol{0}\\ \boldsymbol{C}_{\boldsymbol{q}\mathrm{D}}^{-1}\boldsymbol{\gamma}\end{Bmatrix}\tag{7.57}$$

並べ替えた拡大系の運動方程式(7.53)の第1式にこの式(7.57)を代入し，両辺に左から $\boldsymbol{B}^T$ を掛けて整理すると，独立な座標 $\boldsymbol{q}_{\mathrm{I}}$ のみで表された運動方程式を得る。

$$\boldsymbol{B}^T\boldsymbol{M}_{\mathrm{ID}}\boldsymbol{B}\ddot{\boldsymbol{q}}_{\mathrm{I}}=\boldsymbol{B}^T(\boldsymbol{Q}_{\mathrm{ID}}-\boldsymbol{M}_{\mathrm{ID}}\boldsymbol{\sigma})\tag{7.58}$$

ここで，下記の関係式を用いた。

$$\begin{aligned}\boldsymbol{B}^T\boldsymbol{C}_{\boldsymbol{q}\mathrm{ID}}^T&=\begin{bmatrix}\boldsymbol{I}\\ -\boldsymbol{C}_{\boldsymbol{q}\mathrm{D}}^{-1}\boldsymbol{C}_{\boldsymbol{q}\mathrm{I}}\end{bmatrix}^T\begin{bmatrix}\boldsymbol{C}_{\boldsymbol{q}\mathrm{I}}^T\\ \boldsymbol{C}_{\boldsymbol{q}\mathrm{D}}^T\end{bmatrix}\\ &=\boldsymbol{C}_{\boldsymbol{q}\mathrm{I}}^T-\boldsymbol{C}_{\boldsymbol{q}\mathrm{I}}^T(\boldsymbol{C}_{\boldsymbol{q}\mathrm{D}}^{-1})^T\boldsymbol{C}_{\boldsymbol{q}\mathrm{D}}^T\\ &=\boldsymbol{C}_{\boldsymbol{q}\mathrm{I}}^T-\boldsymbol{C}_{\boldsymbol{q}\mathrm{I}}^T(\boldsymbol{C}_{\boldsymbol{q}\mathrm{D}}\boldsymbol{C}_{\boldsymbol{q}\mathrm{D}}^{-1})^T=\boldsymbol{0}\end{aligned}\tag{7.59}$$

この独立な座標 $\boldsymbol{q}_{\mathrm{I}}$ のみで表された運動方程式(7.58)は

$$\boldsymbol{M}_{\mathrm{I}}:=\boldsymbol{B}^T\boldsymbol{M}_{\mathrm{ID}}\boldsymbol{B},\quad \boldsymbol{Q}_{\mathrm{I}}:=\boldsymbol{B}^T(\boldsymbol{Q}_{\mathrm{ID}}-\boldsymbol{M}_{\mathrm{ID}}\boldsymbol{\sigma})\tag{7.60}$$

を導入すると

$$\boldsymbol{M}_{\mathrm{I}}\ddot{\boldsymbol{q}}_{\mathrm{I}}=\boldsymbol{Q}_{\mathrm{I}}\tag{7.61}$$

となる。さらに1階の微分方程式の形式では次式となる。

$$\dot{\boldsymbol{q}}_{\mathrm{I}}=\boldsymbol{v}_{\mathrm{I}},\quad \dot{\boldsymbol{v}}_{\mathrm{I}}=\boldsymbol{M}_{\mathrm{I}}^{-1}\boldsymbol{Q}_{\mathrm{I}}\tag{7.62}$$

この式を解いて独立変数 $\boldsymbol{q}_{\mathrm{I}}$ を求める。なお，この $\boldsymbol{M}_{\mathrm{I}}$ および $\boldsymbol{Q}_{\mathrm{I}}$ は一般には $\boldsymbol{B}$ が独立変数 $\boldsymbol{q}_{\mathrm{I}}$ の関数となるため，時々刻々と評価・更新する必要があることに注意しておく。

7.4.1　例題 32：振り子の動力学解析（消去法）

6.2.1 項の例題 23 でのペナルティ法，7.3.1 項の例題 30 での拡大法で定式化した 6.4.3 項の例題 29（Ref. 図 6.13）の剛体振り子に対し，消去法でプログラムを作成して運動を解析せよ。

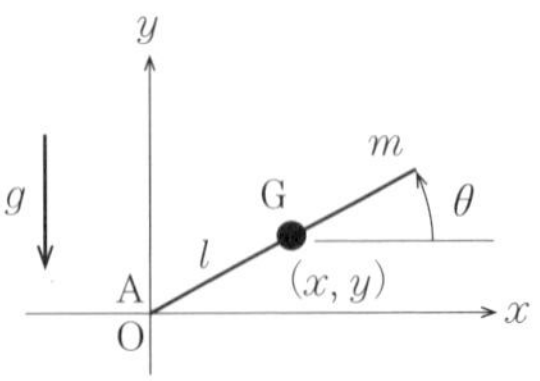

Ref. 図 6.13　回転ジョイントで拘束された剛体振り子

解答

プログラム：07-3 剛体振り子 回転 J 拘束 消去法

図 7.7 に結果を示す。この結果は 6.2.1 項の例題 23 のペナルティ法（図 6.4），7.3.1 項の例題 30 の拡大法（図 7.4）を用いた結果と一致している。

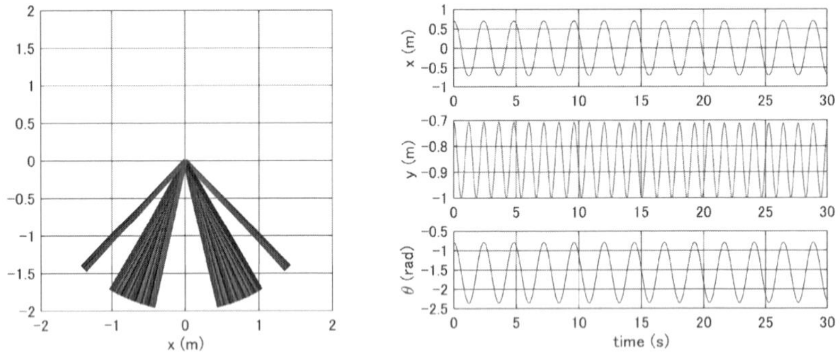

図 7.7　剛体振り子の運動（消去法）

7.4.2　例題 33：回転円板に取り付けられた剛体振り子の動力学解析

6.2.4 項の例題 26（図 6.9）でのペナルティ法，7.3.2 項の例題 31 での拡大法で扱った回転円板に取り付けられた振り子の運動を再度考える。拘束を消去法で扱い，この系をモデル化せよ。そして，プログラムを作成し，その運動を解析せよ。

解答

プログラム：07-4 回転円板＋剛体振り子 駆動拘束 回転J拘束 消去法

図 7.8 に結果を示す。消去法を用いて回転円板に対する振り子の回転ジョイント支持を表した解析結果は図 6.10 のペナルティ法，図 7.6 の拡大法を用いた結果と一致しており，その有効性が確認できる。

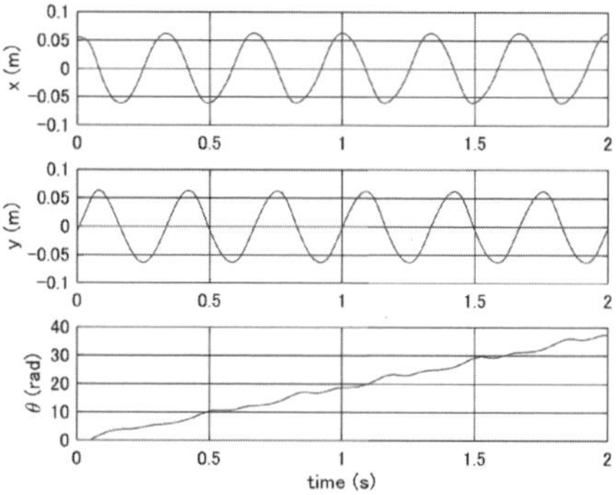

図 7.8　回転する円板に取り付けられた剛体振り子の解析（消去法）

解析実践　第２部

回転ジョイント拘束と固定ジョイント拘束を含むシステム

第２部では，第１部で学んだ基礎を用い，回転ジョイントや固定ジョイントを含むさまざまな機械システムの例題を通して，マルチボディダイナミクスの理論と式表現，プログラミングとその動的挙動の特徴を実践的に学ぶ。ボディ間やグラウンドとボディ間の回転ジョイントを含むシステム，拘束位置が時間の関数として動くシステム，ボディ間やグラウンドとボディ間の固定ジョイントを含むシステムについて，運動学の例題と動力学の例題を扱う。また，多数のボディを有する一般的な系を扱うために，これらの拘束ジョイントのライブラリ表現の定式化と，それらを用いたプログラミングについても例題を通して紹介する。

8

第 2 部　回転ジョイント拘束と固定ジョイント拘束を含むシステム

実践例題・演習：グラウンドとボディの回転ジョイント

第 2 部の最初の本章では，最も簡単な拘束としてグラウンドとボディの回転ジョイントの定式化を学び，例題を通して習熟する。

8.1　モデルと定式化

図 8.1 に示すボディ数 1，拘束 1（回転ジョイント）の剛体振り子系を考える。ボディ 1 の点 A_1 の位置を回転ジョイントで全体基準枠の原点 O に固定する。ボディ固定枠の原点はボディ 1 の質量中心 G_1 でとる。なお，もしボディ固定枠の原点を質量中心 G_1 以外でとる場合は 3.3 節で学んだ Non-centroidal equation of motion となり，速度 2 乗慣性力ベクトルなどが現れることも思い出しておこう。

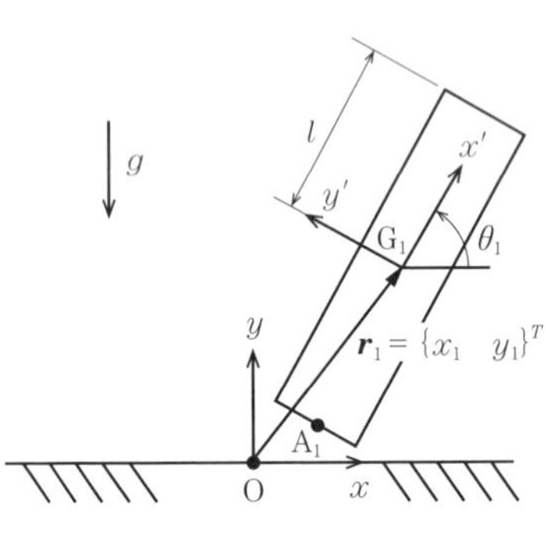

図 8.1　剛体振り子系

① **モデル**　　モデルを図 8.1 に示す。

・ボディ 1：質量 m_1 で質量中心まわりの慣性モーメント J_1

の一つのボディからなり

・ボディ1とグラウンドが回転ジョイント拘束

で接続されている。

② **枠**　二つの枠を考える。

・全体基準枠 O-xy

・振り子の質量中心に固定されたボディ固定枠 G_1-$x'y'$

③ **一般化座標**　ボディ1の質量中心 G_1 の位置は全体基準枠で $\boldsymbol{r}_1=\{x_1 \quad y_1\}^T$，姿勢は θ_1 とする。全体基準枠 O-xy の x 軸をボディ1の姿勢の基準（$\theta_1=0$）とし，x から y への反時計回りの方向を正とする。系の一般化座標ベクトル $\boldsymbol{q}$ を次式でとる。

$$\boldsymbol{q}=\{x_1 \quad y_1 \quad \theta_1\}^T \tag{8.1}$$

④ **各種マトリックスと一般化外力ベクトル**　質量マトリックス $\boldsymbol{M}$，一般化外力ベクトル $\boldsymbol{Q}$ は次式となる。

$$\boldsymbol{M}=\mathrm{diag}[m \quad m \quad J],\quad \boldsymbol{Q}=\{0 \quad -mg \quad 0\}^T \tag{8.2}$$

⑤ **拘　束**　回転ジョイントのボディ1内の拘束点をボディ固定枠 G_1 で $\boldsymbol{r}'_{\mathrm{G1A1}}=\{-l \quad 0\}^T$ と表し，グラウンド側の拘束点を全体基準枠で $\boldsymbol{r}_{\mathrm{g}}$ と表すと，“グラウンドにボディ1を回転ジョイントする”拘束式は次式で表現される。

$$\boldsymbol{C}_{\mathrm{rev(G,1)}}(\boldsymbol{q}_1, \boldsymbol{r}'_{\mathrm{G1A1}}, \boldsymbol{r}_{\mathrm{g}})=\boldsymbol{r}_1+\boldsymbol{A}_{\mathrm{OG1}}(\theta_1)\boldsymbol{r}'_{\mathrm{G1A1}}-\boldsymbol{r}_{\mathrm{g}}=\boldsymbol{0}_{2\times 1} \tag{8.3}$$

ここで，本節では $\boldsymbol{r}_{\mathrm{g}}$ は定数ベクトルで $\boldsymbol{r}_{\mathrm{g}}=\boldsymbol{0}$ である。また，$\boldsymbol{A}_{\mathrm{OG1}}(\theta_1)$ は4.1節の式(4.2)で示したボディ1のボディ固定枠 G_1 から全体基準枠Oへの座標変換マトリックスで，次式で表される。

$$\boldsymbol{A}_{\mathrm{OG1}}(\theta_1)=\begin{bmatrix}\cos\theta_1 & -\sin\theta_1\\ \sin\theta_1 & \cos\theta_1\end{bmatrix} \qquad \text{Ref.(4.2)}$$

拘束式(8.3)は，式(4.2)の $\boldsymbol{A}_{\mathrm{OG1}}(\theta_1)$ と $\boldsymbol{r}_1$ の成分を用いて陽に表すと次式となる。

$$\boldsymbol{C}_{\mathrm{rev(G,1)}}=\begin{Bmatrix}x_1\\ y_1\end{Bmatrix}+\boldsymbol{A}_{\mathrm{OG1}}(\theta_1)\begin{Bmatrix}-l\\ 0\end{Bmatrix}-\begin{Bmatrix}x_{\mathrm{g}}\\ y_{\mathrm{g}}\end{Bmatrix}=\begin{Bmatrix}x_1-l\cos\theta_1-x_{\mathrm{g}}\\ y_1-l\sin\theta_1-y_{\mathrm{g}}\end{Bmatrix}$$
$$=\boldsymbol{0}_{2\times 1} \tag{8.4}$$

⑥　**拘束のヤコビマトリックスと加速度方程式**　　ヤコビマトリックス $\boldsymbol{C}_{\mathrm{rev(G,1)}\boldsymbol{q}}$ および $(\boldsymbol{C}_{\mathrm{rev(G,1)}\boldsymbol{q}}\dot{\boldsymbol{q}})_{\boldsymbol{q}}$ を陽に求めると次式となる。

$$\boldsymbol{C}_{\mathrm{rev(G,1)}}=\begin{Bmatrix} x_1-l\cos\theta_1-x_{\mathrm{g}} \\ y_1-l\sin\theta_1-y_{\mathrm{g}} \end{Bmatrix}=\boldsymbol{0},$$

$$\boldsymbol{C}_{\mathrm{rev(G,1)}\boldsymbol{q}}=\frac{\partial \boldsymbol{C}_{\mathrm{rev(G,1)}}}{\partial \boldsymbol{q}}=\begin{bmatrix} 1 & 0 & l\sin\theta_1 \\ 0 & 1 & -l\cos\theta_1 \end{bmatrix},$$

$$\boldsymbol{C}_{\mathrm{rev(G,1)}\boldsymbol{q}}\dot{\boldsymbol{q}}=\begin{Bmatrix} \dot{x}_1+l\dot{\theta}_1\sin\theta_1 \\ \dot{y}_1-l\dot{\theta}_1\cos\theta_1 \end{Bmatrix},$$

$$(\boldsymbol{C}_{\mathrm{rev(G,1)}\boldsymbol{q}}\dot{\boldsymbol{q}})_{\boldsymbol{q}}=\begin{bmatrix} 0 & 0 & l\dot{\theta}_1\cos\theta_1 \\ 0 & 0 & l\dot{\theta}_1\sin\theta_1 \end{bmatrix} \tag{8.5}$$

この系では，拘束 $\boldsymbol{C}_{\mathrm{rev(G,1)}}$ およびそのヤコビマトリックス $\boldsymbol{C}_{\mathrm{rev(G,1)}\boldsymbol{q}}$ には時間 t が陽に現れない。したがって，$\boldsymbol{C}_{\mathrm{rev(G,1)}t}$，$\boldsymbol{C}_{\mathrm{rev(G,1)}tt}$，$\boldsymbol{C}_{\mathrm{rev(G,1)}\boldsymbol{q}t}$ は次式となる。

$$\boldsymbol{C}_{\mathrm{rev(G,1)}t}=\boldsymbol{C}_{\mathrm{rev(G,1)}tt}=\boldsymbol{0}_{2\times 1},\quad \boldsymbol{C}_{\mathrm{rev(G,1)}\boldsymbol{q}t}=\boldsymbol{0}_{2\times 3} \tag{8.6}$$

結果として，この系では，式(6.28)の加速度方程式の右辺 $\boldsymbol{\gamma}$ を陽に求めると次式となる。

$$\begin{aligned}\boldsymbol{\gamma}_{\mathrm{rev(G,1)}}&=-((\boldsymbol{C}_{\mathrm{rev(G,1)}\boldsymbol{q}}\dot{\boldsymbol{q}})_{\boldsymbol{q}}\dot{\boldsymbol{q}}+2\boldsymbol{C}_{\mathrm{rev(G,1)}\boldsymbol{q}t}\dot{\boldsymbol{q}}+\boldsymbol{C}_{\mathrm{rev(G,1)}tt}) \\ &=-\begin{Bmatrix} \dot{\theta}_1^{\,2}\,l\cos\theta_1 \\ \dot{\theta}_1^{\,2}\,l\sin\theta_1 \end{Bmatrix}\end{aligned} \tag{8.7}$$

バウムガルテの安定化法を考慮した加速度方程式の右辺 $\boldsymbol{\gamma}_{\mathrm{B}}$ を用いる場合は，式(7.32)から次式で得られる。

$$\boldsymbol{\gamma}_{\mathrm{Brev(G,1)}}=\boldsymbol{\gamma}_{\mathrm{rev(G,1)}}-2\alpha(\boldsymbol{C}_{\mathrm{rev(G,1)}\boldsymbol{q}}\dot{\boldsymbol{q}})-\beta^2\boldsymbol{C}_{\mathrm{rev(G,1)}} \tag{8.8}$$

8.2　発展　ジョイント拘束のライブラリ

プログラム作成にあたり，拘束をライブラリ化して表現することにより見通しがよくなる。8.1節の内容を一般化し，**図8.2**のような，ボディ数が n_{b}，全自由度が $n=3n_{\mathrm{b}}$ の系全体でグラウンドとボディ i の回転ジョイント拘束についてライブラリとして利用できる形で表す。

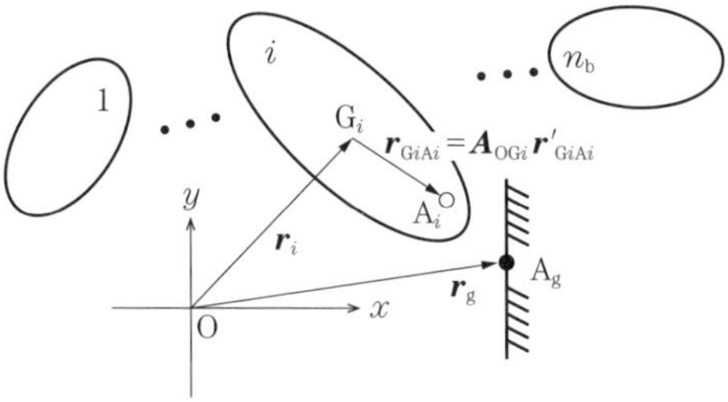

図 8.2　グラウンドとボディの回転ジョイント拘束のライブラリ

8.2.1　拘束式，ヤコビマトリックスと加速度方程式

グラウンドの点A_gとボディiの点A_iの回転ジョイント拘束は次式で表される。

$$\boldsymbol{C}_{\mathrm{rev}(G,i)}(i, \boldsymbol{q}_i, \boldsymbol{r}'_{GiAi}, \boldsymbol{r}_g) = \boldsymbol{r}_i + \boldsymbol{A}_{OGi}(\theta_i)\boldsymbol{r}'_{GiAi} - \boldsymbol{r}_g = \boldsymbol{0}_{2\times1} \tag{8.9}$$

式(8.9)の拘束$\boldsymbol{C}_{\mathrm{rev}(G,i)}$のボディ$i$の一般化座標$\boldsymbol{q}_i$に対するヤコビマトリックス$\boldsymbol{C}_{\mathrm{rev}(G,i)\boldsymbol{q}i}$は次式で表される。

$$\boldsymbol{C}_{\mathrm{rev}(G,i)\boldsymbol{q}i} = [\boldsymbol{I}_{2\times2} \quad \boldsymbol{VA}_{OGi}(\theta_i)\boldsymbol{r}'_{GiAi}]_{2\times3} \tag{8.10}$$

ここで，下付き添字$\boldsymbol{q}_i$は，ボディiの一般化座標$\boldsymbol{q}_i = \{x_i \quad y_i \quad \theta_i\}^T$によるヤコビマトリックスをとることを意味している。また，式(4.8)の$\partial\boldsymbol{A}_{OGi}/\partial\theta_i = \boldsymbol{VA}_{OGi}(\theta_i)$を用いた。

これを系全体（ボディ数n_b，全自由度$n = 3n_b$）の一般化座標$\boldsymbol{q}$に関するヤコビマトリックス$\boldsymbol{C}_{\mathrm{rev}(G,i)\boldsymbol{q}}$に拡張する。ボディ数$n_b$の系全体の一般化座標$\boldsymbol{q}$は次式で表される。

$$\boldsymbol{q} = \{\boldsymbol{q}_1^T \dots \boldsymbol{q}_i^T \dots \boldsymbol{q}_n^T\}_{n\times1}^T \tag{8.11}$$

系全体の一般化座標$\boldsymbol{q}$に関する拘束$\boldsymbol{C}_{\mathrm{rev}(G,i)}$のヤコビマトリックス$\boldsymbol{C}_{\mathrm{rev}(G,i)\boldsymbol{q}}$は，ボディ$i$に関する部分以外に$\boldsymbol{0}$が加わり，次式となる。

$$\boldsymbol{C}_{\mathrm{rev}(G,i)\boldsymbol{q}} = [\boldsymbol{0}_{2\times3(i-1)} \quad \boldsymbol{C}_{\mathrm{rev}(G,i)\boldsymbol{q}i(2\times3)} \quad \boldsymbol{0}_{2\times3(n-i)}]_{2\times n} \tag{8.12}$$

つぎに，$(\boldsymbol{C}_{\mathrm{rev}(G,i)\boldsymbol{q}}\dot{\boldsymbol{q}})_{\boldsymbol{q}}$を考える。まず，ボディ$i$に関する部分$(\boldsymbol{C}_{\mathrm{rev}(G,i)\boldsymbol{q}}\dot{\boldsymbol{q}})_{\boldsymbol{q}i}$を考える。姿勢$\theta_i$に関する座標変換マトリックス$\boldsymbol{A}_{OGi}(\theta_i)$の2階微分

$$\frac{\partial^2\boldsymbol{A}_{OGi}(\theta_i)}{\partial\theta_i^2} = \boldsymbol{V}(\boldsymbol{VA}_{OGi}(\theta_i)) = -\boldsymbol{A}_{OGi}(\theta_i) \tag{8.13}$$

と式(8.10)を用いると，$(\boldsymbol{C}_{\mathrm{rev(G},i)\boldsymbol{q}}\dot{\boldsymbol{q}})_{\boldsymbol{q}i}$ は次式で表される。

$$(\boldsymbol{C}_{\mathrm{rev(G},i)\boldsymbol{q}}\dot{\boldsymbol{q}})_{\boldsymbol{q}i} = [\boldsymbol{0}_{2\times 2} \quad -\boldsymbol{A}_{\mathrm{OG}i}(\theta_i)\boldsymbol{r}'_{\mathrm{G}i\mathrm{A}i}\dot{\theta}_i]_{2\times 3} \tag{8.14}$$

これを，系全体の一般化座標$\boldsymbol{q}$に関して拡張すると，$(\boldsymbol{C}_{\mathrm{rev(G},i)\boldsymbol{q}}\dot{\boldsymbol{q}})_{\boldsymbol{q}}$は次式となる。

$$(\boldsymbol{C}_{\mathrm{rev(G},i)\boldsymbol{q}}\dot{\boldsymbol{q}})_{\boldsymbol{q}} = [\boldsymbol{0}_{2\times 3(i-1)} \quad (\boldsymbol{C}_{\mathrm{rev(G},i)\boldsymbol{q}}\dot{\boldsymbol{q}})_{\boldsymbol{q}i(2\times 3)} \quad \boldsymbol{0}_{2\times 3(n\mathrm{b}-i)}]_{2\times n} \tag{8.15}$$

単純な回転ジョイント拘束の場合は，拘束$\boldsymbol{C}_{\mathrm{rev(G},i)}$およびそのヤコビマトリックス$\boldsymbol{C}_{\mathrm{rev(G},i)\boldsymbol{q}}$には時間$t$が陽に現れず，次式となる。

$$\boldsymbol{C}_{\mathrm{rev(G},i)t} = \boldsymbol{C}_{\mathrm{rev(G},i)tt} = \boldsymbol{0}_{2\times 1}, \quad \boldsymbol{C}_{\mathrm{rev(G},i)\boldsymbol{q}it} = \boldsymbol{0}_{2\times 3} \tag{8.16}$$

これを，系全体（全自由度$n = 3n_{\mathrm{b}}$）に関して拡張すると次式となる。

$$\boldsymbol{C}_{\mathrm{rev(G},i)t} = \boldsymbol{C}_{\mathrm{rev(G},i)tt} = \boldsymbol{0}_{2\times 1}, \quad \boldsymbol{C}_{\mathrm{rev(G},i)\boldsymbol{q}t} = \boldsymbol{0}_{2\times n} \tag{8.17}$$

結果として，グラウンドとボディの回転ジョイント拘束の加速度方程式の右辺$\boldsymbol{\gamma}_{\mathrm{rev(G},i)}$は式(6.28)から次式となる。

$$\boldsymbol{\gamma}_{\mathrm{rev(G},i)} = -((\boldsymbol{C}_{\mathrm{rev(G},i)\boldsymbol{q}}\dot{\boldsymbol{q}})_{\boldsymbol{q}}\dot{\boldsymbol{q}} + 2\boldsymbol{C}_{\mathrm{rev(G},i)\boldsymbol{q}t}\dot{\boldsymbol{q}} + \boldsymbol{C}_{\mathrm{rev(G},i)tt})_{2\times 1} \tag{8.18}$$

バウムガルテの安定化法を考慮した加速度方程式の右辺$\boldsymbol{\gamma}_{\mathrm{Brev(G},i)}$を用いる場合は，式(7.32)から次式で得られる。

$$\boldsymbol{\gamma}_{\mathrm{Brev(G},i)} = \boldsymbol{\gamma}_{\mathrm{rev(G},i)} - 2\alpha(\boldsymbol{C}_{\mathrm{rev(G},i)\boldsymbol{q}}\dot{\boldsymbol{q}}) - \beta^2\boldsymbol{C}_{\mathrm{rev(G},i)} \qquad \text{Ref.(7.32)}$$

8.2.2 ライブラリの用い方

前項の記述を用い，グラウンドとボディi間の回転ジョイントのライブラリ func_rev_b2G の利用方法をまとめる。ライブラリを用いる際には

- 系全体の一般化座標$\boldsymbol{q}$と速度ベクトル$\boldsymbol{v}$
- ボディ番号i
- ボディi内のボディ固定枠で表した回転ジョイント位置A_iの位置ベクトル$\boldsymbol{r}'_{\mathrm{G}i\mathrm{A}i}$
- 全体基準枠で表したグラウンド側の回転ジョイント位置の位置ベクトル$\boldsymbol{r}_{\mathrm{g}}$

を指定する。これらを引数で指定してライブラリ func_rev_b2G を実行すると，ライブラリ内で式(8.9)，(8.12)，(8.15)，(8.17)が評価されて拘束に関する

$$\boldsymbol{C}_{\mathrm{rev(G},i)}(\boldsymbol{q}_i, \boldsymbol{r}'_{\mathrm{G}i\mathrm{A}i}, \boldsymbol{r}_{\mathrm{g}}), \quad \boldsymbol{C}_{\mathrm{rev(G},i)\boldsymbol{q}}, \quad (\boldsymbol{C}_{\mathrm{rev(G},i)\boldsymbol{q}}\dot{\boldsymbol{q}})_{\boldsymbol{q}},$$

$$\boldsymbol{C}_{\mathrm{rev(G},i)t}, \quad \boldsymbol{C}_{\mathrm{rev(G},i)tt}, \quad \boldsymbol{C}_{\mathrm{rev(G},i)\boldsymbol{q}t}$$

の値を出力する。そのため，拘束に関する式展開を陽に実施する必要がなく，見通しのよいプログラムを書くことができる。

ボディ i とグラウンドを接続する回転ジョイント拘束のライブラリ func_rev_b2G は下記のように用いる。

[C, Cq, Ct, Cqt, Ctt, Cqdqq] = func_rev_b2G(nb, ib, q, v, r_loc, r_ground)

入力

nb　系全体のボディ数

ib　回転ジョイントで拘束するボディの番号 i

q　系の一般化座標ベクトル $\boldsymbol{q}$

v　系の一般化速度ベクトル $\boldsymbol{v}$

r_loc　ボディ i の質量中心から回転ジョイントの拘束点までの位置ベクトル（ボディ固定枠）$\boldsymbol{r}'_{\mathrm{G}i\mathrm{A}i}$

r_ground　グラウンド側の回転ジョイントの位置ベクトル（全体基準枠）$\boldsymbol{r}_{\mathrm{g}}$

出力

C, Cq, Ct, Cqt, Ctt, Cqdqq　ボディ i とグラウンド間の回転ジョイントによる $\boldsymbol{C}_{\mathrm{rev}(\mathrm{G},i)}$，$\boldsymbol{C}_{\mathrm{rev}(\mathrm{G},i)\boldsymbol{q}}$，$\boldsymbol{C}_{\mathrm{rev}(\mathrm{G},i)t}$，$\boldsymbol{C}_{\mathrm{rev}(\mathrm{G},i)\boldsymbol{q}t}$，$\boldsymbol{C}_{\mathrm{rev}(\mathrm{G},i)tt}$，$(\boldsymbol{C}_{\mathrm{rev}(\mathrm{G},i)\boldsymbol{q}}\dot{\boldsymbol{q}})_{\boldsymbol{q}}$

8.3 発展 動力学解析

8.3.1 例題 34：剛体振り子の動力学（拡大法，ライブラリ）

7.3.1 項の例題 30（Ref. 図 6.13）で拡大法で定式化した振り子に対し，回転ジョイントのライブラリ func_rev_b2G（8.2.2 項参照）を用いて運動を解析せよ。

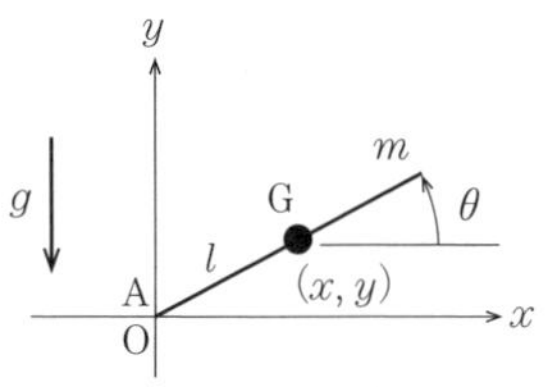

Ref. 図 6.13　回転ジョイントで拘束された剛体振り子

解答

プログラム：08-1 剛体振り子 回転 J 拘束 拡大法 拘束ライブラリ

運動方程式等は 7.3.1 項の例題 30 と同じであり，すでに 6.4.3 項の例題 29 で示したので省略する。指定されたライブラリを用いる。パラメータ値と初期値を**表 8.1** で示す。

表 8.1　プログラムに用いたパラメータの記号，表記，値と説明

記　号	プログラム	値	説　明
g	g	9.81	重力加速度〔m/s^2〕
m	m	5	質量〔kg〕
l	l	1	振り子の長さの半分〔m〕
J	J	$m(2l)^2/12$	慣性モーメント〔kgm^2〕
$\theta(0)$	theta(1)	$-45\pi/180$	振り子の初期角度〔rad〕
$x(0)$	px(1)	$l\cos\theta(0)$	振り子の x 方向初期位置〔m〕
$y(0)$	py(1)	$l\sin\theta(0)$	振り子の y 方向初期位置〔m〕
$\dot{\theta}(0)$	dtheta(1)	0	振り子の初期角速度〔rad/s〕
$\dot{x}(0)$	dx(1)	0.1	振り子の x 方向初速度〔m/s〕
$\dot{y}(0)$	dy(1)	0.1	振り子の y 方向初速度〔m/s〕

図 8.3 に解析結果を示す。7.3.1 項の例題 30 の拡大法を用いた結果の配位（図 7.4）と拘束力（図 7.5）の時刻歴と一致している。

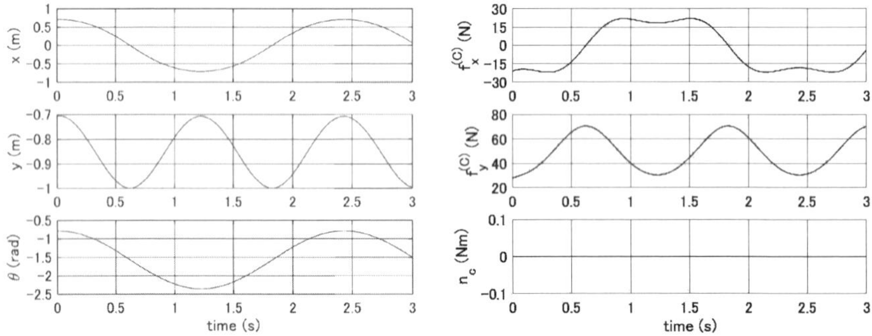

(a)　運動の時刻歴　　　　(b)　拘束力の時刻歴

図 8.3　剛体振り子の運動（拡大法，回転ジョイントライブラリ利用）

8.3.2 例題35：並進ばねダンパ要素で支持された2ボディ系の動力学（基準点は質量中心，拡大法，ライブラリ）

対象の系を**図8.4**に示す。ボディ1の点A_1が全体基準枠の原点Oに回転ジョイント（グラウンドとボディ間の回転ジョイントのライブラリ func_rev_b2G（8.2.2項参照））で拘束され，他の点B_1が別のボディ2の点A_2とばね定数k_{ts}，減衰係数c_{ts}，自由長l_{ts0}の並進ばねで接続されている。ボディ1の質量中心G_1の位置は$\boldsymbol{r}_1=\{x_1 \quad y_1\}^T$，姿勢は$\theta_1$で表し，ボディ2の質量中心$G_2$の位置は$\boldsymbol{r}_2=\{x_2 \quad y_2\}^T$，姿勢は$\theta_2$で表す。それぞれのボディの質量中心には集中荷重として重力$\boldsymbol{f}_{g1}=\{0 \quad -m_1g\}^T$，$\boldsymbol{f}_{g2}=\{0 \quad -m_2g\}^T$が作用する。このボディ間を接続する並進ばねダンパ要素にはライブラリ func_trans_spring_damper_b2b（4.4.1項参照）を用いて系全体の力ベクトル$\boldsymbol{Q}_{ts}$を求める。この系の運動を求めよ。

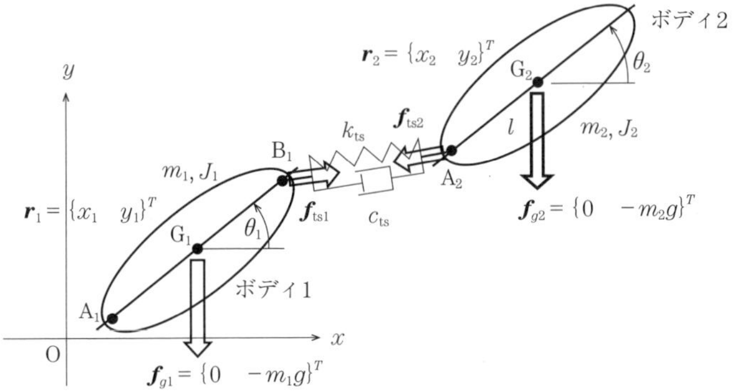

図8.4 2ボディが並進ばねダンパ要素で接続された系の運動（基準点を質量中心で表した場合）

解答

プログラム：08-2 2ボディ 回転J拘束 ばね 拡大法 ばねと拘束ライブラリ

系の運動方程式は次式となる。

$$\boldsymbol{M}\ddot{\boldsymbol{q}}=\boldsymbol{Q},$$

$$\boldsymbol{M}=\begin{bmatrix}\boldsymbol{M}_1 & \boldsymbol{0}\\ \boldsymbol{0} & \boldsymbol{M}_2\end{bmatrix},\ \boldsymbol{M}_1=\mathrm{diag}[m_1 \quad m_1 \quad J_1],\ \boldsymbol{M}_2=\mathrm{diag}[m_2 \quad m_2 \quad J_2],$$

$$\boldsymbol{Q}=\boldsymbol{Q}_{ts}+\boldsymbol{Q}_g,\ \boldsymbol{Q}_{ts}=\{\boldsymbol{Q}_{ts1}^T \quad \boldsymbol{Q}_{ts2}^T\}^T,\ \boldsymbol{Q}_{ts1}=\{\boldsymbol{f}_{ts1}^T \quad n_{ts1}\}^T,$$

$$\boldsymbol{Q}_{ts1}=\{\boldsymbol{f}_{ts1}^T \quad n_{ts1}\}^T,\ \boldsymbol{Q}_g=\{\boldsymbol{Q}_{g1}^T \quad \boldsymbol{Q}_{g2}^T\}^T,\ \boldsymbol{Q}_{g1}=\{\boldsymbol{f}_{g1}^T \quad 0\}^T,$$

表 8.2　プログラムに用いたパラメータの記号，表記，値と説明

記　号	プログラム	値	説　明
g	g	9.81	重力加速度〔m/s^2〕
m_1	m1	5	ボディ 1 の質量〔kg〕
m_2	m2	5	ボディ 2 の質量〔kg〕
l_1	l1	1	ボディ 1 の長さの半分〔m〕
l_2	l2	1	ボディ 2 の長さの半分〔m〕
J_1	J1	$m_1(2l_1)^2/12$	ボディ 1 の慣性モーメント〔kgm^2〕
J_2	J2	$m_2(2l_2)^2/12$	ボディ 2 の慣性モーメント〔kgm^2〕
k_{ts}	kts	100	ばね定数〔N/m〕
c_{ts}	cts	10	減衰係数〔Ns/m〕
l_{ts0}	lts0	0.1	ばねの自由長〔m〕
$\theta_1(0)$	theta(1)	$80\pi/180$	ボディ 1 の初期角度〔rad〕
$x_1(0)$	px(1)	$l_1 \cos\theta_1(0)$	ボディ 1 の x 方向初期位置〔m〕
$y_1(0)$	py(1)	$l_1 \sin\theta_1(0)$	ボディ 1 の y 方向初期位置〔m〕
$\dot{\theta}_1(0)$	dtheta(1)	0	ボディ 1 の初期角速度〔rad/s〕
$\dot{x}_1(0)$	dx(1)	0	ボディ 1 の x 方向初速度〔m/s〕
$\dot{y}_1(0)$	dy(1)	0	ボディ 1 の y 方向初速度〔m/s〕
$\theta_2(0)$	theta(2)	$80\pi/180$	ボディ 2 の初期角度〔rad〕
$x_2(0)$	px(2)	$2l_1 \cos\theta_1(0) + l_2 \cos\theta_2(0)$	ボディ 2 の x 方向初期位置〔m〕
$y_2(0)$	py(2)	$2l_1 \sin\theta_1(0) + l_2 \sin\theta_2(0)$	ボディ 2 の y 方向初期位置〔m〕
$\dot{\theta}_2(0)$	dtheta(2)	0	ボディ 2 の初期角速度〔rad/s〕
$\dot{x}_2(0)$	dx(2)	0	ボディ 2 の x 方向初速度〔m/s〕
$\dot{y}_2(0)$	dy(2)	0	ボディ 2 の y 方向初速度〔m/s〕

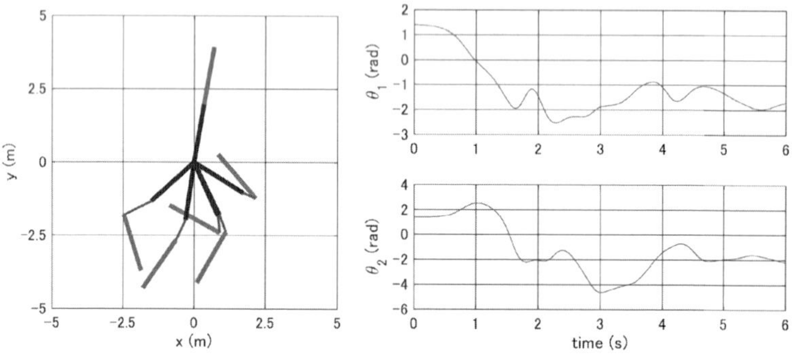

図 8.5　2 ボディが並進ばねダンパ要素で接続された系の運動と時刻歴
（基準点は質量中心，拡大法，ライブラリ）

$$\boldsymbol{Q}_{g2}=\{\boldsymbol{f}_{g2}^{T} \quad 0\}^{T},\ \boldsymbol{f}_{g1}=\{0 \quad -m_1 g\}^{T},\ \boldsymbol{f}_{g2}=\{0 \quad -m_2 g\}^{T} \tag{8.19}$$

本プログラムでは，2ボディ間をつなぐ並進ばねダンパ要素による一般化力ベクトル $\boldsymbol{Q}_{ts}$ はライブラリ func_trans_spring_damper_b2b を用いて求める。また，点 A_1 と全体基準枠の原点Oの回転ジョイントはライブラリ func_rev_b2G を用いて表す。パラメータ値と初期値を**表8.2**で示す。

この系の運動の解析結果を**図8.5**に示す。

8.4 運動学解析

Ref. 図8.1に剛体振り子系を再掲する。この系の自由度は3−2＝1であり，角度 θ_1 の運動を与える（例えば $\theta_1=\theta_{10}+\theta_{11}\cos\omega t$）と，他のすべての一般化座標の時刻歴が定まる。この解析を**運動学解析**（kinematic analysis）と呼ぶ。

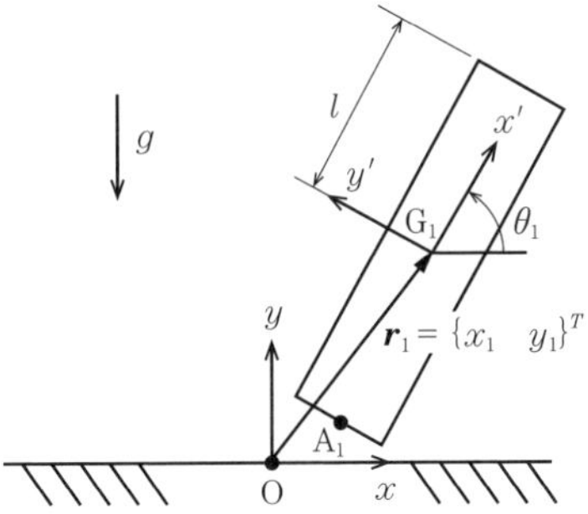

Ref. 図8.1 剛体振り子系

8.4.1 配位解析

拘束式 $\boldsymbol{C}(\boldsymbol{q},t)$ に加え，θ_1 に与える運動も駆動拘束 $\boldsymbol{C}_{\text{drive}}(\boldsymbol{q},t)=\boldsymbol{0}$ として同時に考えた次式を解いて，系のすべての一般化座標 $\boldsymbol{q}$ の時刻歴を求める。

$$\boldsymbol{C}_{\text{kinem}}(\boldsymbol{q},t):=\begin{Bmatrix}\boldsymbol{C}(\boldsymbol{q},t)\\ \boldsymbol{C}_{\text{drive}}(\boldsymbol{q},t)\end{Bmatrix}=\begin{Bmatrix}\boldsymbol{0}\\ \boldsymbol{0}\end{Bmatrix}_{3n\times 1} \tag{8.20}$$

この例では $\boldsymbol{C}_{\text{drive}}(\boldsymbol{q},t)=\theta_1-(\theta_{10}+\theta_{11}\cos\omega t)=0$ となる。なお，一般には拘束式 $\boldsymbol{C}(\boldsymbol{q},t)=\boldsymbol{0}$ は一般化座標 $\boldsymbol{q}$ に関する非線形式であるため，$\boldsymbol{C}_{\text{kinem}}(\boldsymbol{q},t)=\boldsymbol{0}$ を一般化座標 $\boldsymbol{q}$ について解析的に解くことは難しい。下記では，拘束式 $\boldsymbol{C}_{\text{kinem}}(\boldsymbol{q},t)=$

0 をニュートン-ラプソン法（Newton-Raphson method）を用いて解く手順を説明する。

メモ　ニュートン-ラプソン法

いま，ある時刻 t において一般化座標 $\boldsymbol{q}$ の k 番目の試行解 $\boldsymbol{q}^k=\{x_1^k \quad y_1^k \quad \theta_1^k\}^T$ があり，まだ拘束式 $\boldsymbol{C}_{\rm kinem}(\boldsymbol{q},t)=\boldsymbol{0}$ を十分に満足していないとする。すなわち，収束判定しきい値として微小量 ε を用いるとき，拘束 $\boldsymbol{C}_{\rm kinem}(\boldsymbol{q}^k,t)$ が収束判定条件

$$|\boldsymbol{C}_{\rm kinem}(\boldsymbol{q}^k,t)|<\varepsilon \tag{8.21}$$

をまだ満足していないとする。そして，より拘束を満足させる方向に一般化座標の $k+1$ 番目の試行解 $\boldsymbol{q}^{k+1}$ を修正量 $\Delta\boldsymbol{q}$ で修正する。

$$\boldsymbol{q}^{k+1}=\boldsymbol{q}^k+\Delta\boldsymbol{q} \tag{8.22}$$

この修正量 $\Delta\boldsymbol{q}$ をニュートン-ラプソン法により求める。まず，この拘束式 $\boldsymbol{C}_{\rm kinem}(\boldsymbol{q}^k+\Delta\boldsymbol{q},t)$ の値を k 番目の試行解 $\boldsymbol{q}^k$ まわりで線形化する。

$$\boldsymbol{C}_{\rm kinem}(\boldsymbol{q}^k+\Delta\boldsymbol{q},t)\approx\boldsymbol{C}_{\rm kinem}(\boldsymbol{q}^k,t)+(\boldsymbol{C}_{{\rm kinem}\,\boldsymbol{q}}(\boldsymbol{q},t)|_{\boldsymbol{q}^k})\Delta\boldsymbol{q} \tag{8.23}$$

この右辺の値が $\boldsymbol{0}$ となるように $\Delta\boldsymbol{q}$ を求める。

$$\Delta\boldsymbol{q}=-(\boldsymbol{C}_{{\rm kinem}\,\boldsymbol{q}}(\boldsymbol{q},t)|_{\boldsymbol{q}^k})^{-1}\boldsymbol{C}_{\rm kinem}(\boldsymbol{q}^k,t) \tag{8.24}$$

ここで，運動学を考えるときは駆動拘束 $\boldsymbol{C}_{\rm drive}(\boldsymbol{q},t)=\boldsymbol{0}$ を与えているので，拘束数と一般化座標の数は等しく $\boldsymbol{C}_{{\rm kinem}\,\boldsymbol{q}}(\boldsymbol{q},t)$ は正方マトリックスであり，逆マトリックス $\boldsymbol{C}_{{\rm kinem}\,\boldsymbol{q}}(\boldsymbol{q},t)^{-1}$ をとることができることを言及しておく。収束判定条件式(8.21)が満足されるまで式(8.22)，(8.24)により修正量 $\Delta\boldsymbol{q}$ を求めて一般化座標 $\boldsymbol{q}$ の修正・更新を繰り返す。この手順を1次元的に示したイメージを**図 8.6** に示す。通常は数回の修正で収束することが多い。収束時の値 $\boldsymbol{q}^k$ がその時刻 t の一般化座標 $\boldsymbol{q}(t)$ となる。

時刻 t における一般化座標 $\boldsymbol{q}(t)$ が得られたら，時間を微小時間 Δt 進め，$\boldsymbol{C}_{\rm kinem}(\boldsymbol{q},t+\Delta t)=\boldsymbol{0}$ について収束判定条件式(8.21)の評価と式(8.22)，(8.24)による一般化座標 $\boldsymbol{q}(t+\Delta t)^k$ の修正・更新を収束するまで繰り返し，一般化座標 $\boldsymbol{q}(t+\Delta t)$

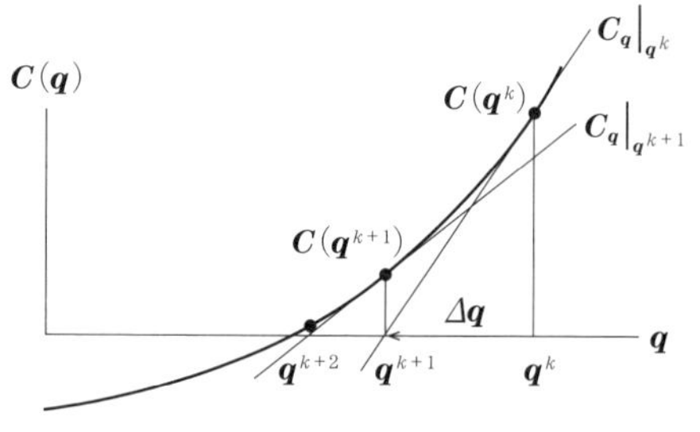

図 8.6　ニュートン-ラプソン法のイメージ

を求める。そして，この手順を繰り返して配位変数 $\boldsymbol{q}(t)$ を求めていく。なお，微小時間 Δt を進めた際の一般化座標の初期値 $\boldsymbol{q}(t+\Delta t)^{k=0}$ には1時刻前の収束値 $\boldsymbol{q}(t)$ を用いるとよい。

8.4.2 速 度 解 析

配位解析により一般化座標 $\boldsymbol{q}(t)$ が得られたときの系のすべての速度 $\dot{\boldsymbol{q}}(t)$ を求める。ここで，6.4節で求めた速度方程式(6.26)を拡張して用いる。

$$\boldsymbol{C}_{\mathrm{kinem}\,\boldsymbol{q}}(\boldsymbol{q},t)\dot{\boldsymbol{q}} = -\boldsymbol{C}_{\mathrm{kinem}\,t}(\boldsymbol{q},t) =: \boldsymbol{\eta}_{\mathrm{kinem}} \tag{8.25}$$

ここで

$$\boldsymbol{C}_{\mathrm{kinem}\,\boldsymbol{q}}(\boldsymbol{q},t) := \begin{bmatrix} \boldsymbol{C}_{\boldsymbol{q}}(\boldsymbol{q},t) \\ \boldsymbol{C}_{\mathrm{drive}\,\boldsymbol{q}}(\boldsymbol{q},t) \end{bmatrix}_{n\times n},$$

$$\boldsymbol{C}_{\mathrm{kinem}\,t}(\boldsymbol{q},t) := \begin{Bmatrix} \boldsymbol{C}_{t}(\boldsymbol{q},t) \\ \boldsymbol{C}_{\mathrm{drive}\,t}(\boldsymbol{q},t) \end{Bmatrix}_{n\times 1} \tag{8.26}$$

であり，$\boldsymbol{C}_{\mathrm{drive}\,\boldsymbol{q}}(\boldsymbol{q},t)$，$\boldsymbol{C}_{\mathrm{drive}\,t}(\boldsymbol{q},t)$ は運動解析時には入力として与える。この例では，$\boldsymbol{C}_{\mathrm{drive}\,\boldsymbol{q}}(\boldsymbol{q},t) = \{0\ 0\ 1\}$，$\boldsymbol{C}_{\mathrm{drive}\,t}(\boldsymbol{q},t) = \theta_{11}\,\omega\sin\omega t$ となる。速度方程式(8.25)を速度 $\dot{\boldsymbol{q}}(t)$ について解くと次式となる。

$$\dot{\boldsymbol{q}}(t) = \boldsymbol{C}_{\mathrm{kinem}\,\boldsymbol{q}}(\boldsymbol{q}(t),t)^{-1}\,\boldsymbol{\eta}_{\mathrm{kinem}}(\boldsymbol{q}(t),t) \tag{8.27}$$

8.4.1項で得られている配位変数 $\boldsymbol{q}(t)$ を用いると式(8.27)の右辺はただちに求まり，系のすべての速度 $\dot{\boldsymbol{q}}(t)$ が得られる。

8.4.3 加 速 度 解 析

時刻 t における配位変数 $\boldsymbol{q}(t)$ と速度変数 $\dot{\boldsymbol{q}}(t)$ が得られたときの系のすべての加速度 $\ddot{\boldsymbol{q}}(t)$ を求める。まず，加速度方程式(6.28)を拡張して用いる。

$$\boldsymbol{C}_{\mathrm{kinem}\,\boldsymbol{q}}\ddot{\boldsymbol{q}} = -((\boldsymbol{C}_{\mathrm{kinem}\,\boldsymbol{q}}\dot{\boldsymbol{q}})_{\boldsymbol{q}}\dot{\boldsymbol{q}} + 2\boldsymbol{C}_{\mathrm{kinem}\,\boldsymbol{q}t}\dot{\boldsymbol{q}} + \boldsymbol{C}_{\mathrm{kinem}\,tt}) =: \boldsymbol{\gamma}_{\mathrm{kinem}} \tag{8.28}$$

ここで

$$(\boldsymbol{C}_{\mathrm{kinem}\,\boldsymbol{q}}\dot{\boldsymbol{q}})_{\boldsymbol{q}} := \begin{bmatrix} (\boldsymbol{C}_{\boldsymbol{q}}(\boldsymbol{q},t)\dot{\boldsymbol{q}})_{\boldsymbol{q}} \\ (\boldsymbol{C}_{\mathrm{drive}\,\boldsymbol{q}}(\boldsymbol{q},t)\dot{\boldsymbol{q}})_{\boldsymbol{q}} \end{bmatrix}_{3n\times 3n},$$

$$\boldsymbol{C}_{\mathrm{kinem}\,\boldsymbol{q}t} := \begin{bmatrix} \boldsymbol{C}_{\boldsymbol{q}t}(\boldsymbol{q},t) \\ \boldsymbol{C}_{\mathrm{drive}\,\boldsymbol{q}t}(\boldsymbol{q},t) \end{bmatrix}_{3n\times 3n},$$

$$\boldsymbol{C}_{\mathrm{kinem}\,tt} := \begin{Bmatrix} \boldsymbol{C}_{tt}(\boldsymbol{q},t) \\ \boldsymbol{C}_{\mathrm{drive}\,tt}(\boldsymbol{q},t) \end{Bmatrix}_{3n\times 1} \tag{8.29}$$

であり，$(\boldsymbol{C}_{\mathrm{drive}\,\boldsymbol{q}}(\boldsymbol{q},t)\dot{\boldsymbol{q}})_{\boldsymbol{q}}$，$\boldsymbol{C}_{\mathrm{drive}\,\boldsymbol{q}t}(\boldsymbol{q},t)$，$\boldsymbol{C}_{\mathrm{drive}\,tt}(\boldsymbol{q},t)$ は解析時に運動として与える。この例では $(\boldsymbol{C}_{\mathrm{drive}\,\boldsymbol{q}}(\boldsymbol{q},t)\dot{\boldsymbol{q}})_{\boldsymbol{q}} = \boldsymbol{C}_{\mathrm{drive}\,\boldsymbol{q}t}(\boldsymbol{q},t) = \boldsymbol{0}_{1\times 3}$，$\boldsymbol{C}_{\mathrm{drive}\,tt}(\boldsymbol{q},t) = \theta_{11}\omega^2 \cos\omega t$ となる。加速度方程式(8.28)を加速度 $\ddot{\boldsymbol{q}}(t)$ について解くと次式となる。

$$\ddot{\boldsymbol{q}}(t) = \boldsymbol{C}_{\mathrm{kinem}\,\boldsymbol{q}}(\boldsymbol{q}(t),t)^{-1}\boldsymbol{\gamma}_{\mathrm{kinem}}(\boldsymbol{q}(t),\dot{\boldsymbol{q}}(t),t) \tag{8.30}$$

8.4.1 項の配位解析，8.4.2 項の速度解析で得られた配位変数 $\boldsymbol{q}(t)$ と速度変数 $\dot{\boldsymbol{q}}(t)$ を用いると式(8.30)の右辺はただちに求まり，系の加速度 $\ddot{\boldsymbol{q}}(t)$ が得られる。

8.4.4　例題 36：剛体振り子の運動学

図 8.1 で示した剛体振り子の例を用いて，姿勢を $\theta_1 = \theta_{10} + \theta_{1\mathrm{amp}} \cos\omega t$ で与えたときの運動学解析を行え。

解答

プログラム：08-3 剛体振り子 回転 J 拘束 運動学

パラメータ値と初期値を**表 8.3** で示す。

表 8.3　プログラムに用いたパラメータの記号，表記，値と説明

記　号	プログラム	値	説　明
l	l	1	振り子の長さの半分〔m〕
θ_{10}	theta10	$-\pi/2$	振り子の角度の定数成分〔rad〕
$\theta_{1\mathrm{amp}}$	theta1amp	$\pi/3$	振り子の角度の振幅〔rad〕
$\theta(0)$	theta(1)	theta10	振り子の初期角度〔rad〕
$x(0)$	px(1)	$l\cos\theta(0)$	振り子の x 方向初期位置〔m〕
$y(0)$	py(1)	$l\sin\theta(0)$	振り子の y 方向初期位置〔m〕
ω	om	$3(2\pi)/10$	振り子角度 θ の変動角速度〔rad/s〕

まず，配位解析を行う。系のすべての配位変数 $\boldsymbol{q}$ の時刻歴について，拘束式(8.4)と駆動拘束式

$$\boldsymbol{C}_{\text{kinem}}(\boldsymbol{q}, t) := \begin{Bmatrix} \boldsymbol{C}(\boldsymbol{q}, t) \\ \boldsymbol{C}_{\text{drive}}(\boldsymbol{q}, t) \end{Bmatrix} = \begin{Bmatrix} x_1 - l\cos\theta_1 \\ y_1 - l\sin\theta_1 \\ \theta_1 - (\theta_{10} + \theta_{11}\cos\omega t) \end{Bmatrix} = \begin{Bmatrix} \boldsymbol{0} \\ 0 \end{Bmatrix}_{3\times 1} \qquad \text{Ref.}(8.4)$$

を同時に解くことにより求める。この例題の場合は $\boldsymbol{C}_{\text{kinem}} = \boldsymbol{0}$ から一般座標 $\boldsymbol{q}$ を容易に陽に求めることができるが，練習としてニュートン-ラプソン法を用いて解く。得られた一般化座標の時刻歴を**図 8.7** に示す。

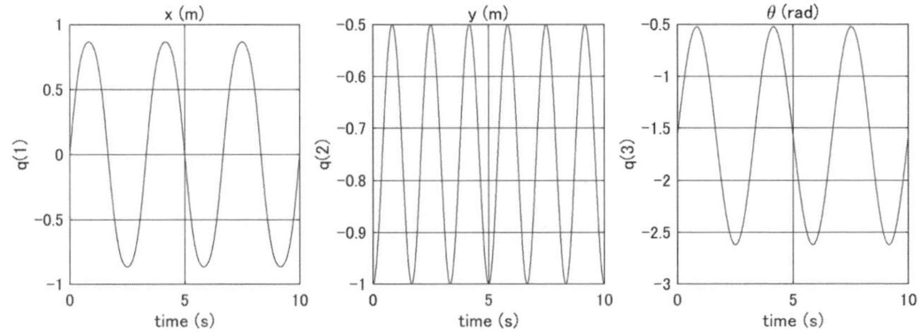

図 8.7　一般化座標の時刻歴（入力は姿勢 θ_1）

つぎに速度解析を行う。剛体振り子の場合について，姿勢 $\dot{\theta}_1$ を運動拘束として与え，先に配位解析で求めた一般化座標の時刻歴 $\boldsymbol{q}$ および速度方程式(8.27)から速度変数はただちに求められる。得られた速度変数の時刻歴を**図 8.8** に示す。

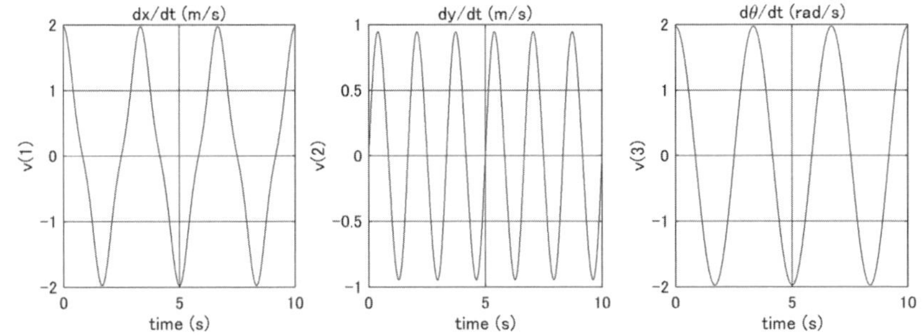

図 8.8　速度変数の時刻歴（入力は姿勢 $\dot{\theta}_1$）

つぎに加速度解析を行う。剛体振り子の場合について，姿勢 $\ddot{\theta}_1$ を運動拘束として与え，先に配位解析と速度解析で求めた一般化座標$\boldsymbol{q}$ およびその時間導関数 $\dot{\boldsymbol{q}}$ の時

刻歴および加速度方程式(8.30)から加速度変数はただちに求められる。得られた加速度変数の時刻歴を**図 8.9** に示す。

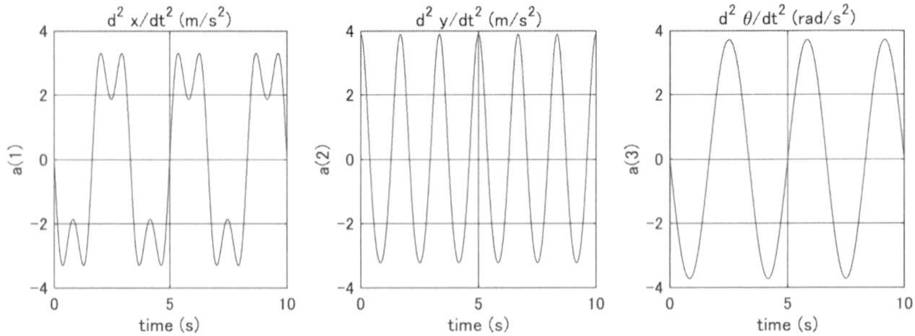

図 8.9　加速度変数の時刻歴（入力は姿勢 $\ddot{\theta}_1$）

8.5　ジョイント拘束点が時間の関数の場合を学ぶ実践例題：剛体倒立振り子

8.3.1 項の例題 34 では，グラウンドとボディ間の回転ジョイントでグラウンド側の拘束点の位置ベクトルは固定（時間に関して一定）であった。ここでは，このグラウンド側の位置ベクトルが時間の関数として変化する場合の回転ジョイントの考え方を，例題（剛体倒立振り子）を通して学ぶ。

8.5.1　例題 37：剛体倒立振り子の動力学（ジョイント拘束点の位置が時間の関数，拡大法）

6.4.3 項の例題 29 の剛体振り子を，重力作用のもとでその支持点（回転ジョイント）を鉛直方向に $y_g = y_a \cos \omega t$ で変位加振する系を考える（**図 8.10**）。

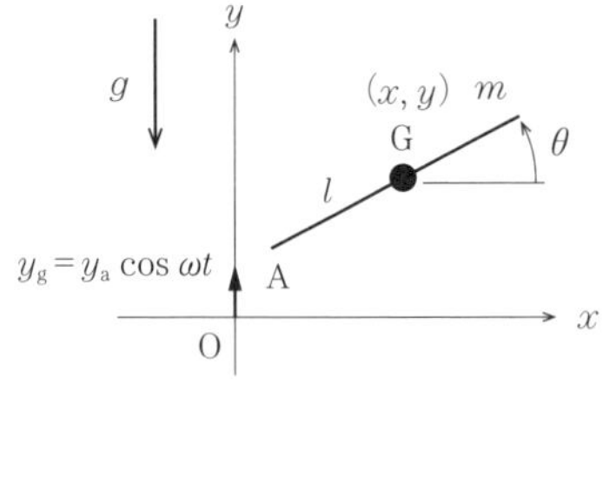

図 8.10　支持点が時間の関数として変化する振り子

剛体振り子の質量は m〔kg〕，長さは l〔m〕，慣性モーメントは J〔kgm^2〕，並進と回転運動の減衰係数はそれぞれ c〔Ns/m〕と c_θ〔Nms〕とする。重力加速度は g〔m/s^2〕とする。下記の手順で剛体振り子の運動を解け。

(1)　この系の質量マトリックス $\boldsymbol{M}$ と外力 $\boldsymbol{Q}$ を示せ。

(2)　位置が時間の関数として変化する回転ジョイントの拘束式 $\boldsymbol{C}$ とそのヤコビマトリックス $\boldsymbol{C_q}$ を陽に示せ。

(3)　位置が時間の関数として変化する回転ジョイントの拘束式 $\boldsymbol{C}$ から得られる加速度方程式の右辺 $\boldsymbol{\gamma}$ を陽に示せ。

(4)　プログラムを作成して，倒立振り子の運動を解析せよ。

解答

プログラム：08-4 倒立振り子 回転 J 拘束 拡大法

(1)　この系の質量マトリックス $\boldsymbol{M}$ と外力 $\boldsymbol{Q}$ は次式となる。

$$\boldsymbol{M}=\mathrm{diag}[m \quad m \quad J],\quad \boldsymbol{Q}=\{-c\dot{x} \quad -c\dot{y}-mg \quad -c_\theta\dot{\theta}\}^T$$

(2)　この系の拘束式 $\boldsymbol{C}$ とそのヤコビマトリックス $\boldsymbol{C_q}$ は次式となる。

$$\boldsymbol{C}=\begin{Bmatrix} x_1-l\cos\theta_1 \\ y_1-l\sin\theta_1-y_\mathrm{a}\cos\omega t \end{Bmatrix}=\boldsymbol{0},\quad \boldsymbol{C_q}=\frac{\partial \boldsymbol{C}}{\partial \boldsymbol{q}}=\begin{bmatrix} 1 & 0 & l\sin\theta_1 \\ 0 & 1 & -l\cos\theta_1 \end{bmatrix}$$

(3)　この系の拘束式から得られる加速度方程式の右辺 $\boldsymbol{\gamma}$ を陽に示すと次式となる。

$$\boldsymbol{C_q}\dot{\boldsymbol{q}}=\begin{Bmatrix} \dot{x}_1+l\dot{\theta}_1\sin\theta_1 \\ \dot{y}_1-l\dot{\theta}_1\cos\theta_1 \end{Bmatrix},\quad (\boldsymbol{C_q}\dot{\boldsymbol{q}})_{\boldsymbol{q}}=\begin{bmatrix} 0 & 0 & l\dot{\theta}_1\cos\theta_1 \\ 0 & 0 & l\dot{\theta}_1\sin\theta_1 \end{bmatrix},$$

$$(\boldsymbol{C_q}\dot{\boldsymbol{q}})_{\boldsymbol{q}}\dot{\boldsymbol{q}}=\begin{Bmatrix} \dot{\theta}_1^{\,2}\,l\cos\theta_1 \\ \dot{\theta}_1^{\,2}\,l\sin\theta_1 \end{Bmatrix},\quad \boldsymbol{C}_t=\begin{Bmatrix} 0 \\ y_\mathrm{a}\,\omega\sin\omega t \end{Bmatrix},\quad \boldsymbol{C}_{tt}=\begin{Bmatrix} 0 \\ y_\mathrm{a}\,\omega^2\cos\omega t \end{Bmatrix},$$

$$\boldsymbol{C}_{\boldsymbol{q}t}=\boldsymbol{0}_{2\times 3},\quad \boldsymbol{\gamma}=-\left((\boldsymbol{C_q}\dot{\boldsymbol{q}})_{\boldsymbol{q}}\dot{\boldsymbol{q}}+2\boldsymbol{C}_{\boldsymbol{q}t}\dot{\boldsymbol{q}}+\boldsymbol{C}_{tt}\right)$$

ここで拘束式 $\boldsymbol{C}$ が時間 t の陽な関数であり，$\boldsymbol{C}_t$ と $\boldsymbol{C}_{tt}$ が $\boldsymbol{0}$ ではないことに注意せよ。

(4)　パラメータ値と初期値を**表 8.4** で示す。

解析した結果を**図 8.11** に示す。拘束力は式(7.50)で示した $\boldsymbol{Q}^{(\mathrm{C})}:=-\boldsymbol{C}_{\boldsymbol{q}}^T\boldsymbol{\lambda}$ により求める。振り子の振動は徐々に小さくなっていき，安定に倒立している。このように，この系で加振の振幅 y_a と角振動数 ω を適切に選ぶと，剛体振り子は制御することなしに鉛直上方に安定に倒立する。このような系を**倒立振り子**（inverted pendulum）と呼ぶ。また，初期値によってはこの安定な倒立振り子状態に至らず，支持点まわりを回転したり往復運動を繰り返したりなど複雑な挙動を示す場合もある。この現象に興味がある場合は，その詳しい解説は機械力学の書籍[24)]や藪野の力学系理論の書籍[25)]などを参照されたい。

表 8.4　プログラムに用いたパラメータの記号，表記，値と説明

記　号	プログラム	値	説　明
g	g	9.81	重力加速度〔m/s²〕
m	m	0.5	質量〔kg〕
l	l	0.103 1	振り子の長さの半分〔m〕
J	J	$m(2l)^2/12$	慣性モーメント〔kgm²〕
y_a	ya	0.052	振り子固定点の y 方向変位の振幅〔m〕
ω	om	$30(2\pi)$	振り子固定点の y 方向変位の角速度〔rad/s〕
c	c	5×10^{-3}	並進運動の減衰係数〔Ns/m〕
c_θ	c_theta	5×10^{-3}	回転運動の減衰係数〔Nms/rad〕
$\theta(0)$	theta(1)	$70\pi/180$	振り子の初期角度〔rad〕
$x(0)$	px(1)	$l\cos\theta(0)$	振り子の x 方向初期位置〔m〕
$y(0)$	py(1)	$l\sin\theta(0)$	振り子の y 方向初期位置〔m〕
$\dot{\theta}(0)$	dtheta(1)	0	振り子の初期角速度〔rad/s〕
$\dot{x}(0)$	dx(1)	0	振り子の x 方向初速度〔m/s〕
$\dot{y}(0)$	dy(1)	0	振り子の y 方向初速度〔m/s〕

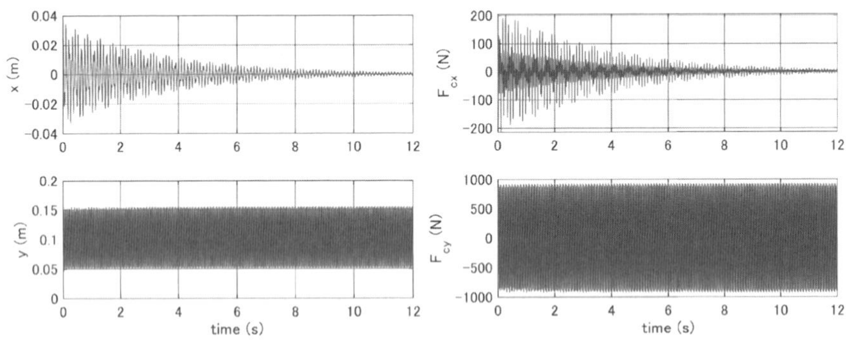

(a)　運動の時刻歴　　　　　(b)　拘束力の時刻歴

図 8.11　支持点を駆動拘束された倒立振り子のシミュレーション

8.5.2 発展 例題 38：剛体倒立振り子の動力学（ジョイント拘束点の位置が時間の関数，拡大法，ライブラリ）

8.5.1 項の例題 37 と同じ倒立振り子について，回転ジョイント部分をライブラリ化して解析せよ。

解答

プログラム：08-5 倒立振り子 回転 J 拘束 拡大法 拘束ライブラリ

回転ジョイントのライブラリはfunc_rev_b2G（8.2.2 項参照）を発展させて考える。ライブラリfunc_rev_b2Gではグラウンド側の拘束点が固定であり，$\boldsymbol{C}_t=\boldsymbol{C}_{tt}=\boldsymbol{0}_{2\times1}$，$\boldsymbol{C}_{\boldsymbol{q}t}=\boldsymbol{0}_{2\times3}$ であった。しかし，倒立振り子ではグラウンド側の拘束点が陽な時間の関数 $\boldsymbol{r}_{\mathrm{g}}(t)$ として運動する。この場合は，拘束は

$$\boldsymbol{C}(\boldsymbol{q}_i, \boldsymbol{r}'_{\mathrm{GiA}i}, \boldsymbol{r}_{\mathrm{g}}, t)=\boldsymbol{r}_i+\boldsymbol{A}_{\mathrm{OG}i}(\theta_i)\boldsymbol{r}'_{\mathrm{GiA}i}-\boldsymbol{r}_{\mathrm{g}}(t)=\boldsymbol{0}_{2\times1} \tag{8.31}$$

となる。また

$$\boldsymbol{C}_t=-\dot{\boldsymbol{r}}_{\mathrm{g}}(t),\quad \boldsymbol{C}_{tt}=-\ddot{\boldsymbol{r}}_{\mathrm{g}}(t),\quad \boldsymbol{C}_{\boldsymbol{q}t}=\boldsymbol{0}_{2\times3} \tag{8.32}$$

である。一方，$\boldsymbol{C}(\boldsymbol{q}_i, \boldsymbol{r}'_{\mathrm{GiA}i})$, $\boldsymbol{C}_{\boldsymbol{q}}(i, \boldsymbol{q}_i, \boldsymbol{r}'_{\mathrm{GiA}i})$，$(\boldsymbol{C}_{\boldsymbol{q}}\dot{\boldsymbol{q}})_{\boldsymbol{q}}$ については式(8.9)，(8.12)，(8.15)により，式を陽に扱うことなく得られる。以上の式(8.9)，(8.12)，(8.15)，(8.31)，(8.32)を用い，ライブラリfunc_rev_b2Gmovとする。この運動するグラウンド上の点とボディ i の回転ジョイントのライブラリfunc_rev_b2Gmovを用いる際には

・系全体の一般化座標 $\boldsymbol{q}$ と速度ベクトル $\boldsymbol{v}$

・ボディ番号 i

・ボディ i 内のボディ固定枠で表した回転ジョイント位置 A_i の位置ベクトル $\boldsymbol{r}'_{\mathrm{GiA}i}$

・グラウンド側の回転ジョイントの位置ベクトル $\boldsymbol{r}_{\mathrm{g}}(t)$，$\dot{\boldsymbol{r}}_{\mathrm{g}}(t)$，$\ddot{\boldsymbol{r}}_{\mathrm{g}}(t)$（全体基準枠）

を指定するだけでよい。これらを指定してライブラリfunc_rev_b2Gmovを実行すると，ライブラリ内で拘束に関する

$$\boldsymbol{C}(\boldsymbol{q}_i, \boldsymbol{r}'_{\mathrm{GiA}i}),\quad \boldsymbol{C}_{\boldsymbol{q}}(i, \boldsymbol{q}_i, \boldsymbol{r}'_{\mathrm{GiA}i}),\quad (\boldsymbol{C}_{\boldsymbol{q}}\dot{\boldsymbol{q}})_{\boldsymbol{q}},\quad \boldsymbol{C}_t,\quad \boldsymbol{C}_{tt},\quad \boldsymbol{C}_{\boldsymbol{q}t}$$

の値を評価し出力するため，拘束に関する式展開を陽に実施する必要がない。

パラメータ値と初期値は，8.5.1 項の例題 37 と同じとした場合の解析結果は，図 8.11 と同じものが得られる。

8.5.3　発展 演習 1：倒立振り子の動力学（消去法，ペナルティ法）

最後に演習として，8.5.1 項の例題 37 の倒立振り子（支持部を上下加振する剛体振り子）について，比較のために消去法，ペナルティ法のプログラムを紹介する。

プログラム：08-6 倒立振り子 回転 J 拘束 消去法

プログラム：08-7 倒立振り子 回転 J 拘束 ペナルティ法

これらのプログラムを読んで理解せよ。そして，プログラムを実行し，その挙動を確認せよ。

解答

消去法，ペナルティ法それぞれのプログラムで得られた結果を**図 8.12** に示す。8.5.1 項の例題 37 の拡大法と同様に倒立振り子としての挙動が得られている。

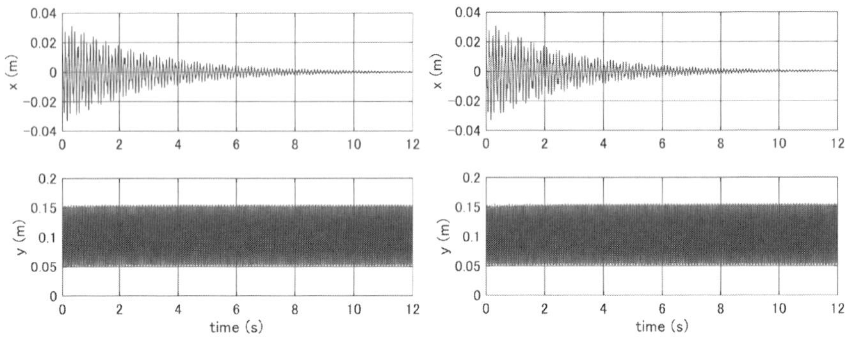

(a)　消去法の時刻歴　　(b)　ペナルティ法の時刻歴

図 8.12　支持点を駆動拘束された倒立振り子のシミュレーション（消去法とペナルティ法）

9 第2部　回転ジョイント拘束と固定ジョイント拘束を含むシステム

実践例題・演習：
ボディとボディの回転ジョイント

本章では，ボディとボディの回転ジョイントの定式化を学び，例題を通して習熟する。

9.1　モデルと定式化

① **モデル**　　系として，ボディ数2，拘束2（グラウンドとボディ，ボディとボディの回転ジョイント）の2重剛体振り子系を考える。モデルを**図9.1**に示す。

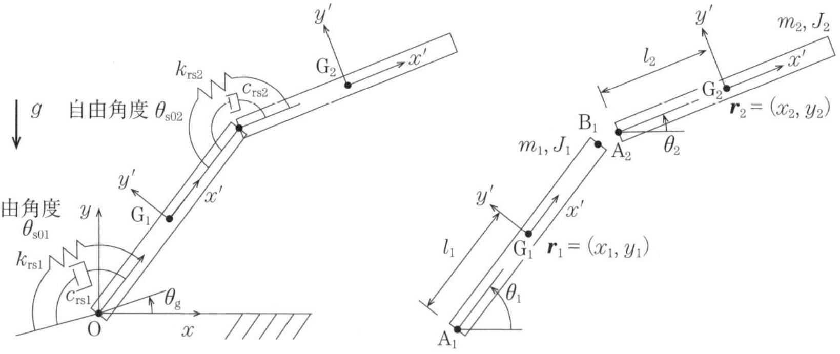

図9.1　2重剛体振り子系

・ボディ1：質量 m_1 で質量中心まわりの慣性モーメント J_1

・ボディ2：質量 m_2 で質量中心まわりの慣性モーメント J_2

の二つのボディからなり

・ボディ 1 とグラウンドが回転ジョイント拘束

・ボディ 2 とボディ 1 が回転ジョイント拘束

で接続されている。また

・ボディ 1 とグラウンド（グラウンド側の取り付け部姿勢 θ_{g}）は回転ばねダンパ要素（自由角度 θ_{s01}，ばね定数 k_{rs1} と減衰係数 c_{rs1}）

・ボディ 1 とボディ 2 は回転ばねダンパ要素（自由角度 θ_{s02}，ばね定数 k_{rs2} と減衰係数 c_{rs2}）

で接続されている。

② **枠**　三つの枠を考える。

・全体基準枠 O-xy

・ボディ 1 の質量中心に固定されたボディ固定枠 G_1-$x'y'$

・ボディ 2 の質量中心に固定されたボディ固定枠 G_2-$x'y'$

ここで，ボディ 1 の質量中心 G_1 からグラウンドとの拘束点 A_1 までの距離を l_1，ボディ 2 の質量中心 G_2 からボディ 1 との拘束点 A_2 までの距離を l_2 とする。

③ **一般化座標**　ボディ 1 とボディ 2 の質量中心の座標は全体基準枠で $\boldsymbol{r}_1=\{x_1 \quad y_1\}^T$，$\boldsymbol{r}_2=\{x_2 \quad y_2\}^T$ とする。ボディ 1 とボディ 2 の姿勢 θ_1 と θ_2 は全体基準枠 O-xy の x 軸を基準（$\theta_1=0$，$\theta_2=0$）とし，x 軸から y 軸への反時計回りの方向を正とする。そして，一般化座標 $\boldsymbol{q}$ を次式のようにとる。

$$\boldsymbol{q}=\{x_1 \quad y_1 \quad \theta_1 \quad x_2 \quad y_2 \quad \theta_2\}^T \tag{9.1}$$

④ **各種マトリックスと一般化外力ベクトル**　質量マトリックス $\boldsymbol{M}$ は次式となる。

$$\boldsymbol{M}=\mathrm{diag}[m_1 \quad m_1 \quad J_1 \quad m_2 \quad m_2 \quad J_2] \tag{9.2}$$

一般化外力ベクトル $\boldsymbol{Q}$ を考える。4.5，4.7 節で学んだ回転ばねダンパ要素による復元モーメント n を用いる。回転ばねダンパ要素の自由角度 θ_{s01} と θ_{s02} がどちらも π とすると，一般化外力ベクトル $\boldsymbol{Q}$ は次式となる。

$$\begin{aligned}
&\boldsymbol{Q}=\{0 \quad -m_1g \quad n_1 \quad 0 \quad -m_2g \quad n_2\}^T,\\
&n_1=-c_{\mathrm{rs1}}\dot{\theta}_1-k_{\mathrm{rs1}}(\theta_1-\theta_{\mathrm{g}})-c_{\mathrm{rs2}}(\dot{\theta}_1-\dot{\theta}_2)-k_{\mathrm{rs2}}(\theta_1-\theta_2),\\
&n_2=-c_{\mathrm{rs2}}(\dot{\theta}_2-\dot{\theta}_1)-k_{\mathrm{rs2}}(\theta_2-\theta_1)
\end{aligned} \tag{9.3}$$

あるいは，4.6.2 項，4.8 節で学んだ回転ばねダンパ要素のライブラリを用いても簡単に記述できる。

⑤ **拘　束**　　グラウンドとボディ 1 との回転ジョイント拘束を $\boldsymbol{C}_{\mathrm{rev(G,1)}}$，ボディ 1 とボディ 2 の回転ジョイント拘束を $\boldsymbol{C}_{\mathrm{rev(1,2)}}$ とする。ここで $\boldsymbol{A}_{\mathrm{OG1}}(\theta_1)$，$\boldsymbol{A}_{\mathrm{OG2}}(\theta_2)$ はボディ固定枠から全体基準枠への回転マトリックスであり，式(4.2)の形である。

$$\boldsymbol{A}_{\mathrm{OG1}}(\theta_1)=\begin{bmatrix}\cos\theta_1 & -\sin\theta_1\\ \sin\theta_1 & \cos\theta_1\end{bmatrix},\ \boldsymbol{A}_{\mathrm{OG2}}(\theta_2)=\begin{bmatrix}\cos\theta_2 & -\sin\theta_2\\ \sin\theta_2 & \cos\theta_2\end{bmatrix} \tag{9.4}$$

⑤-1　ボディ 1 とグラウンドの回転ジョイント　　ボディ 1 のボディ固定枠で見た質量中心 $\mathrm{G_1}$ からジョイント点 $\mathrm{A_1}$ までの位置ベクトル $\boldsymbol{r}'_{\mathrm{G1A1}}$ は次式となる。

$$\boldsymbol{r}'_{\mathrm{G1A1}}=\{-l_1 \quad 0\}^T \tag{9.5}$$

グラウンドとボディ 1 の回転ジョイント拘束 $\boldsymbol{C}_{\mathrm{rev(G,1)}}$ は，次式で表される。

$$\boldsymbol{C}_{\mathrm{rev(G,1)}}=\boldsymbol{r}_1+\boldsymbol{A}_{\mathrm{OG1}}(\theta_1)\boldsymbol{r}'_{\mathrm{G1A1}}=\begin{Bmatrix}x_1-l_1\cos\theta_1\\ y_1-l_1\sin\theta_1\end{Bmatrix}=\boldsymbol{0}_{2\times1} \tag{9.6}$$

⑤-2　ボディ 1 とボディ 2 の回転ジョイント　　ボディ 1 のボディ固定枠で見た質量中心 $\mathrm{G_1}$ からジョイント点 $\mathrm{B_1}$ までの位置ベクトル $\boldsymbol{r}'_{\mathrm{G1B1}}$，ボディ 2 のボディ固定枠で見た質量中心 $\mathrm{G_2}$ からジョイント点 $\mathrm{A_2}$ までの位置ベクトル $\boldsymbol{r}'_{\mathrm{G2A2}}$ は次式となる。

$$\boldsymbol{r}'_{\mathrm{G1B1}}=\{l_1 \quad 0\}^T,\ \boldsymbol{r}'_{\mathrm{G2A2}}=\{-l_2 \quad 0\}^T \tag{9.7}$$

そして，“ボディ 1 にボディ 2 を回転ジョイント拘束する” 拘束式は次式となる。

$$\begin{aligned}\boldsymbol{C}_{\mathrm{rev(1,2)}}&=(\boldsymbol{r}_2+\boldsymbol{A}_{\mathrm{OG2}}(\theta_2)\boldsymbol{r}'_{\mathrm{G2A2}})-(\boldsymbol{r}_1+\boldsymbol{A}_{\mathrm{OG1}}(\theta_1)\boldsymbol{r}'_{\mathrm{G1B1}})\\ &=\begin{Bmatrix}x_2-l_2\cos\theta_2-x_1-l_1\cos\theta_1\\ y_2-l_2\sin\theta_2-y_1-l_1\sin\theta_1\end{Bmatrix}=\boldsymbol{0}_{2\times1}\end{aligned} \tag{9.8}$$

これらをまとめると，拘束式は次式になる。

$$\boldsymbol{C}=\begin{Bmatrix}\boldsymbol{C}_{\mathrm{rev(G,1)}}\\ \boldsymbol{C}_{\mathrm{rev(1,2)}}\end{Bmatrix}=\boldsymbol{0}_{4\times1} \tag{9.9}$$

練習

拘束式 $\boldsymbol{C}=\mathbf{0}$ から，ヤコビマトリックス $\boldsymbol{C}_{\boldsymbol{q}}$，$(\boldsymbol{C}_{\boldsymbol{q}}\dot{\boldsymbol{q}})_{\boldsymbol{q}}$，および加速度方程式の右辺 $\boldsymbol{\gamma}$ を求めよ。

解答

それぞれの拘束式(9.6)，(9.8)に関するヤコビマトリックスは，8.2節で説明した $\partial\boldsymbol{A}_{\mathrm{OG}i}/\partial\theta_i=\boldsymbol{V}\boldsymbol{A}_{\mathrm{OG}i}(\theta_i)$ を用いると次式となる。

$$\boldsymbol{C}_{\mathrm{rev(G,1)}\boldsymbol{q}}=[\boldsymbol{I}_{2\times2}\quad \boldsymbol{V}\boldsymbol{A}_{\mathrm{OG1}}(\theta_1)\boldsymbol{r}'_{\mathrm{G1A1}}\quad \mathbf{0}_{2\times3}]_{2\times6},$$
$$\boldsymbol{C}_{\mathrm{rev(1,2)}\boldsymbol{q}}=[-\boldsymbol{I}_{2\times2}\quad -\boldsymbol{V}\boldsymbol{A}_{\mathrm{OG1}}(\theta_1)\boldsymbol{r}'_{\mathrm{G1B1}}\quad \boldsymbol{I}_{2\times2}\quad \boldsymbol{V}\boldsymbol{A}_{\mathrm{OG2}}(\theta_2)\boldsymbol{r}'_{\mathrm{G2A2}}]_{2\times6},$$
$$\boldsymbol{C}_{\boldsymbol{q}}=\begin{bmatrix}\boldsymbol{C}_{\mathrm{rev(G,1)}\boldsymbol{q}}\\ \boldsymbol{C}_{\mathrm{rev(1,2)}\boldsymbol{q}}\end{bmatrix}_{4\times6} \tag{9.10}$$

あるいは，拘束式(9.6)，(9.8)から陽な形で求めると次式となる。

$$\boldsymbol{C}_{\mathrm{rev(G,1)}\boldsymbol{q}}=\begin{bmatrix}1 & 0 & l_1\sin\theta_1 & 0 & 0 & 0\\ 0 & 1 & -l_1\cos\theta_1 & 0 & 0 & 0\end{bmatrix},$$
$$\boldsymbol{C}_{\mathrm{rev(1,2)}\boldsymbol{q}}=\begin{bmatrix}-1 & 0 & l_1\sin\theta_1 & 1 & 0 & l_2\sin\theta_2\\ 0 & -1 & -l_1\cos\theta_1 & 0 & 1 & -l_2\cos\theta_2\end{bmatrix},$$
$$\boldsymbol{C}_{\boldsymbol{q}}=\begin{bmatrix}\boldsymbol{C}_{\mathrm{rev(G,1)}\boldsymbol{q}}\\ \boldsymbol{C}_{\mathrm{rev(1,2)}\boldsymbol{q}}\end{bmatrix}_{4\times6} \tag{9.11}$$

式(9.10)から $(\boldsymbol{C}_{\boldsymbol{q}}\dot{\boldsymbol{q}})_{\boldsymbol{q}}$ を整理して表現すると下記となる。

$$(\boldsymbol{C}_{\mathrm{rev(G,1)}\boldsymbol{q}}\dot{\boldsymbol{q}})_{\boldsymbol{q}}=[\mathbf{0}_{2\times2}\quad -\boldsymbol{A}_{\mathrm{OG1}}\boldsymbol{r}'_{\mathrm{G1A1}}\dot{\theta}_1\quad \mathbf{0}_{2\times3}]_{2\times6},$$
$$(\boldsymbol{C}_{\mathrm{rev(1,2)}\boldsymbol{q}}\dot{\boldsymbol{q}})_{\boldsymbol{q}}=[\mathbf{0}_{2\times2}\quad \boldsymbol{A}_{\mathrm{OG1}}\boldsymbol{r}'_{\mathrm{G1B1}}\dot{\theta}_1\quad \mathbf{0}_{2\times2}\quad -\boldsymbol{A}_{\mathrm{OG2}}\boldsymbol{r}'_{\mathrm{G2A2}}\dot{\theta}_2]_{2\times6},$$
$$(\boldsymbol{C}_{\boldsymbol{q}}\dot{\boldsymbol{q}})_{\boldsymbol{q}}=\begin{bmatrix}(\boldsymbol{C}_{\mathrm{rev(G,1)}\boldsymbol{q}}\dot{\boldsymbol{q}})_{\boldsymbol{q}}\\ (\boldsymbol{C}_{\mathrm{rev(1,2)}\boldsymbol{q}}\dot{\boldsymbol{q}})_{\boldsymbol{q}}\end{bmatrix}_{4\times6} \tag{9.12}$$

あるいは，拘束ごとに陽に求めて系全体で $\boldsymbol{C}_{\boldsymbol{q}}\dot{\boldsymbol{q}}$ をまとめると次式となる。

$$\boldsymbol{C}_{\boldsymbol{q}}\dot{\boldsymbol{q}}=\begin{Bmatrix}\boldsymbol{C}_{\mathrm{rev(G,1)}\boldsymbol{q}}\dot{\boldsymbol{q}}\\ \boldsymbol{C}_{\mathrm{rev(1,2)}\boldsymbol{q}}\dot{\boldsymbol{q}}\end{Bmatrix}=\begin{Bmatrix}\dot{x}_1+l_1\dot{\theta}_1\sin\theta_1\\ \dot{y}_1-l_1\dot{\theta}_1\cos\theta_1\\ -\dot{x}_1+l_1\dot{\theta}_1\sin\theta_1+\dot{x}_2+l_2\dot{\theta}_2\sin\theta_2\\ -\dot{y}_1-l_1\dot{\theta}_1\cos\theta_1+\dot{y}_2-l_2\dot{\theta}_2\cos\theta_2\end{Bmatrix} \tag{9.13}$$

この式から，系全体で $(\boldsymbol{C}_{\boldsymbol{q}}\dot{\boldsymbol{q}})_{\boldsymbol{q}}$ を陽に求めると次式となる。

$$(\boldsymbol{C}_{\boldsymbol{q}}\dot{\boldsymbol{q}})_{\boldsymbol{q}}=\begin{bmatrix}(\boldsymbol{C}_{\mathrm{rev(G,1)}\boldsymbol{q}}\dot{\boldsymbol{q}})_{\boldsymbol{q}}\\ (\boldsymbol{C}_{\mathrm{rev(1,2)}\boldsymbol{q}}\dot{\boldsymbol{q}})_{\boldsymbol{q}}\end{bmatrix}=\begin{bmatrix}0 & 0 & l_1\dot{\theta}_1\cos\theta_1 & 0 & 0 & 0\\ 0 & 0 & l_1\dot{\theta}_1\sin\theta_1 & 0 & 0 & 0\\ 0 & 0 & l_1\dot{\theta}_1\cos\theta_1 & 0 & 0 & l_2\dot{\theta}_2\cos\theta_2\\ 0 & 0 & l_1\dot{\theta}_1\sin\theta_1 & 0 & 0 & l_2\dot{\theta}_2\sin\theta_2\end{bmatrix} \tag{9.14}$$

この2重振り子系では，拘束 $\boldsymbol{C}$ およびそのヤコビマトリックス $\boldsymbol{C}_{\boldsymbol{q}}$ には時間 t が陽に現れないので，$\boldsymbol{C}_t$，$\boldsymbol{C}_{tt}$，$\boldsymbol{C}_{\boldsymbol{q}t}$ は次式となる。

$$\boldsymbol{C}_t=\boldsymbol{C}_{tt}=\mathbf{0}_{4\times1},\quad \boldsymbol{C}_{\boldsymbol{q}t}=\mathbf{0}_{4\times6} \tag{9.15}$$

結果として，系全体でまとめると式(6.28)の加速度方程式の右辺$\boldsymbol{\gamma}$は次式となる。

$$\boldsymbol{\gamma} = -((\boldsymbol{C_q}\dot{\boldsymbol{q}})_{\boldsymbol{q}}\dot{\boldsymbol{q}} + 2\boldsymbol{C}_{\boldsymbol{q}t}\dot{\boldsymbol{q}} + \boldsymbol{C}_{tt}) = -(\boldsymbol{C_q}\dot{\boldsymbol{q}})_{\boldsymbol{q}}\dot{\boldsymbol{q}} \tag{9.16}$$

あるいは，式(9.14)から陽に示すと次式となる。

$$\boldsymbol{\gamma} = \begin{Bmatrix} -l_1\dot{\theta}_1^2\cos\theta_1 \\ -l_1\dot{\theta}_1^2\sin\theta_1 \\ -l_1\dot{\theta}_1^2\cos\theta_1 - l_2\dot{\theta}_2^2\cos\theta_2 \\ -l_1\dot{\theta}_1^2\sin\theta_1 - l_2\dot{\theta}_2^2\sin\theta_2 \end{Bmatrix} \tag{9.17}$$

バウムガルテの安定化法を考慮した加速度方程式の右辺$\boldsymbol{\gamma}_{\mathrm{B}}$を用いる場合は，式(7.32)から次式で得られる。

$$\boldsymbol{\gamma}_{\mathrm{B}} = \boldsymbol{\gamma} - 2\alpha(\boldsymbol{C_q}\dot{\boldsymbol{q}}) - \beta^2\boldsymbol{C} \tag{9.18}$$

9.2 発展 ジョイント拘束のライブラリ

9.2.1 拘束式，ヤコビマトリックスと加速度方程式

9.1節の内容を一般化し，**図9.2**のような，ボディ数がn_{b}，全自由度が$n=3n_{\mathrm{b}}$の系全体で2ボディ間の回転ジョイント拘束についてライブラリとして利用できる形で表す。二つのボディi，jがボディiの点A_iとボディjの点A_jで回転ジョイント拘束されたときの拘束式$\boldsymbol{C}_{\mathrm{rev}(i,j)}$は次式で表される。

$$\begin{aligned}&\boldsymbol{C}_{\mathrm{rev}(i,j)}(i, j, \boldsymbol{q}_i, \boldsymbol{q}_j, \boldsymbol{r}'_{\mathrm{G}i\mathrm{A}i}, \boldsymbol{r}'_{\mathrm{G}j\mathrm{A}j}) \\ &\quad = (\boldsymbol{r}_j + \boldsymbol{A}_{\mathrm{OG}j}(\theta_j)\boldsymbol{r}'_{\mathrm{G}j\mathrm{A}j}) - (\boldsymbol{r}_i + \boldsymbol{A}_{\mathrm{OG}i}(\theta_i)\boldsymbol{r}'_{\mathrm{G}i\mathrm{A}i}) = \boldsymbol{0}_{2\times1}\end{aligned} \tag{9.19}$$

これを系全体（ボディ数n_{b}，全自由度$n=3n_{\mathrm{b}}$）の一般化座標$\boldsymbol{q}$に関するヤコビマトリックス$\boldsymbol{C}_{\mathrm{rev}(i,j)\boldsymbol{q}}$に拡張すると次式となる。

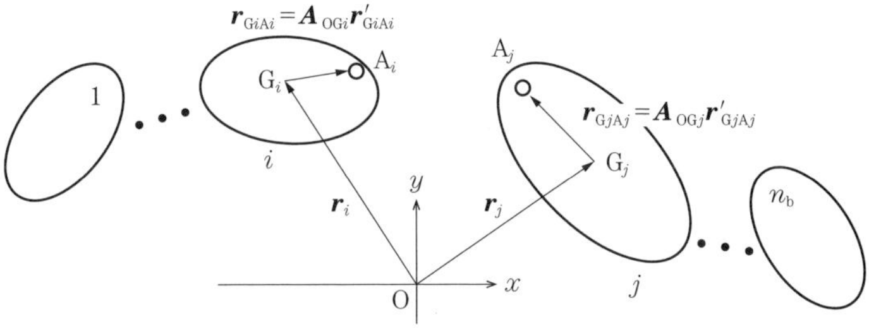

図9.2　2ボディ間の回転ジョイント拘束のライブラリ

$$\begin{aligned}
\boldsymbol{C}_{\mathrm{rev}(i,\,j)\boldsymbol{q}i} &= [-\boldsymbol{I}_{2\times2} \quad -\boldsymbol{V}\boldsymbol{A}_{\mathrm{OG}i}(\theta_i)\boldsymbol{r}'_{\mathrm{G}i\mathrm{A}i}]_{2\times3},\\
\boldsymbol{C}_{\mathrm{rev}(i,\,j)\boldsymbol{q}j} &= [\boldsymbol{I}_{2\times2} \quad \boldsymbol{V}\boldsymbol{A}_{\mathrm{OG}j}(\theta_j)\boldsymbol{r}'_{\mathrm{G}j\mathrm{A}j}]_{2\times3},\\
\boldsymbol{C}_{\mathrm{rev}(i,\,j)\boldsymbol{q}} &= [\boldsymbol{0}_{2\times3(i-1)} \quad \boldsymbol{C}_{\mathrm{rev}(i,\,j)\boldsymbol{q}i} \quad \boldsymbol{0}_{2\times3(n\mathrm{b}-i)}]_{2\times n}\\
&\quad + [\boldsymbol{0}_{2\times3(j-1)} \quad \boldsymbol{C}_{\mathrm{rev}(i,\,j)\boldsymbol{q}j} \quad \boldsymbol{0}_{2\times3(n\mathrm{b}-j)}]_{2\times n}
\end{aligned} \tag{9.20}$$

$(\boldsymbol{C}_{\mathrm{rev}(i,\,j)\boldsymbol{q}}\dot{\boldsymbol{q}})_{\boldsymbol{q}}$ を整理して表現すると下記となる。

$$\begin{aligned}
(\boldsymbol{C}_{\mathrm{rev}(i,\,j)\boldsymbol{q}}\dot{\boldsymbol{q}})_{\boldsymbol{q}i} &= [\boldsymbol{0}_{2\times2} \quad \boldsymbol{A}_{\mathrm{OG}i}(\theta_i)\boldsymbol{r}'_{\mathrm{G}i\mathrm{A}i}\dot{\theta}_i]_{2\times3},\\
(\boldsymbol{C}_{\mathrm{rev}(i,\,j)\boldsymbol{q}}\dot{\boldsymbol{q}})_{\boldsymbol{q}j} &= [\boldsymbol{0}_{2\times2} \quad -\boldsymbol{A}_{\mathrm{OG}j}(\theta_j)\boldsymbol{r}'_{\mathrm{G}j\mathrm{A}j}\dot{\theta}_j]_{2\times3},\\
(\boldsymbol{C}_{\mathrm{rev}(i,\,j)\boldsymbol{q}}\dot{\boldsymbol{q}})_{\boldsymbol{q}} &= [\boldsymbol{0}_{2\times3(i-1)} \quad (\boldsymbol{C}_{\mathrm{rev}(i,\,j)\boldsymbol{q}}\dot{\boldsymbol{q}})_{\boldsymbol{q}i} \quad \boldsymbol{0}_{2\times3(n\mathrm{b}-i)}]_{2\times n}\\
&\quad + [\boldsymbol{0}_{2\times3(j-1)} \quad (\boldsymbol{C}_{\mathrm{rev}(i,\,j)\boldsymbol{q}}\dot{\boldsymbol{q}})_{\boldsymbol{q}j} \quad \boldsymbol{0}_{2\times3(n\mathrm{b}-j)}]_{2\times n}
\end{aligned} \tag{9.21}$$

2ボディ間の回転ジョイント拘束では，拘束式 $\boldsymbol{C}_{\mathrm{rev}(i,\,j)}$ およびそのヤコビマトリックス $\boldsymbol{C}_{\mathrm{rev}(i,\,j)\boldsymbol{q}}$ には時間 t が陽に現れない。したがって，次式となる。

$$\boldsymbol{C}_{\mathrm{rev}(i,\,j)t} = \boldsymbol{C}_{\mathrm{rev}(i,\,j)tt} = \boldsymbol{0}_{2\times1},\quad \boldsymbol{C}_{\mathrm{rev}(i,\,j)\boldsymbol{q}t} = \boldsymbol{0}_{2\times n} \tag{9.22}$$

結果として，2ボディ間の回転ジョイント拘束の加速度方程式の右辺 $\boldsymbol{\gamma}_{\mathrm{rev}(i,\,j)}$ は式(6.28)から次式となる。

$$\boldsymbol{\gamma}_{\mathrm{rev}(i,\,j)} = -((\boldsymbol{C}_{\mathrm{rev}(i,\,j)\boldsymbol{q}}\dot{\boldsymbol{q}})_{\boldsymbol{q}}\dot{\boldsymbol{q}} + 2\boldsymbol{C}_{\mathrm{rev}(i,\,j)\boldsymbol{q}t}\dot{\boldsymbol{q}} + \boldsymbol{C}_{\mathrm{rev}(i,\,j)tt}) \tag{9.23}$$

バウムガルテの安定化法を考慮した加速度方程式の $\boldsymbol{\gamma}_{\mathrm{Brev}(i,\,j)}$ を用いる場合は，次式で得られる。

$$\boldsymbol{\gamma}_{\mathrm{Brev}(i,\,j)} = \boldsymbol{\gamma}_{\mathrm{rev}(i,\,j)} - 2\alpha(\boldsymbol{C}_{\mathrm{rev}(i,\,j)\boldsymbol{q}}\dot{\boldsymbol{q}}) - \beta^2\boldsymbol{C}_{\mathrm{rev}(i,\,j)} \tag{9.24}$$

9.2.2 ライブラリの用い方

ボディ間を接続する回転ジョイント拘束のライブラリ func_rev_b2G は下記のように用いる。

[C, Cq, Ct, Cqt, Ctt, Cqdqq] = func_rev_b2b(nb, ib, jb, q, v, r_loci, r_locj)

入力

nb　系全体のボディ数

ib, jb　回転ジョイントで拘束するボディの番号 i, j

q　系の一般化座標ベクトル

v　系の一般化速度ベクトル

r_loci　ボディ i の質量中心から回転ジョイントの拘束点までのボディ固定枠で表した位置ベクトル $\boldsymbol{r}'_{\mathrm{G}i\mathrm{A}i}$

r_locj　ボディ j の質量中心から回転ジョイントの拘束点までのボディ固定枠で表した位置ベクトル $\boldsymbol{r}'_{\mathrm{G}j\mathrm{A}j}$

出力

C, Cq, Ct, Cqt, Ctt, Cqdqq　ボディ間の回転ジョイントによる項

$\boldsymbol{C}_{\mathrm{rev}(i,j)}(i, j, \boldsymbol{q}_i, \boldsymbol{q}_j, \boldsymbol{r}'_{\mathrm{G}i\mathrm{A}i}, \boldsymbol{r}'_{\mathrm{G}j\mathrm{A}j})$，$\boldsymbol{C}_{\mathrm{rev}(i,j)\boldsymbol{q}}$，$\boldsymbol{C}_{\mathrm{rev}(i,j)t}$，

$\boldsymbol{C}_{\mathrm{rev}(i,j)\boldsymbol{q}t}$，$\boldsymbol{C}_{\mathrm{rev}(i,j)tt}$，$(\boldsymbol{C}_{\mathrm{rev}(i,j)\boldsymbol{q}}\dot{\boldsymbol{q}})_{\boldsymbol{q}}$

9.3　2重振り子の運動学解析と動力学解析

9.3.1　例題39：運動学（拡大法）

図9.1の2重振り子系の場合について，姿勢 θ_1，θ_2 の運動を入力として与える。

$$\theta_1 = \theta_{10} + \theta_{1\mathrm{amp}} \sin \omega t, \quad \theta_2 = \theta_{20} + \theta_{2\mathrm{amp}} \sin \omega t \tag{9.25}$$

$\omega = 0.6\pi$〔rad/s〕の際の系の運動を解け。

解答

プログラム：09-1 2重振り子 回転J拘束 運動学

パラメータ値と初期値を**表9.1**で示す。

表9.1　プログラムに用いたパラメータの記号，表記，値と説明

記　号	プログラム	値	説　明
l_1	l1	1	ボディ1の長さの半分〔m〕
l_2	l2	1	ボディ2の長さの半分〔m〕
θ_{10}	theta10	0	ボディ1の角度の定数成分〔rad〕
$\theta_{1\mathrm{amp}}$	theta1amp	$\pi/4$	ボディ1の角度の振幅〔rad〕
θ_{20}	theta20	$\pi/6$	ボディ2の初期角度〔rad〕
$\theta_{2\mathrm{amp}}$	theta2amp	$-\pi/4$	ボディ2の角度の振幅〔rad〕
$\theta_1(0)$	theta(1)	theta10	ボディ1の初期角度〔rad〕
$\theta_2(0)$	theta(2)	theta20	ボディ2の初期角度〔rad〕

表 9.1　（つづき）

記　号	プログラム	値	説　明
$x_1(0)$	px(1)	$l_1 \cos\theta_1(0)$	ボディ 1 の x 方向初期位置〔m〕
$y_1(0)$	py(1)	$l_1 \sin\theta_1(0)$	ボディ 1 の y 方向初期位置〔m〕
$x_2(0)$	px(2)	$x_1(0)+l_1\cos\theta_1(0)$ $+l_2\cos\theta_2(0)$	ボディ 2 の x 方向初期位置〔m〕
$y_2(0)$	py(2)	$y_1(0)+l_1\sin\theta_1(0)$ $+l_2\sin\theta_2(0)$	ボディ 2 の y 方向初期位置〔m〕
ω	om	$3(2\pi/10)=0.6\pi$	角度 θ_1，θ_2 の変動角速度〔rad/s〕

（1）　配 位 解 析　　2 重振り子のすべての配位変数 $\boldsymbol{q}$ の時刻歴について，系全体の拘束式を次式に示す。

$$
\boldsymbol{C}=\begin{Bmatrix} x_1-l_1\cos\theta_1 \\ y_1-l_1\sin\theta_1 \\ x_2-l_2\cos\theta_2-x_1-l_1\cos\theta_1 \\ y_2-l_2\sin\theta_2-y_1-l_1\sin\theta_1 \end{Bmatrix}=\boldsymbol{0}_{4\times1},
$$

$$
\boldsymbol{C}_{\text{drive}}(\boldsymbol{q},t)=\begin{Bmatrix} \theta_1-(\theta_{10}+\theta_{1\text{amp}}\sin\omega t) \\ \theta_2-(\theta_{20}+\theta_{2\text{amp}}\sin\omega t) \end{Bmatrix}=\boldsymbol{0}_{2\times1},
$$

$$
\boldsymbol{C}_{\text{kinem}}(\boldsymbol{q},t)=\begin{bmatrix} \boldsymbol{C}(\boldsymbol{q},t) \\ \boldsymbol{C}_{\text{drive}}(\boldsymbol{q},t) \end{bmatrix}=\begin{bmatrix} \boldsymbol{0} \\ \boldsymbol{0} \end{bmatrix}_{6\times1} \tag{9.26}
$$

ニュートン-ラプソン法を用いて得られた配位変数の時刻歴を**図 9.3** に示す。

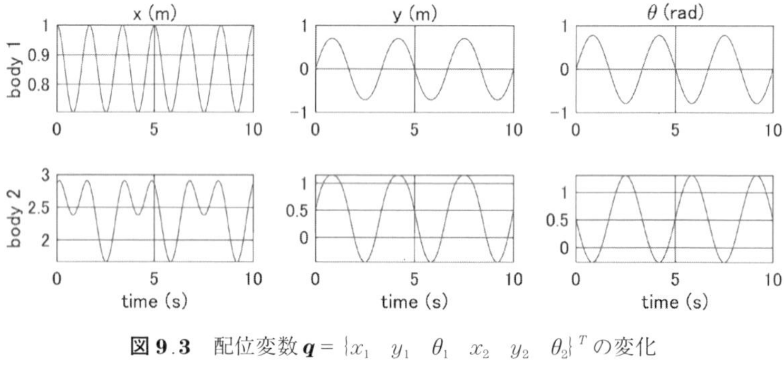

図 9.3　配位変数 $\boldsymbol{q}=\{x_1 \quad y_1 \quad \theta_1 \quad x_2 \quad y_2 \quad \theta_2\}^T$ の変化

（2）　速 度 解 析　　つぎに，速度解析を行う。姿勢 $\dot{\theta}_1$，$\dot{\theta}_2$ を運動拘束として与え，先に配位解析で求めた一般化座標の時刻歴 $\boldsymbol{q}(t)$ および速度方程式(8.27)から速度 $\dot{\boldsymbol{q}}(t)$ はただちに求められる。

$$\dot{\boldsymbol{q}}(t) = \boldsymbol{C}_{\mathrm{kinem}\,\boldsymbol{q}}(\boldsymbol{q}(t),t)^{-1}\boldsymbol{\eta}_{\mathrm{kinem}}(\boldsymbol{q}(t),t) \qquad \mathrm{Ref.}(8.27)$$

ここで，式(8.25)，(8.26)より

$$\boldsymbol{\eta}_{\mathrm{kinem}} = -\boldsymbol{C}_{\mathrm{kinem}\,t}(\boldsymbol{q},t),$$

$$\boldsymbol{C}_{\mathrm{kinem}\,\boldsymbol{q}}(\boldsymbol{q},t) = \begin{bmatrix} \boldsymbol{C}_{\boldsymbol{q}}(\boldsymbol{q},t) \\ \boldsymbol{C}_{\mathrm{drive}\,\boldsymbol{q}}(\boldsymbol{q},t) \end{bmatrix} = \begin{bmatrix} \mathbf{0} \\ \mathbf{0} \end{bmatrix}_{6\times 6},$$

$$\boldsymbol{C}_{\mathrm{kinem}\,t}(\boldsymbol{q},t) = \begin{bmatrix} \boldsymbol{C}_{t}(\boldsymbol{q},t) \\ \boldsymbol{C}_{\mathrm{drive}\,t}(\boldsymbol{q},t) \end{bmatrix} = \begin{bmatrix} \mathbf{0} \\ \mathbf{0} \end{bmatrix}_{6\times 1} \qquad (9.27)$$

である。本例題の $\boldsymbol{C}_{\boldsymbol{q}}(\boldsymbol{q},t)$，$\boldsymbol{C}_{t}(\boldsymbol{q},t)$ は式(9.10)，(9.15)ですでに求めており，$\boldsymbol{C}_{\mathrm{drive}\,\boldsymbol{q}}(\boldsymbol{q},t)$，$\boldsymbol{C}_{\mathrm{drive}\,t}(\boldsymbol{q},t)$ は式(9.26)の第2式より次式となる。

$$\boldsymbol{C}_{\mathrm{drive}\,\boldsymbol{q}}(\boldsymbol{q},t) = \begin{bmatrix} 0 & 0 & 1 & 0 & 0 & 0 \\ 0 & 0 & 0 & 0 & 0 & 1 \end{bmatrix},$$

$$\boldsymbol{C}_{\mathrm{drive}\,t}(\boldsymbol{q},t) = \begin{Bmatrix} \theta_{1\mathrm{amp}}\omega\cos\omega t \\ \theta_{2\mathrm{amp}}\omega\cos\omega t \end{Bmatrix} \qquad (9.28)$$

本例題で得られた速度変数の時刻歴を**図 9.4** に示す。

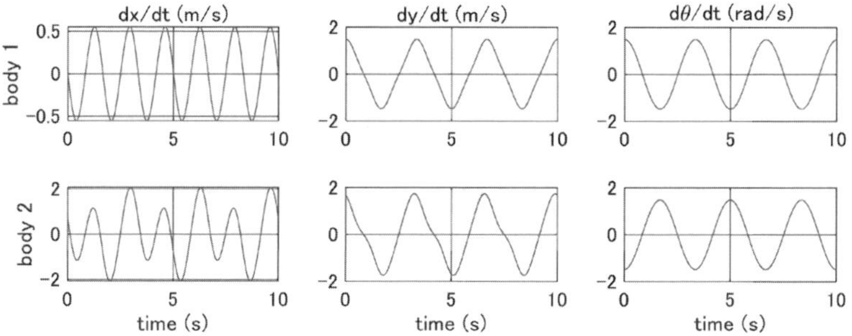

図 9.4　速度変数の変化

(3)　加速度解析　　つぎに加速度解析を行う。角加速度 $\ddot{\theta}_1$，$\ddot{\theta}_2$ を運動拘束として与え，先に配位解析で求めた配位変数 $\boldsymbol{q}(t)$，速度解析で求めた速度変数 $\dot{\boldsymbol{q}}(t)$ の時刻歴を用いると，加速度方程式(8.30)からただちに求められる。

$$\ddot{\boldsymbol{q}}(t) = \boldsymbol{C}_{\mathrm{kinem}\,\boldsymbol{q}}(\boldsymbol{q}(t),t)^{-1}\boldsymbol{\gamma}_{\mathrm{kinem}}(\boldsymbol{q}(t),\dot{\boldsymbol{q}}(t),t) \qquad \mathrm{Ref.}(8.30)$$

ここで，式(8.28)，(8.29)より

$$\boldsymbol{\gamma}_{\mathrm{kinem}} = -((\boldsymbol{C}_{\mathrm{kinem}\,\boldsymbol{q}}\dot{\boldsymbol{q}})_{\boldsymbol{q}}\dot{\boldsymbol{q}} + 2\boldsymbol{C}_{\mathrm{kinem}\,\boldsymbol{q}t}\dot{\boldsymbol{q}} + \boldsymbol{C}_{\mathrm{kinem}\,tt}),$$

$$(\boldsymbol{C}_{\mathrm{kinem}\,\boldsymbol{q}}\dot{\boldsymbol{q}})_{\boldsymbol{q}} = \begin{bmatrix} (\boldsymbol{C}_{\boldsymbol{q}}(\boldsymbol{q},t)\dot{\boldsymbol{q}})_{\boldsymbol{q}} \\ (\boldsymbol{C}_{\mathrm{drive}\,\boldsymbol{q}}(\boldsymbol{q},t)\dot{\boldsymbol{q}})_{\boldsymbol{q}} \end{bmatrix} = \begin{bmatrix} \mathbf{0} \\ \mathbf{0} \end{bmatrix}_{6\times 6},$$

$$\boldsymbol{C}_{\mathrm{kinem}\,\boldsymbol{q}t} = \begin{bmatrix} \boldsymbol{C}_{\boldsymbol{q}t}(\boldsymbol{q},t) \\ \boldsymbol{C}_{\mathrm{drive}\,\boldsymbol{q}t}(\boldsymbol{q},t) \end{bmatrix} = \begin{bmatrix} \mathbf{0} \\ \mathbf{0} \end{bmatrix}_{6\times 6},$$

$$\boldsymbol{C}_{\mathrm{kinem}\,tt}(\boldsymbol{q},t)=\begin{Bmatrix}\boldsymbol{C}_{tt}(\boldsymbol{q},t)\\ \boldsymbol{C}_{\mathrm{drive}\,tt}(\boldsymbol{q},t)\end{Bmatrix}=\begin{Bmatrix}\boldsymbol{0}\\ \boldsymbol{0}\end{Bmatrix}_{6\times 1} \tag{9.29}$$

である。本例題の$(\boldsymbol{C}_{\boldsymbol{q}}(\boldsymbol{q},t)\,\dot{\boldsymbol{q}})_{\boldsymbol{q}}$，$\boldsymbol{C}_{\boldsymbol{q}t}$，$\boldsymbol{C}_{tt}$は式(9.14)，(9.10)，(9.15)ですでに求めており，$(\boldsymbol{C}_{\mathrm{drive}\,\boldsymbol{q}}\dot{\boldsymbol{q}})_{\boldsymbol{q}}$，$\boldsymbol{C}_{\mathrm{drive}\,\boldsymbol{q}t}$，$\boldsymbol{C}_{\mathrm{drive}\,tt}$は式(9.28)より次式となる。

$$(\boldsymbol{C}_{\mathrm{drive}\,\boldsymbol{q}}\dot{\boldsymbol{q}})_{\boldsymbol{q}}=\boldsymbol{C}_{\mathrm{drive}\,\boldsymbol{q}t}=\boldsymbol{0}_{2\times 6},\quad \boldsymbol{C}_{\mathrm{drive}\,tt}(\boldsymbol{q},t)=\begin{Bmatrix}-\theta_{1\mathrm{amp}}\omega^2\sin\omega t\\ -\theta_{2\mathrm{amp}}\omega^2\sin\omega t\end{Bmatrix} \tag{9.30}$$

得られた加速度変数の時刻歴を**図 9.5**に示す。

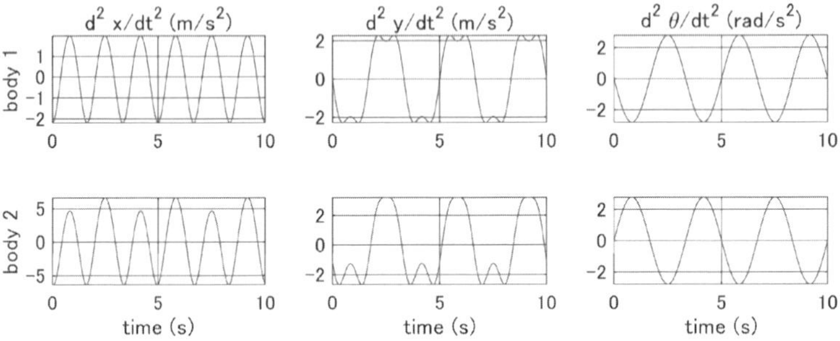

図 9.5　加速度変数の変化

9.3.2　例題 40：動力学（拡大法）

図 9.1 の 2 重振り子系について，回転ばねダンパ要素については式(9.3)で表し，ボディ間の回転ジョイントについて式(9.4)から式(9.18)までで陽に求めた$\boldsymbol{\gamma}_{\mathrm{B}}$を用いて解け。

解答

式(9.4)から式(9.18)までで陽に求めた$\boldsymbol{\gamma}_{\mathrm{B}}$を用いて解いたプログラムを示す。

プログラム：09-2 2 重振り子 回転 J 拘束 拡大法

回転ばねダンパ要素のグラウンド側固定点の姿勢は$\theta_{10}=\pi/2$〔rad〕とする。パラメータ値と初期値を**表 9.2**で示す。

上記のプログラムを用いて動力学解析を実施した結果を**図 9.6**，**図 9.7**に示す。ばねがない場合の挙動（図 9.6）は拘束を守りつつ全体で回転運動を示し，ばねがある場合（図 9.7）は，回転ばねダンパ要素のグラウンド側固定点の姿勢$\theta_{\mathrm{g}}=\pi/2$から重力の影響分だけ下がった角度を中心に振動しつつ減衰する様子がわかる。なお，プログラム実行時には式(7.49)で示した$\boldsymbol{Q}^{(\mathrm{C})}:=-\boldsymbol{C}_{\boldsymbol{q}}^{T}\boldsymbol{\lambda}$を用いて拘束点$\mathrm{A}_1$における拘束力を求めた結果も示す。それぞれの場合で確認されたい。

表 9.2　プログラムに用いたパラメータの記号，表記，値と説明

記　号	プログラム	値	説　明
g	g	9.81	重力加速度〔m/s^2〕
m_1	m1	5	ボディ 1 の質量〔kg〕
m_2	m2	5	ボディ 2 の質量〔kg〕
l_1	l1	1	ボディ 1 の長さの半分〔m〕
l_2	l2	1	ボディ 2 の長さの半分〔m〕
J_1	J1	$m_1(2l_1)^2/12$	ボディ 1 の慣性モーメント〔kgm^2〕
J_2	J2	$m_2(2l_2)^2/12$	ボディ 2 の慣性モーメント〔kgm^2〕
k_{rs1}	krs1	100	グラウンドとボディ 1 間の 回転ばね定数〔Nm/rad〕
c_{rs1}	crs1	10	グラウンドとボディ 1 間の 回転減衰定数〔Nms/rad〕
k_{rs2}	krs2	50	ボディ 1 とボディ 2 間の 回転ばね定数〔Nm/rad〕
c_{rs2}	crs2	5	ボディ 1 とボディ 2 間の 回転減衰定数〔Nms/rad〕
θ_{s01}	theta_s01	π	回転ばね 1 の自由角度〔rad〕
θ_{s02}	theta_s02	π	回転ばね 2 の自由角度〔rad〕
θ_{g}	theta_g	$\pi/2$	回転ばね 1 のグラウンド側姿勢〔rad〕
$\theta_1(0)$	theta(1)	$80\pi/180$	ボディ 1 の初期角度〔rad〕
$x_1(0)$	px(1)	$l_1 \cos\theta_1(0)$	ボディ 1 の x 方向初期位置〔m〕
$y_1(0)$	py(1)	$l_1 \sin\theta_1(0)$	ボディ 1 の y 方向初期位置〔m〕
$\dot{\theta}_1(0)$	dtheta(1)	0	ボディ 1 の初期角速度〔rad/s〕
$\dot{x}_1(0)$	dx(1)	0	ボディ 1 の x 方向初速度〔m/s〕
$\dot{y}_1(0)$	dy(1)	0	ボディ 1 の y 方向初速度〔m/s〕
$\theta_2(0)$	theta(2)	$80\pi/180$	ボディ 2 の初期角度〔rad〕
$x_2(0)$	px(2)	$2l_1 \cos\theta_1(0)$ $+l_2 \cos\theta_2(0)$	ボディ 2 の x 方向初期位置〔m〕
$y_2(0)$	py(2)	$2l_1 \sin\theta_1(0)$ $+l_2 \sin\theta_2(0)$	ボディ 2 の y 方向初期位置〔m〕
$\dot{\theta}_2(0)$	dtheta(2)	0	ボディ 2 の初期角速度〔rad/s〕
$\dot{x}_2(0)$	dx(2)	0	ボディ 2 の x 方向初速度〔m/s〕
$\dot{y}_2(0)$	dy(2)	0	ボディ 2 の y 方向初速度〔m/s〕

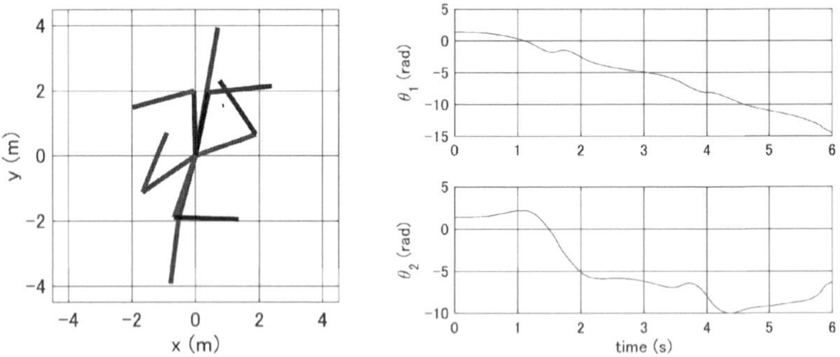

図 9.6　例題 40：動力学（拡大法，ばね，ダンパなし）

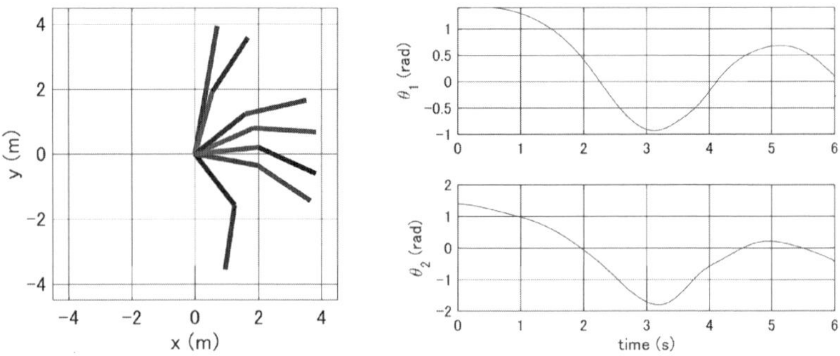

図 9.7　例題 40：動力学（拡大法，ばね，ダンパあり）

9.3.3 発展 例題 41：動力学（拡大法，ライブラリ）

9.3.2 項の例題 40 と同じ系（図 9.1 の 2 重振り子系）を，回転ばねダンパ要素については式(9.3)で表し，回転ジョイント拘束についてはライブラリ

・func_rev_b2G（8.2.2 項参照）グラウンドとボディの回転ジョイント拘束

・func_rev_b2b（9.2.2 項参照）ボディとボディの回転ジョイント拘束

を用いて解析せよ。

解答

プログラム：09-3 2 重振り子 回転 J 拘束 拡大法 拘束ライブラリ

指定されたライブラリを用いる。パラメータ値と初期値は 9.3.2 項の例題 40 と同じであり，結果を**図 9.8** に示す。この結果は例題 40 の配位（図 9.7）および拘束力

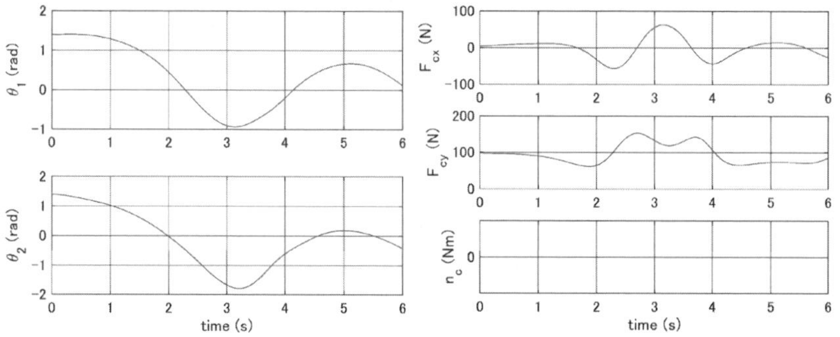

(a)　運動の時刻歴　　(b)　拘束力の時刻歴

図 9.8　2重振り子拡大法（回転ジョイントライブラリ）の解析結果

の時刻歴と一致する。

9.3.4 発展 演習2：動力学（消去法，ペナルティ法）

図9.1の2重振り子系について，回転ばねダンパ要素がない場合で，7.4節で学んだ消去法，6.2節で学んだペナルティ法を用いて解け。そして，9.3.2項の拡大法の場合（例題40）と比較せよ。

解答

グラウンドとボディ間，ボディ間の回転ばねダンパ要素がない場合を考える。まず，消去法を用いた場合のプログラムを示す。回転ジョイントには，式(9.4)から式(9.18)までで陽に求めた式表現を用いる。

プログラム：09-4 2重振り子 回転J拘束 消去法

得られた結果を**図 9.9** に示す。拡大法と同様の結果が得られている。また，ペナルティ法を用いた場合のプログラムを示す。

プログラム：09-5 2重振り子 回転J拘束 ペナルティ法

得られた結果を**図 9.10** に示す。6.2.1項のメモで言及したが，ペナルティ法では剛性係数の数値のとり方により挙動が変化する。図9.10から，ペナルティ法の剛性係数を十分大きく 1×10^6 N/m ととった場合（図9.10(a)）は拡大法の結果と一致すること，剛性係数が少し小さく 1×10^5 N/m ととった場合（図9.10(b)）は拡大法の結果から若干の違いが現れることが確認できる。

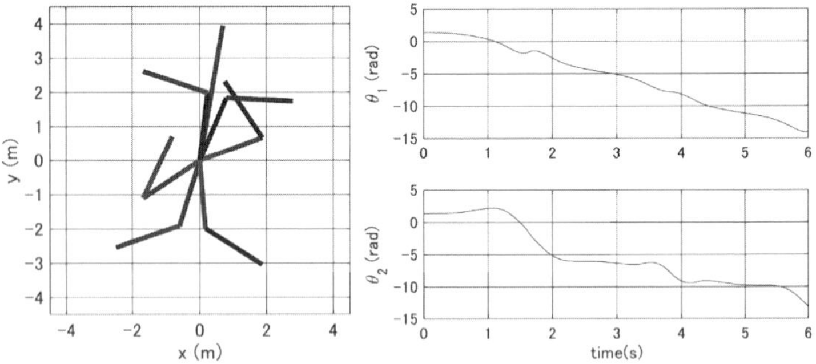

(a)　運動の様子　　　　　　(b)　運動の時刻歴

図 9.9　2 重振り子（消去法）の解析結果

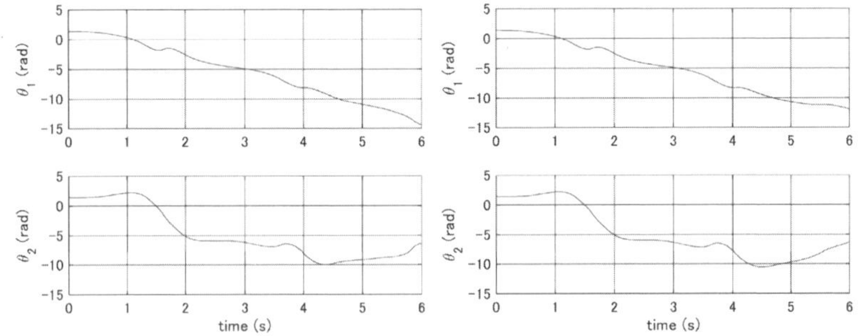

(a)　1×10^6 N/m　　　　　　(b)　1×10^5 N/m

図 9.10　2 重振り子（ペナルティ法）の剛性係数の影響

9.4　2 リンクロボット

本章の最後に，演習として 2 リンクロボットの運動学と動力学を考える。下記の演習問題を解け。

9.4.1　演習 3：運動学解析

図 9.11 に示す二つのジョイント部にモータ 1 とモータ 2 を設置し，θ_1 は周期的に運動させ，ロボットアーム先端の y 座標（y_{tip}）は一定高さ B に制御す

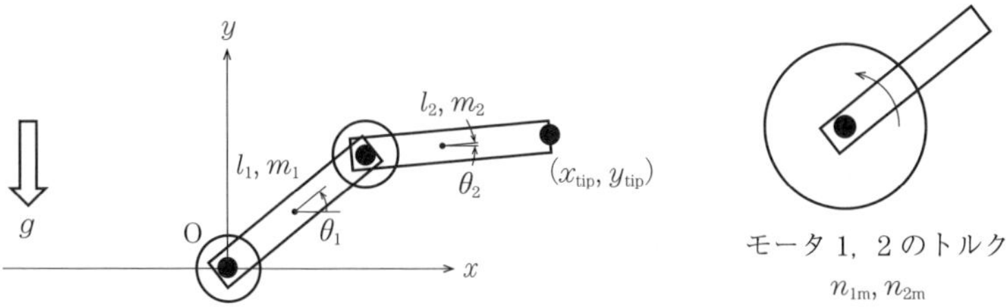

図 9.11 モータ付き2リンクロボットの先端軌跡の制御

るとする。

$$\theta_1 = \theta_{10} + \theta_{1amp} \sin \omega t, \quad y_{tip} = B \tag{9.31}$$

上式を拘束で表し，運動学を用いて各ボディの配位，速度，加速度を解析せよ。

解答

プログラム：09-6 2リンクロボットアーム 回転J拘束 運動学

運動の拘束は下記で表すことができる。

$$\boldsymbol{C}_{drive}(\boldsymbol{q}, t) = \begin{Bmatrix} \theta_1 - (\theta_{10} + \theta_{1amp} \sin \omega t) \\ (y_2 + l_2 \sin \theta_2) - B \end{Bmatrix} = \boldsymbol{0}_{2\times 1} \tag{9.32}$$

パラメータ値と初期値を**表 9.3** で示す。

表 9.3 プログラムに用いたパラメータの記号，表記，値と説明

記　号	プログラム	値	説　明
l_1	l1	1	ボディ1の長さの半分〔m〕
l_2	l2	1	ボディ2の長さの半分〔m〕
B	B	1	y 座標の目標値〔m〕
θ_{10}	theta10	$\pi/5$	ボディ1の角度の定数成分〔rad〕
θ_{1amp}	theta1amp	$\pi/3$	ボディ1の角度の振幅〔rad〕
$\theta_1(0)$	theta(1)	theta10	ボディ1の初期角度〔rad〕
$\theta_2(0)$	theta(2)	$\pi/6$	ボディ2の初期角度〔rad〕
$x_1(0)$	px(1)	$l_1 \cos \theta_1(0)$	ボディ1の x 方向初期位置〔m〕
$y_1(0)$	py(1)	$l_1 \sin \theta_1(0)$	ボディ1の y 方向初期位置〔m〕
$x_2(0)$	px(2)	$x_1(0) + l_1 \cos \theta_1(0) + l_2 \cos \theta_2(0)$	ボディ2の x 方向初期位置〔m〕
$y_2(0)$	py(2)	$y_1(0) + l_1 \sin \theta_1(0) + l_2 \sin \theta_2(0)$	ボディ2の y 方向初期位置〔m〕
ω	om	$(3/10)2\pi$	角度 θ_1 の変動角速度〔rad/s〕

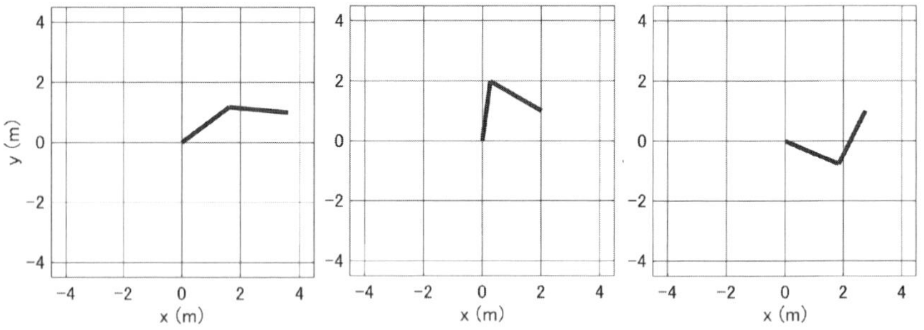

図 9.12　配位の変化

プログラムを用いて求めたロボットアームの運動を**図 9.12** に示す。

また，運動学を用いてロボットアームのそれぞれのボディの配位を求めた結果を**図 9.13** に示す。図 9.13 には第 4 列にボディ 2 先端の x，y 座標（x_{tip}，y_{tip}）を示す。運動学においてロボットアーム先端の y 座標（y_{tip}）は一定高さ B に制御されていることが確認できる。また，プログラムを実行するとそれぞれのボディの速度，加速度も出力されるのでいろいろと試されたい。

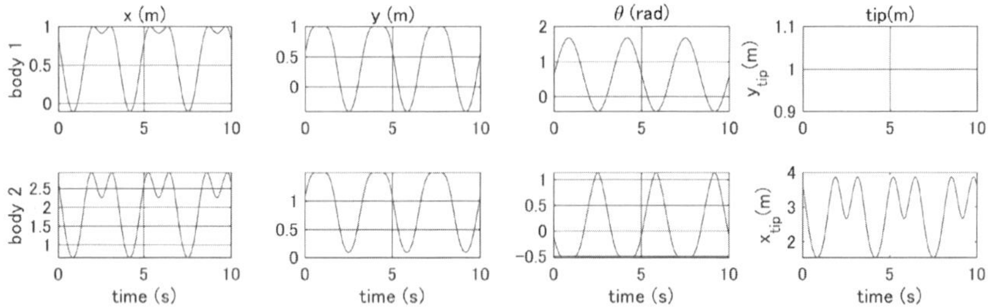

図 9.13　各ボディの配位（x, y, θ）および先端（$x_{\mathrm{tip}}, y_{\mathrm{tip}}$）の変化

9.4.2　演習 4：動力学解析（ペナルティ法）

二つのジョイント部にモータ 1 とモータ 2 を設置し，θ_1 は周期的に運動させ，ロボットアーム先端の y 座標（y_{tip}）は一定高さ B に制御するとする。

$$\theta_{1c}=\theta_{10}+\theta_{1\mathrm{amp}}\sin\omega t,\quad \theta_{2c}=\mathrm{asin}\left(\frac{B-2l_1\sin(\theta_{1c})}{2l_2}\right) \tag{9.33}$$

上記を実現するために，モータ 1，2 にトルク n_{1m}，n_{2m} を下記のように与える。

$$n_{1\mathrm{m}} = -k_{\mathrm{m}}(\theta_1 - \theta_{1\mathrm{c}}) - c_{\mathrm{m}}(\theta_1 - \dot{\theta}_{1\mathrm{c}}) - i_{\mathrm{m}}\int(\theta_1 - \theta_{1\mathrm{c}})dt,$$

$$n_{2\mathrm{m}} = -k_{\mathrm{m}}(\theta_2 - \theta_{2\mathrm{c}}) - c_{\mathrm{m}}(\theta_2 - \dot{\theta}_{2\mathrm{c}}) - i_{\mathrm{m}}\int(\theta_2 - \theta_{2\mathrm{c}})dt \tag{9.34}$$

回転ジョイント拘束をペナルティ法で表し，動力学解析により運動を求めよ。

解答

プログラム：09-7 2リンクロボットアーム 回転J拘束 ペナルティ法

パラメータ値と初期値を**表 9.4** で示す。

表 9.4　プログラムに用いたパラメータの記号，表記，値と説明

記　号	プログラム	値	説　明
g	g	9.81	重力加速度〔m/s²〕
l_1	l1	1	ボディ 1 の長さの半分〔m〕
l_2	l2	1.6	ボディ 2 の長さの半分〔m〕
m_1	m1	1	ボディ 1 の質量〔kg〕
m_2	m2	1	ボディ 2 の質量〔kg〕
J_1	J1	$m_1(2l_1)^2/12$	ボディ 1 の慣性モーメント〔kgm²〕
J_2	J2	$m_2(2l_2)^2/12$	ボディ 2 の慣性モーメント〔kgm²〕
k_{m}	km	320 000	ボディ 1 とグラウンドおよびボディ 1，2 間の回転ばね定数〔Nm/rad〕
c_{m}	cm	7 000	ボディ 1 とグラウンドおよびボディ 1，2 間の回転減衰係数〔Nms/rad〕
i_{m}	im	320	運動指令の角度に修正するトルクの係数（PID 制御の積分ゲインに相当）
θ_{10}	theta10	$30\pi/180$	運動指令（角度 θ_1）の定数成分〔rad〕
$\theta_{1\mathrm{amp}}$	theta1amp	2π	運動指令（角度 θ_1）の振幅〔rad〕
B	B	1	y 座標の目標値〔m〕
ω	om	1	角度 θ_1 の変動角速度〔rad/s〕
k_{c}	kC	1×10^6	ペナルティ法の剛性係数〔N/m〕
c_{c}	cC	0	ペナルティ法の減衰係数〔Ns/m〕
$\theta_1(0)$	theta(1)	$30\pi/180$	ボディ 1 の初期角度〔rad〕
$\theta_2(0)$	theta(2)	0	ボディ 2 の初期角度〔rad〕
$x_1(0)$	px(1)	$l_1\cos\theta_1(0)$	ボディ 1 の x 方向初期位置〔m〕
$y_1(0)$	py(1)	$l_1\sin\theta_1(0)$	ボディ 1 の y 方向初期位置〔m〕
$x_2(0)$	px(2)	$2l_1\cos\theta_1(0)$ $+l_2\cos\theta_2(0)$	ボディ 2 の x 方向初期位置〔m〕
$y_2(0)$	py(2)	$2l_1\sin\theta_1(0)$ $+l_2\sin\theta_2(0)$	ボディ 2 の y 方向初期位置〔m〕

表 9.4　（つづき）

記　号	プログラム	値	説　明
$\dot{\theta}_1(0)$	dtheta(1)	0	ボディ 1 の初期角速度〔rad/s〕
$\dot{x}_1(0)$	dx(1)	0	ボディ 1 の x 方向初速度〔m/s〕
$\dot{y}_1(0)$	dy(1)	0	ボディ 1 の y 方向初速度〔m/s〕
$\dot{\theta}_2(0)$	dtheta(2)	0	ボディ 2 の初期角速度〔rad/s〕
$\dot{x}_2(0)$	dx(2)	0	ボディ 2 の x 方向初速度〔m/s〕
$\dot{y}_2(0)$	dy(2)	0	ボディ 2 の y 方向初速度〔m/s〕

プログラムを用いて求めたロボットアームの動力学解析結果を**図 9.14** に示す。図よりアーム先端が指令どおりに制御されている様子が確認できる。

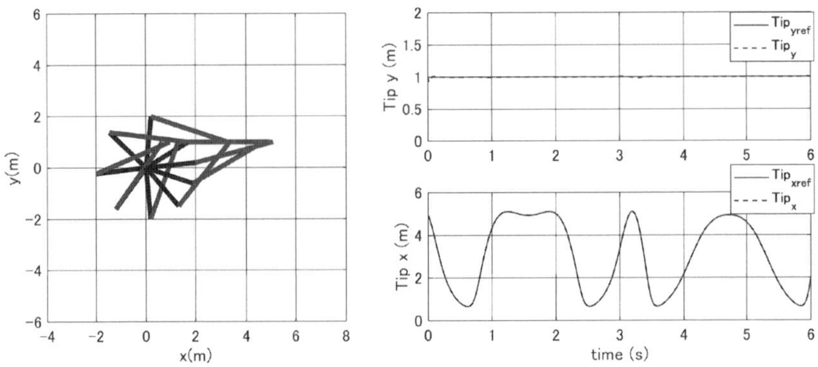

図 9.14　ロボットアームの運動，先端変位の時刻歴と誤差

9.4.3　演習 5：動力学解析（拡大法）

9.4.2 項の演習 4 と同じ課題を考える。拘束についてはペナルティ法の代わりに拡大法を用いて拘束を陽に表し，ロボットアームの動力学解析を実施せよ。

解答

プログラム：09-8 2 リンクロボットアーム 回転 J 拘束 拡大法

パラメータ値と初期値も 9.4.2 項の演習 4 と同じである。拡大法を用いて拘束を陽に表した場合のプログラムを用いて求めたロボットアームの動力学解析を実施すると，先端が指令位置周辺に制御されている様子が確認できる。結果は図 9.14 と同じであるため省略するが，プログラムを実施して比較し確認されたい。

9.4.4 発展 演習6：動力学解析（拡大法，ライブラリ）

9.4.2項の演習4と同じ課題を考える。拘束についてはペナルティ法の代わりに拡大法のライブラリ

・func_rev_b2G（8.2.2項参照）グラウンドとボディ1の回転ジョイント拘束

・func_rev_b2b（9.2.2項参照）ボディ1とボディ2の回転ジョイント拘束

を用いて表し，ロボットアームの動力学解析を実施せよ。

解答

プログラム：09-9 2リンクロボットアーム 回転J拘束 拡大法 拘束ライブラリ

パラメータ値と初期値も9.4.2項の演習4と同じである。拡大法のライブラリを用いて拘束を陽に表した場合のプログラムを用いて求めたロボットアームの動力学解析を実施すると，先端が指令位置周辺に制御されている様子が確認できる。結果は図9.14と同じであり，9.4.3項の演習5と一致するため省略する。プログラムを実施して比較し確認されたい。

10 第2部　回転ジョイント拘束と固定ジョイント拘束を含むシステム

実践例題・演習：固定ジョイント

本章では，固定ジョイントの定式化を学ぶ。まずグラウンドとボディの固定ジョイント，つぎにボディとボディの固定ジョイントを学び，例題で習熟する。

10.1　グラウンドとボディの固定ジョイントの定式化

理解しやすくするために前章の図9.1のモデルから単に回転ジョイント一つを固定ジョイントに変えたボディ数2，拘束2（グラウンドとボディの固定ジョイント，ボディとボディの回転ジョイント）の系を考える。モデルを**図10.1**に示す。

① **モデル**　　この系は

・ボディ1：質量m_1で質量中心まわりの慣性モーメントJ_1

・ボディ2：質量m_2で質量中心まわりの慣性モーメントJ_2

の二つのボディからなり

・グラウンドとボディ1の固定ジョイント拘束

・ボディ1とボディ2の回転ジョイント拘束

がある。また

・ボディ1とボディ2は回転ばねダンパ要素（自由角度θ_{s01}，ばね定数k_{rs1}と減衰係数c_{rs1}，それぞれのボディ固定枠における回転ばねダンパ要素の取り付け位置の姿勢はθ'_{1s}とθ'_{2s}）

で接続されている。

② **枠**　　三つの枠を考える。

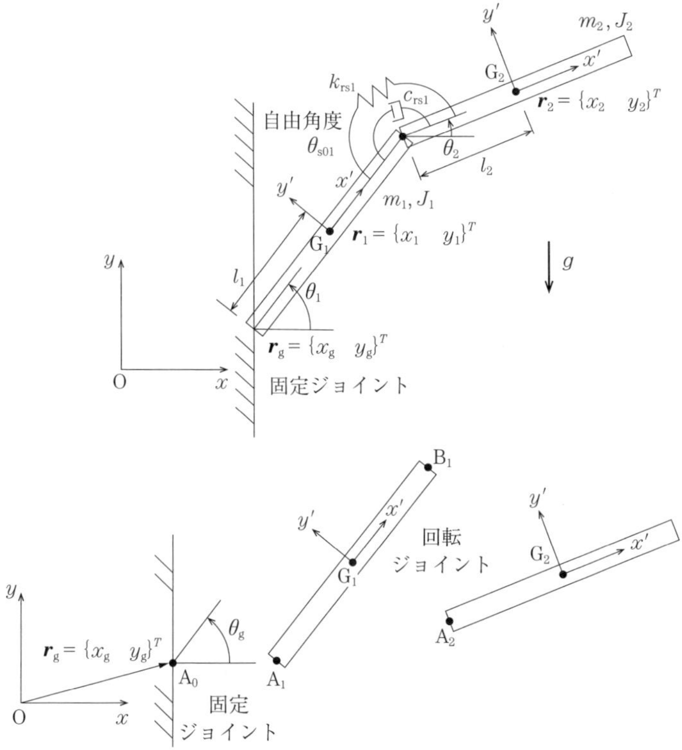

図 10.1　ボディ 1 の一端をグラウンドに固定した 2 ボディ系

・全体基準枠 O-xy

・ボディ 1 の質量中心に固定されたボディ固定枠 G_1-$x'y'$

・ボディ 2 の質量中心に固定されたボディ固定枠 G_2-$x'y'$

ここで，ボディ 1 の質量中心 G_1 からグラウンドとの固定点 A_1 までの距離を l_1，ボディ 2 の質量中心 G_2 からボディ 1 との接続点 A_2 までの距離を l_2 とする。

③　**一般化座標**　　ボディ 1 とボディ 2 の質量中心の座標は全体基準枠で $\boldsymbol{r}_1 = \{x_1 \quad y_1\}^T$，$\boldsymbol{r}_2 = \{x_2 \quad y_2\}^T$ とする。ボディ 1 とボディ 2 の姿勢 θ_1 と θ_2 は全体基準枠 O-xy の x 軸を基準（$\theta_1 = 0$，$\theta_2 = 0$）とし，x 軸から y 軸への反時計回りの方向を正とする。そして，一般化座標 $\boldsymbol{q}$ を次式のようにとる。

$$\boldsymbol{q} = \{x_1 \quad y_1 \quad \theta_1 \quad x_2 \quad y_2 \quad \theta_2\}^T \tag{10.1}$$

グラウンド側の固定ジョイント点 A_0 は全体基準枠で $\boldsymbol{r}_g = \{x_g \quad y_g\}^T$ とし，この点で姿勢 θ_g に拘束する。

④　**各種マトリックスと一般化外力ベクトル**　　質量マトリックス $\boldsymbol{M}$ は次式となる。

$$\boldsymbol{M} = \mathrm{diag}[m_1 \quad m_1 \quad J_1 \quad m_2 \quad m_2 \quad J_2] \tag{10.2}$$

一般化外力ベクトル $\boldsymbol{Q}$ を考える。4.7 節で学んだ回転ばねダンパ要素による復元モーメントを用いる。回転ばねダンパ要素の自由角度が θ_{s01}，それぞれのボディ固定枠における回転ばねダンパ要素の取り付け位置の姿勢を θ'_{1s}，θ'_{2s} とすると，一般化外力ベクトル $\boldsymbol{Q}$ は次式となる。

$$\begin{aligned}
&\boldsymbol{Q} = \{0 \quad -m_1 g \quad n_{rs1} \quad 0 \quad -m_2 g \quad n_{rs2}\}^T,\\
&\theta_{i0} - \theta_{j0} = \theta_{s0} - (\theta'_{is} - \theta'_{js}),\\
&\Delta\theta = (\theta_i - \theta_j) - (\theta_{i0} - \theta_{j0}),\ \ \Delta\dot{\theta} = \dot{\theta}_i - \dot{\theta}_j,\\
&n_{rs1} = -k_{rs1}\Delta\theta - c_{rs1}\Delta\dot{\theta},\ \ n_{rs2} = -n_{rs1}
\end{aligned} \tag{10.3}$$

あるいは，4.8.2 項で学んだ回転ばねダンパ要素のライブラリを用いても簡単に記述できる。

⑤　**拘　束**　　ボディ 1 と全体基準枠との固定ジョイント拘束を $\boldsymbol{C}_{\mathrm{fix}(G,1)}$，ボディ 1 とボディ 2 の回転ジョイント拘束を $\boldsymbol{C}_{\mathrm{rev}(1,2)}$ とする。これらの拘束数は 3+2=5 であり，この系の自由度は 1 である。ここで $\boldsymbol{A}_{OG1}(\theta_1)$，$\boldsymbol{A}_{OG2}(\theta_2)$ はボディ固定枠から全体基準枠への回転マトリックスであり，式(4.2)の形で次式となる。

$$\boldsymbol{A}_{OG1}(\theta_1) = \begin{bmatrix} \cos\theta_1 & -\sin\theta_1 \\ \sin\theta_1 & \cos\theta_1 \end{bmatrix},\ \boldsymbol{A}_{OG2}(\theta_2) = \begin{bmatrix} \cos\theta_2 & -\sin\theta_2 \\ \sin\theta_2 & \cos\theta_2 \end{bmatrix} \tag{10.4}$$

⑤-1　**拘束 1：ボディ 1 とグラウンドとの固定ジョイント**　　ボディ 1 とグラウンドとの固定ジョイント拘束 $\boldsymbol{C}_{\mathrm{fix}(G,1)}$ はボディ 1 の自由度 3 すべてを拘束する。ボディ 1 のボディ固定枠で見た質量中心 G_1 からジョイント点 A_1 までの位置ベクトル $\boldsymbol{r}'_{G1A1}$，および全体基準枠の原点 O からグラウンドのジョイント点 A_0 までの位置ベクトル $\boldsymbol{r}_g$ は次式となる。

$$\boldsymbol{r}'_{\mathrm{G1A1}}=\begin{Bmatrix}-l_1\\0\end{Bmatrix},\quad \boldsymbol{r}_{\mathrm{g}}=\begin{Bmatrix}x_{\mathrm{g}}\\y_{\mathrm{g}}\end{Bmatrix} \tag{10.5}$$

このとき，ボディ1とグラウンドとの固定拘束 $\boldsymbol{C}_{\mathrm{fix(G,1)}}$ は，式(9.6)で示したグラウンドとボディ間の回転ジョイント $\boldsymbol{C}_{\mathrm{rev(G,1)}}$ に回転姿勢の拘束を加えた次式で表される。

$$\boldsymbol{C}_{\mathrm{fix(G,1)}}=\begin{Bmatrix}\boldsymbol{C}_{\mathrm{rev(G,1)}}\\\theta_1-\theta_{\mathrm{g}}\end{Bmatrix}\boldsymbol{0}_{3\times1},$$

$$\boldsymbol{C}_{\mathrm{rev(G,1)}}=(\boldsymbol{r}_1+\boldsymbol{A}_{\mathrm{OG1}}(\theta_1)\boldsymbol{r}'_{\mathrm{G1A1}})-\boldsymbol{r}_{\mathrm{g}}=\boldsymbol{0}_{2\times1} \tag{10.6}$$

この式を陽に表すと，次式となる。

$$\boldsymbol{C}_{\mathrm{fix(G,1)}}=\begin{Bmatrix}(x_1-l_1\cos\theta_1)-x_{\mathrm{g}}\\(y_1-l_1\sin\theta_1)-y_{\mathrm{g}}\\\theta_1-\theta_{\mathrm{g}}\end{Bmatrix}=\boldsymbol{0}_{3\times1} \tag{10.7}$$

⑤-2 拘束2：ボディ1とボディ2の回転ジョイント ボディ1とボディ2の拘束 $\boldsymbol{C}_{\mathrm{rev(1,2)}}$ は前章の式(9.7)，(9.8)と同じ次式で表される。

$$\boldsymbol{r}'_{\mathrm{G1B1}}=\{l_1\quad 0\}^T,\quad \boldsymbol{r}'_{\mathrm{G2A2}}=\{-l_2\quad 0\}^T \tag*{Ref.(9.7)}$$

$$\begin{aligned}\boldsymbol{C}_{\mathrm{rev(1,2)}}&=(\boldsymbol{r}_2+\boldsymbol{A}_{\mathrm{OG2}}(\theta_2)\boldsymbol{r}'_{\mathrm{G2A2}})-(\boldsymbol{r}_1+\boldsymbol{A}_{\mathrm{OG1}}(\theta_1)\boldsymbol{r}'_{\mathrm{G1B1}})\\&=\begin{Bmatrix}x_2-l_2\cos\theta_2-x_1-l_1\cos\theta_1\\y_2-l_2\sin\theta_2-y_1-l_1\sin\theta_1\end{Bmatrix}=\boldsymbol{0}_{2\times1}\end{aligned} \tag*{Ref.(9.8)}$$

以上をまとめると，系の拘束式は次式になる。

$$\boldsymbol{C}=\begin{Bmatrix}\boldsymbol{C}_1\\\boldsymbol{C}_2\end{Bmatrix}=\begin{Bmatrix}\boldsymbol{C}_{\mathrm{fix(G,1)}}\\\boldsymbol{C}_{\mathrm{rev(1,2)}}\end{Bmatrix}=\boldsymbol{0}_{5\times1} \tag{10.8}$$

練習

拘束式 $\boldsymbol{C}=\boldsymbol{0}$ から，ヤコビマトリックス $\boldsymbol{C}_{\boldsymbol{q}}$，$(\boldsymbol{C}_{\boldsymbol{q}}\dot{\boldsymbol{q}})_{\boldsymbol{q}}$，加速度方程式の右辺 $\boldsymbol{\gamma}$ を求めよ。

解答

それぞれの拘束式(10.6)，(9.8)に関するヤコビマトリックスは，8.2節で説明した $\partial\boldsymbol{A}_{\mathrm{OG}i}/\partial\theta_i=\boldsymbol{V}\boldsymbol{A}_{\mathrm{OG}i}(\theta_i)$ を用いると次式となる。

$$\boldsymbol{C}_{\mathrm{fix(G,1)}\boldsymbol{q}}=\begin{bmatrix}\boldsymbol{I}_{2\times2}&\boldsymbol{V}\boldsymbol{A}_{\mathrm{OG1}}(\theta_1)\boldsymbol{r}'_{\mathrm{G1A1}}&\boldsymbol{0}_{2\times3}\\\boldsymbol{0}_{1\times2}&1&\boldsymbol{0}_{1\times3}\end{bmatrix}_{3\times6},$$

$$\boldsymbol{C}_{\mathrm{rev(1,2)}\boldsymbol{q}}=[-\boldsymbol{I}_{2\times2}\quad -\boldsymbol{V}\boldsymbol{A}_{\mathrm{OG1}}(\theta_1)\boldsymbol{r}'_{\mathrm{G1B1}}\quad \boldsymbol{I}_{2\times2}\quad \boldsymbol{V}\boldsymbol{A}_{\mathrm{OG2}}(\theta_2)\boldsymbol{r}'_{\mathrm{G2A2}}]_{2\times6},$$

$$\boldsymbol{C}_{\boldsymbol{q}}=\begin{bmatrix}\boldsymbol{C}_{\mathrm{fix(G,1)}\boldsymbol{q}}\\ \boldsymbol{C}_{\mathrm{rev(1,2)}\boldsymbol{q}}\end{bmatrix}_{5\times 6} \tag{10.9}$$

あるいは，式(10.7)，(9.8)から陽な形で求めると次式となる。

$$\boldsymbol{C}_{\mathrm{fix(G,1)}\boldsymbol{q}}=\begin{bmatrix}1 & 0 & l_1\sin\theta_1 & 0 & 0 & 0\\ 0 & 1 & -l_1\cos\theta_1 & 0 & 0 & 0\\ 0 & 0 & 1 & 0 & 0 & 0\end{bmatrix}_{3\times 6},$$

$$\boldsymbol{C}_{\mathrm{rev(1,2)}\boldsymbol{q}}=\begin{bmatrix}-1 & 0 & l_1\sin\theta_1 & 1 & 0 & l_2\sin\theta_2\\ 0 & -1 & -l_1\cos\theta_1 & 0 & 1 & -l_2\cos\theta_2\end{bmatrix}_{2\times 6},$$

$$\boldsymbol{C}_{\boldsymbol{q}}=\begin{bmatrix}\boldsymbol{C}_{\mathrm{fix(G,1)}\boldsymbol{q}}\\ \boldsymbol{C}_{\mathrm{rev(1,2)}\boldsymbol{q}}\end{bmatrix}_{5\times 6} \tag{10.10}$$

$(\boldsymbol{C}_{\boldsymbol{q}}\dot{\boldsymbol{q}})_{\boldsymbol{q}}$ を拘束ごとに整理して表現すると下記となる。

$$(\boldsymbol{C}_{\mathrm{fix(G,1)}\boldsymbol{q}}\dot{\boldsymbol{q}})_{\boldsymbol{q}}=\begin{bmatrix}\boldsymbol{0}_{2\times 2} & -\boldsymbol{A}_{\mathrm{OG1}}(\theta_1)\boldsymbol{r}'_{\mathrm{G1A1}}\dot{\theta}_1 & \boldsymbol{0}_{2\times 3}\\ \boldsymbol{0}_{1\times 2} & 0 & \boldsymbol{0}_{1\times 3}\end{bmatrix}_{3\times 6},$$

$$(\boldsymbol{C}_{\mathrm{rev(1,2)}\boldsymbol{q}}\dot{\boldsymbol{q}})_{\boldsymbol{q}}=[\boldsymbol{0}_{2\times 2}\quad \boldsymbol{A}_{\mathrm{OG1}}(\theta_1)\boldsymbol{r}'_{\mathrm{G1B1}}\dot{\theta}_1\quad \boldsymbol{0}_{2\times 2}\quad -\boldsymbol{A}_{\mathrm{OG2}}(\theta_2)\boldsymbol{r}'_{\mathrm{G2A2}}\dot{\theta}_2]_{2\times 6},$$

$$(\boldsymbol{C}_{\boldsymbol{q}}\dot{\boldsymbol{q}})_{\boldsymbol{q}}=\begin{bmatrix}(\boldsymbol{C}_{\mathrm{fix(G,1)}\boldsymbol{q}}\dot{\boldsymbol{q}})_{\boldsymbol{q}}\\ (\boldsymbol{C}_{\mathrm{rev(1,2)}\boldsymbol{q}}\dot{\boldsymbol{q}})_{\boldsymbol{q}}\end{bmatrix}_{5\times 6} \tag{10.11}$$

拘束ごとに陽に求めて示しておく。まず，$\boldsymbol{C}_{\boldsymbol{q}}\dot{\boldsymbol{q}}$ を拘束ごとに陽に示すと次式となる。

$$\boldsymbol{C}_{\mathrm{fix(G,1)}\boldsymbol{q}}\dot{\boldsymbol{q}}=\begin{Bmatrix}\dot{x}_1+l_1\dot{\theta}_1\sin\theta_1\\ \dot{y}_1-l_1\dot{\theta}_1\cos\theta_1\\ \dot{\theta}_1\end{Bmatrix},$$

$$\boldsymbol{C}_{\mathrm{rev(1,2)}\boldsymbol{q}}\dot{\boldsymbol{q}}=\begin{Bmatrix}-\dot{x}_1+l_1\dot{\theta}_1\sin\theta_1+\dot{x}_2+l_2\dot{\theta}_2\sin\theta_2\\ -\dot{y}_1-l_1\dot{\theta}_1\cos\theta_1+\dot{y}_2-l_2\dot{\theta}_2\cos\theta_2\end{Bmatrix},$$

$$\boldsymbol{C}_{\boldsymbol{q}}\dot{\boldsymbol{q}}=\begin{Bmatrix}\boldsymbol{C}_{\mathrm{fix(G,1)}\boldsymbol{q}}\dot{\boldsymbol{q}}\\ \boldsymbol{C}_{\mathrm{rev(1,2)}\boldsymbol{q}}\dot{\boldsymbol{q}}\end{Bmatrix}_{5\times 1} \tag{10.12}$$

つぎに，$(\boldsymbol{C}_{\boldsymbol{q}}\dot{\boldsymbol{q}})_{\boldsymbol{q}}$ を拘束ごとに陽に示すと次式となる。

$$(\boldsymbol{C}_{\mathrm{fix(G,1)}\boldsymbol{q}}\dot{\boldsymbol{q}})_{\boldsymbol{q}}=\begin{bmatrix}0 & 0 & l_1\dot{\theta}_1\cos\theta_1 & 0 & 0 & 0\\ 0 & 0 & l_1\dot{\theta}_1\sin\theta_1 & 0 & 0 & 0\\ 0 & 0 & 0 & 0 & 0 & 0\end{bmatrix},$$

$$(\boldsymbol{C}_{\mathrm{rev(1,2)}\boldsymbol{q}}\dot{\boldsymbol{q}})_{\boldsymbol{q}}=\begin{bmatrix}0 & 0 & l_1\dot{\theta}_1\cos\theta_1 & 0 & 0 & l_2\dot{\theta}_2\cos\theta_2\\ 0 & 0 & l_1\dot{\theta}_1\sin\theta_1 & 0 & 0 & l_2\dot{\theta}_2\sin\theta_2\end{bmatrix},$$

$$(\boldsymbol{C}_{\boldsymbol{q}}\dot{\boldsymbol{q}})_{\boldsymbol{q}}=\begin{bmatrix}(\boldsymbol{C}_{\mathrm{fix(G,1)}\boldsymbol{q}}\dot{\boldsymbol{q}})_{\boldsymbol{q}}\\ (\boldsymbol{C}_{\mathrm{rev(1,2)}\boldsymbol{q}}\dot{\boldsymbol{q}})_{\boldsymbol{q}}\end{bmatrix}_{5\times 6} \tag{10.13}$$

また，この系では，拘束 $\boldsymbol{C}$ には時間 t が陽に現れないので次式となる。

$$\boldsymbol{C}_t=\boldsymbol{C}_{tt}=\boldsymbol{0}_{4\times 1},\quad \boldsymbol{C}_{\boldsymbol{q}t}=\boldsymbol{0}_{4\times 6} \tag{10.14}$$

結果として，系全体でまとめると式(6.28)の加速度方程式の右辺 $\boldsymbol{\gamma}$ は次式となる。

$$\boldsymbol{\gamma}=-((\boldsymbol{C}_{\boldsymbol{q}}\dot{\boldsymbol{q}})_{\boldsymbol{q}}\dot{\boldsymbol{q}}+2\boldsymbol{C}_{\boldsymbol{q}t}\dot{\boldsymbol{q}}+\boldsymbol{C}_{tt})=-(\boldsymbol{C}_{\boldsymbol{q}}\dot{\boldsymbol{q}})_{\boldsymbol{q}}\dot{\boldsymbol{q}} \tag{10.15}$$

加速度方程式の右辺 $\boldsymbol{\gamma}$ を陽に示すと次式となる。

$$\boldsymbol{\gamma}=\begin{Bmatrix} -l_1\dot{\theta}_1^{\ 2}\cos\theta_1 \\ -l_1\dot{\theta}_1^{\ 2}\sin\theta_1 \\ 0 \\ -l_1\dot{\theta}_1^{\ 2}\cos\theta_1-l_2\dot{\theta}_2^{\ 2}\cos\theta_2 \\ -l_1\dot{\theta}_1^{\ 2}\sin\theta_1-l_2\dot{\theta}_2^{\ 2}\sin\theta_2 \end{Bmatrix} \tag{10.16}$$

バウムガルテの安定化法を考慮した加速度方程式の右辺 $\boldsymbol{\gamma}_{\mathrm{B}}$ は，式(7.32)から得られる。

$$\boldsymbol{\gamma}_{\mathrm{B}}=\boldsymbol{\gamma}-2\alpha(\boldsymbol{C}_{\boldsymbol{q}}\dot{\boldsymbol{q}})-\beta^2\boldsymbol{C} \qquad \text{Ref.(7.32)}$$

10.2 発展 グラウンドとボディ間の固定ジョイント拘束のライブラリ

10.2.1 拘束式，ヤコビマトリックスと加速度方程式

10.1 節の内容を一般化し，ボディ数が n_{b}，全自由度が $n=3n_{\mathrm{b}}$ の系全体でライブラリとして利用できる形で表す。グラウンド上の点（位置ベクトル $\boldsymbol{r}_{\mathrm{g}}$）にボディ i の点 A_i を固定ジョイント拘束するときの拘束式 $\boldsymbol{C}_{\mathrm{fix}(\mathrm{G},i)}$ は式(10.6)を一般化して次式で表される。

$$\boldsymbol{C}_{\mathrm{fix}(\mathrm{G},i)}(\boldsymbol{q}_i,\boldsymbol{r}'_{\mathrm{G}i\mathrm{A}i},\boldsymbol{q}_{\mathrm{g}})=\begin{Bmatrix}\boldsymbol{C}_{\mathrm{rev}(\mathrm{G},i)}\\ \theta_i-\theta_{\mathrm{g}}\end{Bmatrix}=\boldsymbol{0}_{3\times1},$$
$$\boldsymbol{C}_{\mathrm{rev}(\mathrm{G},i)}(\boldsymbol{q}_i,\boldsymbol{r}'_{\mathrm{G}i\mathrm{A}i},\boldsymbol{r}_{\mathrm{g}})=\boldsymbol{r}_i+\boldsymbol{A}_{\mathrm{O}\mathrm{G}i}(\theta_i)\boldsymbol{r}'_{\mathrm{G}i\mathrm{A}i}-\boldsymbol{r}_{\mathrm{g}} \tag{10.17}$$

この拘束式 $\boldsymbol{C}_{\mathrm{fix}(\mathrm{G},i)}$ のボディ i の一般化座標 $\boldsymbol{q}_i$ に関するヤコビマトリックス $\boldsymbol{C}_{\mathrm{fix}(\mathrm{G},i)\boldsymbol{q}i}$ は次式で表される。

$$\boldsymbol{C}_{\mathrm{fix}(\mathrm{G},i)\boldsymbol{q}i}=\begin{bmatrix}\boldsymbol{I}_{2\times2} & \boldsymbol{V}\boldsymbol{A}_{\mathrm{O}\mathrm{G}i}(\theta_i)\boldsymbol{r}'_{\mathrm{G}i\mathrm{A}i}\\ \boldsymbol{0}_{1\times2} & 1\end{bmatrix}_{3\times3} \tag{10.18}$$

これを系全体（ボディ数が n_{b}，全自由度 $n=3n_{\mathrm{b}}$）の一般化座標 $\boldsymbol{q}$ に関するヤコビマトリックス $\boldsymbol{C}_{\mathrm{fix}(\mathrm{G},i)\boldsymbol{q}}$ に拡張すると次式となる。

$$\boldsymbol{C}_{\mathrm{fix}(\mathrm{G},i)\boldsymbol{q}}=[\boldsymbol{0}_{3\times3(i-1)}\quad \boldsymbol{C}_{\mathrm{fix}(\mathrm{G},i)\boldsymbol{q}i}\quad \boldsymbol{0}_{2\times3(n\mathrm{b}-i)}]_{3\times n} \tag{10.19}$$

つぎに，$(\boldsymbol{C}_{\mathrm{fix}(\mathrm{G},i)\boldsymbol{q}}\dot{\boldsymbol{q}})_{\boldsymbol{q}}$ を考える。まず，式(10.18)，(10.19)からボディ i の一般化座標 $\boldsymbol{q}_i$ に対する $(\boldsymbol{C}_{\mathrm{fix}(\mathrm{G},i)\boldsymbol{q}}\dot{\boldsymbol{q}})_{\boldsymbol{q}i}$ を考え，それを系全体に拡張して表現すると次式となる。

$$(\boldsymbol{C}_{\mathrm{fix}(\mathrm{G},i)\boldsymbol{q}}\dot{\boldsymbol{q}})_{\boldsymbol{q}i}=\begin{bmatrix}\boldsymbol{0}_{2\times2} & -\boldsymbol{A}_{\mathrm{O G}i}(\theta_i)\boldsymbol{r}'_{\mathrm{G}i\mathrm{A}i}\dot{\theta}_i\\ \boldsymbol{0}_{1\times2} & 0\end{bmatrix}_{3\times3},$$

$$(\boldsymbol{C}_{\mathrm{fix}(\mathrm{G},i)\boldsymbol{q}}\dot{\boldsymbol{q}})_{\boldsymbol{q}}=[\boldsymbol{0}_{3\times3(i-1)}\quad(\boldsymbol{C}_{\mathrm{fix}(\mathrm{G},i)\boldsymbol{q}}\dot{\boldsymbol{q}})_{\boldsymbol{q}i}\quad\boldsymbol{0}_{3\times3(n\mathrm{b}-i)}]_{3\times n}\tag{10.20}$$

グラウンドとボディの固定ジョイント拘束では，拘束式 $\boldsymbol{C}_{\mathrm{fix}(\mathrm{G},i)}$ には時間 t が陽に現れないので，次式となる。

$$\boldsymbol{C}_{\mathrm{fix}(\mathrm{G},i)t}=\boldsymbol{C}_{\mathrm{fix}(\mathrm{G},i)tt}=\boldsymbol{0}_{3\times1},\quad\boldsymbol{C}_{\mathrm{fix}(\mathrm{G},i)\boldsymbol{q}t}=\boldsymbol{0}_{3\times n}\tag{10.21}$$

結果として，グラウンドとボディの固定ジョイント拘束の加速度方程式の右辺 $\boldsymbol{\gamma}_{\mathrm{fix}(\mathrm{G},i)}$ は式(6.28)から次式となる。

$$\boldsymbol{\gamma}_{\mathrm{fix}(\mathrm{G},i)}=-((\boldsymbol{C}_{\mathrm{fix}(\mathrm{G},i)}\dot{\boldsymbol{q}})_{\boldsymbol{q}}\dot{\boldsymbol{q}}+2\boldsymbol{C}_{\mathrm{fix}(\mathrm{G},i)\boldsymbol{q}t}\dot{\boldsymbol{q}}+\boldsymbol{C}_{\mathrm{fix}(\mathrm{G},i)tt})\tag{10.22}$$

バウムガルテの安定化法を考慮した加速度方程式の右辺 $\boldsymbol{\gamma}_{\mathrm{Bfix}(\mathrm{G},i)}$ は次式で得られる。

$$\boldsymbol{\gamma}_{\mathrm{Bfix}(\mathrm{G},i)}=\boldsymbol{\gamma}_{\mathrm{fix}(\mathrm{G},i)}-2\alpha(\boldsymbol{C}_{\mathrm{fix}(\mathrm{G},i)\boldsymbol{q}}\dot{\boldsymbol{q}})-\beta^2\boldsymbol{C}_{\mathrm{fix}(\mathrm{G},i)}\tag{10.23}$$

このようにして，グラウンドとボディの固定ジョイント拘束をライブラリ化し，利用できる。

10.2.2　ライブラリの用い方

グラウンドとボディの固定ジョイント拘束のライブラリ func_fix_b2G は下記のように用いる。

[C, Cq, Ct, Cqt, Ctt, Cqdqq] = func_fix_b2G(nb, ib, q, v, r_loc, q_ground)

入力

nb　系全体のボディ数

ib　固定ジョイントで拘束するボディの番号 i

q　系の一般化座標ベクトル

v　系の一般化速度ベクトル

r_loci　ボディ i の質量中心から固定ジョイントの拘束点までのボディ固定枠で表した位置ベクトル $\boldsymbol{r}'_{\mathrm{G}i\mathrm{A}i}$

q_ground　全体基準枠で表したグラウンド側の固定ジョイント位置の一般化座標 $\boldsymbol{q}_{\mathrm{g}}=\{\boldsymbol{r}_{\mathrm{g}}^T\quad\theta_{\mathrm{g}}\}^T$

出力

C, Cq, Ct, Cqt, Ctt, Cqdqq　グラウンドとボディ間の固定ジョイントによる項

$$\boldsymbol{C}_{\mathrm{fix}(\mathrm{G},i)}(\boldsymbol{q}_i, \boldsymbol{r}'_{\mathrm{G}i\mathrm{A}i}, \boldsymbol{q}_{\mathrm{g}}),\ \boldsymbol{C}_{\mathrm{fix}(\mathrm{G},i)\boldsymbol{q}},\ \boldsymbol{C}_{\mathrm{fix}(\mathrm{G},i)t},\ \boldsymbol{C}_{\mathrm{fix}(\mathrm{G},i)\boldsymbol{q}t},\ \boldsymbol{C}_{\mathrm{fix}(\mathrm{G},i)tt},\ (\boldsymbol{C}_{\mathrm{fix}(\mathrm{G},i)\boldsymbol{q}}\dot{\boldsymbol{q}})_{\boldsymbol{q}}$$

を式(10.17)，(10.19) ～ (10.21)により，式を陽に扱うことなく得られる。

10.2.3 例題 42：固定されたボディに取り付けられた振り子の動解析（拡大法，ライブラリ）

図 10.1 の系について，ボディ 1，2 間の回転ジョイント拘束にはライブラリ func_rev_b2b（9.2.2 項参照），グラウンドとボディ 1 間の固定ジョイント拘束にはライブラリ func_fix_b2G（10.2.1 項参照）を用い，ボディ 1，2 間の回転ばね・ダンパ要素にはライブラリ func_rot_spring_damper_b2b（4.8.1 項参照）を用いてモデル化し，動解析せよ。

解答

プログラム：10-1 2 ボディ 固定 J 拘束 回転 J 拘束 回転ばね 拡大法 ライブラリ

指定されたライブラリを用いる。パラメータ値と初期値を**表 10.1** で示す。

表 10.1 プログラムに用いたパラメータの記号，表記，値と説明

記　号	プログラム	値	説　明
g	g	9.81	重力加速度〔m/s^2〕
m_1	m1	5	ボディ 1 の質量〔kg〕
m_2	m2	5	ボディ 2 の質量〔kg〕
l_1	l1	1	ボディ 1 の長さの半分〔m〕
l_2	l2	1	ボディ 2 の長さの半分〔m〕
J_1	J1	$m_1(2l_1)^2/12$	ボディ 1 の慣性モーメント〔kgm^2〕
J_2	J2	$m_1(2l_2)^2/12$	ボディ 2 の慣性モーメント〔kgm^2〕
k_{rs1}	krs(1)	500	ボディ 1 とボディ 2 間の回転ばね定数〔Nm/rad〕
c_{rs1}	crs(1)	10	ボディ 1 とボディ 2 間の回転減衰定数〔Nms/rad〕
θ_{s01}	theta_s0(1)	$\pi/4$	ボディ 1 とボディ 2 間のばねの自由角度〔rad〕
θ'_{1s}	theta_loc_s(1)	π	ボディ 1 側の物体固定枠で示したばね接続角度〔rad〕

表 10.1　（つづき）

記　号	プログラム	値	説　明
θ'_{2s}	theta_loc_sj(1)	0	ボディ 2 側の物体固定枠で示したばね接続角度〔rad〕
x_p	px0	1	ボディ 1 のグラウンド側固定点の x 座標〔m〕
y_p	py0	1	ボディ 1 のグラウンド側固定点の y 座標〔m〕
$\theta_1(0)$	theta(1)	$45\pi/180$	ボディ 1 の初期角度〔rad〕
$x_1(0)$	px(1)	$x_p + l_1 \cos\theta_1(0)$	ボディ 1 の x 方向初期位置〔m〕
$y_1(0)$	py(1)	$y_p + l_1 \sin\theta_1(0)$	ボディ 1 の y 方向初期位置〔m〕
$\dot{\theta}_1(0)$	dtheta(1)	0	ボディ 1 の初期角速度〔rad/s〕
$\dot{x}_1(0)$	dx(1)	0	ボディ 1 の x 方向初速度〔m/s〕
$\dot{y}_1(0)$	dy(1)	0	ボディ 1 の y 方向初速度〔m/s〕
$\theta_2(0)$	theta(2)	$80\pi/180$	ボディ 2 の初期角度〔rad〕
$x_2(0)$	px(2)	$x_1(0)$ $+l_1 \cos\theta_1(0)$ $+l_2 \cos\theta_2(0)$	ボディ 2 の x 方向初期位置〔m〕
$y_2(0)$	py(2)	$y_1(0)$ $+l_1 \sin\theta_1(0)$ $+l_2 \sin\theta_2(0)$	ボディ 2 の y 方向初期位置〔m〕
$\dot{\theta}_2(0)$	dtheta(2)	0	ボディ 2 の初期角速度〔rad/s〕
$\dot{x}_2(0)$	dx(2)	0	ボディ 2 の x 方向初速度〔m/s〕
$\dot{y}_2(0)$	dy(2)	0	ボディ 2 の y 方向初速度〔m/s〕

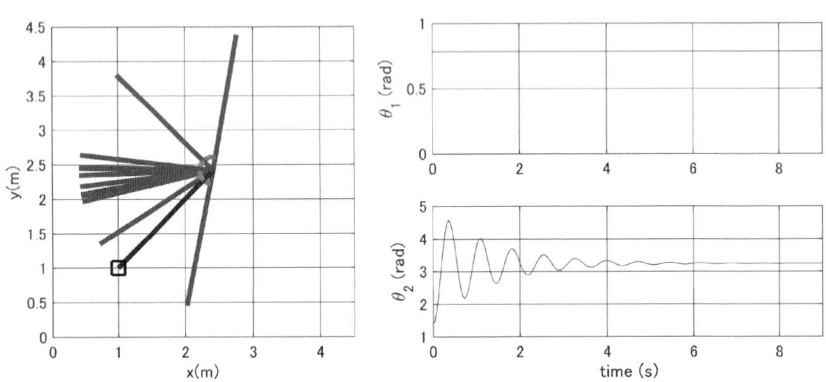

図 10.2　解析結果（$\theta_{s01} = \pi/4$，$k_{rs1} = 500$〔N/m〕，$c_{rs1} = 10$〔Ns/m〕の場合）

回転ばねダンパ要素がある場合の挙動を**図 10.2** に示す。拘束を守りつつボディ 2 がボディ 1 に対してばねの自由角度 $\theta_{s01}=\pi/4$〔rad〕から重力の影響分だけ下がった姿勢を中心に振動しつつ減衰する様子がわかる。

10.3　ボディ間の固定ジョイントの定式化

別の簡単なマルチボディ系として，図 10.1 とは逆に，ボディ間の回転ジョイント一つを固定ジョイントに変えたボディ数 2，拘束 2（グラウンドとボディの回転ジョイント，ボディとボディの固定ジョイント）の系を考える。

① **モデル**　　モデルを**図 10.3** に示す。ボディは

・ボディ 1：質量 m_1 で質量中心まわりの慣性モーメント J_1

・ボディ 2：質量 m_2 で質量中心まわりの慣性モーメント J_2

の二つであり，拘束は

・グラウンドとボディ 1 が回転ジョイント拘束

・ボディ 1 とボディ 2 が固定ジョイント拘束

である。また，回転ばねダンパ要素は

・グラウンドとボディ 1（自由角度 θ_{s01}，ばね定数 k_{rs1} と減衰係数 c_{rs1}，グラウンド側の回転ばね取り付け位置の姿勢は θ_g，ボディ 1 のボディ固定枠における回転ばねダンパ要素の取り付け位置の姿勢は θ'_{1s}）

を接続している。

② **枠**　　三つの枠を考える。

・全体基準枠 O-xy

・ボディ 1 の質量中心に固定されたボディ固定枠 G_1-$x'y'$

・ボディ 2 の質量中心に固定されたボディ固定枠 G_2-$x'y'$

ここで，ボディ 1 の質量中心 G_1 から回転ジョイント拘束 A_1 の点までの距離を l_1，ボディ 2 の質量中心 G_2 からボディ 1 との固定ジョイント拘束の点 A_2 までの距離を l_2 とする。

③ **一般化座標**　　ボディ 1 とボディ 2 の質量中心の座標は全体基準枠で

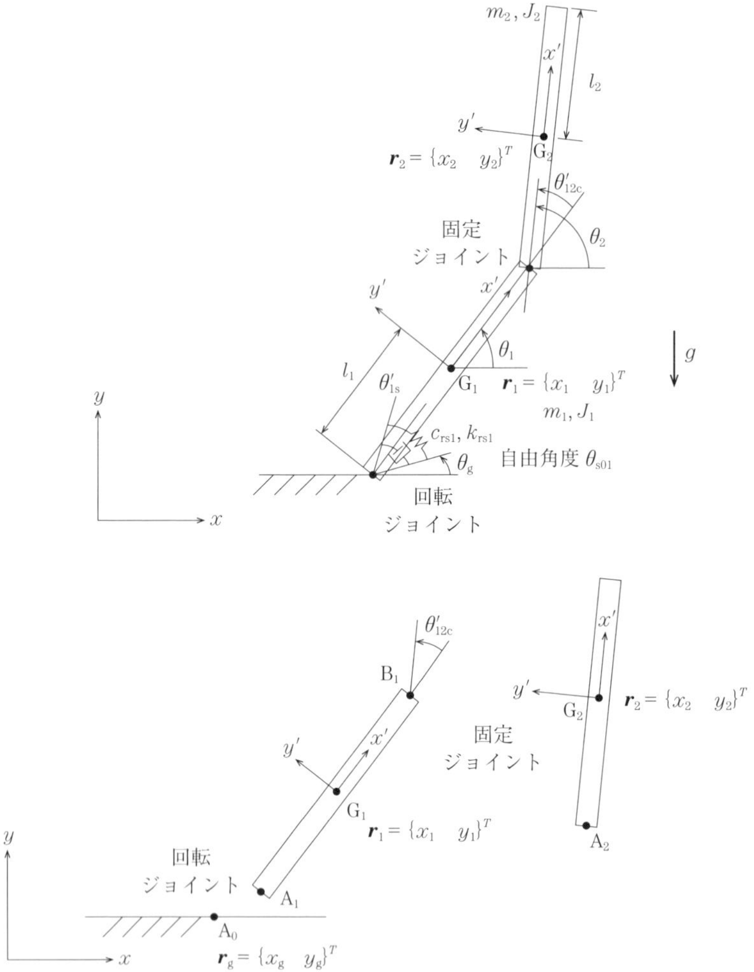

図 10.3　2 ボディを固定し，グラウンドに回転ジョイントで接続した系

$\boldsymbol{r}_1 = \{x_1 \quad y_1\}^T$，$\boldsymbol{r}_2 = \{x_2 \quad y_2\}^T$ とする。ボディ 1 とボディ 2 の姿勢 θ_1 と θ_2 は全体基準枠 O-xy の x 軸を基準（$\theta_1 = 0$，$\theta_2 = 0$）とし，x 軸から y 軸への反時計回りの方向を正とする。そして，一般化座標 $\boldsymbol{q}$ を次式のようにとる。

$$\boldsymbol{q} = \{x_1 \quad y_1 \quad \theta_1 \quad x_2 \quad y_2 \quad \theta_2\}^T \tag{10.24}$$

グラウンド側の回転ジョイント点 A_0 は全体基準枠で $\boldsymbol{r}_g = \{x_g \quad y_g\}^T$ とする。

④ **各種マトリックスと一般化外力ベクトル**　質量マトリックス $\boldsymbol{M}$ は次式となる。

$$\boldsymbol{M} = \mathrm{diag}[m_1 \quad m_1 \quad J_1 \quad m_2 \quad m_2 \quad J_2] \tag{10.25}$$

一般化外力ベクトル $\boldsymbol{Q}$ を考える。4.5 節で学んだ回転ばねダンパ要素による復元モーメントを用いる。回転ばねダンパ要素の自由角度が θ_{s01}，それぞれのボディ固定枠における回転ばねダンパ要素の取り付け位置の姿勢を θ'_{1s}，θ'_{2s} とすると，一般化外力ベクトル $\boldsymbol{Q}$ は次式となる。

$$\begin{aligned}
&\boldsymbol{Q} = \{0 \quad -m_1 g \quad n_{rs1} \quad 0 \quad -m_2 g \quad 0\}^T,\\
&i_{\mathrm{sign\,s}} = \mathrm{sign}(\theta_{10} + \theta'_{1s} - \theta_g),\ \ \theta_{10} = \theta_g - \theta'_{1s} + i_{\mathrm{sign\,s}}\theta_{s01},\\
&\Delta\theta = i_{\mathrm{sign\,s}}(\theta_1 - \theta_{10}),\ \ \Delta\dot{\theta} = i_{\mathrm{sign\,s}}\dot{\theta}_1,\\
&n_{rs1} = -k_{rs1}\Delta\theta - c_{rs1}\Delta\dot{\theta}
\end{aligned} \tag{10.26}$$

あるいは，4.6.2 項の回転ばねダンパ要素のライブラリにより簡単に記述できる。

⑤ **拘　束**　ボディ 1 と全体基準枠との回転ジョイント拘束を $\boldsymbol{C}_{\mathrm{rev}(G,1)}$，ボディ 1 とボディ 2 の固定ジョイント拘束を $\boldsymbol{C}_{\mathrm{fix}(1,2)}$ とする。これらの拘束数は 3+2=5 であり，この系の自由度は 1 である。ここで $\boldsymbol{A}_{OG1}(\theta_1)$，$\boldsymbol{A}_{OG2}(\theta_2)$ はそれぞれのボディ固定枠から全体基準枠への回転マトリックスであり，式(4.2)，(10.4) と同じである。

$$\boldsymbol{A}_{OG1}(\theta_1) = \begin{bmatrix} \cos\theta_1 & -\sin\theta_1 \\ \sin\theta_1 & \cos\theta_1 \end{bmatrix},\ \ \boldsymbol{A}_{OG2}(\theta_2)\begin{bmatrix} \cos\theta_2 & -\sin\theta_2 \\ \sin\theta_2 & \cos\theta_2 \end{bmatrix}$$

Ref.(4.2)，(10.4)

⑤-1　**拘束 1：ボディ 1 とグラウンドとの回転ジョイント**　ボディ 1 のボディ固定枠で見た質量中心 G_1 からジョイント点 A_1 までの位置ベクトル $\boldsymbol{r}'_{G1A1}$，全体基準枠の原点 O からグラウンドのジョイント点 A_0 までの位置ベクトル $\boldsymbol{r}_g$ は式(10.5) と同じであり，ボディ 1 のグラウンドに対する回転ジョイント拘束 $\boldsymbol{C}_{\mathrm{rev}(G,1)}$ は式(10.6) の一部としてすでに示してある。

$$\boldsymbol{r}'_{G1A1} = \begin{Bmatrix} -l_1 \\ 0 \end{Bmatrix},\ \ \boldsymbol{r}_g = \begin{Bmatrix} x_g \\ y_g \end{Bmatrix}$$

Ref.(10.5)

$$\boldsymbol{C}_{\mathrm{rev(G,1)}}=(\boldsymbol{r}_1+\boldsymbol{A}_{\mathrm{OG1}}(\theta_1)\boldsymbol{r}'_{\mathrm{G1A1}})-\boldsymbol{r}_{\mathrm{g}}=\boldsymbol{0}_{2\times1} \tag{10.27}$$

この式を陽に表したものも式(10.7)の一部としてすでに示してある。

$$\boldsymbol{C}_{\mathrm{rev(G,1)}}=\begin{Bmatrix}(x_1-l_1\cos\theta_1)-x_{\mathrm{g}}\\(y_1-l_1\sin\theta_1)-y_{\mathrm{g}}\end{Bmatrix}=\boldsymbol{0}_{2\times1} \tag{10.28}$$

⑤-2　拘束2：ボディ1とボディ2の固定ジョイント　　ボディ1とボディ2の固定ジョイント拘束$\boldsymbol{C}_{\mathrm{fix(1,2)}}$はボディ2の自由度3すべてを拘束する。式(9.7)，(9.8)で示したボディ間の回転ジョイント$\boldsymbol{C}_{\mathrm{rev(1,2)}}$に回転姿勢の拘束を加えた次式で表される。

$$\boldsymbol{C}_{\mathrm{fix(1,2)}}=\begin{Bmatrix}\boldsymbol{C}_{\mathrm{rev(1,2)}}\\\theta_2-(\theta_1+\theta'_{12\mathrm{c}})\end{Bmatrix}=\boldsymbol{0}_{3\times1},$$

$$\boldsymbol{C}_{\mathrm{rev(1,2)}}=(\boldsymbol{r}_2+\boldsymbol{A}_{\mathrm{OG2}}(\theta_2)\boldsymbol{r}'_{\mathrm{G2A2}})-(\boldsymbol{r}_1+\boldsymbol{A}_{\mathrm{OG1}}(\theta_1)\boldsymbol{r}'_{\mathrm{G1B1}})$$

$$=\begin{Bmatrix}x_2-l_2\cos\theta_2\ -x_1-l_1\cos\theta_1\\y_2-l_2\sin\theta_2\ -y_1-l_1\sin\theta_1\end{Bmatrix},$$

$$\boldsymbol{r}'_{\mathrm{G1B1}}=\begin{Bmatrix}l_1\\0\end{Bmatrix},\quad\boldsymbol{r}'_{\mathrm{G2A2}}=\begin{Bmatrix}-l_2\\0\end{Bmatrix} \tag{10.29}$$

ここで，$\theta'_{12\mathrm{c}}$は，ボディ1のボディ座標枠から見たボディ2の固定姿勢である。以上をまとめると，系の拘束式は次式になる。

$$\boldsymbol{C}=\begin{Bmatrix}\boldsymbol{C}_1\\\boldsymbol{C}_2\end{Bmatrix}=\begin{Bmatrix}\boldsymbol{C}_{\mathrm{rev(G,1)}}\\\boldsymbol{C}_{\mathrm{fix(1,2)}}\end{Bmatrix}=\boldsymbol{0}_{5\times1} \tag{10.30}$$

練習

拘束式$\boldsymbol{C}=\boldsymbol{0}$から，ヤコビマトリックス$\boldsymbol{C}_{\boldsymbol{q}}$，$(\boldsymbol{C}_{\boldsymbol{q}}\dot{\boldsymbol{q}})_{\boldsymbol{q}}$，加速度方程式の右辺$\boldsymbol{\gamma}$を求めよ。

解答

それぞれの拘束式(9.6)，(10.29)に関するヤコビマトリックスは，8.2節で説明した$\partial\boldsymbol{A}_{\mathrm{OG}i}/\partial\theta_i=\boldsymbol{VA}_{\mathrm{OG}i}(\theta_i)$ を用いると次式となる。

$$\boldsymbol{C}_{\mathrm{rev(G,1)}\boldsymbol{q}}=[\boldsymbol{I}_{2\times2}\quad\boldsymbol{VA}_{\mathrm{OG1}}(\theta_1)\boldsymbol{r}'_{\mathrm{G1A1}}\quad\boldsymbol{0}_{2\times3}]_{2\times6},$$

$$\boldsymbol{C}_{\mathrm{fix(1,2)}\boldsymbol{q}}=\begin{bmatrix}-\boldsymbol{I}_{2\times2} & -\boldsymbol{VA}_{\mathrm{OG1}}(\theta_1)\boldsymbol{r}'_{\mathrm{G1B1}} & \boldsymbol{I}_{2\times2} & \boldsymbol{VA}_{\mathrm{OG2}}(\theta_2)\boldsymbol{r}'_{\mathrm{G2A2}}\\\boldsymbol{0}_{1\times2} & -1 & \boldsymbol{0}_{1\times2} & 1\end{bmatrix}_{3\times6},$$

$$\boldsymbol{C}_{\boldsymbol{q}}=\begin{bmatrix}\boldsymbol{C}_{\mathrm{rev(G,1)}\boldsymbol{q}}\\\boldsymbol{C}_{\mathrm{fix(1,2)}\boldsymbol{q}}\end{bmatrix}_{5\times6} \tag{10.31}$$

あるいは，式(10.28)，(10.29)から陽な形で求めると次式となる。

$$\boldsymbol{C}_{\mathrm{rev}(\mathrm{G},1)\boldsymbol{q}} = \begin{bmatrix} 1 & 0 & l_1 \sin\theta_1 & 0 & 0 & 0 \\ 0 & 1 & -l_1 \cos\theta_1 & 0 & 0 & 0 \end{bmatrix}_{2\times 6},$$

$$\boldsymbol{C}_{\mathrm{fix}(1,2)\boldsymbol{q}} = \begin{bmatrix} -1 & 0 & l_1 \sin\theta_1 & 1 & 0 & l_2 \sin\theta_2 \\ 0 & -1 & -l_1 \cos\theta_1 & 0 & 1 & -l_2 \cos\theta_2 \\ 0 & 0 & -1 & 0 & 0 & 1 \end{bmatrix}_{3\times 6},$$

$$\boldsymbol{C}_{\boldsymbol{q}} = \begin{bmatrix} \boldsymbol{C}_{\mathrm{rev}(\mathrm{G},1)\boldsymbol{q}} \\ \boldsymbol{C}_{\mathrm{fix}(1,2)\boldsymbol{q}} \end{bmatrix}_{5\times 6} \tag{10.32}$$

$(\boldsymbol{C}_{\boldsymbol{q}}\dot{\boldsymbol{q}})_{\boldsymbol{q}}$ を整理して表現すると下記となる。

$$(\boldsymbol{C}_{\mathrm{rev}(\mathrm{G},1)\boldsymbol{q}}\dot{\boldsymbol{q}})_{\boldsymbol{q}} = \begin{bmatrix} \boldsymbol{0}_{2\times 2} & -\boldsymbol{A}_{\mathrm{OG1}}(\theta_1)\boldsymbol{r}'_{\mathrm{G1A1}}\dot{\theta}_1 & \boldsymbol{0}_{2\times 3} \end{bmatrix}_{2\times 6},$$

$$(\boldsymbol{C}_{\mathrm{fix}(1,2)\boldsymbol{q}}\dot{\boldsymbol{q}})_{\boldsymbol{q}} = \begin{bmatrix} \boldsymbol{0}_{2\times 2} & \boldsymbol{A}_{\mathrm{OG1}}(\theta_1)\boldsymbol{r}'_{\mathrm{G1B1}}\dot{\theta}_1 & \boldsymbol{0}_{2\times 2} & -\boldsymbol{A}_{\mathrm{OG2}}(\theta_2)\boldsymbol{r}'_{\mathrm{G2A2}}\dot{\theta}_2 \\ \boldsymbol{0}_{1\times 2} & 0 & \boldsymbol{0}_{1\times 2} & 0 \end{bmatrix}_{3\times 6},$$

$$(\boldsymbol{C}_{\boldsymbol{q}}\dot{\boldsymbol{q}})_{\boldsymbol{q}} = \begin{bmatrix} (\boldsymbol{C}_{\mathrm{rev}(\mathrm{G},1)\boldsymbol{q}}\dot{\boldsymbol{q}})_{\boldsymbol{q}} \\ (\boldsymbol{C}_{\mathrm{fix}(1,2)\boldsymbol{q}}\dot{\boldsymbol{q}})_{\boldsymbol{q}} \end{bmatrix}_{5\times 6} \tag{10.33}$$

拘束ごとに陽に求めて示しておく。まず，$\boldsymbol{C}_{\boldsymbol{q}}\dot{\boldsymbol{q}}$ を拘束ごとに陽に示すと次式となる。

$$\boldsymbol{C}_{\mathrm{rev}(\mathrm{G},1)\boldsymbol{q}}\dot{\boldsymbol{q}} = \begin{Bmatrix} \dot{x}_1 + l_1\dot{\theta}_1 \sin\theta_1 \\ \dot{y}_1 - l_1\dot{\theta}_1 \cos\theta_1 \end{Bmatrix},$$

$$\boldsymbol{C}_{\mathrm{fix}(1,2)\boldsymbol{q}}\dot{\boldsymbol{q}} = \begin{Bmatrix} -\dot{x}_1 + l_1\dot{\theta}_1 \sin\theta_1 + \dot{x}_2 + l_2\dot{\theta}_2 \sin\theta_2 \\ -\dot{y}_1 - l_1\dot{\theta}_1 \cos\theta_1 + \dot{y}_2 - l_2\dot{\theta}_2 \cos\theta_2 \\ \dot{\theta}_2 - \dot{\theta}_1 \end{Bmatrix},$$

$$\boldsymbol{C}_{\boldsymbol{q}}\dot{\boldsymbol{q}} = \begin{Bmatrix} \boldsymbol{C}_{\mathrm{rev}(\mathrm{G},1)\boldsymbol{q}}\dot{\boldsymbol{q}} \\ \boldsymbol{C}_{\mathrm{fix}(1,2)\boldsymbol{q}}\dot{\boldsymbol{q}} \end{Bmatrix} \tag{10.34}$$

つぎに，$(\boldsymbol{C}_{\boldsymbol{q}}\dot{\boldsymbol{q}})_{\boldsymbol{q}}$ を拘束ごとに陽に示すと次式となる。

$$(\boldsymbol{C}_{\mathrm{rev}(\mathrm{G},1)\boldsymbol{q}}\dot{\boldsymbol{q}})_{\boldsymbol{q}} = \begin{bmatrix} 0 & 0 & l_1\dot{\theta}_1 \cos\theta_1 & 0 & 0 & 0 \\ 0 & 0 & l_1\dot{\theta}_1 \sin\theta_1 & 0 & 0 & 0 \end{bmatrix},$$

$$(\boldsymbol{C}_{\mathrm{fix}(1,2)\boldsymbol{q}}\dot{\boldsymbol{q}})_{\boldsymbol{q}} = \begin{bmatrix} 0 & 0 & l_1\dot{\theta}_1 \cos\theta_1 & 0 & 0 & l_2\dot{\theta}_2 \cos\theta_2 \\ 0 & 0 & l_1\dot{\theta}_1 \sin\theta_1 & 0 & 0 & l_2\dot{\theta}_2 \sin\theta_2 \\ 0 & 0 & 0 & 0 & 0 & 0 \end{bmatrix},$$

$$(\boldsymbol{C}_{\boldsymbol{q}}\dot{\boldsymbol{q}})_{\boldsymbol{q}} = \begin{bmatrix} (\boldsymbol{C}_{\mathrm{rev}(\mathrm{G},1)\boldsymbol{q}}\dot{\boldsymbol{q}})_{\boldsymbol{q}} \\ (\boldsymbol{C}_{\mathrm{fix}(1,2)\boldsymbol{q}}\dot{\boldsymbol{q}})_{\boldsymbol{q}} \end{bmatrix}_{5\times 6} \tag{10.35}$$

また，この系では，拘束 $\boldsymbol{C}$ には時間 t が陽に現れないので，次式となる。

$$\boldsymbol{C}_t = \boldsymbol{C}_{tt} = \boldsymbol{0}_{5\times 1}, \quad \boldsymbol{C}_{\boldsymbol{q}t} = \boldsymbol{0}_{5\times 6} \tag{10.36}$$

結果として，系全体でまとめると式(6.28)の加速度方程式の右辺 $\boldsymbol{\gamma}$ は次式となる。

$$\boldsymbol{\gamma} = -((\boldsymbol{C}_{\boldsymbol{q}}\dot{\boldsymbol{q}})_{\boldsymbol{q}}\dot{\boldsymbol{q}} + 2\boldsymbol{C}_{\boldsymbol{q}t}\dot{\boldsymbol{q}} + \boldsymbol{C}_{tt}) = -(\boldsymbol{C}_{\boldsymbol{q}}\dot{\boldsymbol{q}})_{\boldsymbol{q}}\dot{\boldsymbol{q}} \tag{10.37}$$

あるいは，陽に示すと次式となる。

$$\boldsymbol{\gamma}=\begin{Bmatrix} -l_1\dot{\theta}_1^{\,2}\cos\theta_1 \\ -l_1\dot{\theta}_1^{\,2}\sin\theta_1 \\ -l_1\dot{\theta}_1^{\,2}\cos\theta_1-l_2\dot{\theta}_2^{\,2}\cos\theta_2 \\ -l_1\dot{\theta}_1^{\,2}\sin\theta_1-l_2\dot{\theta}_2^{\,2}\sin\theta_2 \\ 0 \end{Bmatrix} \tag{10.38}$$

バウムガルテの安定化法を考慮した加速度方程式の右辺 $\boldsymbol{\gamma}_{\mathrm{B}}$ は，式(7.32)から得られる。

$$\boldsymbol{\gamma}_{\mathrm{B}}=\boldsymbol{\gamma}-2\alpha(\boldsymbol{C}_{\boldsymbol{q}}\dot{\boldsymbol{q}})-\beta^2\boldsymbol{C} \qquad \text{Ref.(7.32)}$$

10.4　発展　ボディ間の固定ジョイント拘束のライブラリ

10.4.1　拘束式，ヤコビマトリックスと加速度方程式

10.3節の内容を一般化し，ボディ数が n_{b}，全自由度が $n=3n_{\mathrm{b}}$ の系全体でライブラリとして利用できる形で表す。ボディ i とボディ j が固定ジョイント拘束されたときの拘束式 $\boldsymbol{C}_{\mathrm{fix}(i,j)}$ は，式(10.29)を一般化して次式で表される。

$$\boldsymbol{C}_{\mathrm{fix}(i,j)}(i,j,\boldsymbol{q}_i,\boldsymbol{q}_j,\boldsymbol{r}'_{\mathrm{G}i\mathrm{A}i},\boldsymbol{r}'_{\mathrm{G}j\mathrm{A}j},\theta'_{ij\mathrm{c}})=\begin{Bmatrix} \boldsymbol{C}_{\mathrm{rev}(i,j)} \\ \theta_j-(\theta_i+\theta'_{ij\mathrm{c}}) \end{Bmatrix}=\boldsymbol{0}_{3\times1},$$

$$\boldsymbol{C}_{\mathrm{rev}(i,j)}=(\boldsymbol{r}_j+\boldsymbol{A}_{\mathrm{OG}j}(\theta_j)\boldsymbol{r}'_{\mathrm{G}j\mathrm{A}j})-(\boldsymbol{r}_i+\boldsymbol{A}_{\mathrm{OG}i}(\theta_i)\boldsymbol{r}'_{\mathrm{G}i\mathrm{A}i}) \tag{10.39}$$

このヤコビマトリックス $\boldsymbol{C}_{\mathrm{fix}(i,j)\boldsymbol{q}}$ を考える。まず，拘束式 $\boldsymbol{C}_{\mathrm{fix}(i,j)}$ のボディ i，j の一般化座標 $\boldsymbol{q}_i$，$\boldsymbol{q}_j$ に関するヤコビマトリックス $\boldsymbol{C}_{\mathrm{fix}(i,j)\boldsymbol{q}i}$，$\boldsymbol{C}_{\mathrm{fix}(i,j)\boldsymbol{q}j}$ は次式で表される。

$$\boldsymbol{C}_{\mathrm{fix}(i,j)\boldsymbol{q}i}=\begin{bmatrix} \boldsymbol{C}_{\mathrm{rev}(i,j)\boldsymbol{q}i} \\ \boldsymbol{0}_{1\times2} \quad -1 \end{bmatrix}_{3\times3},\quad \boldsymbol{C}_{\mathrm{rev}(i,j)\boldsymbol{q}i}=[-\boldsymbol{I}_{2\times2} \quad -\boldsymbol{V}\boldsymbol{A}_{\mathrm{OG}i}(\theta_i)\boldsymbol{r}'_{\mathrm{G}i\mathrm{A}i}]_{2\times3},$$

$$\boldsymbol{C}_{\mathrm{fix}(i,j)\boldsymbol{q}j}=\begin{bmatrix} \boldsymbol{C}_{\mathrm{rev}(i,j)\boldsymbol{q}j} \\ \boldsymbol{0}_{1\times2} \quad 1 \end{bmatrix}_{3\times3},\quad \boldsymbol{C}_{\mathrm{rev}(i,j)\boldsymbol{q}j}=[\boldsymbol{I}_{2\times2} \quad \boldsymbol{V}\boldsymbol{A}_{\mathrm{OG}j}(\theta_j)\boldsymbol{r}'_{\mathrm{G}j\mathrm{A}j}]_{2\times3} \tag{10.40}$$

これを，系全体（ボディ数 n_{b}，全自由度 $n=3n_{\mathrm{b}}$）の一般化座標 $=\{\boldsymbol{q}_1^T \ldots \boldsymbol{q}_i^T \ldots \boldsymbol{q}_{n\mathrm{b}}^T\}_{n\times1}^T$ に関するヤコビマトリックス $\boldsymbol{C}_{\mathrm{fix}(i,j)\boldsymbol{q}}$ に拡張すると次式で表される。

$$\begin{aligned}\boldsymbol{C}_{\mathrm{fix}(i,j)\boldsymbol{q}}&=[\boldsymbol{0}_{3\times3(i-1)} \quad \boldsymbol{C}_{\mathrm{fix}(i,j)\boldsymbol{q}i} \quad \boldsymbol{0}_{2\times3(n\mathrm{b}-i)}]_{3\times n}\\&\quad+[\boldsymbol{0}_{3\times3(j-1)} \quad \boldsymbol{C}_{\mathrm{fix}(i,j)\boldsymbol{q}j} \quad \boldsymbol{0}_{2\times3(n\mathrm{b}-j)}]_{3\times n}\end{aligned} \tag{10.41}$$

つぎに，$(\boldsymbol{C}_{\mathrm{fix}(i,j)\boldsymbol{q}}\dot{\boldsymbol{q}})_{\boldsymbol{q}}$ を考える。まず，ボディ i，j の一般化座標 $\boldsymbol{q}_i$，$\boldsymbol{q}_j$ に対

する $(\boldsymbol{C}_{\mathrm{fix}(i,j)\boldsymbol{q}}\dot{\boldsymbol{q}})_{\boldsymbol{q}i}$, $(\boldsymbol{C}_{\mathrm{fix}(i,j)\boldsymbol{q}}\dot{\boldsymbol{q}})_{\boldsymbol{q}j}$ を考え，系全体に拡張して整理すると次式となる。

$$(\boldsymbol{C}_{\mathrm{fix}(i,j)\boldsymbol{q}}\dot{\boldsymbol{q}})_{\boldsymbol{q}i}=\begin{bmatrix}\boldsymbol{0}_{2\times2} & \boldsymbol{A}_{\mathrm{OG}i}(\theta_i)\boldsymbol{r}'_{\mathrm{G}i\mathrm{A}i}\dot{\theta}_i\\ \boldsymbol{0}_{1\times2} & 0\end{bmatrix}_{3\times3},$$

$$(\boldsymbol{C}_{\mathrm{fix}(i,j)\boldsymbol{q}}\dot{\boldsymbol{q}})_{\boldsymbol{q}j}=\begin{bmatrix}\boldsymbol{0}_{2\times2} & -\boldsymbol{A}_{\mathrm{OG}j}(\theta_j)\boldsymbol{r}'_{\mathrm{G}j\mathrm{A}j}\dot{\theta}_j\\ \boldsymbol{0}_{1\times2} & 0\end{bmatrix}_{3\times3},$$

$$\begin{aligned}(\boldsymbol{C}_{\mathrm{fix}(i,j)\boldsymbol{q}}\dot{\boldsymbol{q}})_{\boldsymbol{q}}&=[\boldsymbol{0}_{3\times3(i-1)}\quad(\boldsymbol{C}_{\mathrm{fix}(i,j)\boldsymbol{q}}\dot{\boldsymbol{q}})_{\boldsymbol{q}i}\quad\boldsymbol{0}_{3\times3(n\mathrm{b}-i)}]_{3\times n}\\&\quad+[\boldsymbol{0}_{3\times3(j-1)}\quad(\boldsymbol{C}_{\mathrm{fix}(i,j)\boldsymbol{q}}\dot{\boldsymbol{q}})_{\boldsymbol{q}j}\quad\boldsymbol{0}_{3\times3(n\mathrm{b}-j)}]_{3\times n}\end{aligned}\qquad(10.42)$$

2ボディ間の固定ジョイント拘束では，拘束式 $\boldsymbol{C}_{\mathrm{fix}(i,j)}$ には時間 t が陽に現れない。したがって，次式となる。

$$\boldsymbol{C}_{\mathrm{fix}(i,j)t}=\boldsymbol{C}_{\mathrm{fix}(i,j)tt}=\boldsymbol{0}_{3\times1},\quad\boldsymbol{C}_{\mathrm{fix}(i,j)\boldsymbol{q}t}=\boldsymbol{0}_{3\times n}\qquad(10.43)$$

結果として，2ボディ間の固定ジョイント拘束の加速度方程式の右辺 $\boldsymbol{\gamma}_{\mathrm{fix}(i,j)}$ は式(6.28)から次式となる。

$$\boldsymbol{\gamma}_{\mathrm{fix}(i,j)}=-((\boldsymbol{C}_{\mathrm{fix}(i,j)\boldsymbol{q}}\dot{\boldsymbol{q}})_{\boldsymbol{q}}\dot{\boldsymbol{q}}+2\boldsymbol{C}_{\mathrm{fix}(i,j)\boldsymbol{q}t}\dot{\boldsymbol{q}}+\boldsymbol{C}_{\mathrm{fix}(i,j)tt})\qquad(10.44)$$

バウムガルテの安定化法を考慮した加速度方程式の右辺 $\boldsymbol{\gamma}_{\mathrm{Bfix}(i,j)}$ は次式で得られる。

$$\boldsymbol{\gamma}_{\mathrm{Bfix}(i,j)}=\boldsymbol{\gamma}_{\mathrm{fix}(i,j)}-2\alpha(\boldsymbol{C}_{\mathrm{fix}(i,j)\boldsymbol{q}}\dot{\boldsymbol{q}})-\beta^2\boldsymbol{C}_{\mathrm{fix}(i,j)}\qquad(10.45)$$

このようにして2ボディ間の固定ジョイント拘束をライブラリ化し，利用できる。

10.4.2 ライブラリの用い方

2ボディ間の固定ジョイント拘束のライブラリ func_fix_b2b は下記のように用いる。

[C, Cq, Ct, Cqt, Ctt, Cqdqq]
 = func_fix_b2b(nb, ib, jb, q, v, r_loci, r_locj, theta_loci2j)

入力

nb　系全体のボディ数

ib, jb　固定ジョイントで拘束するボディの番号 i, j

q　系の一般化座標ベクトル

v　系の一般化速度ベクトル

r_loci, r_locj　ボディ i，j の質量中心から固定ジョイントの拘束点までのそれぞれのボディのボディ固定枠で表した位置ベクトル $\boldsymbol{r}'_{\mathrm{G}i\mathrm{A}i}$，$\boldsymbol{r}'_{\mathrm{G}j\mathrm{A}j}$

theta_loci2j　ボディ i のボディ座標枠から見たボディ j の固定姿勢 $\theta'_{ij\mathrm{c}}$

出力

C, Cq, Ct, Cqt, Ctt, Cqdqq　ボディとボディ間の固定ジョイントによる項

$\boldsymbol{C}_{\mathrm{fix}(i,j)}(i, j, \boldsymbol{q}_i, \boldsymbol{q}_j, \boldsymbol{r}'_{\mathrm{G}i\mathrm{A}i}, \boldsymbol{r}'_{\mathrm{G}j\mathrm{A}j}, \theta'_{ij\mathrm{c}})$，$\boldsymbol{C}_{\mathrm{fix}(i,j)\boldsymbol{q}}$，$\boldsymbol{C}_{\mathrm{fix}(i,j)t}$，$\boldsymbol{C}_{\mathrm{fix}(i,j)\boldsymbol{q}t}$，$\boldsymbol{C}_{\mathrm{fix}(i,j)tt}$，$(\boldsymbol{C}_{\mathrm{fix}(i,j)\boldsymbol{q}}\dot{\boldsymbol{q}})_{\boldsymbol{q}}$

を式(10.39)〜(10.43)により，式を陽に扱うことなく得られる。

10.4.3　例題 43：固定拘束された 2 ボディ振り子の動解析（拡大法，ライブラリ）

図 10.3 の系について，グラウンド・ボディ間の回転ジョイント拘束にはライブラリ func_rev_b2G（8.2.2 項節参照），2 ボディ間の固定ジョイント拘束にはライブラリ func_fix_b2b（10.4.2 項参照）を用い，グラウンド・ボディ間の回転ばね・ダンパ要素にはライブラリ func_rot_spring_damper_b2G（4.6.1 項参照）を用いてモデル化し，動解析せよ。

解答

プログラム：10-2 2 ボディ 回転ばね 回転 J 拘束 固定 J 拘束 拡大法 ライブラリ

指定されたライブラリを用いる。パラメータ値と初期値を**表 10.2** で示す。

上記を用いて動力学解析を実施した結果を**図 10.4** に示す。2 ボディ間の固定ジョイント拘束を保ちつつ，回転ばねダンパ要素のグラウンド側の取り付け姿勢 $\theta_{\mathrm{g}} = -\pi/2$〔rad〕からばねの自由角度 $\theta_{\mathrm{s}01} = \pi/3$〔rad〕進んだ姿勢（$x$ 軸から $-\pi/6$〔rad〕の姿勢）から，重力の影響を受けた分だけ鉛直下方にずれた角度を中心に振動しつつ減衰する様子がわかる。

表 10.2 プログラムに用いたパラメータの記号，表記，値と説明

記　号	プログラム	値	説　明
g	g	9.81	重力加速度〔m/s^2〕
m_1	m1	5	ボディ 1 の質量〔kg〕
m_2	m2	5	ボディ 2 の質量〔kg〕
l_1	l1	1	ボディ 1 の長さの半分〔m〕
l_2	l2	1	ボディ 2 の長さの半分〔m〕
J_1	J1	$m_1(2l_1)^2/12$	ボディ 1 の慣性モーメント〔kgm^2〕
J_2	J2	$m_2(2l_2)^2/12$	ボディ 2 の慣性モーメント〔kgm^2〕
k_{rs1}	krs(1)	100	グラウンドとボディ 1 間の 回転ばね定数〔Nm/rad〕
c_{rs1}	crs(1)	10	グラウンドとボディ 1 間の 回転減衰定数〔Nms/rad〕
θ_{s01}	theta_s0(1)	$\pi/3$	グラウンドとボディ 1 間の ばねの自由角度〔rad〕
θ'_{1s}	theta_loc_s(1)	0	ボディ 1 側のボディ固定枠の ばね接続角度〔rad〕
θ_g	theta_g(1)	$-\pi/2$	グラウンド側のばね接続姿勢〔rad〕
$\theta_1(0)$	theta(1)	$80\pi/180$	ボディ 1 の初期角度〔rad〕
$x_1(0)$	px(1)	$l_1 \cos\theta_1(0)$	ボディ 1 の x 方向初期位置〔m〕
$y_1(0)$	py(1)	$l_1 \sin\theta_1(0)$	ボディ 1 の y 方向初期位置〔m〕
$\dot{\theta}_1(0)$	dtheta(1)	0	ボディ 1 の初期角速度〔rad/s〕
$\dot{x}_1(0)$	dx(1)	0	ボディ 1 の x 方向初速度〔m/s〕
$\dot{y}_1(0)$	dy(1)	0	ボディ 1 の y 方向初速度〔m/s〕
θ'_{12c}	thetai2j_loc	$-20\pi/180$	ボディ 1 に対するボディ 2 の 固定角度〔rad〕
$\theta_2(0)$	theta(2)	$\theta_1(0)+\theta'_{12c}$	ボディ 2 の初期角度〔rad〕
$x_2(0)$	px(2)	$2l_1\cos\theta_1(0)$ $+l_2\cos\theta_2(0)$	ボディ 2 の x 方向初期位置〔m〕
$y_2(0)$	py(2)	$2l_1\sin\theta_1(0)$ $+l_2\sin\theta_2(0)$	ボディ 2 の y 方向初期位置〔m〕
$\dot{\theta}_2(0)$	dtheta(2)	0	ボディ 2 の初期角速度〔rad/s〕
$\dot{x}_2(0)$	dx(2)	0	ボディ 2 の x 方向初速度〔m/s〕
$\dot{y}_2(0)$	dy(2)	0	ボディ 2 の y 方向初速度〔m/s〕

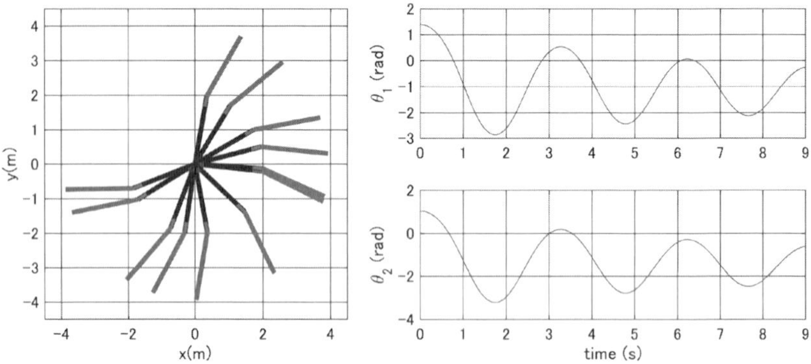

図 10.4　解析結果（$\theta_g = -\pi/2$，$k_{rs1} = 100$〔N/m〕，$c_{rs1} = 10$〔Ns/m〕，$\theta_{s01} = \pi/3$ の場合）

11 第2部　回転ジョイント拘束と固定ジョイント拘束を含むシステム

実践演習：3リンク振り子

本章では，第2部（回転ジョイントを含む系）のまとめとして演習を行う。グラウンドとボディ間，2ボディ間の双方の回転ジョイントを含む3リンク振り子系を扱い，定式化，運動学解析，動力学解析を復習する。

11.1　モデルと定式化

3リンク振り子系（3ボディ，4回転ジョイント）のモデルを**図11.1**に示す。

① **モデル**　　この系は

・ボディ1：質量 m_1 で質量中心まわりの慣性モーメント J_1

・ボディ2：質量 m_2 で質量中心まわりの慣性モーメント J_2

・ボディ3：質量 m_3 で質量中心まわりの慣性モーメント J_3

の三つのボディからなり，拘束は

・ボディ1（点 A_1）とグラウンド（点O）が回転ジョイント拘束

・ボディ3（点 A_3）とグラウンド（点 A_0）が回転ジョイント拘束

・ボディ1（点 B_1）とボディ2（点 A_2）が回転ジョイント拘束

・ボディ2（点 B_2）とボディ3（点 B_3）が回転ジョイント拘束

がある。重力加速度は g〔m/s^2〕とし，鉛直下方に作用するとする。

② **枠**　　四つの枠を考える。

・全体基準枠 O-xy

・ボディ1の質量中心に固定されたボディ固定枠 G_1-$x'y'$

・ボディ2の質量中心に固定されたボディ固定枠 G_2-$x'y'$

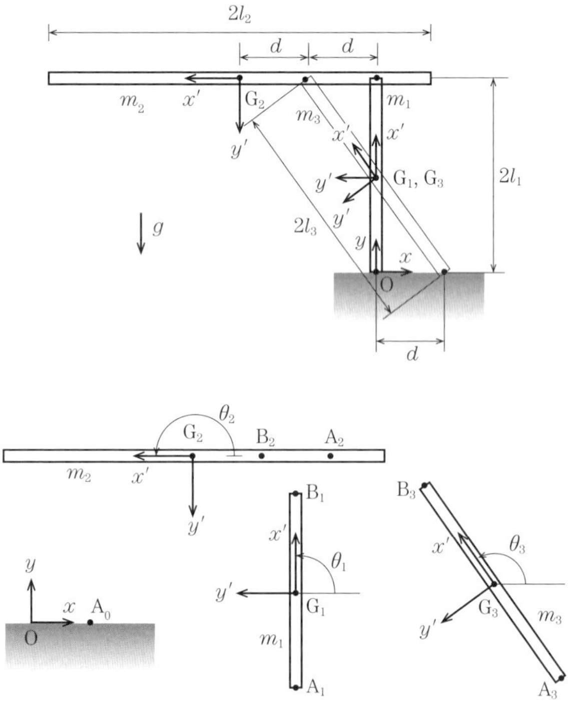

図 11.1　3リンク振り子系

・ボディ3の質量中心に固定されたボディ固定枠 G_3-$x'y'$

ここで，各寸法の記号は図 11.1 に示す。

③　**一般化座標**　　ボディ1，2，3の質量中心の座標は全体基準枠で $\boldsymbol{r}_1 = \{x_1 \quad y_1\}^T$，$\boldsymbol{r}_2 = \{x_2 \quad y_2\}^T$，$\boldsymbol{r}_3 = \{x_3 \quad y_3\}^T$ とする。ボディ1，2，3の姿勢 θ_1，θ_2 と θ_3 は全体基準枠 O-xy の x 軸を基準（$\theta_1 = 0$，$\theta_2 = 0$，$\theta_3 = 0$）とし，x 軸から y 軸への反時計回りの方向を正とする。そして，一般化座標 $\boldsymbol{q}$ を次式のようにとる。

$$\boldsymbol{q} = \{x_1 \quad y_1 \quad \theta_1 \quad x_2 \quad y_2 \quad \theta_2 \quad x_3 \quad y_3 \quad \theta_3\}^T \tag{11.1}$$

④　**各種マトリックスと一般化外力ベクトル**　　質量マトリックスは $\boldsymbol{M}$ は次式となる。

$$\boldsymbol{M} = \mathrm{diag}[m_1 \quad m_1 \quad J_1 \quad m_2 \quad m_2 \quad J_2 \quad m_3 \quad m_3 \quad J_3] \tag{11.2}$$

一般化外力ベクトル $\boldsymbol{Q}$ には重力のみが影響し，次式になる。

$$\boldsymbol{Q} = \{\boldsymbol{Q}_1^T \quad \boldsymbol{Q}_2^T \quad \boldsymbol{Q}_3^T\}^T,$$
$$\boldsymbol{Q}_1 = \{0 \quad -m_1 g \quad 0\}^T,\ \boldsymbol{Q}_2 = \{0 \quad -m_2 g \quad 0\}^T,$$
$$\boldsymbol{Q}_3 = \{0 \quad -m_3 g \quad 0\}^T \tag{11.3}$$

⑤ **拘　束**

練習 1

拘束式 $\boldsymbol{C} = \boldsymbol{0}$ を求めよ。

解答

各ボディ内の質量中心から拘束点までの位置ベクトルは次式となる。

$$\boldsymbol{r}'_{\mathrm{G1A1}} = \begin{Bmatrix} -l_1 \\ 0 \end{Bmatrix},\ \boldsymbol{r}'_{\mathrm{G1B1}} = \begin{Bmatrix} l_1 \\ 0 \end{Bmatrix},\ \boldsymbol{r}'_{\mathrm{G2A2}} = \begin{Bmatrix} -2d \\ 0 \end{Bmatrix},\ \boldsymbol{r}'_{\mathrm{G2B2}} = \begin{Bmatrix} -d \\ 0 \end{Bmatrix},$$
$$\boldsymbol{r}'_{\mathrm{G3A3}} = \begin{Bmatrix} -l_3 \\ 0 \end{Bmatrix},\ \boldsymbol{r}'_{\mathrm{G3B3}} = \begin{Bmatrix} l_3 \\ 0 \end{Bmatrix},\ \boldsymbol{r}_{\mathrm{OA0}} = \begin{Bmatrix} d \\ 0 \end{Bmatrix} \tag{11.4}$$

それぞれの回転ジョイント拘束は次式になる。

$$\boldsymbol{C}_{\mathrm{rev(G,1)}} = \boldsymbol{r}_1 + \boldsymbol{A}_{\mathrm{OG1}}(\theta_1)\boldsymbol{r}'_{\mathrm{G1A1}} = \boldsymbol{0},$$
$$\boldsymbol{C}_{\mathrm{rev(1,2)}} = \boldsymbol{r}_2 + \boldsymbol{A}_{\mathrm{OG2}}(\theta_2)\boldsymbol{r}'_{\mathrm{G2A2}} - (\boldsymbol{r}_1 + \boldsymbol{A}_{\mathrm{OG1}}(\theta_1)\boldsymbol{r}'_{\mathrm{G1B1}}) = \boldsymbol{0},$$
$$\boldsymbol{C}_{\mathrm{rev(3,2)}} = \boldsymbol{r}_2 + \boldsymbol{A}_{\mathrm{OG2}}(\theta_2)\boldsymbol{r}'_{\mathrm{G2B2}} - (\boldsymbol{r}_3 + \boldsymbol{A}_{\mathrm{OG3}}(\theta_3)\boldsymbol{r}'_{\mathrm{G3B3}}) = \boldsymbol{0},$$
$$\boldsymbol{C}_{\mathrm{rev(G,3)}} = \boldsymbol{r}_3 + \boldsymbol{A}_{\mathrm{OG3}}(\theta_3)\boldsymbol{r}'_{\mathrm{G3A3}} - \boldsymbol{r}_{\mathrm{OA0}} = \boldsymbol{0} \tag{11.5}$$

これらの拘束式をまとめて示すと次式となる。

$$\boldsymbol{C} = \begin{Bmatrix} \boldsymbol{C}_{\mathrm{rev(G,1)}} \\ \boldsymbol{C}_{\mathrm{rev(1,2)}} \\ \boldsymbol{C}_{\mathrm{rev(3,2)}} \\ \boldsymbol{C}_{\mathrm{rev(G,3)}} \end{Bmatrix} = \boldsymbol{0}_{8\times 1} \tag{11.6}$$

この拘束式を陽に記述すると次式になる。

$$\boldsymbol{C} = \begin{Bmatrix} x_1 - l_1 \cos\theta_1 \\ y_1 - l_1 \sin\theta_1 \\ x_2 - 2d\cos\theta_2 - x_1 - l_1\cos\theta_1 \\ y_2 - 2d\sin\theta_2 - y_1 - l_1\sin\theta_1 \\ x_2 - d\cos\theta_2 - x_3 - l_3\cos\theta_3 \\ y_2 - d\sin\theta_2 - y_3 - l_3\sin\theta_3 \\ x_3 - l_3\cos\theta_3 - d \\ y_3 - l_3\sin\theta_3 \end{Bmatrix} = \boldsymbol{0} \tag{11.7}$$

練習2

拘束式 $\boldsymbol{C}=\boldsymbol{0}$ から，ヤコビマトリックス $\boldsymbol{C_q}$，$(\boldsymbol{C_q}\dot{\boldsymbol{q}})_{\boldsymbol{q}}$，加速度方程式の右辺 $\boldsymbol{\gamma}$ を求めよ。

解答

拘束式(11.5)に関するヤコビマトリックス $\boldsymbol{C_q}$ は，8.2節で説明した $\partial \boldsymbol{A}_{\mathrm{OG}i}/\partial\theta_i = \boldsymbol{VA}_{\mathrm{OG}i}(\theta_i)$ を用いると次式となる。

$$\boldsymbol{C}_{\mathrm{rev(G,1)}\boldsymbol{q}} = [\boldsymbol{I}_{2\times2}\quad \boldsymbol{VA}_{\mathrm{OG1}}(\theta_1)\boldsymbol{r}'_{\mathrm{G1A1}}\quad \boldsymbol{0}_{2\times6}]_{2\times9},$$
$$\boldsymbol{C}_{\mathrm{rev(1,2)}\boldsymbol{q}} = [-\boldsymbol{I}_{2\times2}\quad -\boldsymbol{VA}_{\mathrm{OG1}}(\theta_1)\boldsymbol{r}'_{\mathrm{G1B1}}\quad \boldsymbol{I}_{2\times2}\quad \boldsymbol{VA}_{\mathrm{OG2}}(\theta_2)\boldsymbol{r}'_{\mathrm{G2A2}}\quad \boldsymbol{0}_{2\times3}]_{2\times9},$$
$$\boldsymbol{C}_{\mathrm{rev(3,2)}\boldsymbol{q}} = [\boldsymbol{0}_{2\times3}\quad \boldsymbol{I}_{2\times2}\quad \boldsymbol{VA}_{\mathrm{OG2}}(\theta_2)\boldsymbol{r}'_{\mathrm{G2A2}}\quad -\boldsymbol{I}_{2\times2}\quad -\boldsymbol{VA}_{\mathrm{OG3}}(\theta_3)\boldsymbol{r}'_{\mathrm{G3B3}}]_{2\times9},$$
$$\boldsymbol{C}_{\mathrm{rev(G,3)}\boldsymbol{q}} = [\boldsymbol{0}_{2\times6}\quad \boldsymbol{I}_{2\times2}\quad \boldsymbol{VA}_{\mathrm{OG3}}(\theta_3)\boldsymbol{r}'_{\mathrm{G3B3}}]_{2\times9},$$
$$\boldsymbol{C_q} = \begin{bmatrix} \boldsymbol{C}_{\mathrm{rev(G,1)}\boldsymbol{q}} \\ \boldsymbol{C}_{\mathrm{rev(1,2)}\boldsymbol{q}} \\ \boldsymbol{C}_{\mathrm{rev(3,2)}\boldsymbol{q}} \\ \boldsymbol{C}_{\mathrm{rev(G,3)}\boldsymbol{q}} \end{bmatrix}_{8\times9} \tag{11.8}$$

あるいは，このヤコビマトリックス $\boldsymbol{C_q}$ の成分を陽に示すと次式になる。

$$\boldsymbol{C}_{\mathrm{rev(G,1)}\boldsymbol{q}} = \begin{bmatrix} 1 & 0 & l_1\sin\theta_1 & 0 & 0 & 0 & 0 & 0 & 0 \\ 0 & 1 & -l_1\cos\theta_1 & 0 & 0 & 0 & 0 & 0 & 0 \end{bmatrix}$$
$$\boldsymbol{C}_{\mathrm{rev(1,2)}\boldsymbol{q}} = \begin{bmatrix} -1 & 0 & l_1\sin\theta_1 & 1 & 0 & 2d\sin\theta_2 & 0 & 0 & 0 \\ 0 & -1 & -l_1\cos\theta_1 & 0 & 1 & -2d\cos\theta_2 & 0 & 0 & 0 \end{bmatrix},$$
$$\boldsymbol{C}_{\mathrm{rev(3,2)}\boldsymbol{q}} = \begin{bmatrix} 0 & 0 & 0 & 1 & 0 & d\sin\theta_2 & -1 & 0 & l_3\sin\theta_3 \\ 0 & 0 & 0 & 0 & 1 & -d\cos\theta_2 & 0 & -1 & -l_3\cos\theta_3 \end{bmatrix},$$
$$\boldsymbol{C}_{\mathrm{rev(G,3)}\boldsymbol{q}} = \begin{bmatrix} 0 & 0 & 0 & 0 & 0 & 0 & 1 & 0 & l_3\sin\theta_3 \\ 0 & 0 & 0 & 0 & 0 & 0 & 0 & 1 & -l_3\cos\theta_3 \end{bmatrix} \tag{11.9}$$

式(11.8)から $(\boldsymbol{C_q}\dot{\boldsymbol{q}})_{\boldsymbol{q}}$ を整理して表現すると下記となる。

$$(\boldsymbol{C}_{\mathrm{rev(G,1)}\boldsymbol{q}}\dot{\boldsymbol{q}})_{\boldsymbol{q}} = [\boldsymbol{0}_{2\times2}\quad -\boldsymbol{A}_{\mathrm{OG1}}(\theta_1)\boldsymbol{r}'_{\mathrm{G1A1}}\dot{\theta}_1\quad \boldsymbol{0}_{2\times6}]_{2\times9},$$
$$(\boldsymbol{C}_{\mathrm{rev(1,2)}\boldsymbol{q}}\dot{\boldsymbol{q}})_{\boldsymbol{q}} = [\boldsymbol{0}_{2\times2}\quad \boldsymbol{A}_{\mathrm{OG1}}(\theta_1)\boldsymbol{r}'_{\mathrm{G1B1}}\dot{\theta}_1\quad \boldsymbol{0}_{2\times2}\quad -\boldsymbol{A}_{\mathrm{OG2}}(\theta_2)\boldsymbol{r}'_{\mathrm{G2A2}}\dot{\theta}_2\quad \boldsymbol{0}_{2\times3}]_{2\times9},$$
$$(\boldsymbol{C}_{\mathrm{rev(3,2)}\boldsymbol{q}}\dot{\boldsymbol{q}})_{\boldsymbol{q}} = [\boldsymbol{0}_{2\times3}\quad \boldsymbol{0}_{2\times2}\quad -\boldsymbol{A}_{\mathrm{OG2}}(\theta_2)\boldsymbol{r}'_{\mathrm{G2A2}}\dot{\theta}_2\quad \boldsymbol{0}_{2\times2}\quad \boldsymbol{A}_{\mathrm{OG3}}(\theta_3)\boldsymbol{r}'_{\mathrm{G3B3}}\dot{\theta}_3]_{2\times9},$$
$$(\boldsymbol{C}_{\mathrm{rev(G,3)}\boldsymbol{q}}\dot{\boldsymbol{q}})_{\boldsymbol{q}} = [\boldsymbol{0}_{2\times6}\quad \boldsymbol{0}_{2\times2}\quad -\boldsymbol{A}_{\mathrm{OG3}}(\theta_3)\boldsymbol{r}'_{\mathrm{G3A3}}\dot{\theta}_3]_{2\times9},$$
$$(\boldsymbol{C_q}\dot{\boldsymbol{q}})_{\boldsymbol{q}} = \begin{bmatrix} (\boldsymbol{C}_{\mathrm{rev(G,1)}\boldsymbol{q}}\dot{\boldsymbol{q}})_{\boldsymbol{q}} \\ (\boldsymbol{C}_{\mathrm{rev(1,2)}\boldsymbol{q}}\dot{\boldsymbol{q}})_{\boldsymbol{q}} \\ (\boldsymbol{C}_{\mathrm{rev(3,2)}\boldsymbol{q}}\dot{\boldsymbol{q}})_{\boldsymbol{q}} \\ (\boldsymbol{C}_{\mathrm{rev(G,3)}\boldsymbol{q}}\dot{\boldsymbol{q}})_{\boldsymbol{q}} \end{bmatrix}_{8\times9} \tag{11.10}$$

この $(\boldsymbol{C_q}\dot{\boldsymbol{q}})_{\boldsymbol{q}}$ を陽に表すと次式となる。

$$
(\boldsymbol{C_q}\dot{\boldsymbol{q}})_{\boldsymbol{q}}=\begin{bmatrix}
0 & 0 & \dot{\theta}_1 l_1\cos\theta_1 & 0 & 0 & 0 & 0 & 0 & 0\\
0 & 0 & \dot{\theta}_1 l_1\sin\theta_1 & 0 & 0 & 0 & 0 & 0 & 0\\
0 & 0 & \dot{\theta}_1 l_1\cos\theta_1 & 0 & 0 & 2\dot{\theta}_2 d\cos\theta_2 & 0 & 0 & 0\\
0 & 0 & \dot{\theta}_1 l_1\sin\theta_1 & 0 & 0 & 2\dot{\theta}_2 d\sin\theta_2 & 0 & 0 & 0\\
0 & 0 & 0 & 0 & 0 & \dot{\theta}_2 d\cos\theta_2 & 0 & 0 & \dot{\theta}_3 l_3\cos\theta_3\\
0 & 0 & 0 & 0 & 0 & \dot{\theta}_2 d\sin\theta_2 & 0 & 0 & \dot{\theta}_3 l_3\sin\theta_3\\
0 & 0 & 0 & 0 & 0 & 0 & 0 & 0 & \dot{\theta}_3 l_3\cos\theta_3\\
0 & 0 & 0 & 0 & 0 & 0 & 0 & 0 & \dot{\theta}_3 l_3\sin\theta_3
\end{bmatrix}
\tag{11.11}
$$

また，この系では拘束 $\boldsymbol{C}$ は時間 t が陽に現れないので，次式となる。

$$
\boldsymbol{C}_t=\boldsymbol{C}_{tt}=\boldsymbol{0}_{8\times 1},\quad \boldsymbol{C}_{\boldsymbol{q}t}=\boldsymbol{0}_{8\times 9}
\tag{11.12}
$$

結果として，系全体でまとめると式(6.28)の加速度方程式の右辺 $\boldsymbol{\gamma}$ は次式となる。

$$
\boldsymbol{\gamma}=-((\boldsymbol{C_q}\dot{\boldsymbol{q}})_{\boldsymbol{q}}\dot{\boldsymbol{q}}+2\boldsymbol{C}_{\boldsymbol{q}t}\dot{\boldsymbol{q}}+\boldsymbol{C}_{tt})=-(\boldsymbol{C_q}\dot{\boldsymbol{q}})_{\boldsymbol{q}}\dot{\boldsymbol{q}}
$$

あるいは，$\boldsymbol{\gamma}$ を拘束ごとに陽に書き下すと次式となる。

$$
\boldsymbol{\gamma}=\begin{Bmatrix}
-\dot{\theta}_1^2 l_1\cos\theta_1\\
-\dot{\theta}_1^2 l_1\sin\theta_1\\
-\dot{\theta}_1^2 l_1\cos\theta_1-2\dot{\theta}_2^2 d\cos\theta_2\\
-\dot{\theta}_1^2 l_1\sin\theta_1-2\dot{\theta}_2^2 d\sin\theta_2\\
-\dot{\theta}_2^2 d\cos\theta_2-\dot{\theta}_3^2 l_3\cos\theta_3\\
-\dot{\theta}_2^2 d\sin\theta_2-\dot{\theta}_3^2 l_3\sin\theta_3\\
-\dot{\theta}_3^2 l_3\cos\theta_3\\
-\dot{\theta}_3^2 l_3\sin\theta_3
\end{Bmatrix}
\tag{11.13}
$$

バウムガルテの安定化法を考慮した加速度方程式の右辺 $\boldsymbol{\gamma}_{\mathrm{B}}$ は式(7.32)から得られる。

$$
\boldsymbol{\gamma}_{\mathrm{B}}=\boldsymbol{\gamma}-2\alpha(\boldsymbol{C_q}\dot{\boldsymbol{q}})-\beta^2\boldsymbol{C}
\tag{11.14}
$$

11.2 運動学解析・動力学解析

11.2.1 演習 7：運動学（拡大法）

図 11.1 の 3 リンク振り子系のボディ 1 の姿勢 θ_1 を下記のように与える。

$$
\theta_1=\theta_{10}+\theta_{1\mathrm{amp}}\sin\omega t
\tag{11.15}
$$

上記を拘束として表し，運動学を用いてそれぞれのボディの全配位，全速度，全加速度を解析せよ。

解答

プログラム：11-1 3 リンク振り子 回転 J 拘束 運動学

運動の拘束は下記で表すことができる。

$$\boldsymbol{C}_{\text{drive}}(\boldsymbol{q}, t) = \theta_1 - (\theta_{10} + \theta_{1\text{amp}} \sin \omega t) = 0 \tag{11.16}$$

パラメータ値と初期値を**表 11.1** で示す。

表 11.1　プログラムに用いたパラメータの記号，表記，値と説明

記　号	プログラム	値	説　明
l_1	l1	$0.025\sqrt{5}$	ボディ 1 の長さの半分〔m〕
l_2	l2	0.15	ボディ 2 の長さの半分〔m〕
l_3	l3	0.075	ボディ 3 の長さの半分〔m〕
d	d	0.05	ボディ接続位置〔m〕
θ_{10}	theta10	$\pi/2$	運動指令の初期角度〔rad〕
$\theta_{1\text{amp}}$	theta1amp	$\pi/8$	運動指令の角度振幅〔rad〕
ω	om	$(3/10)2\pi$	角度 θ_1 の変動角速度〔rad/s〕
$\theta_1(0)$	theta(1)	θ_0	ボディ 1 の初期角度〔rad〕
$x_1(0)$	px(1)	$l_1 \cos \theta_1(0)$	ボディ 1 の x 方向初期位置〔m〕
$y_1(0)$	py(1)	$l_1 \sin \theta_1(0)$	ボディ 1 の y 方向初期位置〔m〕
$\theta_2(0)$	theta(2)	π	ボディ 2 の初期角度〔rad〕
$x_2(0)$	px(2)	$-2d$	ボディ 2 の x 方向初期位置〔m〕
$y_2(0)$	py(2)	$2l_1$	ボディ 2 の y 方向初期位置〔m〕
$\theta_3(0)$	theta(3)	$\pi - \arccos(2/3)$	ボディ 3 の初期角度〔rad〕
$x_3(0)$	px(3)	$d + l_3 \cos \theta_3(0)$	ボディ 3 の x 方向初期位置〔m〕
$y_3(0)$	py(3)	$l_3 \sin \theta_3(0)$	ボディ 3 の y 方向初期位置〔m〕

求めた 3 リンク系の運動を**図 11.2** に示す。また，運動学を用いて 3 リンク系のそれぞれのボディの配位，速度，加速度を求めた結果を**図 11.3 〜 11.5** に示す。

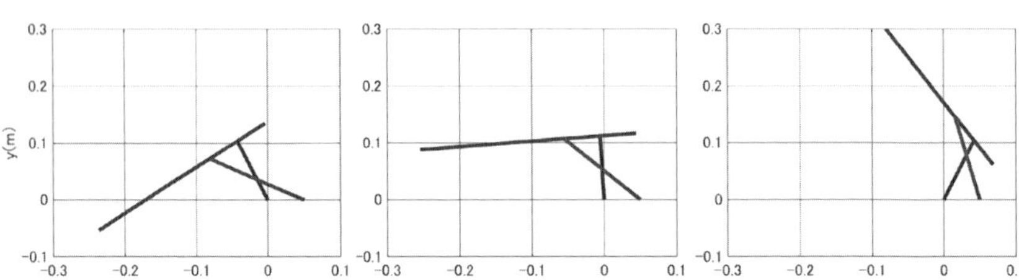

図 11.2　3 リンク系の運動

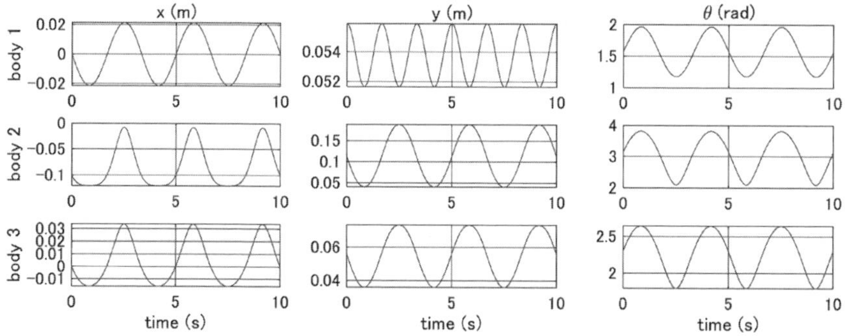

図 **11.3**　それぞれのボディの配位の変化

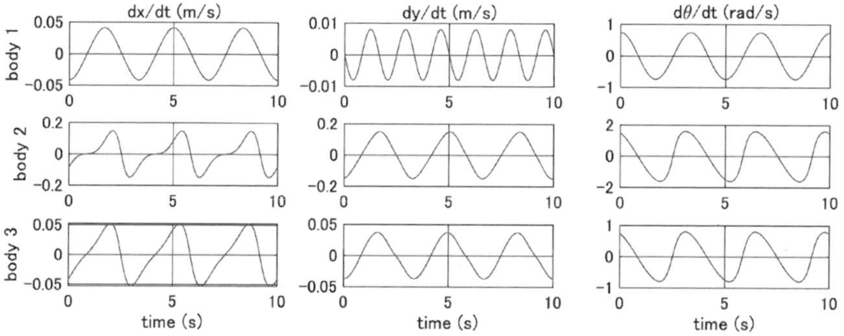

図 **11.4**　それぞれのボディの速度の変化

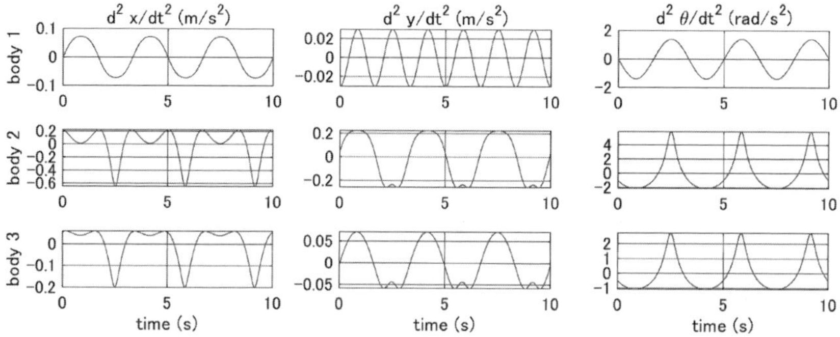

図 **11.5**　それぞれのボディの加速度の変化

11.2.2　演習8：動力学（拡大法）

図11.1の3リンク系の動的挙動を考える。拘束については11.1節の拡大法を用いた拘束の陽な表記式に表し，3リンク系の動力学解析を実施せよ。

解答

プログラム：11-2 3リンク振り子 回転J拘束 拡大法

パラメータ値と初期値を**表11.2**で示す。各ボディの形状は11.2.1項の演習7と同じである。

表11.2　プログラムに用いたパラメータの記号，表記，値と説明

記　号	プログラム	値	説　明
g	g	9.81	重力加速度〔m/s²〕
m	m	5	質点の質量〔kg〕
ρ	rou	1	ボディ1～3の線密度〔kg/m〕
l_1	l1	$0.025\sqrt{5}$	ボディ1の長さの半分〔m〕
l_2	l2	0.15	ボディ2の長さの半分〔m〕
l_3	l3	0.075	ボディ3の長さの半分〔m〕
d	d	0.05	ボディ接続位置〔m〕
m_1	m1	$2\rho l_1$	ボディ1の質量〔kg〕
m_2	m2	$2\rho l_2$	ボディ2の質量〔kg〕
m_3	m3	$2\rho l_3$	ボディ3の質量〔kg〕
$\theta_1(0)$	theta(1)	$\pi/2$	ボディ1の初期角度〔rad〕
$x_1(0)$	px(1)	$l_1 \cos \theta_1(0)$	ボディ1の x 方向初期位置〔m〕
$y_1(0)$	py(1)	$l_1 \sin \theta_1(0)$	ボディ1の y 方向初期位置〔m〕
$\dot{\theta}_1(0)$	dtheta(1)	0	ボディ1の初期角速度〔rad/s〕
$\dot{x}_1(0)$	dx(1)	0	ボディ1の x 方向初速度〔m/s〕
$\dot{y}_1(0)$	dy(1)	0	ボディ1の y 方向初速度〔m/s〕
$\theta_2(0)$	theta(2)	π	ボディ2の初期角度〔rad〕
$x_2(0)$	px(2)	$-2d$	ボディ2の x 方向初期位置〔m〕
$y_2(0)$	py(2)	$2l_1$	ボディ2の y 方向初期位置〔m〕
$\dot{\theta}_2(0)$	dtheta(2)	0	ボディ2の初期角速度〔rad/s〕
$\dot{x}_2(0)$	dx(2)	0	ボディ2の x 方向初速度〔m/s〕
$\dot{y}_2(0)$	dy(2)	0	ボディ2の y 方向初速度〔m/s〕
$\theta_3(0)$	theta(3)	$\pi - \arccos(2/3)$	ボディ3の初期角度〔rad〕
$x_3(0)$	px(3)	$d + l_3 \cos \theta_3(0)$	ボディ3の x 方向初期位置〔m〕
$y_3(0)$	py(3)	$l_3 \sin \theta_3(0)$	ボディ3の y 方向初期位置〔m〕

表 11.2　（つづき）

記　号	プログラム	値	説　明
$\dot{\theta}_3(0)$	dtheta(3)	0	ボディ 3 の初期角速度〔rad/s〕
$\dot{x}_3(0)$	dx(3)	0	ボディ 3 の x 方向初速度〔m/s〕
$\dot{y}_3(0)$	dy(3)	0	ボディ 3 の y 方向初速度〔m/s〕

プログラムを用いて求めた 3 リンク系の動力学解析結果を**図 11.6** に示す。拘束を満足しつつ運動する 3 リンク系の挙動が確認できる。

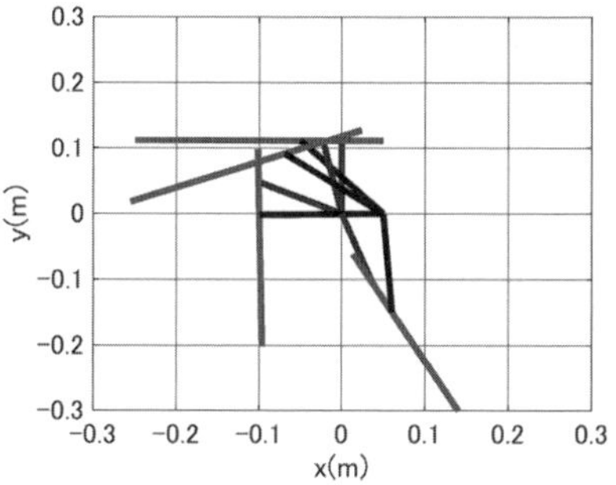

図 11.6　3 リンク系の動的挙動

11.2.3　発展　演習 9：動力学（拡大法，ライブラリ）

11.2.2 項の演習 8 と同じ課題を考える。回転ジョイント拘束のライブラリ

・func_rev_b2G（8.2.2 項参照）グラウンドとボディ 1 の回転ジョイント拘束

・func_rev_b2b（9.2.2 項参照）ボディ 1 とボディ 2 の回転ジョイント拘束

を用いて表し，3 リンク系の動力学解析を実施せよ。

解答

プログラム：11-3 3 リンク振り子 回転 J 拘束 拡大法 拘束ライブラリ

パラメータ値と初期値は 11.2.2 項の演習 8 と同じである。結果は演習 8 の図 11.6 と同じであり省略するが，プログラムを実施して比較し確認されたい。

解析実践　第3部

回転ジョイント拘束と並進ジョイント拘束を含むシステム

第3部では，第1部で学んだ基礎を用い，第2部で学んだ回転ジョイントや固定ジョイントに加え，並進ジョイントも含むさまざまな機械システムの例題を通して，マルチボディダイナミクスの理論と式表現，プログラミングとその動的挙動の特徴を実践的に学ぶ。グラウンドとボディ間や2ボディ間の並進ジョイントを含むシステムについて，運動学の例題と動力学の例題を扱う。また，多数のボディを有する一般的な系を扱うために，並進ジョイント拘束のライブラリ表現の定式化と，それらを用いたプログラミングについても例題を通して紹介する。さらに最後には，第1部からの総まとめとして車両の動力学の演習を行う。

12

第3部　回転ジョイント拘束と並進ジョイント拘束を含むシステム

実践例題・演習：グラウンドとボディの並進ジョイント拘束

第3部の最初の本章では，グラウンドとボディ間の**並進ジョイント拘束**（translation joint constraint）の定式化を学び，例題を通して習熟する。

12.1　モデルと定式化

① **モデル**　　対象としてボディ数2，拘束2（並進ジョイント拘束（グラウンドとボディ）と回転ジョイント（ボディとボディ））の系を考える。モデルを**図12.1**に示す。

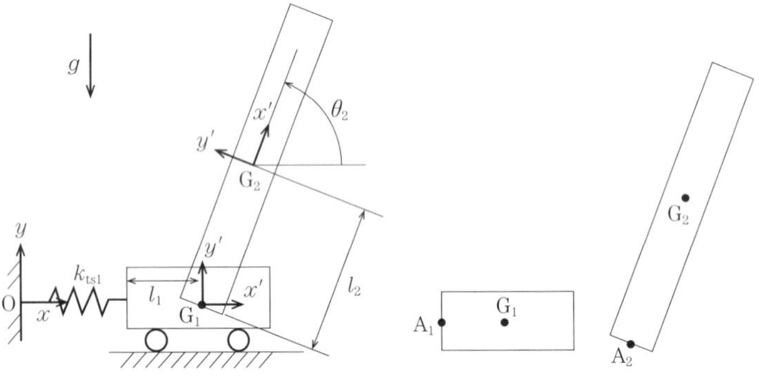

図12.1　並進ジョイントと回転ジョイントで接続された系

・ボディ1：質量 m_1 で質量中心まわりの慣性モーメント J_1

・ボディ2：質量 m_2 で質量中心まわりの慣性モーメント J_2

の二つのボディからなり

・ボディ 1 とグラウンドが並進ジョイント拘束

・ボディ 2（点 A_2）とボディ 1（点 G_1）が回転ジョイント拘束

で接続されている。また

・ボディ 1（点 A_1）とグラウンド（原点 O）は並進ばねダンパ要素（自由長 l_{ts10}，ばね定数 k_{ts1} と減衰係数 c_{ts1}）

で接続されている。

② **枠**　三つの枠を考える。

・全体基準枠 O-xy

・ボディ 1 の質量中心に固定されたボディ固定枠 G_1-$x'y'$

・ボディ 2 の質量中心に固定されたボディ固定枠 G_2-$x'y'$

ここで，ボディ 1 の質量中心 G_1 から点 A_1 までの距離を l_1，ボディ 2 の質量中心 G_2 から点 A_2 までの距離を l_2 とする。

③ **一般化座標**　ボディ 1 とボディ 2 の質量中心の座標は全体基準枠で $\boldsymbol{r}_1=\{x_1 \quad y_1\}^T$，$\boldsymbol{r}_2=\{x_2 \quad y_2\}^T$ とする。ボディ 1 とボディ 2 の姿勢 θ_1 と θ_2 は全体基準枠 O-xy の x 軸を基準（$\theta_1=0$，$\theta_2=0$）とし，x 軸から y 軸への反時計回りの方向を正とする。そして，一般化座標 $\boldsymbol{q}$ を次式のようにとる。

$$\boldsymbol{q}=\{x_1 \quad y_1 \quad \theta_1 \quad x_2 \quad y_2 \quad \theta_2\}^T \tag{12.1}$$

④ **各種マトリックスと一般化外力ベクトル**　質量マトリックス $\boldsymbol{M}$ は次式となる。

$$\boldsymbol{M}=\mathrm{diag}[m_1 \quad m_1 \quad J_1 \quad m_2 \quad m_2 \quad J_2] \tag{12.2}$$

一般化外力ベクトル $\boldsymbol{Q}$ を考える。重力による力ベクトル $\boldsymbol{Q}_g$ は次式となる。

$$\boldsymbol{Q}_g=\{0 \quad -m_1 g \quad 0 \quad 0 \quad -m_2 g \quad 0\}^T \tag{12.3}$$

並進ばねによる復元力ベクトル $\boldsymbol{Q}_{\mathrm{ts}}$ は，4.1 節で学んだグラウンドとボディの並進ばねダンパ要素による復元力，復元モーメントを用いる。並進ばねダンパ要素の自由長 l_{ts10}，ばね定数 k_{ts1} とすると，ボディ 1 に作用する並進ばねダンパ要素からの力は次式となる。また，この力ベクトル $\boldsymbol{f}_{\mathrm{ts1}}$ によるモーメント n_{ts1} は，式(3.14)，(4.10)より得られる。

$$\boldsymbol{d}_{\mathrm{OA1}}=\boldsymbol{r}_1+\boldsymbol{A}_{\mathrm{OG1}}(\theta_1)\boldsymbol{r}'_{\mathrm{G1A1}},\quad l_{\mathrm{ts1}}=|\boldsymbol{d}_{\mathrm{OA1}}|,$$

$$\boldsymbol{f}_{\mathrm{ts1}} = -k_{\mathrm{ts1}}(l_{\mathrm{ts1}} - l_{\mathrm{ts10}})\left(\frac{\boldsymbol{d}_{\mathrm{OA1}}}{l_{\mathrm{ts1}}}\right),\quad n_{\mathrm{ts1}} = (\boldsymbol{VA}_{\mathrm{OG1}}(\theta_1)\boldsymbol{r}'_{\mathrm{G1A1}})^T\boldsymbol{f}_{\mathrm{ts1}} \tag{12.4}$$

この接続点の位置ベクトルは，陽に表すと次式となる。

$$\boldsymbol{d}_{\mathrm{OA1}} = \begin{Bmatrix} x_1 \\ y_1 \end{Bmatrix} + \begin{bmatrix} \cos\theta_1 & -\sin\theta_1 \\ \sin\theta_1 & \cos\theta_1 \end{bmatrix}\begin{Bmatrix} -l_1 \\ 0 \end{Bmatrix} = \begin{Bmatrix} x_1 - l_1\cos\theta_1 \\ y_1 - l_1\sin\theta_1 \end{Bmatrix} \tag{12.5}$$

以上より，系全体として並進ばねによる復元力ベクトル $\boldsymbol{Q}_{\mathrm{ts}}$ は次式となる。

$$\boldsymbol{Q}_{\mathrm{ts}} = \{\boldsymbol{f}^T_{\mathrm{ts1}} \quad n_{\mathrm{ts1}} \quad \boldsymbol{0}_{1\times 3}\}^T \tag{12.6}$$

あるいは，4.2.2 項で学んだ並進ばねダンパ要素のライブラリを用いても $\boldsymbol{Q}_{\mathrm{ts}}$ は簡単に記述できる。以上より，系全体の一般化外力ベクトル $\boldsymbol{Q}$ は次式となる。

$$\boldsymbol{Q} = \boldsymbol{Q}_g + \boldsymbol{Q}_{\mathrm{ts}} \tag{12.7}$$

⑤ **拘　束**　　ボディ 1 とボディ 2 の回転ジョイント拘束を $\boldsymbol{C}_{\mathrm{rev}(1,2)}$，グラウンドとボディ 1 の並進ジョイント拘束を $\boldsymbol{C}_{\mathrm{trans}(G,1)}$ とする。ボディどうしの回転ジョイント拘束 $\boldsymbol{C}_{\mathrm{rev}(1,2)}$ は 9.2 節で定式化しており，それを利用する。

$$\boldsymbol{C}_{\mathrm{rev}(2,1)} = (\boldsymbol{r}_1 + \boldsymbol{A}_{\mathrm{OG1}}(\theta_1)\boldsymbol{r}'_{\mathrm{G1G1}}) - (\boldsymbol{r}_2 + \boldsymbol{A}_{\mathrm{OG2}}(\theta_2)\boldsymbol{r}'_{\mathrm{G2A2}}) = \boldsymbol{0}_{2\times 1},$$
$$\boldsymbol{r}'_{\mathrm{G1G1}} = \boldsymbol{0}_{2\times 1},\quad \boldsymbol{r}'_{\mathrm{G2A2}} = \begin{Bmatrix} -l_2 \\ 0 \end{Bmatrix} \tag{12.8}$$

ここで $\boldsymbol{A}_{\mathrm{OG}i}(\theta_i)$ はボディ i のボディ固定枠から全体基準枠への回転マトリックスであり，式(4.2)の形である。また，各ボディ内の回転ジョイント拘束の拘束点は G_1，A_2 であり，これらを各ボディ内のボディ固定枠で表した位置ベクトルが $\boldsymbol{r}'_{\mathrm{G1G1}}$，$\boldsymbol{r}'_{\mathrm{G2A2}}$ である。拘束式(12.8)を陽に表すと次式となる。

$$\boldsymbol{C}_{\mathrm{rev}(2,1)} = \boldsymbol{r}_1 - \left(\boldsymbol{r}_2 + \boldsymbol{A}_{\mathrm{OG2}}(\theta_2)\begin{Bmatrix} -l_2 \\ 0 \end{Bmatrix}\right) = \begin{Bmatrix} x_1 - x_2 + l_2\cos\theta_2 \\ y_1 - y_2 + l_2\sin\theta_2 \end{Bmatrix} = \boldsymbol{0} \tag{12.9}$$

グラウンドとボディ 1 の並進ジョイント拘束 $\boldsymbol{C}_{\mathrm{trans}(G,1)}$ は次節で説明する。

12.2　グラウンドとボディの並進ジョイント拘束の定式化

12.2.1　拘束式，ヤコビマトリックスと加速度方程式

図 12.2 を用いてグラウンドとボディ 1 の並進ジョイント拘束 $\boldsymbol{C}_{\mathrm{trans}(G,1)}$ を考える。まず，グラウンドとボディ 1 に関する下記の三つのベクトルを考える。

・グラウンド内に固定された並進ジョイントと平行なベクトル $\boldsymbol{u}_{\mathrm{g}}$

・ボディ 1 内に固定されたベクトル $\boldsymbol{u}_1$

・グラウンドの点とボディ 1 の点を結び，ベクトル $\boldsymbol{u}_{\mathrm{g}}$ と平行なベクトル $\boldsymbol{d}_{\mathrm{g}1}$

これらを図 12.2 に示す。

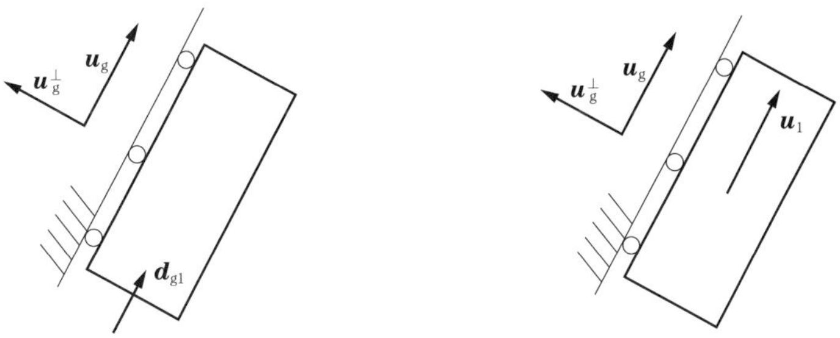

(a)　グラウンドとボディを結ぶベクトル $\boldsymbol{d}_{\mathrm{g}1}$ とグラウンドに固定されたベクトル $\boldsymbol{u}_{\mathrm{g}}$ が平行
$\boldsymbol{u}_{\mathrm{g}} /\!/ \boldsymbol{d}_{\mathrm{g}1} \Rightarrow (\boldsymbol{u}_{\mathrm{g}}^{\perp}) \perp \boldsymbol{d}_{\mathrm{g}1}$

(b)　グラウンド，ボディに固定されたベクトル $\boldsymbol{u}_{\mathrm{g}}$，$\boldsymbol{u}_1$ どうしが平行
$\boldsymbol{u}_{\mathrm{g}} /\!/ \boldsymbol{u}_1 \Rightarrow (\boldsymbol{u}_{\mathrm{g}}^{\perp}) \perp \boldsymbol{u}_1$

図 12.2　グラウンドとボディの並進ジョイントの二つの条件

〔1〕 拘束条件 1（並進ジョイントと直交方向へのボディの運動の拘束）

ボディ 1 はグラウンドとの並進ジョイント拘束の直線上から直交方向に並進移動しない。すなわち，図 12.2(a) で示すように，並進ジョイント拘束に平行でグラウンドとボディを結ぶベクトル $\boldsymbol{d}_{\mathrm{g}1}$ とグラウンドに固定されたベクトル $\boldsymbol{u}_{\mathrm{g}}$ は，つねに平行でなければならない。これを，ベクトル $\boldsymbol{u}_{\mathrm{g}}$ の直交ベクトル $\boldsymbol{u}_{\mathrm{g}}^{\perp}$ と $\boldsymbol{d}_{\mathrm{g}1}$ は直交すると表す。

$$\boldsymbol{u}_{\mathrm{g}}^{\perp} \perp \boldsymbol{d}_{\mathrm{g}1} \tag{12.10}$$

〔2〕 拘束条件 2（回転運動の拘束）　ボディ 1 はグラウンドに対して回転しない。すなわち，図 12.2(b) で示すように，グラウンドとボディに固定されたベクトル $\boldsymbol{u}_{\mathrm{g}}$ と $\boldsymbol{u}_1$ はつねに平行でなければならない。これを，片方のベクトル $\boldsymbol{u}_{\mathrm{g}}$ の直交ベクトル $\boldsymbol{u}_{\mathrm{g}}^{\perp}$ と $\boldsymbol{u}_1$ は直交すると表す。

$$\boldsymbol{u}_{\mathrm{g}}^{\perp} \perp \boldsymbol{u}_1 \tag{12.11}$$

ボディ 1 とグラウンドの並進ジョイント拘束の拘束式は，以上の二つの拘束条件を同時に考慮した次式で表現できる。

$$\boldsymbol{C}_{\text{trans}(G,1)}=\begin{Bmatrix}(\boldsymbol{u}_{\text{g}}^{\perp})^T\boldsymbol{d}_{\text{g}1}\\(\boldsymbol{u}_{\text{g}}^{\perp})^T\boldsymbol{u}_1\end{Bmatrix}=\boldsymbol{0} \tag{12.12}$$

直交ベクトルは式(3.15)で導入した90°の回転を表すマトリックス$\boldsymbol{V}$を用いる。

$$\boldsymbol{V}:=\begin{bmatrix}\cos 90^\circ & -\sin 90^\circ\\ \sin 90^\circ & \cos 90^\circ\end{bmatrix}=\begin{bmatrix}0 & -1\\ 1 & 0\end{bmatrix} \qquad \text{Ref.}(3.15)$$

その結果，並進ジョイント拘束を表す拘束式(12.12)は次式となる。

$$\boldsymbol{C}_{\text{trans}(G,1)}=\begin{Bmatrix}(\boldsymbol{V}\boldsymbol{u}_{\text{g}})^T\boldsymbol{d}_{\text{g}1}\\(\boldsymbol{V}\boldsymbol{u}_{\text{g}})^T\boldsymbol{u}_1\end{Bmatrix}=\boldsymbol{0} \tag{12.13}$$

理解を深めるために，上記を本項の場合について陽に表してみる。**図 12.3** のような$\boldsymbol{s}_{\text{g}}$およびボディ固定枠における位置ベクトル$\boldsymbol{s}_1'$を導入し，ベクトル$\boldsymbol{u}_1$，$\boldsymbol{d}_{\text{g}1}$を次式のように表す。

$$\begin{aligned}&\boldsymbol{u}_1=\boldsymbol{A}_{\text{OG}1}(\theta_1)\boldsymbol{u}_1',\\&\boldsymbol{d}_{\text{g}1}=(\boldsymbol{r}_1+\boldsymbol{s}_1)-\boldsymbol{s}_{\text{g}}=(\boldsymbol{r}_1+\boldsymbol{A}_{\text{OG}1}(\theta_1)\boldsymbol{s}_1')-\boldsymbol{s}_{\text{g}}\end{aligned} \tag{12.14}$$

まず，式(12.13)の条件 1（ボディがグラウンドに対して並進ジョイントと直交方向に運動しない：$(\boldsymbol{V}\boldsymbol{u}_{\text{g}})^T\boldsymbol{d}_{\text{g}1}=0$）を具体的に示す。図 12.3 において

$$\boldsymbol{u}_{\text{g}}=\{1\quad 0\}^T,\ \boldsymbol{u}_1'=\{1\quad 0\}^T,\ \boldsymbol{s}_1'=\{0\quad 0\}^T,\ \boldsymbol{s}_{\text{g}}=\{0\quad 0\}^T \tag{12.15}$$

とする。その結果

$$\boldsymbol{d}_{\text{g}1}=(\boldsymbol{r}_1+\boldsymbol{A}_{\text{OG}1}(\theta_1)\boldsymbol{s}_1')-\boldsymbol{s}_{\text{g}}=\boldsymbol{r}_1 \tag{12.16}$$

となる。これらを式(12.13)の条件 1 に代入すると，次式を得る。

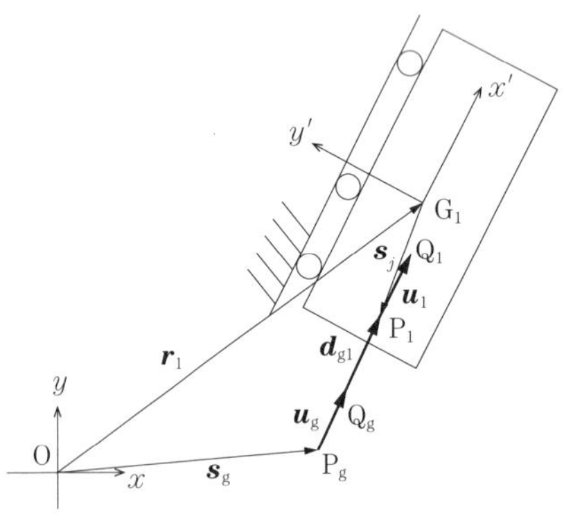

図 12.3　並進ジョイント拘束を受けるボディの状態

$$(\boldsymbol{V}\boldsymbol{u}_{\mathrm{g}})^{T}\boldsymbol{d}_{\mathrm{g}1}=\left[\begin{bmatrix}0 & -1\\ 1 & 0\end{bmatrix}\begin{Bmatrix}1\\ 0\end{Bmatrix}\right]^{T}\begin{Bmatrix}x_1\\ y_1\end{Bmatrix}=\{0 \quad 1\}\begin{Bmatrix}x_1\\ y_1\end{Bmatrix}=y_1=0 \tag{12.17}$$

つぎに，式(12.13)の条件2（ボディがグラウンドに対して回転運動しない：$(\boldsymbol{V}\boldsymbol{u}_{\mathrm{g}})^{T}\boldsymbol{u}_1=0$）を具体的に示す。式(12.15)の例を入れると，次式を得る。

$$\begin{aligned}(\boldsymbol{V}\boldsymbol{u}_{\mathrm{g}})^{T}\boldsymbol{u}_1&=(\boldsymbol{V}\boldsymbol{u}_{\mathrm{g}})^{T}(\boldsymbol{A}_{\mathrm{OG1}}(\theta_1)\boldsymbol{u}_1')\\ &=\left(\begin{bmatrix}0 & -1\\ 1 & 0\end{bmatrix}\begin{Bmatrix}1\\ 0\end{Bmatrix}\right)^{T}\left(\begin{bmatrix}\cos\theta_1 & -\sin\theta_1\\ \sin\theta_1 & \cos\theta_1\end{bmatrix}\begin{Bmatrix}1\\ 0\end{Bmatrix}\right)\\ &=\{0 \quad 1\}\begin{Bmatrix}\cos\theta_1\\ \sin\theta_1\end{Bmatrix}=\sin\theta_1=0\end{aligned} \tag{12.18}$$

以上をまとめると，次式となる。

$$\boldsymbol{C}_{\mathrm{trans}(\mathrm{G},1)}=\begin{Bmatrix}(\boldsymbol{V}\boldsymbol{u}_{\mathrm{g}})^{T}\boldsymbol{d}_{\mathrm{g}1}\\ (\boldsymbol{V}\boldsymbol{u}_{\mathrm{g}})^{T}\boldsymbol{u}_1\end{Bmatrix}=\begin{Bmatrix}y_1\\ \sin\theta_1\end{Bmatrix}=\boldsymbol{0} \tag{12.19}$$

図12.1で並進ジョイント拘束を直観的に想像し，上式との対応を確認されたい。

回転ジョイント拘束 $\boldsymbol{C}_{\mathrm{rev}(1,2)}=\boldsymbol{0}$ と並進ジョイント拘束 $\boldsymbol{C}_{\mathrm{trans}(\mathrm{G},1)}=\boldsymbol{0}$ をまとめると，本項の全拘束を表す拘束式を得る。

$$\boldsymbol{C}=\begin{Bmatrix}\boldsymbol{C}_{\mathrm{rev}(2,1)}\\ \boldsymbol{C}_{\mathrm{trans}(\mathrm{G},1)}\end{Bmatrix}=\begin{Bmatrix}x_1-x_2+l_2\cos\theta_2\\ y_1-y_2+l_2\sin\theta_2\\ y_1\\ \sin\theta_1\end{Bmatrix}=\boldsymbol{0} \tag{12.20}$$

練習

拘束式 $\boldsymbol{C}=\boldsymbol{0}$ から，ヤコビマトリックス $\boldsymbol{C}_{\boldsymbol{q}}$，$(\boldsymbol{C}_{\boldsymbol{q}}\dot{\boldsymbol{q}})_{\boldsymbol{q}}$，および加速度方程式の右辺 $\boldsymbol{\gamma}$，バウムガルテの安定化法を考慮した加速度方程式の右辺 $\boldsymbol{\gamma}_{\mathrm{B}}$ を求めよ。

解答

本練習の一般化座標ベクトル $\boldsymbol{q}$ を表す式(12.1)と系の全拘束 $\boldsymbol{C}$ を表す式(12.20)より，拘束のヤコビマトリックス $\boldsymbol{C}_{\boldsymbol{q}}$ は次式となる。

$$\boldsymbol{C}_{\mathrm{rev}(2,1)\boldsymbol{q}}=\begin{bmatrix}1 & 0 & 0 & -1 & 0 & -l_2\sin\theta_2\\ 0 & 1 & 0 & 0 & -1 & l_2\cos\theta_2\end{bmatrix},$$

$$\boldsymbol{C}_{\mathrm{trans}(\mathrm{G},1)\boldsymbol{q}}=\begin{bmatrix}0 & 1 & 0 & 0 & 0 & 0\\ 0 & 0 & \cos\theta_1 & 0 & 0 & 0\end{bmatrix},$$

$$\boldsymbol{C}_{\boldsymbol{q}}=\begin{bmatrix}\boldsymbol{C}_{\mathrm{rev}(2,1)\boldsymbol{q}}\\ \boldsymbol{C}_{\mathrm{trans}(\mathrm{G},1)\boldsymbol{q}}\end{bmatrix} \tag{12.21}$$

$\boldsymbol{C}_{\boldsymbol{q}}\dot{\boldsymbol{q}}$ は次式となる。

$$\boldsymbol{C}_{\mathrm{rev}(2,1)\boldsymbol{q}}\dot{\boldsymbol{q}}=\begin{Bmatrix}\dot{x}_1-\dot{x}_2-l_2\dot{\theta}_2\sin\theta_2\\ \dot{y}_1-\dot{y}_2+l_2\dot{\theta}_2\cos\theta_2\end{Bmatrix},$$

$$\boldsymbol{C}_{\mathrm{trans}(\mathrm{G},1)\boldsymbol{q}}\dot{\boldsymbol{q}}=\begin{Bmatrix}\dot{y}_1\\ \dot{\theta}_1\cos\theta_1\end{Bmatrix},$$

$$\boldsymbol{C}_{\boldsymbol{q}}\dot{\boldsymbol{q}}=\begin{Bmatrix}\boldsymbol{C}_{\mathrm{rev}(2,1)\boldsymbol{q}}\dot{\boldsymbol{q}}\\ \boldsymbol{C}_{\mathrm{trans}(\mathrm{G},1)\boldsymbol{q}}\dot{\boldsymbol{q}}\end{Bmatrix} \tag{12.22}$$

$(\boldsymbol{C}_{\boldsymbol{q}}\dot{\boldsymbol{q}})_{\boldsymbol{q}}$ は次式となる。

$$(\boldsymbol{C}_{\mathrm{rev}(2,1)\boldsymbol{q}}\dot{\boldsymbol{q}})_{\boldsymbol{q}}=\begin{bmatrix}0&0&0&0&0&-l_2\dot{\theta}_2\cos\theta_2\\ 0&0&0&0&0&-l_2\dot{\theta}_2\sin\theta_2\end{bmatrix},$$

$$(\boldsymbol{C}_{\mathrm{trans}(\mathrm{G},1)\boldsymbol{q}}\dot{\boldsymbol{q}})_{\boldsymbol{q}}=\begin{bmatrix}0&0&0&0&0&0\\ 0&0&-\dot{\theta}_1\sin\theta_1&0&0&0\end{bmatrix},$$

$$(\boldsymbol{C}_{\boldsymbol{q}}\dot{\boldsymbol{q}})_{\boldsymbol{q}}=\begin{bmatrix}(\boldsymbol{C}_{\mathrm{rev}(2,1)\boldsymbol{q}}\dot{\boldsymbol{q}})_{\boldsymbol{q}}\\ (\boldsymbol{C}_{\mathrm{trans}(\mathrm{G},1)\boldsymbol{q}}\dot{\boldsymbol{q}})_{\boldsymbol{q}}\end{bmatrix} \tag{12.23}$$

この系においても，拘束 $\boldsymbol{C}$ およびそのヤコビマトリックス $\boldsymbol{C}_{\boldsymbol{q}}$ には時間 t が陽に現れない。したがって，次式となる。

$$\boldsymbol{C}_t=\boldsymbol{C}_{tt}=\boldsymbol{0}_{4\times1},\quad \boldsymbol{C}_{\boldsymbol{q}t}=\boldsymbol{0}_{4\times6} \tag{12.24}$$

結果として，系全体でまとめると式(6.28)の加速度方程式の右辺 $\boldsymbol{\gamma}$ は次式となる。

$$\boldsymbol{\gamma}_{\mathrm{rev}(2,1)}=-(\boldsymbol{C}_{\mathrm{rev}(2,1)\boldsymbol{q}}\dot{\boldsymbol{q}})_{\boldsymbol{q}}\dot{\boldsymbol{q}}=\begin{Bmatrix}l_2\dot{\theta}_2^2\cos\theta_2\\ l_2\dot{\theta}_2^2\sin\theta_2\end{Bmatrix},$$

$$\boldsymbol{\gamma}_{\mathrm{trans}(\mathrm{G},1)}=-(\boldsymbol{C}_{\mathrm{trans}(\mathrm{G},1)\boldsymbol{q}}\dot{\boldsymbol{q}})_{\boldsymbol{q}}\dot{\boldsymbol{q}}=\begin{Bmatrix}0\\ \dot{\theta}_1^2\sin\theta_1\end{Bmatrix},$$

$$\boldsymbol{\gamma}=\begin{Bmatrix}\boldsymbol{\gamma}_{\mathrm{rev}(1,2)}\\ \boldsymbol{\gamma}_{\mathrm{trans}(\mathrm{G},1)}\end{Bmatrix} \tag{12.25}$$

バウムガルテの安定化法を考慮した加速度方程式の右辺 $\boldsymbol{\gamma}_{\mathrm{B}}$ を用いる場合は，式(7.32)から次式で得られる。

$$\boldsymbol{\gamma}_{\mathrm{B}}=\boldsymbol{\gamma}-2\alpha(\boldsymbol{C}_{\boldsymbol{q}}\dot{\boldsymbol{q}})-\beta^2\boldsymbol{C} \tag{12.26}$$

12.2.2　例題 44：動解析（拡大法，並進ジョイント拘束の回転拘束表現 1）

図 12.1 の系について，グラウンドとボディ 1 間の並進ジョイント拘束式(12.20)～(12.26)を用いて解析せよ。

解答

プログラム：12-1 並進ボディ＋振り子 回転J拘束 並進J拘束 拡大法

パラメータ値と初期値を**表 12.1** で示す。

表 12.1　プログラムに用いたパラメータの記号，表記，値と説明

記　号	プログラム	値	説　明
g	g	9.81	重力加速度〔m/s²〕
m_1	m1	1	ボディ 1 の質量〔kg〕
m_2	m2	5	ボディ 2 の質量〔kg〕
l_1	l1	2	ボディ 1 の長さの半分〔m〕
l_2	l2	4	ボディ 2 の長さの半分〔m〕
J_1	J1	$m_1(2l_1)^2/12$	ボディ 1 の慣性モーメント〔kgm²〕
J_2	J2	$m_2(2l_2)^2/12$	ボディ 2 の慣性モーメント〔kgm²〕
k_{ts}	k_ts	$10\pi^2(J_1+m_1 l_1^2)$	ばね定数〔N/m〕
l_{ts10}	lts10	3	ばね自由長〔m〕
$\theta_1(0)$	theta(1)	0	ボディ 1 の初期角度〔rad〕
$x_1(0)$	px(1)	4	ボディ 1 の x 方向初期位置〔m〕
$y_1(0)$	py(1)	0	ボディ 1 の y 方向初期位置〔m〕
$\dot{\theta}_1(0)$	dtheta(1)	0	ボディ 1 の初期角速度〔rad/s〕
$\dot{x}_1(0)$	dx(1)	0	ボディ 1 の x 方向初速度〔m/s〕
$\dot{y}_1(0)$	dy(1)	0	ボディ 1 の y 方向初速度〔m/s〕
$\theta_2(0)$	theta(2)	$-\pi/3$	ボディ 2 の初期角度〔rad〕
$x_2(0)$	px(2)	$x_1(0)+l_2\cos\theta_2(0)$	ボディ 2 の x 方向初期位置〔m〕
$y_2(0)$	py(2)	$y_1(0)+l_2\sin\theta_2(0)$	ボディ 2 の y 方向初期位置〔m〕
$\dot{\theta}_2(0)$	dtheta(2)	0	ボディ 2 の初期角速度〔rad/s〕
$\dot{x}_2(0)$	dx(2)	0	ボディ 2 の x 方向初速度〔m/s〕
$\dot{y}_2(0)$	dy(2)	0	ボディ 2 の y 方向初速度〔m/s〕

上記を用いて動力学解析を実施した解析例を**図 12.4** に示す。左図は運動の様子，右図は上からボディ 1 の x_1，y_1 方向変位とボディ 2 の姿勢 θ_2 を示す。ボディ 1 の y 方向変位は並進ジョイント拘束により 0 に保たれている様子が確認できる。

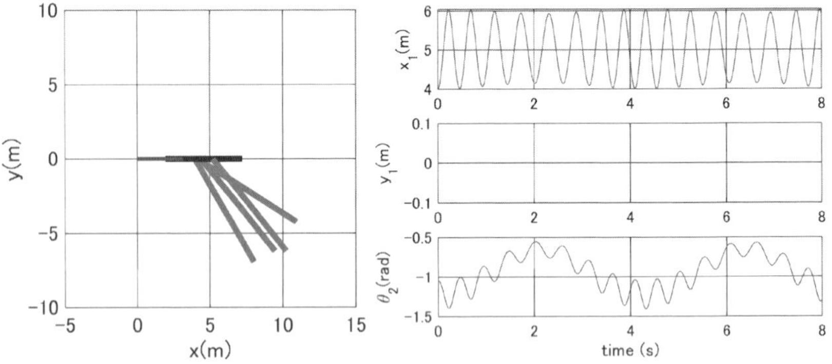

図 12.4　解析結果

12.2.3　例題 45：動解析（拡大法，回転拘束の表現 2）

図 12.1 の系で，グラウンドとボディ 1 間の並進ジョイント拘束の式(12.19)

$$\boldsymbol{C}_{\mathrm{trans\,(G,1)}}=\begin{Bmatrix}(\boldsymbol{u}_{\mathrm{g}}^{\perp})^T\boldsymbol{d}_{\mathrm{g1}}\\(\boldsymbol{u}_{\mathrm{g}}^{\perp})^T\boldsymbol{u}_1\end{Bmatrix}=\begin{Bmatrix}(\boldsymbol{Vu}_{\mathrm{g}})^T\boldsymbol{d}_{\mathrm{g1}}\\(\boldsymbol{Vu}_{\mathrm{g}})^T\boldsymbol{u}_1\end{Bmatrix}=\begin{Bmatrix}y_1\\\sin\theta_1\end{Bmatrix}=\boldsymbol{0} \qquad \text{Ref.(12.19)}$$

の条件 2（ボディがグラウンドに対して回転運動しない）は，この $\sin\theta_1=0$ の代わりに，ボディの姿勢 θ_1 をそのまま指定値（本例題では 0）に拘束し

$$\boldsymbol{C}_{\mathrm{trans\,(G,1)}}=\begin{Bmatrix}y_1\\\theta_1\end{Bmatrix}=\boldsymbol{0} \qquad (12.27)$$

としてもよさそうである。

(1)　この式(12.27)に基づいて式(12.21)～(12.25)および 12.2.2 項の例題 44 のプログラムの該当箇所を修正して実行せよ。

(2)　解析結果を観察し，式(12.19)の場合と式(12.27)の場合で違いがあるかどうかを調べよ。

解答

(1)　式(12.27)の場合で式(12.21)～(12.25)を再度考える。拘束のヤコビマトリックス $\boldsymbol{C_q}$ は次式となる。

$$\boldsymbol{C}_{\mathrm{rev\,(2,1)}\boldsymbol{q}}=\begin{bmatrix}1&0&0&-1&0&-l_2\sin\theta_2\\0&1&0&0&-1&l_2\cos\theta_2\end{bmatrix},$$

$$\boldsymbol{C}_{\mathrm{trans\,(G,1)}\boldsymbol{q}}=\begin{bmatrix}0&1&0&0&0&0\\0&0&1&0&0&0\end{bmatrix},$$

$$\boldsymbol{C}_{\boldsymbol{q}} = \begin{bmatrix} \boldsymbol{C}_{1\boldsymbol{q}} \\ \boldsymbol{C}_{2\boldsymbol{q}} \end{bmatrix} \tag{12.28}$$

$\boldsymbol{C}_{\boldsymbol{q}}\dot{\boldsymbol{q}}$ は次式となる。

$$\boldsymbol{C}_{\mathrm{rev}(2,1)\boldsymbol{q}}\dot{\boldsymbol{q}} = \begin{Bmatrix} \dot{x}_1 - \dot{x}_2 - l_2\dot{\theta}_2 \sin\theta_2 \\ \dot{y}_1 - \dot{y}_2 + l_2\dot{\theta}_2 \cos\theta_2 \end{Bmatrix}, \quad \boldsymbol{C}_{\mathrm{trans}(\mathrm{G},1)\boldsymbol{q}}\dot{\boldsymbol{q}} = \begin{Bmatrix} \dot{y}_1 \\ \dot{\theta}_1 \end{Bmatrix},$$

$$\boldsymbol{C}_{\boldsymbol{q}}\dot{\boldsymbol{q}} = \begin{Bmatrix} \boldsymbol{C}_{\mathrm{rev}(2,1)\boldsymbol{q}}\dot{\boldsymbol{q}} \\ \boldsymbol{C}_{\mathrm{trans}(\mathrm{G},1)\boldsymbol{q}}\dot{\boldsymbol{q}} \end{Bmatrix} \tag{12.29}$$

$(\boldsymbol{C}_{\boldsymbol{q}}\dot{\boldsymbol{q}})_{\boldsymbol{q}}$ は次式となる。

$$(\boldsymbol{C}_{\mathrm{rev}(2,1)\boldsymbol{q}}\dot{\boldsymbol{q}})_{\boldsymbol{q}} = \begin{bmatrix} 0 & 0 & 0 & 0 & 0 & -l_2\dot{\theta}_2 \cos\theta_2 \\ 0 & 0 & 0 & 0 & 0 & -l_2\dot{\theta}_2 \sin\theta_2 \end{bmatrix}, \quad (\boldsymbol{C}_{\mathrm{trans}(\mathrm{G},1)\boldsymbol{q}}\dot{\boldsymbol{q}})_{\boldsymbol{q}} = \boldsymbol{0}_{2\times 6},$$

$$(\boldsymbol{C}_{\boldsymbol{q}}\dot{\boldsymbol{q}})_{\boldsymbol{q}} = \begin{bmatrix} (\boldsymbol{C}_{\mathrm{rev}(2,1)\boldsymbol{q}}\dot{\boldsymbol{q}})_{\boldsymbol{q}} \\ (\boldsymbol{C}_{\mathrm{trans}(\mathrm{G},1)\boldsymbol{q}}\dot{\boldsymbol{q}})_{\boldsymbol{q}} \end{bmatrix} \tag{12.30}$$

拘束 $\boldsymbol{C}$ およびそのヤコビマトリックス $\boldsymbol{C}_{\boldsymbol{q}}$ には時間 t が陽に現れず，次式となる。

$$\boldsymbol{C}_t = \boldsymbol{C}_{tt} = \boldsymbol{0}_{4\times 1}, \quad \boldsymbol{C}_{\boldsymbol{q}t} = \boldsymbol{0}_{4\times 6} \tag{12.31}$$

結果として，系全体でまとめると式(6.28)の加速度方程式の右辺 $\boldsymbol{\gamma}$ は次式となる。

$$\boldsymbol{\gamma}_{\mathrm{rev}(2,1)} = -(\boldsymbol{C}_{\mathrm{rev}(2,1)\boldsymbol{q}}\dot{\boldsymbol{q}})_{\boldsymbol{q}}\dot{\boldsymbol{q}} = \begin{Bmatrix} -l_2\dot{\theta}_2^2 \cos\theta_2 \\ -l_2\dot{\theta}_2^2 \sin\theta_2 \end{Bmatrix},$$

$$\boldsymbol{\gamma}_{\mathrm{trans}(\mathrm{G},1)} = -(\boldsymbol{C}_{\mathrm{trans}(\mathrm{G},1)\boldsymbol{q}}\dot{\boldsymbol{q}})_{\boldsymbol{q}}\dot{\boldsymbol{q}} = \boldsymbol{0}_{2\times 1},$$

$$\boldsymbol{\gamma} = \begin{Bmatrix} \boldsymbol{\gamma}_{\mathrm{rev}(1,2)} \\ \boldsymbol{\gamma}_{\mathrm{trans}(\mathrm{G},1)} \end{Bmatrix} \tag{12.32}$$

バウムガルテの安定化法を考慮した加速度方程式の右辺 $\boldsymbol{\gamma}_{\mathrm{B}}$ を用いる場合は，式(7.32)から次式で得られる。

$$\boldsymbol{\gamma}_{\mathrm{B}} = \boldsymbol{\gamma} - 2\alpha(\boldsymbol{C}_{\boldsymbol{q}}\dot{\boldsymbol{q}}) - \beta^2\boldsymbol{C} \tag{12.33}$$

このプログラムは下記である。

プログラム：12-2 並進ボディ＋振り子 回転J拘束 並進J拘束 拡大法（拘束別表現）

(2) パラメータ値と初期値は 12.2.2 項の例題 44 と同じである。上記を用いて動力学解析を実施した解析例は図 12.4 の場合と同一であることが確認できる。

12.3 発展 グラウンドとボディ間の並進ジョイント拘束のライブラリ

12.3.1 拘束式，ヤコビマトリックスと加速度方程式

12.2 節の内容を一般化し，**図 12.5** に示すようなボディ数が n_{b}，全自由度が $n = 3n_{\mathrm{b}}$ の系全体で，グラウンドとボディ間の並進ジョイント拘束をライブ

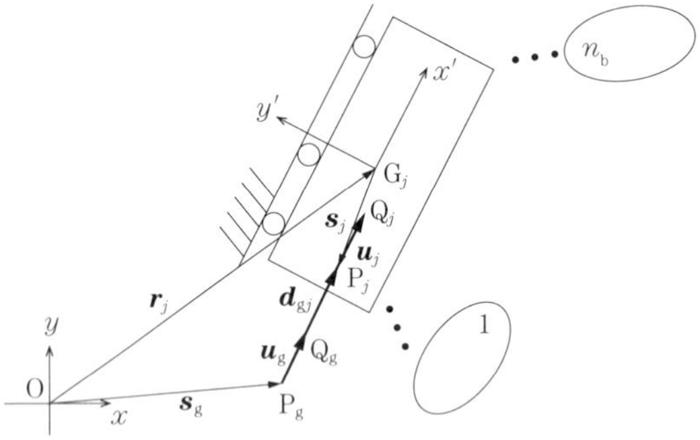

図 12.5　グラウンドとボディ j の並進ジョイント拘束

ラリとして利用できる形で表す。グラウンドとボディ j 上でそれぞれ並進ジョイントの軸上に 2 点ずつ（$\mathrm{P_g}$, $\mathrm{Q_g}$, P_j, Q_j）を設定する（なお，次章で 2 ボディ間の並進ジョイント拘束を考える際に比較しやすくするために，ボディ番号は i ではなく j で記述した）。

下記の四つのベクトルを設定する。まず，グラウンドとボディ j それぞれの上で並進ジョイントに平行なベクトル $\overrightarrow{\mathrm{P_gQ_g}}$, $\overrightarrow{\mathrm{P}_j\mathrm{Q}_j}$ を定義する。

$$\overrightarrow{\mathrm{P_gQ_g}} := \boldsymbol{u}_\mathrm{g},\quad \overrightarrow{\mathrm{P}_j\mathrm{Q}_j} := \boldsymbol{u}_j = \boldsymbol{A}_{\mathrm{OG}j}(\theta_j)\boldsymbol{u}'_j \tag{12.34}$$

なお，$\boldsymbol{u}_\mathrm{g}$ は全体基準枠で直接指定する。つぎに，グラウンドとボディ j 内の並進ジョイント軸上の点 $\mathrm{P_g}$, P_j への全体基準枠の原点 O とボディ j のボディ固定枠の原点 G_j からのベクトル $\overrightarrow{\mathrm{OP_g}}$, $\overrightarrow{\mathrm{G}_j\mathrm{P}_j}$ を定義する。

$$\overrightarrow{\mathrm{OP_g}} := \boldsymbol{s}_\mathrm{g},\quad \overrightarrow{\mathrm{G}_j\mathrm{P}_j} := \boldsymbol{s}_j = \boldsymbol{A}_{\mathrm{OG}j}(\theta_j)\boldsymbol{s}'_j \tag{12.35}$$

なお，$\boldsymbol{s}_\mathrm{g}$ は全体基準枠で直接定義できる。そして，ベクトル $\overrightarrow{\mathrm{P_gP}_j}$ を定義する。

$$\overrightarrow{\mathrm{P_gP}_j} := \boldsymbol{d}_{\mathrm{g}j} = (\boldsymbol{r}_j + \boldsymbol{s}_j) - \boldsymbol{s}_\mathrm{g} = (\boldsymbol{r}_j + \boldsymbol{A}_{\mathrm{OG}j}(\theta_j)\boldsymbol{s}'_j) - \boldsymbol{s}_\mathrm{g} \tag{12.36}$$

以上を用い，式(12.12)，(12.13)にならい，下記の拘束式が得られる。

$$\begin{aligned}
&C_{\mathrm{trans1(G},j)}(j, \boldsymbol{q}_j, \boldsymbol{u}_\mathrm{g}, \boldsymbol{s}_\mathrm{g}, \boldsymbol{s}'_j) = (\boldsymbol{u}_\mathrm{g}^{\perp})^T\boldsymbol{d}_{\mathrm{g}j} = (\boldsymbol{V}\boldsymbol{u}_\mathrm{g})^T\boldsymbol{d}_{\mathrm{g}j},\\
&C_{\mathrm{trans2(G},j)}(j, \boldsymbol{q}_j, \boldsymbol{u}_\mathrm{g}, \boldsymbol{u}'_j) = (\boldsymbol{u}_\mathrm{g}^{\perp})^T\boldsymbol{u}_j = (\boldsymbol{V}\boldsymbol{u}_\mathrm{g})^T\boldsymbol{u}_j,\\
&\boldsymbol{C}_{\mathrm{trans(G},j)}(j, \boldsymbol{q}_j, \boldsymbol{u}_\mathrm{g}, \boldsymbol{u}'_j, \boldsymbol{s}_\mathrm{g}, \boldsymbol{s}'_j) = \begin{bmatrix} C_{\mathrm{trans1(G},j)} \\ C_{\mathrm{trans2(G},j)} \end{bmatrix}_{2\times 1}
\end{aligned} \tag{12.37}$$

式(12.37)の拘束式を，式(12.34)～(12.36)を用いて展開する。なお，

$\boldsymbol{A}_{\mathrm{OG}i}(\theta_i)^T=\boldsymbol{A}_{\mathrm{OG}i}(-\theta_i)$ を用いる。

$$
\begin{aligned}
C_{\mathrm{trans1}(\mathrm{G},j)} &= (\boldsymbol{V}\boldsymbol{u}_{\mathrm{g}})^T((\boldsymbol{r}_j+\boldsymbol{A}_{\mathrm{OG}j}(\theta_j)\boldsymbol{s}'_j)-\boldsymbol{s}_{\mathrm{g}}) \\
&= \boldsymbol{u}_{\mathrm{g}}^T\boldsymbol{V}^T((\boldsymbol{r}_j+\boldsymbol{A}_{\mathrm{OG}j}(\theta_j)\boldsymbol{s}'_j)-\boldsymbol{s}_{\mathrm{g}}), \\
C_{\mathrm{trans2}(\mathrm{G},j)} &= (\boldsymbol{V}\boldsymbol{u}_{\mathrm{g}})^T(\boldsymbol{A}_{\mathrm{OG}j}(\theta_j)\boldsymbol{u}'_j) \\
&= \boldsymbol{u}_{\mathrm{g}}^T\boldsymbol{V}^T\boldsymbol{A}_{\mathrm{OG}j}(\theta_j)\boldsymbol{u}'_j
\end{aligned}
\tag{12.38}
$$

この拘束式のヤコビマトリックス $\boldsymbol{C}_{\mathrm{trans}(\mathrm{G},j)\boldsymbol{q}}$ を求める。まず，準備として，式(12.35)，(12.36)の位置ベクトル $\boldsymbol{s}_j$，$\boldsymbol{d}_{\mathrm{g}j}$ のボディ j の一般化座標 $\boldsymbol{q}_j$ に関するヤコビマトリックスを求めておく。

$$
\begin{aligned}
\boldsymbol{s}_{j\boldsymbol{q}j} &= [\boldsymbol{0}_{2\times2}\quad \boldsymbol{V}\boldsymbol{A}_{\mathrm{OG}j}(\theta_j)\boldsymbol{s}'_j]_{2\times3}=[\boldsymbol{0}_{2\times2}\quad \boldsymbol{V}\boldsymbol{s}_j]_{2\times3}, \\
\boldsymbol{d}_{\mathrm{g}j\boldsymbol{q}j} &= [\boldsymbol{I}_2\quad \boldsymbol{V}\boldsymbol{A}_{\mathrm{OG}j}(\theta_j)\boldsymbol{s}'_j]_{2\times3}=[\boldsymbol{I}_2\quad \boldsymbol{V}\boldsymbol{s}_j]_{2\times3}
\end{aligned}
\tag{12.39}
$$

これらを用いると，式(12.38)の拘束式のボディ j の一般化座標 $\boldsymbol{q}_j$ に関するヤコビマトリックスは次式となる。

$$
\begin{aligned}
\boldsymbol{C}_{\mathrm{trans1}(\mathrm{G},j)\boldsymbol{q}j} &= [\boldsymbol{u}_{\mathrm{g}}^T\boldsymbol{V}^T\quad (\boldsymbol{u}_{\mathrm{g}}^T\boldsymbol{V}^T)(\boldsymbol{V}\boldsymbol{A}_{\mathrm{OG}j}(\theta_j)\boldsymbol{s}'_j)]_{1\times3} \\
&= [\boldsymbol{u}_{\mathrm{g}}^T\boldsymbol{V}^T\quad (\boldsymbol{u}_{\mathrm{g}}^T\boldsymbol{A}_{\mathrm{OG}j}(\theta_j)\boldsymbol{s}'_j)]_{1\times3}(*) \\
&= [(\boldsymbol{V}\boldsymbol{u}_{\mathrm{g}})^T\quad \boldsymbol{u}_{\mathrm{g}}^T\boldsymbol{s}_j]_{1\times3}, \\
\boldsymbol{C}_{\mathrm{trans2}(\mathrm{G},j)\boldsymbol{q}j} &= [\boldsymbol{0}_{1\times2}\quad \boldsymbol{u}_{\mathrm{g}}^T\boldsymbol{V}^T\boldsymbol{V}\boldsymbol{A}_{\mathrm{OG}j}(\theta_j)\boldsymbol{u}'_j]_{1\times3} \\
&= [\boldsymbol{0}_{1\times2}\quad \boldsymbol{u}_{\mathrm{g}}^T(\boldsymbol{A}_{\mathrm{OG}j}(\theta_j)\boldsymbol{u}'_j)]_{1\times3}(*) \\
&= [\boldsymbol{0}_{1\times2}\quad \boldsymbol{u}_{\mathrm{g}}^T\boldsymbol{u}_j]_{1\times3}
\end{aligned}
\tag{12.40}
$$

ここで $(*)$ はつぎに $(\boldsymbol{C}_{\mathrm{trans}(\mathrm{G},j)\boldsymbol{q}}\dot{\boldsymbol{q}})_{\boldsymbol{q}}$ を考える際に参照するためにラベル付けした。

これを系全体（ボディ数 n_{b}，全自由度 $n=3n_{\mathrm{b}}$）の一般化座標 $=\{\boldsymbol{q}_1^T\ldots\boldsymbol{q}_i^T\ldots\boldsymbol{q}_{n\mathrm{b}}^T\}_{n\times1}^T$ に関するヤコビマトリックス $\boldsymbol{C}_{\mathrm{trans}(\mathrm{G},j)\boldsymbol{q}}$ に拡張すると次式で表される。

$$
\begin{aligned}
\boldsymbol{C}_{\mathrm{trans1}(\mathrm{G},j)\boldsymbol{q}} &= [\boldsymbol{0}_{1\times3(j-1)}\quad \boldsymbol{C}_{\mathrm{trans1}(\mathrm{G},j)\boldsymbol{q}j}\quad \boldsymbol{0}_{1\times3(n\mathrm{b}-j)}]_{1\times n}, \\
\boldsymbol{C}_{\mathrm{trans2}(\mathrm{G},j)\boldsymbol{q}} &= [\boldsymbol{0}_{1\times3(j-1)}\quad \boldsymbol{C}_{\mathrm{trans2}(\mathrm{G},j)\boldsymbol{q}j}\quad \boldsymbol{0}_{1\times3(n\mathrm{b}-j)}]_{1\times n}, \\
\boldsymbol{C}_{\mathrm{trans}(\mathrm{G},j)\boldsymbol{q}} &= \begin{bmatrix}\boldsymbol{C}_{\mathrm{trans1}(\mathrm{G},j)\boldsymbol{q}}\\ \boldsymbol{C}_{\mathrm{trans2}(\mathrm{G},j)\boldsymbol{q}}\end{bmatrix}_{2\times n}
\end{aligned}
\tag{12.41}
$$

つぎに，$(\boldsymbol{C}_{\mathrm{trans}(G,j)\boldsymbol{q}}\dot{\boldsymbol{q}})_{\boldsymbol{q}}$ を考える。式(12.40)の$(*)$の式から式展開して表現する。式(12.40)では一般化座標 $\boldsymbol{q}_j$ のうち角度 θ_j のみが陽に含まれることに注意すると，次式となる。

$$
\begin{aligned}
(\boldsymbol{C}_{\mathrm{trans1(G},j)\boldsymbol{q}}\dot{\boldsymbol{q}})_{\boldsymbol{q}j} &= ([(\boldsymbol{V}\boldsymbol{u}_{\mathrm{g}})^T \quad \boldsymbol{u}_{\mathrm{g}}^T\boldsymbol{s}_j]\dot{\boldsymbol{q}}_j)_{\boldsymbol{q}j} \\
&= (\boldsymbol{u}_{\mathrm{g}}^T\boldsymbol{V}^T\dot{\boldsymbol{q}}_{j(1:2)} + (\boldsymbol{u}_{\mathrm{g}}^T\boldsymbol{A}_{\mathrm{OG}j}(\theta_j)\boldsymbol{s}'_j)\dot{\theta}_j)_{\boldsymbol{q}j} \\
&= [\boldsymbol{0}_{1\times 2} \quad \boldsymbol{u}_{\mathrm{g}}^T\boldsymbol{V}\boldsymbol{A}_{\mathrm{OG}j}(\theta_j)\boldsymbol{s}'_j\dot{\theta}_j] \\
&= [\boldsymbol{0}_{1\times 2} \quad -(\boldsymbol{V}\boldsymbol{u}_{\mathrm{g}})^T\boldsymbol{s}_j\dot{\theta}_j]_{1\times 3}, \\
(\boldsymbol{C}_{\mathrm{trans2(G},j)\boldsymbol{q}}\dot{\boldsymbol{q}})_{\boldsymbol{q}j} &= ([\boldsymbol{0}_{1\times 2} \quad \boldsymbol{u}_{\mathrm{g}}^T\boldsymbol{u}_j]\dot{\boldsymbol{q}}_j)_{\boldsymbol{q}j} = (\boldsymbol{u}_{\mathrm{g}}^T(\boldsymbol{A}_{\mathrm{OG}j}(\theta_j)\boldsymbol{u}'_j)\dot{\theta}_j)_{\boldsymbol{q}j} \\
&= [\boldsymbol{0}_{1\times 2} \quad \boldsymbol{u}_{\mathrm{g}}^T\boldsymbol{V}\boldsymbol{A}_{\mathrm{OG}j}(\theta_j)\boldsymbol{u}'_j\dot{\theta}_j] \\
&= [\boldsymbol{0}_{1\times 2} \quad -\boldsymbol{u}_{\mathrm{g}}^T\boldsymbol{V}^T\boldsymbol{A}_{\mathrm{OG}j}(\theta_j)\boldsymbol{u}'_j\dot{\theta}_j] \\
&= [\boldsymbol{0}_{1\times 2} \quad -(\boldsymbol{V}\boldsymbol{u}_{\mathrm{g}})^T\boldsymbol{u}_j\dot{\theta}_j]_{1\times 3}
\end{aligned}
\tag{12.42}
$$

ここで，$\boldsymbol{q}_{j(1:2)}$ はベクトル $\boldsymbol{q}_j$ の 1，2 番目の成分からなるベクトルを示す。これを系全体（ボディ数が n_{b}，全自由度 $n=3n_{\mathrm{b}}$）に拡張する。系の一般化座標 $\boldsymbol{q}=\{\boldsymbol{q}_1^T \ldots \boldsymbol{q}_i^T \ldots \boldsymbol{q}_{n\mathrm{b}}^T\}_{n\times 1}^T$ を用いると，次式のように拡張して表せる。

$$
\begin{aligned}
(\boldsymbol{C}_{\mathrm{trans1(G},j)\boldsymbol{q}}\dot{\boldsymbol{q}})_{\boldsymbol{q}} &= [\boldsymbol{0}_{1\times 3(j-1)} \quad (\boldsymbol{C}_{\mathrm{trans1(G},j)\boldsymbol{q}}\dot{\boldsymbol{q}})_{\boldsymbol{q}j} \quad \boldsymbol{0}_{1\times 3(n\mathrm{b}-j)}]_{1\times n} \\
(\boldsymbol{C}_{\mathrm{trans2(G},j)\boldsymbol{q}}\dot{\boldsymbol{q}})_{\boldsymbol{q}} &= [\boldsymbol{0}_{1\times 3(j-1)} \quad (\boldsymbol{C}_{\mathrm{trans2(G},j)\boldsymbol{q}}\dot{\boldsymbol{q}})_{\boldsymbol{q}j} \quad \boldsymbol{0}_{1\times 3(n\mathrm{b}-j)}]_{1\times n} \\
(\boldsymbol{C}_{\mathrm{trans(G},j)\boldsymbol{q}}\dot{\boldsymbol{q}})_{\boldsymbol{q}} &= \begin{bmatrix} (\boldsymbol{C}_{\mathrm{trans1(G},j)\boldsymbol{q}}\dot{\boldsymbol{q}})_{\boldsymbol{q}} \\ (\boldsymbol{C}_{\mathrm{trans2(G},j)\boldsymbol{q}}\dot{\boldsymbol{q}})_{\boldsymbol{q}} \end{bmatrix}_{2\times n}
\end{aligned}
\tag{12.43}
$$

このグラウンドとボディの並進ジョイント拘束では，拘束式 $\boldsymbol{C}_{\mathrm{trans(G},j)}$ およびそのヤコビマトリックス $\boldsymbol{C}_{\mathrm{trans(G},j)\boldsymbol{q}}$ には時間 t が陽に現れない。したがって，次式となる。

$$
\boldsymbol{C}_{\mathrm{trans(G},j)t} = \boldsymbol{C}_{\mathrm{trans(G},j)tt} = \boldsymbol{0}_{2\times 1}, \quad \boldsymbol{C}_{\mathrm{trans(G},j)\boldsymbol{q}t} = \boldsymbol{0}_{2\times n} \tag{12.44}
$$

結果として，グラウンドとボディの並進ジョイント拘束の加速度方程式の右辺 $\boldsymbol{\gamma}_{\mathrm{trans(G},j)}$ は式(6.28)から次式となる。

$$
\begin{aligned}
\boldsymbol{\gamma}_{\mathrm{trans(G},j)} &= -((\boldsymbol{C}_{\mathrm{trans(G},j)\boldsymbol{q}}\dot{\boldsymbol{q}})_{\boldsymbol{q}}\dot{\boldsymbol{q}} + 2\boldsymbol{C}_{\mathrm{trans(G},j)\boldsymbol{q}t}\dot{\boldsymbol{q}} + \boldsymbol{C}_{\mathrm{trans(G},j)tt}) \\
&= -(\boldsymbol{C}_{\mathrm{trans(G},j)\boldsymbol{q}}\dot{\boldsymbol{q}})_{\boldsymbol{q}}\dot{\boldsymbol{q}}
\end{aligned}
\tag{12.45}
$$

バウムガルテの安定化法を考慮した加速度方程式の右辺 $\boldsymbol{\gamma}_{\mathrm{Btrans(G},j)}$ を用いる場合は，式(7.32)から次式で得られる。

$$
\boldsymbol{\gamma}_{\mathrm{Btrans(G},j)} = \boldsymbol{\gamma}_{\mathrm{trans(G},j)} - 2\alpha(\boldsymbol{C}_{\mathrm{trans(G},j)\boldsymbol{q}}\dot{\boldsymbol{q}}) - \beta^2\boldsymbol{C}_{\mathrm{trans(G},j)} \tag{12.46}
$$

このようにして，グラウンドとボディとの並進ジョイント拘束をライブラリ化し，利用できる。

12.3.2 ライブラリの用い方

グラウンドとボディ間の並進ジョイント拘束のライブラリ func_translation_b2G は下記のように用いる。

[C, Cq, Ct, Cqt, Ctt, Cqdqq]
  = func_translation_b2G (nb, jb, q, v, ug, u_locj, sg, s_locj)

入力

nb　系全体のボディ数

jb　並進ジョイントで拘束するボディの番号 j

q　系の一般化座標ベクトル $\boldsymbol{q}$

v　系の一般化速度ベクトル $\boldsymbol{v}$

ug　グラウンド側に固定された並進ジョイント方向と平行なベクトル $\boldsymbol{u}_{\mathrm{g}}$

u_locj　ボディ j に固定された並進ジョイント方向と平行なベクトルをボディ固定枠で表したもの $\boldsymbol{u}'_j$

sg　グラウンド内の並進ジョイント軸上の点（$\mathrm{P_g}$）の全体基準枠で表した位置ベクトル $\boldsymbol{s}_{\mathrm{g}}$

s_locj　ボディ j 内の並進ジョイント軸上の点（P_j）へのボディ固定枠で表した位置ベクトル $\boldsymbol{s}'_j$

出力

C, Cq, Ct, Cqt, Ctt, Cqdqq　グラウンドとボディ間の並進ジョイントによる項

$\boldsymbol{C}_{\mathrm{trans}(\mathrm{G},j)}$, $\boldsymbol{C}_{\mathrm{trans}(\mathrm{G},j)\boldsymbol{q}}$, $\boldsymbol{C}_{\mathrm{trans}(\mathrm{G},j)t}$, $\boldsymbol{C}_{\mathrm{trans}(\mathrm{G},j)\boldsymbol{q}t}$, $\boldsymbol{C}_{\mathrm{trans}(\mathrm{G},j)tt}$, $(\boldsymbol{C}_{\mathrm{trans}(\mathrm{G},j)\boldsymbol{q}}\dot{\boldsymbol{q}})_{\boldsymbol{q}}$

12.3.3 例題46：動解析（拡大法，並進ジョイント拘束の回転拘束表現1，ライブラリ）

図12.1の系について，12.2.2項の例題44と同じ系・例題を考える。拘束については拡大法のライブラリ

- func_rev_b2b（9.2.2項参照）ボディ1とボディ2の回転ジョイント拘束
- func_translation_b2G（12.3.2項参照）グラウンドとボディ1の並進ジョイント拘束

を用いて表し，2ボディ系の動力学解析を実施せよ。

解答

プログラム：12-3 並進ボディ＋振り子 回転J拘束 並進J拘束 拡大法 拘束ライブラリ

指定されたライブラリを用いる。パラメータ値と初期値は12.2.2項の例題44，12.2.3項の例題45と同じである。動解析を実施すると，この結果は例題44の図12.4と同じであることが確認できる。

13　第3部　回転ジョイント拘束と並進ジョイント拘束を含むシステム

実践例題・演習：ボディとボディの並進ジョイント拘束

本章では，ボディとボディの並進ジョイント拘束の定式化を学び，例題を通して習熟する。

13.1　モデルと定式化

① **モデル**　　対象として，ボディ数2，拘束2（ボディとボディの並進ジョイント，グラウンドとボディの回転ジョイント）の系を考える。そのモデルを**図 13.1** に示す。

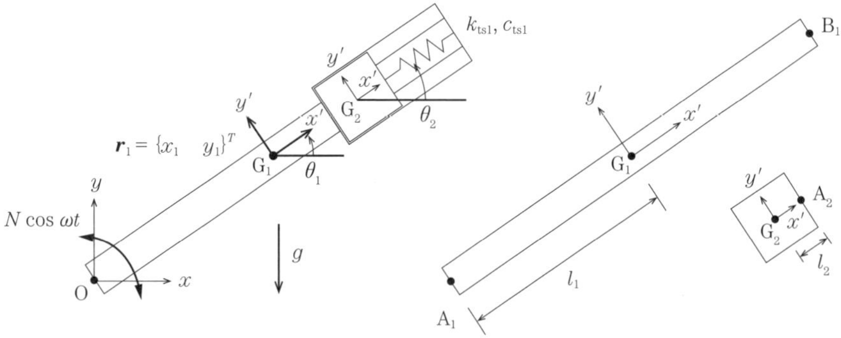

図 13.1　2ボディの系（ボディとボディの並進ジョイント拘束）

・ボディ1：質量 m_1 で質量中心まわりの慣性モーメント J_1

・ボディ2：質量 m_2 で質量中心まわりの慣性モーメント J_2

の二つのボディからなり

・ボディ1（点A_1）とグラウンド（点O）が回転ジョイント拘束

・ボディ2とボディ1が並進ジョイント拘束

で接続されている。ボディ2のボディ1に対する並進運動は摩擦がなくなめらかであるとする。また

・ボディ1（点B_1）とボディ2（点A_2）は並進ばねダンパ要素（自由長l_{ts10}，ばね定数k_{ts1}と減衰係数c_{ts1}）

で接続されている。

② **枠**　　三つの枠を考える。

・全体基準枠 $O\text{-}xy$

・ボディ1の質量中心に固定されたボディ固定枠 $G_1\text{-}x'y'$

・ボディ2の質量中心に固定されたボディ固定枠 $G_2\text{-}x'y'$

ここで，ボディ1の質量中心G_1から点A_1までの距離をl_1，ボディ2の質量中心G_2から点A_2までの距離をl_2とする。

③ **一般化座標**　　ボディ1とボディ2の質量中心の位置は全体基準枠で$\boldsymbol{r}_1=\{x_1 \quad y_1\}^T$，$\boldsymbol{r}_2=\{x_2 \quad y_2\}^T$とする。ボディ1とボディ2の姿勢$\theta_1$と$\theta_2$は全体基準枠 $O\text{-}xy$ のx軸を基準（$\theta_1=0$，$\theta_2=0$）とし，x軸からy軸への反時計回りの方向を正とする。そして，一般化座標$\boldsymbol{q}$を次式のようにとる。

$$\boldsymbol{q}=\{x_1 \quad y_1 \quad \theta_1 \quad x_2 \quad y_2 \quad \theta_2\}^T \tag{13.1}$$

④ **各種マトリックスと一般化外力ベクトル**　　質量マトリックス$\boldsymbol{M}$は次式となる。

$$\boldsymbol{M}=\mathrm{diag}[m_1 \quad m_1 \quad J_1 \quad m_2 \quad m_2 \quad J_2] \tag{13.2}$$

一般化外力ベクトル$\boldsymbol{Q}$を求める。重力による力ベクトル$\boldsymbol{Q}_g$は次式となる。

$$\boldsymbol{Q}_g=\{0 \quad -m_1 g \quad 0 \quad 0 \quad -m_2 g \quad 0\}^T \tag{13.3}$$

並進ばねによる復元力ベクトル$\boldsymbol{Q}_{ts}$は，4.3節で学んだボディとボディの並進ばねダンパ要素による復元力，復元モーメントを用いる。並進ばねダンパ要素の両端の点（ボディ1の点B_1とボディ2の点A_2）を結び，点B_1から点A_2への向きの相対位置ベクトル$\boldsymbol{d}_{B1A2}$をつぎのように置く。

$$\boldsymbol{d}_{B1A2}=\boldsymbol{r}_{OA2}-\boldsymbol{r}_{OB1}$$

$$= (\boldsymbol{r}_2 + \boldsymbol{A}_{\mathrm{OG2}}(\theta_2)\boldsymbol{r}'_{\mathrm{G2A2}}) - (\boldsymbol{r}_1 + \boldsymbol{A}_{\mathrm{OG1}}(\theta_1)\boldsymbol{r}'_{\mathrm{G1B1}})$$

$$= \left(\boldsymbol{r}_2 + \boldsymbol{A}_{\mathrm{OG2}}(\theta_2)\begin{Bmatrix} l_2 \\ 0 \end{Bmatrix}\right) - \left(\boldsymbol{r}_1 + \boldsymbol{A}_{\mathrm{OG1}}(\theta_1)\begin{Bmatrix} l_1 \\ 0 \end{Bmatrix}\right) \tag{13.4}$$

また，その相対速度ベクトル $\dot{\boldsymbol{d}}_{\mathrm{B1A2}}$（点 B_1 から点 A_2 への向き）は次式となる。

$$\dot{\boldsymbol{d}}_{\mathrm{B1A2}} = \dot{\boldsymbol{r}}_{\mathrm{OA2}} - \dot{\boldsymbol{r}}_{\mathrm{OB1}}$$

$$= (\dot{\boldsymbol{r}}_2 + \boldsymbol{V}\boldsymbol{A}_{\mathrm{OG2}}(\theta_2)\boldsymbol{r}'_{\mathrm{G2A2}}\dot{\theta}_2) - (\dot{\boldsymbol{r}}_1 + \boldsymbol{V}\boldsymbol{A}_{\mathrm{OG1}}(\theta_1)\boldsymbol{r}'_{\mathrm{G1B1}}\dot{\theta}_1)$$

$$= \left(\dot{\boldsymbol{r}}_2 + \boldsymbol{V}\boldsymbol{A}_{\mathrm{OG2}}(\theta_2)\begin{Bmatrix} l_2 \\ 0 \end{Bmatrix}\dot{\theta}_2\right) - \left(\dot{\boldsymbol{r}}_1 + \boldsymbol{V}\boldsymbol{A}_{\mathrm{OG1}}(\theta_1)\begin{Bmatrix} l_1 \\ 0 \end{Bmatrix}\dot{\theta}_1\right) \tag{13.5}$$

これらは陽に表すと次式となる。ここで，式(4.2)の座標変換マトリックス $\boldsymbol{A}_{\mathrm{OG1}}(\theta_1)$ と $\boldsymbol{A}_{\mathrm{OG2}}(\theta_2)$，式(3.15)の 90° 回転を表すマトリックス $\boldsymbol{V}$ を用いる。

$$\boldsymbol{r}'_{\mathrm{G2A2}} = \begin{Bmatrix} l_2 \\ 0 \end{Bmatrix}, \quad \boldsymbol{r}'_{\mathrm{G1B1}} = \begin{Bmatrix} l_1 \\ 0 \end{Bmatrix},$$

$$\boldsymbol{A}_{\mathrm{OG}i}(\theta_i) = \begin{bmatrix} \cos\theta_i & -\sin\theta_i \\ \sin\theta_i & \cos\theta_i \end{bmatrix} \ (i = 1, 2), \quad \boldsymbol{V} = \begin{bmatrix} 0 & -1 \\ 1 & 0 \end{bmatrix},$$

$$\boldsymbol{d}_{\mathrm{B1A2}} = \left(\boldsymbol{r}_2 + \boldsymbol{A}_{\mathrm{OG2}}(\theta_2)\begin{Bmatrix} l_2 \\ 0 \end{Bmatrix}\right) - \left(\boldsymbol{r}_1 + \boldsymbol{A}_{\mathrm{OG1}}(\theta_1)\begin{Bmatrix} l_1 \\ 0 \end{Bmatrix}\right)$$

$$= \begin{Bmatrix} x_2 + l_2\cos\theta_2 \\ y_2 + l_2\sin\theta_2 \end{Bmatrix} - \begin{Bmatrix} x_1 + l_1\cos\theta_1 \\ y_1 + l_1\sin\theta_1 \end{Bmatrix},$$

$$\dot{\boldsymbol{d}}_{\mathrm{B1A2}} = \left(\dot{\boldsymbol{r}}_2 + \boldsymbol{V}\boldsymbol{A}_{\mathrm{OG2}}(\theta_2)\begin{Bmatrix} l_2 \\ 0 \end{Bmatrix}\dot{\theta}_2\right) - \left(\dot{\boldsymbol{r}}_1 + \boldsymbol{V}\boldsymbol{A}_{\mathrm{OG1}}(\theta_1)\begin{Bmatrix} l_1 \\ 0 \end{Bmatrix}\dot{\theta}_1\right)$$

$$= \begin{Bmatrix} \dot{x}_2 - l_2\dot{\theta}_2\sin\theta_2 \\ \dot{y}_2 + l_2\dot{\theta}_2\cos\theta_2 \end{Bmatrix} - \begin{Bmatrix} \dot{x}_1 - l_1\dot{\theta}_1\sin\theta_1 \\ \dot{y}_1 + l_1\dot{\theta}_1\cos\theta_1 \end{Bmatrix} \tag{13.6}$$

並進ばねダンパ要素の自由長 l_{ts10} とする。その現在の長さを l_{ts1}，その時間変化率 $\dot{l}_{\mathrm{ts1}}$ は，式(4.21)を参考にして $\boldsymbol{d}_{\mathrm{B1A2}}$，$\dot{\boldsymbol{d}}_{\mathrm{B1A2}}$ を用いて次式で表される。

$$l_{\mathrm{ts1}}^2 = \boldsymbol{d}_{\mathrm{B1A2}}^T\boldsymbol{d}_{\mathrm{B1A2}} \quad \Rightarrow \quad l_{\mathrm{ts1}} = \sqrt{\boldsymbol{d}_{\mathrm{B1A2}}^T\boldsymbol{d}_{\mathrm{B1A2}}},$$

$$2l_{\mathrm{ts1}}\dot{l}_{\mathrm{ts1}} = 2\boldsymbol{d}_{\mathrm{B1A2}}^T\dot{\boldsymbol{d}}_{\mathrm{B1A2}} \quad \Rightarrow \quad \dot{l}_{\mathrm{ts1}} = \frac{\boldsymbol{d}_{\mathrm{B1A2}}^T\dot{\boldsymbol{d}}_{\mathrm{B1A2}}}{l_{\mathrm{ts1}}} \qquad \text{Ref.(4.21)}$$

伸び量は $\Delta l_{\mathrm{ts1}} = l_{\mathrm{ts1}} - l_{\mathrm{ts10}}$，ばね定数 k_{ts1} と減衰係数 c_{ts1} とすると，並進ばねダンパ要素からの力は次式となる。

$$f_{\mathrm{ts}} = k_{\mathrm{ts1}}\Delta l_{\mathrm{ts1}} + c_{\mathrm{ts1}}\dot{l}_{\mathrm{ts1}} \tag{13.7}$$

このとき，並進ばねダンパ要素がボディ 1 およびボディ 2 に作用させる力ベクトル $\boldsymbol{f}_{\text{ts1}}$ と $\boldsymbol{f}_{\text{ts2}}$，およびそれらの力ベクトルがボディ 1 およびボディ 2 に作用させるモーメント n_{ts1}，n_{ts2} は，式(3.14)，(4.10)より得られる。そして，並進ばねダンパ要素による力ベクトル $\boldsymbol{Q}_{\text{ts}}$ は次式で表される。

$$
\begin{aligned}
&\boldsymbol{f}_{\text{ts1}} = f_{\text{ts}}\frac{\boldsymbol{d}_{\text{B1A2}}}{l_{\text{ts}}},\ \ n_{\text{ts1}} = (\boldsymbol{VA}_{\text{OG1}}(\theta_1)\boldsymbol{r}'_{\text{G1B1}})^T\boldsymbol{f}_{\text{ts1}}\\
&\boldsymbol{f}_{\text{ts2}} = -\boldsymbol{f}_{\text{ts1}},\ \ n_{\text{ts2}} = (\boldsymbol{VA}_{\text{OG2}}(\theta_2)\boldsymbol{r}'_{\text{G2A2}})^T\boldsymbol{f}_{\text{ts2}}\\
&\boldsymbol{Q}_{\text{ts}} = \{\boldsymbol{f}^T_{\text{ts1}}\quad n_{\text{ts1}}\quad \boldsymbol{f}^T_{\text{ts2}}\quad n_{\text{ts2}}\}^T
\end{aligned}
\tag{13.8}
$$

また，図 13.1 より，$\boldsymbol{Q}_g$ と $\boldsymbol{Q}_{\text{ts}}$ 以外にボディ 1 とボディ 2 に作用する外力，外モーメント T_1，T_2 をそれぞれつぎのように表す。

$$
\boldsymbol{Q}_{\text{ext}} = \{\boldsymbol{0}_{1\times2}\quad T_1\quad \boldsymbol{0}_{1\times2}\quad T_2\}^T,\ \ T_1 = N\cos\omega t,\ \ T_2 = 0 \tag{13.9}
$$

以上より，系全体の一般化外力ベクトル $\boldsymbol{Q}$ は次式で表される。

$$
\boldsymbol{Q} = \boldsymbol{Q}_g + \boldsymbol{Q}_{\text{ts}} + \boldsymbol{Q}_{\text{ext}} \tag{13.10}
$$

⑤ **拘　束**　　ボディ 1 とグラウンドの回転ジョイント拘束を $\boldsymbol{C}_{\text{rev(G,1)}}$，ボディ 1 とボディ 2 の並進ジョイント拘束を $\boldsymbol{C}_{\text{trans(1,2)}}$ とする。グラウンドとボディの回転ジョイント拘束 $\boldsymbol{C}_{\text{rev(G,1)}}$ はすでに 8.1，8.2 節で定式化しており，それを利用する。

$$
\boldsymbol{C}_{\text{rev(G,1)}} = \boldsymbol{r}_1 + \boldsymbol{A}_{\text{OG1}}(\theta_1)\boldsymbol{r}'_{\text{G1A1}} = \begin{Bmatrix} x_1 - l_1\cos\theta_1 \\ y_1 - l_1\sin\theta_1 \end{Bmatrix} = \boldsymbol{0} \tag{13.11}
$$

ここで $\boldsymbol{A}_{\text{OG1}}(\theta_1)$ はボディ 1 のボディ固定枠から全体基準枠への座標変換マトリックスであり，式(4.2)の形である。あるいは，グラウンドとボディの回転ジョイント拘束ライブラリ func_rev_b2G（8.2.2 項参照）を用いてもよい。

13.2　ボディ間の並進ジョイント拘束の定式化

13.2.1　拘束式，ヤコビマトリックスと加速度方程式

図 13.2 を用いてボディ 1 とボディ 2 との並進拘束 $\boldsymbol{C}_{\text{trans(1,2)}}$ を考える。まず，ボディ 1 とボディ 2 に関する下記の三つのベクトルを考える。

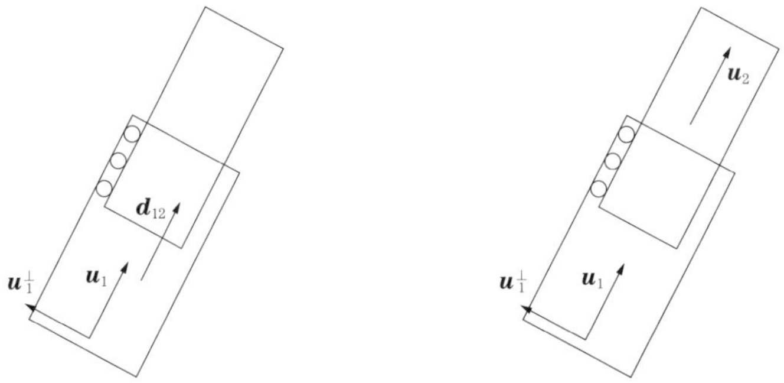

(a)　ボディどうしを結ぶベクトル $\boldsymbol{d}_{12}$ とボディに固定されたベクトル $\boldsymbol{u}_1$ が平行
$\boldsymbol{u}_1 /\!/ \boldsymbol{d}_{12} \Rightarrow (\boldsymbol{u}_1^{\perp}) \perp \boldsymbol{d}_{12}$

(b)　ボディに固定されたベクトル $\boldsymbol{u}_1$, $\boldsymbol{u}_2$ どうしが平行
$\boldsymbol{u}_1 /\!/ \boldsymbol{u}_2 \Rightarrow (\boldsymbol{u}_1^{\perp}) \perp \boldsymbol{u}_2$

図 13.2　ボディ間の並進ジョイントの二つの条件

・ボディ 1 に固定されたベクトル $\boldsymbol{u}_1$（とそれと垂直な $\boldsymbol{u}_1^{\perp}$）

・ボディ 2 に固定されたベクトル $\boldsymbol{u}_2$

・ボディ 1 の点とボディ 2 の点を結び，ベクトル $\boldsymbol{u}_1$ と平行なベクトル $\boldsymbol{d}_{12}$

〔**1**〕 **拘束条件 1（並進ジョイントと直交方向への運動の拘束）**　両ボディは並進拘束と直交方向には相対的に並進移動しない。すなわち，図 13.2(a)で示すように，ボディどうしを結ぶベクトル $\boldsymbol{d}_{12}$ とボディ 1 に固定されたベクトル $\boldsymbol{u}_1$ は平行である。これを，ベクトル $\boldsymbol{u}_1$ の直交ベクトル $\boldsymbol{u}_1^{\perp}$ と $\boldsymbol{d}_{12}$ は直交すると表す。

$$\boldsymbol{u}_1^{\perp} \perp \boldsymbol{d}_{12} \tag{13.12}$$

〔**2**〕 **拘束条件 2（回転移動の拘束）**　両ボディは相対的に回転しない。すなわち，図 13.2(b)で示すように，両ボディに固定されたベクトル $\boldsymbol{u}_1$ と $\boldsymbol{u}_2$ が平行である。これを，片方のベクトル $\boldsymbol{u}_1$ の直交ベクトル $\boldsymbol{u}_1^{\perp}$ と $\boldsymbol{u}_2$ が直交すると表す。

$$\boldsymbol{u}_1^{\perp} \perp \boldsymbol{u}_2 \tag{13.13}$$

ボディとボディの並進ジョイント拘束の拘束条件は，以上の二つの拘束条件を同時に考慮した次式で表現できる。

$$\boldsymbol{C}_{\mathrm{trans}(1,2)}=\begin{Bmatrix}(\boldsymbol{u}_1^{\perp})^T\boldsymbol{d}_{12}\\(\boldsymbol{u}_1^{\perp})^T\boldsymbol{u}_2\end{Bmatrix}=\boldsymbol{0} \tag{13.14}$$

直交ベクトルは式(3.15)で導入した90°の回転を表すマトリックス$\boldsymbol{V}$を用いる。

$$\boldsymbol{V}:=\begin{bmatrix}\cos 90^\circ & -\sin 90^\circ\\ \sin 90^\circ & \cos 90^\circ\end{bmatrix}=\begin{bmatrix}0 & -1\\ 1 & 0\end{bmatrix} \qquad \text{Ref.}(3.15)$$

その結果，ボディ間の並進ジョイント拘束を表す式(13.14)は次式となる。

$$\boldsymbol{C}_{\mathrm{trans}(1,2)}=\begin{Bmatrix}(\boldsymbol{V}\boldsymbol{u}_1)^T\boldsymbol{d}_{12}\\(\boldsymbol{V}\boldsymbol{u}_1)^T\boldsymbol{u}_2\end{Bmatrix}=\boldsymbol{0} \tag{13.15}$$

理解を深めるために，上記を本項の場合で陽に表す。**図 13.3**のようにボディ固定枠における位置ベクトル$\boldsymbol{s}'_1$，$\boldsymbol{s}'_2$を導入し，ベクトル$\boldsymbol{u}_1$，$\boldsymbol{u}_2$，$\boldsymbol{d}_{12}$を次式で表す。

$$\begin{aligned}&\boldsymbol{u}_1=\boldsymbol{A}_{\mathrm{OG1}}(\theta_1)\boldsymbol{u}'_1,\ \ \boldsymbol{u}_2=\boldsymbol{A}_{\mathrm{OG2}}(\theta_2)\boldsymbol{u}'_2,\\ &\boldsymbol{d}_{12}=(\boldsymbol{r}_2+\boldsymbol{s}_2)-(\boldsymbol{r}_1+\boldsymbol{s}_1)\\ &\quad=(\boldsymbol{r}_2+\boldsymbol{A}_{\mathrm{OG2}}(\theta_2)\boldsymbol{s}'_2)-(\boldsymbol{r}_1+\boldsymbol{A}_{\mathrm{OG1}}(\theta_1)\boldsymbol{s}'_1)\end{aligned} \tag{13.16}$$

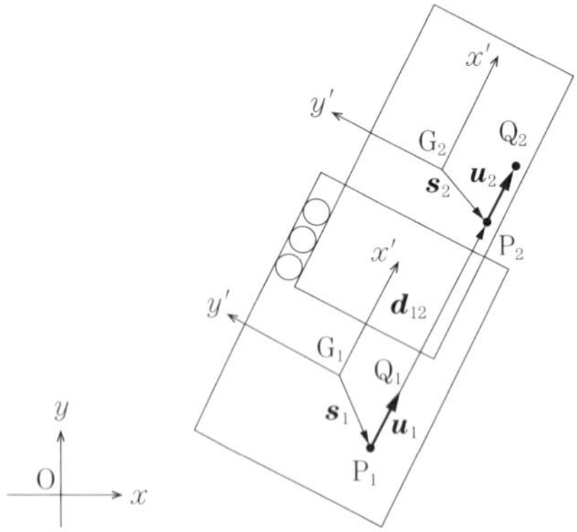

図 13.3　並進ジョイント拘束を受けるボディの状態

まず式(13.15)の条件1（ボディどうしが並進ジョイントと直交方向に運動しない：$(\boldsymbol{V}\boldsymbol{u}_1)^T\boldsymbol{d}_{12}=0$）を具体的に示す。例として，図 13.3 において

$$\boldsymbol{u}'_1=\{1\quad 0\}^T,\ \ \boldsymbol{u}'_2=\{1\quad 0\}^T,\ \ \boldsymbol{s}'_1=\{0\quad 0\}^T,\ \ \boldsymbol{s}'_2=\{0\quad 0\}^T \tag{13.17}$$

とする。その結果，式(13.16)より

$$\boldsymbol{d}_{12}=\boldsymbol{r}_2-\boldsymbol{r}_1=\begin{Bmatrix} x_2-x_1 \\ y_2-y_1 \end{Bmatrix} \tag{13.18}$$

となる。これらを式(13.15)の条件1に代入すると次式を得る。

$$\begin{aligned}(\boldsymbol{Vu}_1)^T\boldsymbol{d}_{12}&=\left[\boldsymbol{VA}_{\mathrm{OG1}}(\theta_1)\begin{Bmatrix}1\\0\end{Bmatrix}\right]^T\begin{Bmatrix} x_2-x_1 \\ y_2-y_1 \end{Bmatrix}\\&=\left[\begin{bmatrix}0 & -1\\1 & 0\end{bmatrix}\begin{bmatrix}\cos\theta_1 & -\sin\theta_1\\ \sin\theta_1 & \cos\theta_1\end{bmatrix}\begin{Bmatrix}1\\0\end{Bmatrix}\right]^T\begin{Bmatrix} x_2-x_1 \\ y_2-y_1 \end{Bmatrix}\\&=\{-\sin\theta_1 \quad \cos\theta_1\}\begin{Bmatrix} x_2-x_1 \\ y_2-y_1 \end{Bmatrix}\\&=-(x_2-x_1)\sin\theta_1+(y_2-y_1)\cos\theta_1=0\end{aligned} \tag{13.19}$$

つぎに，式(13.15)の条件2（両ボディは相対的に回転しない：$(\boldsymbol{Vu}_1)^T\boldsymbol{u}_2=0$）を具体的に示す。式(13.15)の条件2に具体的な成分を入れると次式を得る。

$$\begin{aligned}&(\boldsymbol{Vu}_1)^T\boldsymbol{u}_2\\&=\left[\boldsymbol{VA}_{\mathrm{OG1}}(\theta_1)\begin{Bmatrix}1\\0\end{Bmatrix}\right]^T\left[\boldsymbol{A}_{\mathrm{OG2}}(\theta_2)\begin{Bmatrix}1\\0\end{Bmatrix}\right]\\&=\left[\begin{bmatrix}0 & -1\\1 & 0\end{bmatrix}\begin{bmatrix}\cos\theta_1 & -\sin\theta_1\\ \sin\theta_1 & \cos\theta_1\end{bmatrix}\begin{Bmatrix}1\\0\end{Bmatrix}\right]^T\left[\begin{bmatrix}\cos\theta_2 & -\sin\theta_2\\ \sin\theta_2 & \cos\theta_2\end{bmatrix}\begin{Bmatrix}1\\0\end{Bmatrix}\right]\\&=\{-\sin\theta_1 \quad \cos\theta_1\}\begin{Bmatrix}\cos\theta_2\\ \sin\theta_2\end{Bmatrix}\\&=-\sin\theta_1\cos\theta_2+\cos\theta_1\sin\theta_2=\sin(\theta_2-\theta_1)\end{aligned} \tag{13.20}$$

以上をまとめると，次式となる。

$$\begin{aligned}\boldsymbol{C}_{\mathrm{trans}(1,2)}&=\begin{Bmatrix}(\boldsymbol{u}_1^{\perp})^T\boldsymbol{d}_{12}\\(\boldsymbol{u}_1^{\perp})^T\boldsymbol{u}_2\end{Bmatrix}=\begin{Bmatrix}(\boldsymbol{Vu}_1)^T\boldsymbol{d}_{12}\\(\boldsymbol{Vu}_1)^T\boldsymbol{u}_2\end{Bmatrix}\\&=\begin{Bmatrix}-(x_2-x_1)\sin\theta_1+(y_2-y_1)\cos\theta_1\\ \sin(\theta_2-\theta_1)\end{Bmatrix}=\boldsymbol{0}\end{aligned} \tag{13.21}$$

式(13.11)のボディ1とグラウンドの回転ジョイント拘束 $\boldsymbol{C}_{\mathrm{rev(G,1)}}=\boldsymbol{0}$ と式(13.21)のボディ1とボディ2の並進ジョイント拘束 $\boldsymbol{C}_{\mathrm{trans}(1,2)}=\boldsymbol{0}$ をまとめると，本項の全拘束を表す具体的な拘束式を得る。

$$\boldsymbol{C}=\begin{Bmatrix}\boldsymbol{C}_{\mathrm{rev}(\mathrm{G},1)}\\ \boldsymbol{C}_{\mathrm{trans}(1,2)}\end{Bmatrix}=\begin{Bmatrix}x_1-l_1\cos\theta_1\\ y_1-l_1\sin\theta_1\\ (x_1-x_2)\sin\theta_1-(y_1-y_2)\cos\theta_1\\ \sin(\theta_2-\theta_1)\end{Bmatrix}=\boldsymbol{0} \tag{13.22}$$

練習

拘束式 $\boldsymbol{C}=\boldsymbol{0}$ から，ヤコビマトリックス $\boldsymbol{C}_{\boldsymbol{q}}$，$(\boldsymbol{C}_{\boldsymbol{q}}\dot{\boldsymbol{q}})_{\boldsymbol{q}}$，および加速度方程式の右辺 $\boldsymbol{\gamma}$，バウムガルテの安定化法を考慮した加速度方程式の右辺 $\boldsymbol{\gamma}_{\mathrm{B}}$ を求めよ。

解答

本練習の一般化座標ベクトル $\boldsymbol{q}$ を表す式(13.1)と系の全拘束 $\boldsymbol{C}$ を表す式(13.22)より，ヤコビマトリックス $\boldsymbol{C}_{\boldsymbol{q}}$ は次式となる。

$$\boldsymbol{C}_{\mathrm{rev}(\mathrm{G},1)\boldsymbol{q}}=\begin{bmatrix}1 & 0 & l_1\sin\theta_1 & 0 & 0 & 0\\ 0 & 1 & -l_1\cos\theta_1 & 0 & 0 & 0\end{bmatrix},$$

$$\boldsymbol{C}_{\mathrm{trans}(1,2)\boldsymbol{q}}=\begin{bmatrix}\sin\theta_1 & -\cos\theta_1 & (x_1-x_2)\cos\theta_1+(y_1-y_2)\sin\theta_1 & -\sin\theta_1 & \cos\theta_1 & 0\\ 0 & 0 & -\cos(\theta_2-\theta_1) & 0 & 0 & \cos(\theta_2-\theta_1)\end{bmatrix},$$

$$\boldsymbol{C}_{\boldsymbol{q}}=\begin{bmatrix}\boldsymbol{C}_{\mathrm{rev}(\mathrm{G},1)\boldsymbol{q}}\\ \boldsymbol{C}_{\mathrm{trans}(1,2)\boldsymbol{q}}\end{bmatrix} \tag{13.23}$$

$\boldsymbol{C}_{\boldsymbol{q}}\dot{\boldsymbol{q}}$ は次式となる。

$$\boldsymbol{C}_{\mathrm{rev}(\mathrm{G},1)\boldsymbol{q}}\dot{\boldsymbol{q}}=\begin{Bmatrix}\dot{x}_1+l_1\dot{\theta}_1\sin\theta_1\\ \dot{y}_1-l_1\dot{\theta}_1\cos\theta_1\end{Bmatrix},$$

$$\boldsymbol{C}_{\mathrm{trans}(1,2)\boldsymbol{q}}\dot{\boldsymbol{q}}=\begin{Bmatrix}\begin{pmatrix}(\dot{x}_1-\dot{x}_2)\sin\theta_1+(-\dot{y}_1+\dot{y}_2)\cos\theta_1\\ +\dot{\theta}_1\{(x_1-x_2)\cos\theta_1+(y_1-y_2)\sin\theta_1\}\end{pmatrix}\\ (\dot{\theta}_2-\dot{\theta}_1)\cos(\theta_2-\theta_1)\end{Bmatrix},$$

$$\boldsymbol{C}_{\boldsymbol{q}}\dot{\boldsymbol{q}}=\begin{Bmatrix}\boldsymbol{C}_{\mathrm{rev}(\mathrm{G},1)\boldsymbol{q}}\dot{\boldsymbol{q}}\\ \boldsymbol{C}_{\mathrm{trans}(1,2)\boldsymbol{q}}\dot{\boldsymbol{q}}\end{Bmatrix} \tag{13.24}$$

$(\boldsymbol{C}_{\boldsymbol{q}}\dot{\boldsymbol{q}})_{\boldsymbol{q}}$ は次式となる。

$$(\boldsymbol{C}_{\mathrm{rev}(\mathrm{G},1)\boldsymbol{q}}\dot{\boldsymbol{q}})_{\boldsymbol{q}}=\begin{bmatrix}0 & 0 & l_1\dot{\theta}_1\cos\theta_1 & 0 & 0 & 0\\ 0 & 0 & l_1\dot{\theta}_1\sin\theta_1 & 0 & 0 & 0\end{bmatrix},$$

$$(\boldsymbol{C}_{\mathrm{trans}(1,2)\boldsymbol{q}}\dot{\boldsymbol{q}})_{\boldsymbol{q}}=\begin{bmatrix}\dot{\theta}_1\cos\theta_1 & \dot{\theta}_1\sin\theta_1 & A & -\dot{\theta}_1\cos\theta_1 & -\dot{\theta}_1\sin\theta_1 & 0\\ 0 & 0 & (\dot{\theta}_2-\dot{\theta}_1)\sin(\theta_2-\theta_1) & 0 & 0 & -(\dot{\theta}_2-\dot{\theta}_1)\sin(\theta_2-\theta_1)\end{bmatrix},$$

$$(\boldsymbol{C}_{\boldsymbol{q}}\dot{\boldsymbol{q}})_{\boldsymbol{q}}=\begin{bmatrix}(\boldsymbol{C}_{\mathrm{rev}(\mathrm{G},1)\boldsymbol{q}}\dot{\boldsymbol{q}})_{\boldsymbol{q}}\\ (\boldsymbol{C}_{\mathrm{trans}(1,2)\boldsymbol{q}}\dot{\boldsymbol{q}})_{\boldsymbol{q}}\end{bmatrix} \tag{13.25}$$

ただし，$A=((\dot{x}_1-\dot{x}_2)+(y_1-y_2)\dot{\theta}_1)\cos\theta_1+((\dot{y}_1-\dot{y}_2)-(x_1-x_2)\dot{\theta}_1)\sin\theta_1$ である。

この系においても，拘束 $\boldsymbol{C}$ およびそのヤコビマトリックス $\boldsymbol{C_q}$ には時間 t が陽に現れない。したがって，次式となる。

$$\boldsymbol{C}_t = \boldsymbol{C}_{tt} = \boldsymbol{0}_{4\times 1},\quad \boldsymbol{C}_{\boldsymbol{q}t} = \boldsymbol{0}_{4\times 6} \tag{13.26}$$

結果として，式(6.28)で定義した加速度方程式の右辺 $\boldsymbol{\gamma}$ を拘束ごとに求めて系全体でまとめると次式となる。

$$\boldsymbol{\gamma}_{\mathrm{rev(G,1)}} = -(\boldsymbol{C}_{\mathrm{rev(G,1)}\boldsymbol{q}}\dot{\boldsymbol{q}})_{\boldsymbol{q}}\dot{\boldsymbol{q}} = \begin{Bmatrix} -\dot{\theta}_1^{\,2} l_1 \cos\theta_1 \\ -\dot{\theta}_1^{\,2} l_1 \sin\theta_1 \end{Bmatrix},$$

$$\boldsymbol{\gamma}_{\mathrm{trans(1,2)}} = -(\boldsymbol{C}_{\mathrm{trans(1,2)}\boldsymbol{q}}\dot{\boldsymbol{q}})_{\boldsymbol{q}}\dot{\boldsymbol{q}}$$
$$= \begin{Bmatrix} \begin{pmatrix} -2(\dot{x}_1 - \dot{x}_2)\dot{\theta}_1 \cos\theta_1 - 2(\dot{y}_1 - \dot{y}_2)\dot{\theta}_1 \sin\theta_1 \\ +\dot{\theta}_1^{\,2}(x_1 - x_2)\sin\theta_1 - \theta_1^{\,2}(y_1 - y_2)\cos\theta_1 \end{pmatrix} \\ (\dot{\theta}_1^{\,2} - 2\dot{\theta}_1\dot{\theta}_2 + \dot{\theta}_2^{\,2})\sin(\theta_2 - \theta_1) \end{Bmatrix},$$

$$\boldsymbol{\gamma} = \begin{Bmatrix} \boldsymbol{\gamma}_{\mathrm{rev(G,1)}} \\ \boldsymbol{\gamma}_{\mathrm{trans(1,2)}} \end{Bmatrix} \tag{13.27}$$

バウムガルテの安定化法を考慮した加速度方程式の右辺 $\boldsymbol{\gamma}_{\mathrm{B}}$ を用いる場合は，式(7.32)から次式で得られる。

$$\boldsymbol{\gamma}_{\mathrm{B}} = \boldsymbol{\gamma} - 2\alpha(\boldsymbol{C_q}\dot{\boldsymbol{q}}) - \beta^2\boldsymbol{C} \tag{13.28}$$

13.2.2　例題 47：動解析（拡大法，並進ジョイント拘束の回転拘束表現 1）

図 13.1 の系の運動を解析せよ。ボディ間の並進ジョイント拘束には式(13.22)～(13.28)を用いよ。

解答

プログラム：13-1 振り子＋並進ボディ 回転 J 拘束 並進 J 拘束 拡大法

パラメータ値と初期値を**表 13.1** で示す。

表 13.1　プログラムに用いたパラメータの記号，表記，値と説明

記　号	プログラム	値	説　明
g	g	9.81	重力加速度〔m/s^2〕
m_1	m1	8	ボディ 1 の質量〔kg〕
m_2	m2	2	ボディ 2 の質量〔kg〕
l_1	l1	1	ボディ 1 の長さの半分〔m〕
l_2	l2	0.25	ボディ 2 の長さの半分〔m〕
J_1	J1	$m_1(2l_1)^2/12$	ボディ 1 の慣性モーメント〔kgm^2〕
J_2	J2	$m_2(2l_2)^2/12$	ボディ 2 の慣性モーメント〔kgm^2〕
k_{ts}	kts	2×10^3	ばね定数〔N/m〕

表 13.1 （つづき）

記　号	プログラム	値	説　明
c_{ts}	cts	1	減衰係数〔Ns/m〕
l_{ts0}	lts0	0.3	ばね自由長〔m〕
N	N	100	外モーメントの振幅〔Nm〕
ω	om	10	外モーメントの角周波数〔rad/s〕
$\theta_1(0)$	theta(1)	$45\pi/180$	ボディ 1 の初期角度〔rad〕
$x_1(0)$	px(1)	$l_1 \cos\theta_1(0)$	ボディ 1 の x 方向初期位置〔m〕
$y_1(0)$	py(1)	$l_1 \sin\theta_1(0)$	ボディ 1 の y 方向初期位置〔m〕
$\dot{\theta}_1(0)$	dtheta(1)	0	ボディ 1 の初期角速度〔rad/s〕
$\dot{x}_1(0)$	dx(1)	0	ボディ 1 の x 方向初速度〔m/s〕
$\dot{y}_1(0)$	dy(1)	0	ボディ 1 の y 方向初速度〔m/s〕
$\theta_2(0)$	theta(2)	$\theta_1(0)$	ボディ 2 の初期角度〔rad〕
$x_2(0)$	px(2)	$l_1 \cos\theta_1(0)$ $+l_2 \cos\theta_2(0)$	ボディ 2 の x 方向初期位置〔m〕
$y_2(0)$	py(2)	$l_1 \sin\theta_1(0)$ $+l_2 \sin\theta_2(0)$	ボディ 2 の y 方向初期位置〔m〕
$\dot{\theta}_2(0)$	dtheta(2)	0	ボディ 2 の初期角速度〔rad/s〕
$\dot{x}_2(0)$	dx(2)	0	ボディ 2 の x 方向初速度〔m/s〕
$\dot{y}_2(0)$	dy(2)	0	ボディ 2 の y 方向初速度〔m/s〕

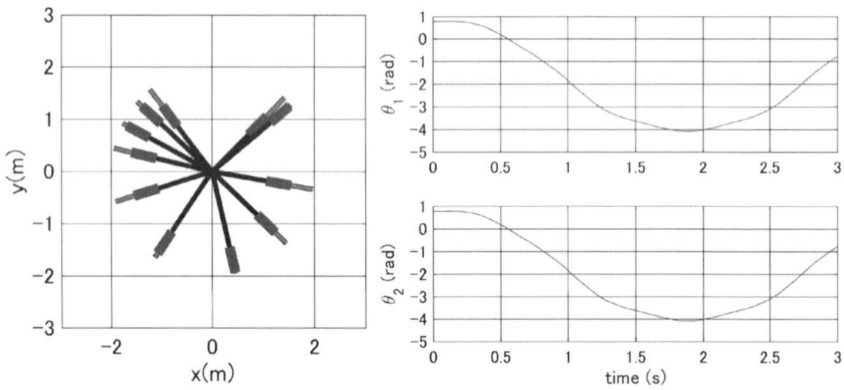

図 13.4　振り子＋並進ボディの系の運動の解析結果

上記を用いて動力学解析を実施した結果を**図 13.4** に示す。左図は運動の様子，右図はボディ 1，2 の姿勢 θ_1，θ_2 を示す。運動中も並進ジョイント拘束によりボディ 1 とボディ 2 の姿勢が同一に保たれていることがわかる。

13.2.3　例題 48：動解析（拡大法，並進ジョイント拘束の回転拘束表現 2）

図 13.1 の系について考えると，ボディ間の並進ジョイント拘束式(13.21)

$$\boldsymbol{C}_{\text{trans}(1,2)} = \begin{Bmatrix} (\boldsymbol{u}_1^{\perp})^T \boldsymbol{d}_{12} \\ (\boldsymbol{u}_1^{\perp})^T \boldsymbol{u}_2 \end{Bmatrix} = \begin{Bmatrix} (\boldsymbol{V}\boldsymbol{u}_1)^T \boldsymbol{d}_{12} \\ (\boldsymbol{V}\boldsymbol{u}_1)^T \boldsymbol{u}_2 \end{Bmatrix}$$

$$= \begin{Bmatrix} -(x_2 - x_1)\sin\theta_1 + (y_2 - y_1)\cos\theta_1 \\ \sin(\theta_2 - \theta_1) \end{Bmatrix} = \mathbf{0} \qquad \text{Ref.(13.21)}$$

の条件 2（ボディが相対的に回転しない）は，この $\sin(\theta_2 - \theta_1) = 0$ の代わりに，10.3 節の式(10.29)と同様にボディどうしの相対姿勢 $\theta_2 - \theta_1$ をそのまま拘束し

$$\boldsymbol{C}_{\text{trans}(1,2)} = \begin{Bmatrix} -(x_2 - x_1)\sin\theta_1 + (y_2 - y_1)\cos\theta_1 \\ \theta_2 - \theta_1 \end{Bmatrix} = \mathbf{0} \qquad (13.29)$$

としてもよさそうである。

（1）　この考え方の式(13.29)に基づいて式(13.23)～(13.28)および 13.2.2 項の例題 47 のプログラムの該当箇所を修正して実行せよ。

（2）　解析結果を観察し，式(13.21)の場合と式(13.29)の場合で違いがあるかどうかを調べよ。

解答

（1）　式(13.29)の場合について，式(13.23)～(13.28)を再度考える。拘束のヤコビマトリックス $\boldsymbol{C_q}$ は次式となる。

$$\boldsymbol{C}_{\text{rev}(G,1)\boldsymbol{q}} = \begin{bmatrix} 1 & 0 & l_1 \sin\theta_1 & 0 & 0 & 0 \\ 0 & 1 & -l_1\cos\theta_1 & 0 & 0 & 0 \end{bmatrix},$$

$$\boldsymbol{C}_{\text{trans}(1,2)\boldsymbol{q}} = \begin{bmatrix} \sin\theta_1 & -\cos\theta_1 & (x_1 - x_2)\cos\theta_1 + (y_1 - y_2)\sin\theta_1 & -\sin\theta_1 & \cos\theta_1 & 0 \\ 0 & 0 & -1 & 0 & 0 & 1 \end{bmatrix},$$

$$\boldsymbol{C_q} = \begin{bmatrix} \boldsymbol{C}_{\text{rev}(G,1)\boldsymbol{q}} \\ \boldsymbol{C}_{\text{trans}(1,2)\boldsymbol{q}} \end{bmatrix} \qquad (13.30)$$

$\boldsymbol{C_q}\dot{\boldsymbol{q}}$ は次式となる。

$$\boldsymbol{C}_{\mathrm{rev(G,1)}\boldsymbol{q}}\dot{\boldsymbol{q}}=\begin{Bmatrix}\dot{x}_1+l_1\dot{\theta}_1\sin\theta_1\\ \dot{y}_1-l_1\dot{\theta}_1\cos\theta_1\end{Bmatrix},$$

$$\boldsymbol{C}_{\mathrm{trans(1,2)}\boldsymbol{q}}\dot{\boldsymbol{q}}=\begin{Bmatrix}\begin{pmatrix}(\dot{x}_1-\dot{x}_2)\sin\theta_1+(-\dot{y}_1+\dot{y}_2)\cos\theta_1\\ +\dot{\theta}_1\{(x_1-x_2)\cos\theta_1+(y_1-y_2)\sin\theta_1\}\end{pmatrix}\\ \dot{\theta}_2-\dot{\theta}_1\end{Bmatrix},$$

$$\boldsymbol{C}_{\boldsymbol{q}}\dot{\boldsymbol{q}}=\begin{Bmatrix}\boldsymbol{C}_{\mathrm{rev(G,1)}\boldsymbol{q}}\dot{\boldsymbol{q}}\\ \boldsymbol{C}_{\mathrm{trans(1,2)}\boldsymbol{q}}\dot{\boldsymbol{q}}\end{Bmatrix} \tag{13.31}$$

$(\boldsymbol{C}_{\boldsymbol{q}}\dot{\boldsymbol{q}})_{\boldsymbol{q}}$ は次式となる。

$$(\boldsymbol{C}_{\mathrm{rev(G,1)}\boldsymbol{q}}\dot{\boldsymbol{q}})_{\boldsymbol{q}}=\begin{bmatrix}0&0&l_1\dot{\theta}_1\cos\theta_1&0&0&0\\ 0&0&l_1\dot{\theta}_1\sin\theta_1&0&0&0\end{bmatrix},$$

$$(\boldsymbol{C}_{\mathrm{trans(1,2)}\boldsymbol{q}}\dot{\boldsymbol{q}})_{\boldsymbol{q}}=\begin{bmatrix}\dot{\theta}_1\cos\theta_1&\dot{\theta}_1\sin\theta_1&A&-\dot{\theta}_1\cos\theta_1&-\dot{\theta}_1\sin\theta_1&0\\ 0&0&0&0&0&0\end{bmatrix},$$

$$(\boldsymbol{C}_{\boldsymbol{q}}\dot{\boldsymbol{q}})_{\boldsymbol{q}}=\begin{bmatrix}(\boldsymbol{C}_{\mathrm{rev(G,1)}\boldsymbol{q}}\dot{\boldsymbol{q}})_{\boldsymbol{q}}\\ (\boldsymbol{C}_{\mathrm{trans(1,2)}\boldsymbol{q}}\dot{\boldsymbol{q}})_{\boldsymbol{q}}\end{bmatrix} \tag{13.32}$$

ただし，$A=((\dot{x}_1-\dot{x}_2)+(y_1-y_2)\dot{\theta}_1)\cos\theta_1+((\dot{y}_1-\dot{y}_2)-(x_1-x_2)\dot{\theta}_1)\sin\theta_1$ である。

この系においても，拘束 $\boldsymbol{C}$ およびそのヤコビマトリックス $\boldsymbol{C}_{\boldsymbol{q}}$ には時間 t が陽に現れない。したがって，次式となる。

$$\boldsymbol{C}_t=\boldsymbol{C}_{tt}=\boldsymbol{0}_{4\times 1},\quad \boldsymbol{C}_{\boldsymbol{q}t}=\boldsymbol{0}_{4\times 6} \tag{13.33}$$

結果として，系全体でまとめると式(6.28)の加速度方程式の右辺 $\boldsymbol{\gamma}$ は次式となる。

$$\boldsymbol{\gamma}_{\mathrm{rev(G,1)}}=-(\boldsymbol{C}_{\mathrm{rev(G,1)}\boldsymbol{q}}\dot{\boldsymbol{q}})_{\boldsymbol{q}}\dot{\boldsymbol{q}}=\begin{Bmatrix}-l_1\dot{\theta}_1^{\,2}\cos\theta_1\\ -l_1\dot{\theta}_1^{\,2}\sin\theta_1\end{Bmatrix},$$

$$\begin{aligned}\boldsymbol{\gamma}_{\mathrm{trans(1,2)}}&=-(\boldsymbol{C}_{\mathrm{trans(1,2)}\boldsymbol{q}}\dot{\boldsymbol{q}})_{\boldsymbol{q}}\dot{\boldsymbol{q}}\\ &=\begin{Bmatrix}\begin{pmatrix}-2(\dot{x}_1-\dot{x}_2)\dot{\theta}_1\cos\theta_1-2(\dot{y}_1-\dot{y}_2)\dot{\theta}_1\sin\theta_1\\ +\dot{\theta}_1^{\,2}(x_1-x_2)\sin\theta_1-\theta_1^{\,2}(y_1-y_2)\cos\theta_1\end{pmatrix}\\ 0\end{Bmatrix},\end{aligned}$$

$$\boldsymbol{\gamma}=\begin{Bmatrix}\boldsymbol{\gamma}_{\mathrm{rev(G,1)}}\\ \boldsymbol{\gamma}_{\mathrm{trans(1,2)}}\end{Bmatrix} \tag{13.34}$$

バウムガルテの安定化法を考慮した加速度方程式の右辺 $\boldsymbol{\gamma}_{\mathrm{B}}$ を用いる場合は，式(7.32)から次式で得られる。

$$\boldsymbol{\gamma}_{\mathrm{B}}=\boldsymbol{\gamma}-2\alpha(\boldsymbol{C}_{\boldsymbol{q}}\dot{\boldsymbol{q}})-\beta^2\boldsymbol{C} \tag{13.35}$$

このプログラムは下記である。

プログラム：13-2 振り子＋並進ボディ 回転J拘束 並進J拘束 拡大法（拘束別表現）

(2)　パラメータ値と初期値は 13.2.2 項の例題 47 と同じである。上記を用いて動力学解析を実施した解析例は図 13.4 の場合と同一であることが確認できる。

13.3 発展 ボディ間の並進ジョイント拘束のライブラリ

13.3.1 拘　束　式

13.2節の内容を一般化し，**図13.5**に示すようなボディ数がn_b，全自由度が$n=3n_b$の系全体で，ボディ間の並進ジョイント拘束をライブラリとして利用できる形で表す。ボディi，j上でそれぞれ並進ジョイントの軸上に2点ずつ（P_i，Q_i，P_j，Q_j）を設定する。

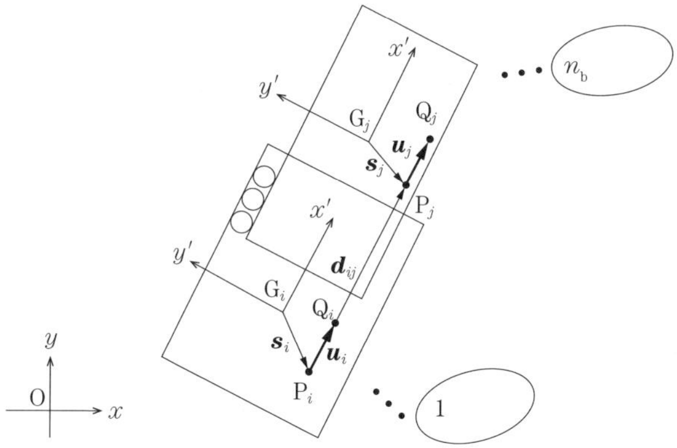

図13.5　ボディi，jの並進ジョイント拘束

下記の四つのベクトルを設定する。まず，ボディi,jそれぞれの上で並進ジョイントに平行なベクトル$\overrightarrow{P_iQ_i}$，$\overrightarrow{P_jQ_j}$を定義する。

$$\overrightarrow{P_iQ_i}:=\boldsymbol{u}_i=\boldsymbol{A}_{OGi}(\theta_i)\boldsymbol{u}'_i,\ \ \overrightarrow{P_jQ_j}:=\boldsymbol{u}_j=\boldsymbol{A}_{OGj}(\theta_j)\boldsymbol{u}'_j \qquad (13.36)$$

つぎに，それぞれのボディi，j内の並進ジョイント軸上の点P_i，P_jへのそれぞれのボディ固定枠の原点G_i，G_jからのベクトル$\overrightarrow{G_iP_i}$，$\overrightarrow{G_jP_j}$を定義する。

$$\overrightarrow{G_iP_i}:=\boldsymbol{s}_i=\boldsymbol{A}_{OGi}(\theta_i)\boldsymbol{s}'_i,\ \ \overrightarrow{G_jP_j}:=\boldsymbol{s}_j=\boldsymbol{A}_{OGj}(\theta_j)\boldsymbol{s}'_j \qquad (13.37)$$

つぎに，ベクトル$\overrightarrow{P_iP_j}$を定義する。

$$\overrightarrow{P_iP_j}:=\boldsymbol{d}_{ij}=(\boldsymbol{r}_j+\boldsymbol{A}_{OGj}(\theta_j)s'_j)-(\boldsymbol{r}_i+\boldsymbol{A}_{OGi}(\theta_i)\boldsymbol{s}'_i) \qquad (13.38)$$

上記を用い，式(13.15)にならい，下記の拘束式が得られる。

$$\boldsymbol{C}_{\text{trans1}(i,j)}(i, j, \boldsymbol{q}_i, \boldsymbol{q}_j, \boldsymbol{u}_i', \boldsymbol{s}_i', \boldsymbol{s}_j') = (\boldsymbol{u}_i^{\perp})^T \boldsymbol{d}_{ij} = (\boldsymbol{V}\boldsymbol{u}_i)^T \boldsymbol{d}_{ij},$$

$$\boldsymbol{C}_{\text{trans2}(i,j)}(i, j, \boldsymbol{q}_i, \boldsymbol{q}_j, \boldsymbol{u}_i', \boldsymbol{u}_j') = (\boldsymbol{u}_i^{\perp})^T \boldsymbol{u}_j = (\boldsymbol{V}\boldsymbol{u}_i)^T \boldsymbol{u}_j,$$

$$\boldsymbol{C}_{\text{trans}(i,j)}(i, j, \boldsymbol{q}_i, \boldsymbol{q}_j, \boldsymbol{r}_i', \boldsymbol{r}_j', \boldsymbol{s}_i', \boldsymbol{s}_j') = \begin{bmatrix} \boldsymbol{C}_{\text{trans1}(i,j)} \\ \boldsymbol{C}_{\text{trans2}(i,j)} \end{bmatrix}_{2\times 1} \tag{13.39}$$

13.3.2　ヤコビマトリックスと加速度方程式

式(13.39)の拘束式 $\boldsymbol{C}_{\text{trans}(i,j)}$ を，式(13.36) ～ (13.38)を用いて展開する。なお，$\boldsymbol{A}_{\text{OG}i}(\theta_i)^T = \boldsymbol{A}_{\text{OG}i}(-\theta_i)$，$\boldsymbol{V}^T = -\boldsymbol{V}$ である。

$$\begin{aligned} \boldsymbol{C}_{\text{trans1}(i,j)} &= (\boldsymbol{V}\boldsymbol{A}_{\text{OG}i}(\theta_i)\boldsymbol{u}_i')^T((\boldsymbol{r}_j + \boldsymbol{A}_{\text{OG}j}(\theta_j)\boldsymbol{s}_j') - (\boldsymbol{r}_i + \boldsymbol{A}_{\text{OG}i}(\theta_i)\boldsymbol{s}_i')) \\ &= (\boldsymbol{u}_i'^T \boldsymbol{A}_{\text{OG}i}(\theta_i)^T \boldsymbol{V}^T)((\boldsymbol{r}_j + \boldsymbol{A}_{\text{OG}j}(\theta_j)\boldsymbol{s}_j') - (\boldsymbol{r}_i + \boldsymbol{A}_{\text{OG}i}(\theta_i)\boldsymbol{s}_i')), \end{aligned}$$

$$\boldsymbol{C}_{\text{trans2}(i,j)} = (\boldsymbol{V}\boldsymbol{A}_{\text{OG}i}(\theta_i)\boldsymbol{u}_i')^T(\boldsymbol{A}_{\text{OG}j}(\theta_j)\boldsymbol{u}_j') = \boldsymbol{u}_i'^T \boldsymbol{A}_{\text{OG}i}(\theta_i)^T \boldsymbol{V}^T \boldsymbol{A}_{\text{OG}j}(\theta_j)\boldsymbol{u}_j',$$

$$\boldsymbol{C}_{\text{trans}(i,j)}(i, j, \boldsymbol{q}_i, \boldsymbol{q}_j, \boldsymbol{r}_i', \boldsymbol{r}_j', \boldsymbol{s}_i', \boldsymbol{s}_j') = \begin{bmatrix} \boldsymbol{C}_{\text{trans1}(i,j)} \\ \boldsymbol{C}_{\text{trans2}(i,j)} \end{bmatrix}_{2\times 1} \tag{13.40}$$

この拘束式 $\boldsymbol{C}_{\text{trans}(i,j)}$ のヤコビマトリックス $\boldsymbol{C}_{\text{trans}(i,j)\boldsymbol{q}}$ を求める。まず，準備として，式(13.37)，(13.38) の位置ベクトル $\boldsymbol{s}_i$，$\boldsymbol{s}_j$，$\boldsymbol{d}_{ij}$ のボディ i，j の一般化座標 $\boldsymbol{q}_i$，$\boldsymbol{q}_j$ に関するヤコビマトリックスを求めておく。

$$\begin{aligned} &\boldsymbol{s}_{i\boldsymbol{q}i} = [\boldsymbol{0}_{2\times 2} \quad \boldsymbol{V}\boldsymbol{A}_{\text{OG}i}(\theta_i)\boldsymbol{s}_i']_{2\times 3} = [\boldsymbol{0}_{2\times 2} \quad \boldsymbol{V}\boldsymbol{s}_i]_{2\times 3}, \quad \boldsymbol{s}_{i\boldsymbol{q}j} = \boldsymbol{0}_{2\times 3}, \\ &\boldsymbol{s}_{j\boldsymbol{q}i} = \boldsymbol{0}_{2\times 3}, \quad \boldsymbol{s}_{j\boldsymbol{q}j} = [\boldsymbol{0}_{2\times 2} \quad \boldsymbol{V}\boldsymbol{A}_{\text{OG}j}(\theta_j)\boldsymbol{s}_j']_{2\times 3} = [\boldsymbol{0}_{2\times 2} \quad \boldsymbol{V}\boldsymbol{s}_j]_{2\times 3}, \\ &\boldsymbol{d}_{ij\boldsymbol{q}i} = [-\boldsymbol{I}_2 \quad -\boldsymbol{V}\boldsymbol{A}_{\text{OG}i}(\theta_i)\boldsymbol{s}_i']_{2\times 3} = [-\boldsymbol{I}_2 \quad -\boldsymbol{V}\boldsymbol{s}_i]_{2\times 3}, \\ &\boldsymbol{d}_{ij\boldsymbol{q}j} = [\boldsymbol{I}_2 \quad \boldsymbol{V}\boldsymbol{A}_{\text{OG}j}(\theta_j)\boldsymbol{s}_j']_{2\times 3} = [\boldsymbol{I}_2 \quad \boldsymbol{V}\boldsymbol{s}_j]_{2\times 3}, \\ &(\boldsymbol{A}_{\text{OG}*}(\theta_*)^T)_{\theta_*} = (\boldsymbol{A}_{\text{OG}*}(-\theta_*))_{\theta_*} = -\boldsymbol{V}\boldsymbol{A}_{\text{OG}*}(-\theta_*) = -\boldsymbol{V}\boldsymbol{A}_{\text{OG}*}(\theta_*)^T \\ &\qquad = \boldsymbol{V}^T \boldsymbol{A}_{\text{OG}*}(\theta_*)^T \quad (* = i, j) \end{aligned} \tag{13.41}$$

これらを用いて式(13.40)の拘束式のヤコビマトリックス $\boldsymbol{C}_{\text{trans}(i,j)\boldsymbol{q}}$ を求めていく。まず，ボディ i，j の一般化座標 $\boldsymbol{q}_i$，$\boldsymbol{q}_j$ に関するヤコビマトリックスを求める。

$$\begin{aligned} &\boldsymbol{C}_{\text{trans 1}(i,j)\boldsymbol{q}i} \\ &= \begin{bmatrix} -(\boldsymbol{u}_i'^T \boldsymbol{A}_{\text{OG}i}(\theta_i)^T \boldsymbol{V}^T) & \begin{pmatrix} -(\boldsymbol{u}_i'^T \boldsymbol{V}\boldsymbol{A}_{\text{OG}i}(\theta_i)^T \boldsymbol{V}^T)\boldsymbol{d}_{ij} \\ -(\boldsymbol{u}_i'^T \boldsymbol{A}_{\text{OG}i}(\theta_i)^T \boldsymbol{V}^T)(\boldsymbol{V}\boldsymbol{A}_{\text{OG}i}(\theta_i)\boldsymbol{s}_i') \end{pmatrix} \end{bmatrix}_{1\times 3} \end{aligned}$$

$$
\begin{aligned}
&= [-(\boldsymbol{u}_i'^T\boldsymbol{A}_{\mathrm{OG}i}(\theta_i)^T\boldsymbol{V}^T) \quad -(\boldsymbol{u}_i'^T\boldsymbol{A}_{\mathrm{OG}i}(\theta_i)^T)\boldsymbol{d}_{ij}-\boldsymbol{u}_i'^T\boldsymbol{s}_i']_{1\times 3}(*)\\
&= [-(\boldsymbol{u}_i'^T\boldsymbol{A}_{\mathrm{OG}i}(\theta_i)^T\boldsymbol{V}^T) \quad -(\boldsymbol{A}_{\mathrm{OG}i}(\theta_i)\boldsymbol{u}_i')^T\boldsymbol{d}_{ij}-\boldsymbol{u}_i'^T\boldsymbol{s}_i']_{1\times 3}\\
&= [-(\boldsymbol{V}\boldsymbol{u}_i)^T \quad -\boldsymbol{u}_i^T\boldsymbol{d}_{ij}-\boldsymbol{u}_i'^T\boldsymbol{s}_i']_{1\times 3},
\end{aligned}
$$

$$
\begin{aligned}
\boldsymbol{C}_{\mathrm{trans1}(i,j)\boldsymbol{q}j} &= [\boldsymbol{u}_i'^T\boldsymbol{A}_{\mathrm{OG}i}(\theta_i)^T\boldsymbol{V}^T \quad (\boldsymbol{u}_i'^T\boldsymbol{A}_{\mathrm{OG}i}(\theta_i)^T\boldsymbol{V}^T)(\boldsymbol{V}\boldsymbol{A}_{\mathrm{OG}j}(\theta_j)\boldsymbol{s}_j')]_{1\times 3}\\
&= [\boldsymbol{u}_i'^T\boldsymbol{A}_{\mathrm{OG}i}(\theta_i)^T\boldsymbol{V}^T \quad \boldsymbol{u}_i'^T\boldsymbol{A}_{\mathrm{OG}i}(\theta_i)^T\boldsymbol{A}_{\mathrm{OG}j}(\theta_j)\boldsymbol{s}_j']_{1\times 3}(*)\\
&= [(\boldsymbol{V}\boldsymbol{A}_{\mathrm{OG}i}(\theta_i)\boldsymbol{u}_i')^T \quad (\boldsymbol{A}_{\mathrm{OG}i}(\theta_i)\boldsymbol{u}_i')^T(\boldsymbol{A}_{\mathrm{OG}j}(\theta_j)\boldsymbol{s}_j')]_{1\times 3}\\
&= [(\boldsymbol{V}\boldsymbol{u}_i)^T \quad \boldsymbol{u}_i^T\boldsymbol{s}_j]_{1\times 3},
\end{aligned}
$$

$$
\begin{aligned}
\boldsymbol{C}_{\mathrm{trans2}(i,j)\boldsymbol{q}i} &= [\boldsymbol{0}_{1\times 2} \quad -\boldsymbol{u}_i'^T\boldsymbol{V}\boldsymbol{A}_{\mathrm{OG}i}(\theta_i)^T\boldsymbol{V}^T\boldsymbol{A}_{\mathrm{OG}j}(\theta_j)\boldsymbol{u}_j']_{1\times 3}(*)\\
&= [\boldsymbol{0}_{1\times 2} \quad -(\boldsymbol{A}_{\mathrm{OG}i}(\theta_i)\boldsymbol{u}_i')^T(\boldsymbol{A}_{\mathrm{OG}j}(\theta_j)\boldsymbol{u}_j')]_{1\times 3}\\
&= [\boldsymbol{0}_{1\times 2} \quad -\boldsymbol{u}_i^T\boldsymbol{u}_j]_{1\times 3},
\end{aligned}
$$

$$
\begin{aligned}
\boldsymbol{C}_{\mathrm{trans2}(i,j)\boldsymbol{q}j} &= [\boldsymbol{0}_{1\times 2} \quad \boldsymbol{u}_i'^T\boldsymbol{A}_{\mathrm{OG}i}(\theta_i)^T\boldsymbol{V}^T\boldsymbol{V}\boldsymbol{A}_{\mathrm{OG}j}(\theta_j)\boldsymbol{u}_j']_{1\times 3}(*)\\
&= [\boldsymbol{0}_{1\times 2} \quad (\boldsymbol{A}_{\mathrm{OG}i}(\theta_i)\boldsymbol{u}_i')^T(\boldsymbol{A}_{\mathrm{OG}j}(\theta_j)\boldsymbol{u}_j')]_{1\times 3}\\
&= [\boldsymbol{0}_{1\times 2} \quad \boldsymbol{u}_i^T\boldsymbol{u}_j]_{1\times 3}
\end{aligned}
\tag{13.42}
$$

ここで，$\boldsymbol{V}\boldsymbol{A}_{\mathrm{OG}*}(\theta_*)\boldsymbol{V}=-\boldsymbol{A}_{\mathrm{OG}*}(\theta_*)\,(*=i,\ j)$，$\boldsymbol{V}\boldsymbol{V}=-\boldsymbol{I}_2$ であることを用いた。また，(*) はつぎに $(\boldsymbol{C}_{\mathrm{trans}(i,j)\boldsymbol{q}})_{\boldsymbol{q}}$ を考える際に参照するためにラベル付けした。

つぎにこれらを，系全体（ボディ数 n_{b}，全自由度 $n=3n_{\mathrm{b}}$）の一般化座標 $\boldsymbol{q}=\{\boldsymbol{q}_1^T \ldots \boldsymbol{q}_i^T \ldots \boldsymbol{q}_{n\mathrm{b}}^T\}_{n\times 1}^T$ に関するヤコビマトリックス $\boldsymbol{C}_{\mathrm{trans}(i,j)\boldsymbol{q}}$ に拡張すると次式で表される。

$$
\begin{aligned}
\boldsymbol{C}_{\mathrm{trans1}(i,j)\boldsymbol{q}} &= [\boldsymbol{0}_{1\times 3(i-1)} \quad \boldsymbol{C}_{\mathrm{trans1}(i,j)\boldsymbol{q}i} \quad \boldsymbol{0}_{1\times 3(n\mathrm{b}-i)}]_{1\times n}\\
&\quad + [\boldsymbol{0}_{1\times 3(j-1)} \quad \boldsymbol{C}_{\mathrm{trans1}(i,j)\boldsymbol{q}j} \quad \boldsymbol{0}_{1\times 3(n\mathrm{b}-j)}]_{1\times n},\\
\boldsymbol{C}_{\mathrm{trans2}(i,j)\boldsymbol{q}} &= [\boldsymbol{0}_{1\times 3(i-1)} \quad \boldsymbol{C}_{\mathrm{trans2}(i,j)\boldsymbol{q}i} \quad \boldsymbol{0}_{1\times 3(n\mathrm{b}-i)}]_{1\times n}\\
&\quad + [\boldsymbol{0}_{1\times 3(j-1)} \quad \boldsymbol{C}_{\mathrm{trans2}(i,j)\boldsymbol{q}j} \quad \boldsymbol{0}_{1\times 3(n\mathrm{b}-j)}]_{1\times n},\\
\boldsymbol{C}_{\mathrm{trans}(i,j)\boldsymbol{q}} &= \begin{bmatrix} \boldsymbol{C}_{\mathrm{trans1}(i,j)\boldsymbol{q}} \\ \boldsymbol{C}_{\mathrm{trans2}(i,j)\boldsymbol{q}} \end{bmatrix}_{2\times n}
\end{aligned}
\tag{13.43}
$$

つぎに $(\boldsymbol{C}_{\mathrm{trans}(i,j)\boldsymbol{q}}\dot{\boldsymbol{q}})_{\boldsymbol{q}}$ を考える。式(13.42)，(13.43)では一般化座標 $\boldsymbol{q}_i$，$\boldsymbol{q}_j$ のうち角度 θ_i, θ_j のみが陽に含まれることに注意する。そして，式(13.42)の (*) の式から式展開する。

$$
\begin{aligned}
&(\boldsymbol{C}_{\mathrm{trans1}(i,j)\boldsymbol{q}}\dot{\boldsymbol{q}})_{\boldsymbol{q}i}\\
&= (\boldsymbol{C}_{\mathrm{trans1}(i,j)\boldsymbol{q}i}\dot{\boldsymbol{q}}_i)_{\boldsymbol{q}i} + (\boldsymbol{C}_{\mathrm{trans1}(i,j)\boldsymbol{q}j}\dot{\boldsymbol{q}}_j)_{\boldsymbol{q}i}
\end{aligned}
$$

$$
\begin{aligned}
&= (-\boldsymbol{u}_i'^T\boldsymbol{A}_{\mathrm{OG}i}(\theta_i)^T\boldsymbol{V}^T\dot{\boldsymbol{q}}_{i(1:2)} - (\boldsymbol{u}_i'^T\boldsymbol{A}_{\mathrm{OG}i}(\theta_i)^T\boldsymbol{d}_{ij} + \boldsymbol{u}_i'^T\boldsymbol{s}_i')\dot{\theta}_i)_{\boldsymbol{q}i} \\
&\quad + ((\boldsymbol{u}_i'^T\boldsymbol{A}_{\mathrm{OG}i}(\theta_i)^T\boldsymbol{V}^T)\dot{\boldsymbol{q}}_{j(1:2)} + (\boldsymbol{u}_i'^T\boldsymbol{A}_{\mathrm{OG}i}(\theta_i)^T\boldsymbol{A}_{\mathrm{OG}j}(\theta_j)\boldsymbol{s}_j')\dot{\theta}_j)_{\boldsymbol{q}i} \\
&= [\boldsymbol{0}_{1\times 2} \quad \boldsymbol{u}_i'^T\boldsymbol{V}\boldsymbol{A}_{\mathrm{OG}i}(\theta_i)^T\boldsymbol{V}^T\dot{\boldsymbol{q}}_{i(1:2)} - \boldsymbol{u}_i'^T\boldsymbol{V}^T\boldsymbol{A}_{\mathrm{OG}i}(\theta_i)^T\boldsymbol{d}_{ij}\dot{\theta}_i] \\
&\quad - \boldsymbol{u}_i'^T\boldsymbol{A}_{\mathrm{OG}i}(\theta_i)^T\boldsymbol{d}_{ij\boldsymbol{q}i}\dot{\theta}_i \\
&\quad + [\boldsymbol{0}_{1\times 2} \quad \boldsymbol{u}_i'^T\boldsymbol{V}^T\boldsymbol{A}_{\mathrm{OG}i}(\theta_i)^T\boldsymbol{V}^T\dot{\boldsymbol{q}}_{j(1:2)} + \boldsymbol{u}_i'^T\boldsymbol{V}^T\boldsymbol{A}_{\mathrm{OG}i}(\theta_i)^T\boldsymbol{A}_{\mathrm{OG}j}(\theta_j)\boldsymbol{s}_j'\dot{\theta}_j] \\
&= [\boldsymbol{0}_{1\times 2} \quad (\boldsymbol{A}_{\mathrm{OG}i}(\theta_i)\boldsymbol{u}_i')^T\dot{\boldsymbol{q}}_{i(1:2)} - (\boldsymbol{V}\boldsymbol{A}_{\mathrm{OG}i}(\theta_i)\boldsymbol{u}_i')^T\boldsymbol{d}_{ij}\dot{\theta}_i] - \boldsymbol{u}_i(\theta_i)^T\boldsymbol{d}_{ij\boldsymbol{q}i}\dot{\theta}_i \\
&\quad + [\boldsymbol{0}_{1\times 2} \quad -(\boldsymbol{A}_{\mathrm{OG}i}(\theta_i)\boldsymbol{u}_i')^T\dot{\boldsymbol{q}}_{j(1:2)} + (\boldsymbol{V}\boldsymbol{A}_{\mathrm{OG}i}(\theta_i)\boldsymbol{u}_i')^T\boldsymbol{A}_{\mathrm{OG}j}(\theta_j)\boldsymbol{s}_j'\dot{\theta}_j] \\
&= [\boldsymbol{0}_{1\times 2} \quad \boldsymbol{u}_i(\theta_i)^T(\dot{\boldsymbol{q}}_{i(1:2)} - \dot{\boldsymbol{q}}_{j(1:2)}) + (\boldsymbol{V}\boldsymbol{u}_i(\theta_i))^T(\boldsymbol{s}_j\dot{\theta}_j - \boldsymbol{d}_{ij}\dot{\theta}_i)]_{1\times 3} \\
&\quad - (\boldsymbol{u}_i(\theta_i)^T\boldsymbol{d}_{ij\boldsymbol{q}i}\dot{\theta}_i)_{1\times 3}
\end{aligned}
\tag{13.44}
$$

$$
\begin{aligned}
&(\boldsymbol{C}_{\mathrm{trans1}(i,j)\boldsymbol{q}}\dot{\boldsymbol{q}})_{\boldsymbol{q}j} \\
&\quad = (\boldsymbol{C}_{\mathrm{trans1}(i,j)\boldsymbol{q}i}\dot{\boldsymbol{q}}_i)_{\boldsymbol{q}j} + (\boldsymbol{C}_{\mathrm{trans1}(i,j)\boldsymbol{q}j}\dot{\boldsymbol{q}}_j)_{\boldsymbol{q}j} \\
&\quad = (-\boldsymbol{u}_i'^T\boldsymbol{A}_{\mathrm{OG}i}(\theta_i)^T\boldsymbol{V}^T\dot{\boldsymbol{q}}_{i(1:2)} - (\boldsymbol{u}_i'^T\boldsymbol{A}_{\mathrm{OG}i}(\theta_i)^T\boldsymbol{d}_{ij} + \boldsymbol{u}_i'^T\boldsymbol{s}_i')\dot{\theta}_i)_{\boldsymbol{q}j} \\
&\qquad + ((\boldsymbol{u}_i'^T\boldsymbol{A}_{\mathrm{OG}i}(\theta_i)^T\boldsymbol{V}^T)\dot{\boldsymbol{q}}_{j(1:2)} + (\boldsymbol{u}_i'^T\boldsymbol{A}_{\mathrm{OG}i}(\theta_i)^T\boldsymbol{A}_{\mathrm{OG}j}(\theta_j)\boldsymbol{s}_j')\dot{\theta}_j)_{\boldsymbol{q}j} \\
&\quad = -\boldsymbol{u}_i'^T\boldsymbol{A}_{\mathrm{OG}i}(\theta_i)^T\boldsymbol{d}_{ij\boldsymbol{q}j}\dot{\theta}_i + [\boldsymbol{0}_{1\times 2} \quad \boldsymbol{u}_i'^T\boldsymbol{A}_{\mathrm{OG}i}(\theta_i)^T\boldsymbol{V}\boldsymbol{A}_{\mathrm{OG}j}(\theta_j)\boldsymbol{s}_j'\dot{\theta}_j] \\
&\quad = [\boldsymbol{0}_{1\times 2} \quad -(\boldsymbol{V}\boldsymbol{u}_i(\theta_i))^T\boldsymbol{s}_j\dot{\theta}_j]_{1\times 3} - (\boldsymbol{u}_i(\theta_i)^T\boldsymbol{d}_{ij\boldsymbol{q}j}\dot{\theta}_i)_{1\times 3}
\end{aligned}
\tag{13.45}
$$

$$
\begin{aligned}
(\boldsymbol{C}_{\mathrm{trans2}(i,j)\boldsymbol{q}}\dot{\boldsymbol{q}})_{\boldsymbol{q}i} &= (\boldsymbol{C}_{\mathrm{trans2}(i,j)\boldsymbol{q}i}\dot{\boldsymbol{q}}_i)_{\boldsymbol{q}i} + (\boldsymbol{C}_{\mathrm{trans2}(i,j)\boldsymbol{q}j}\dot{\boldsymbol{q}}_j)_{\boldsymbol{q}i} \\
&= (-\boldsymbol{u}_i'^T\boldsymbol{A}_{\mathrm{OG}i}(\theta_i)^T\boldsymbol{A}_{\mathrm{OG}j}(\theta_j)\boldsymbol{u}_j'\dot{\theta}_i)_{\boldsymbol{q}i} \\
&\quad + (\boldsymbol{u}_i'^T\boldsymbol{A}_{\mathrm{OG}i}(\theta_i)^T\boldsymbol{A}_{\mathrm{OG}j}(\theta_j)\boldsymbol{u}_j'\dot{\theta}_j)_{\boldsymbol{q}i} \\
&= [\boldsymbol{0}_{1\times 2} \quad -\boldsymbol{u}_i'^T\boldsymbol{V}^T\boldsymbol{A}_{\mathrm{OG}i}(\theta_i)^T\boldsymbol{A}_{\mathrm{OG}j}(\theta_j)\boldsymbol{u}_j'\dot{\theta}_i] \\
&\quad + [\boldsymbol{0}_{1\times 2} \quad \boldsymbol{u}_i'^T\boldsymbol{V}^T\boldsymbol{A}_{\mathrm{OG}i}(\theta_i)^T\boldsymbol{A}_{\mathrm{OG}j}(\theta_j)\boldsymbol{u}_j'\dot{\theta}_j] \\
&= [\boldsymbol{0}_{1\times 2} \quad (\boldsymbol{V}\boldsymbol{u}_i)^T\boldsymbol{u}_j(\dot{\theta}_j - \dot{\theta}_i)]_{1\times 3}
\end{aligned}
\tag{13.46}
$$

$$
\begin{aligned}
(\boldsymbol{C}_{\mathrm{trans2}(i,j)\boldsymbol{q}}\dot{\boldsymbol{q}})_{\boldsymbol{q}j} &= (\boldsymbol{C}_{\mathrm{trans2}(i,j)\boldsymbol{q}i}\dot{\boldsymbol{q}}_i)_{\boldsymbol{q}j} + (\boldsymbol{C}_{\mathrm{trans2}(i,j)\boldsymbol{q}j}\dot{\boldsymbol{q}}_j)_{\boldsymbol{q}j} \\
&= (-\boldsymbol{u}_i'^T\boldsymbol{A}_{\mathrm{OG}i}(\theta_i)^T\boldsymbol{A}_{\mathrm{OG}j}(\theta_j)\boldsymbol{u}_j'\dot{\theta}_i)_{\boldsymbol{q}j} \\
&\quad + (\boldsymbol{u}_i'^T\boldsymbol{A}_{\mathrm{OG}i}(\theta_i)^T\boldsymbol{A}_{\mathrm{OG}j}(\theta_j)\boldsymbol{u}_j'\dot{\theta}_j)_{\boldsymbol{q}j} \\
&= [\boldsymbol{0}_{1\times 2} \quad -\boldsymbol{u}_i'^T\boldsymbol{A}_{\mathrm{OG}i}(\theta_i)^T\boldsymbol{V}\boldsymbol{A}_{\mathrm{OG}j}(\theta_j)\boldsymbol{u}_j'\dot{\theta}_i] \\
&\quad + [\boldsymbol{0}_{1\times 2} \quad \boldsymbol{u}_i'^T\boldsymbol{A}_{\mathrm{OG}i}(\theta_i)^T\boldsymbol{V}\boldsymbol{A}_{\mathrm{OG}j}(\theta_j)\boldsymbol{u}_j'\dot{\theta}_j] \\
&= [\boldsymbol{0}_{1\times 2} \quad \boldsymbol{u}_i'^T\boldsymbol{A}_{\mathrm{OG}i}(\theta_i)^T\boldsymbol{V}^T\boldsymbol{A}_{\mathrm{OG}j}(\theta_j)\boldsymbol{u}_j'\dot{\theta}_i] \\
&\quad + [\boldsymbol{0}_{1\times 2} \quad -\boldsymbol{u}_i'^T\boldsymbol{A}_{\mathrm{OG}i}(\theta_i)^T\boldsymbol{V}^T\boldsymbol{A}_{\mathrm{OG}j}(\theta_j)\boldsymbol{u}_j'\dot{\theta}_j]
\end{aligned}
$$

$$=[\mathbf{0}_{1\times 2} \quad -(\boldsymbol{V}\boldsymbol{u}_i)^T\boldsymbol{u}_j(\dot{\theta}_j-\dot{\theta}_i)]_{1\times 3} \tag{13.47}$$

これを，系全体（ボディ数 n_b，全自由度 $n=3n_\mathrm{b}$）における表記に拡張する。

$$(\boldsymbol{C}_{\mathrm{trans1}(i,j)\boldsymbol{q}}\dot{\boldsymbol{q}})_{\boldsymbol{q}}=[\mathbf{0}_{1\times 3(i-1)} \quad (\boldsymbol{C}_{\mathrm{trans1}(i,j)\boldsymbol{q}}\dot{\boldsymbol{q}})_{\boldsymbol{q}i} \quad \mathbf{0}_{1\times 3(n\mathrm{b}-i)}]_{1\times n}$$
$$+[\mathbf{0}_{1\times 3(j-1)} \quad (\boldsymbol{C}_{\mathrm{trans1}(i,j)\boldsymbol{q}}\dot{\boldsymbol{q}})_{\boldsymbol{q}j} \quad \mathbf{0}_{1\times 3(n\mathrm{b}-j)}]_{1\times n},$$
$$(\boldsymbol{C}_{\mathrm{trans2}(i,j)\boldsymbol{q}}\dot{\boldsymbol{q}})_{\boldsymbol{q}}=[\mathbf{0}_{1\times 3(i-1)} \quad (\boldsymbol{C}_{\mathrm{trans2}(i,j)\boldsymbol{q}}\dot{\boldsymbol{q}})_{\boldsymbol{q}i} \quad \mathbf{0}_{1\times 3(n\mathrm{b}-i)}]_{1\times n}$$
$$+[\mathbf{0}_{1\times 3(j-1)} \quad (\boldsymbol{C}_{\mathrm{trans2}(i,j)\boldsymbol{q}}\dot{\boldsymbol{q}})_{\boldsymbol{q}j} \quad \mathbf{0}_{1\times 3(n\mathrm{b}-j)}]_{1\times n},$$
$$(\boldsymbol{C}_{\mathrm{trans}(i,j)\boldsymbol{q}}\dot{\boldsymbol{q}})_{\boldsymbol{q}}=\begin{bmatrix}(\boldsymbol{C}_{\mathrm{trans1}(i,j)\boldsymbol{q}}\dot{\boldsymbol{q}})_{\boldsymbol{q}}\\(\boldsymbol{C}_{\mathrm{trans2}(i,j)\boldsymbol{q}}\dot{\boldsymbol{q}})_{\boldsymbol{q}}\end{bmatrix}_{2\times n} \tag{13.48}$$

このボディ間の並進ジョイント拘束では，拘束式 $\boldsymbol{C}_{\mathrm{trans}(i,j)}$ およびそのヤコビマトリックス $\boldsymbol{C}_{\mathrm{trans}(i,j)\boldsymbol{q}}$ には時間 t が陽に現れない。したがって，次式となる。

$$\boldsymbol{C}_{\mathrm{trans}(i,j)t}=\boldsymbol{C}_{\mathrm{trans}(i,j)tt}=\mathbf{0}_{2\times 1},\quad \boldsymbol{C}_{\mathrm{trans}(i,j)\boldsymbol{q}t}=\mathbf{0}_{2\times 3n} \tag{13.49}$$

結果として，ボディとボディの並進ジョイント拘束の加速度方程式の右辺 $\boldsymbol{\gamma}_{\mathrm{trans}(i,j)}$ は式(6.28)から次式となる。

$$\boldsymbol{\gamma}_{\mathrm{trans}(i,j)}=-((\boldsymbol{C}_{\mathrm{trans}(i,j)\boldsymbol{q}}\dot{\boldsymbol{q}})_{\boldsymbol{q}}\dot{\boldsymbol{q}}+2\boldsymbol{C}_{\mathrm{trans}(i,j)\boldsymbol{q}t}\dot{\boldsymbol{q}}+\boldsymbol{C}_{\mathrm{trans}(i,j)tt}) \tag{13.50}$$

バウムガルテの安定化法を考慮した加速度方程式の右辺 $\boldsymbol{\gamma}_{\mathrm{Btrans}(i,j)}$ を用いる場合は，式(7.32)から次式で得られる。

$$\boldsymbol{\gamma}_{\mathrm{Btrans}(i,j)}=\boldsymbol{\gamma}_{\mathrm{trans}(i,j)}-2\alpha(\boldsymbol{C}_{\mathrm{trans}(i,j)\boldsymbol{q}}\dot{\boldsymbol{q}})-\beta^2\boldsymbol{C}_{\mathrm{trans}(i,j)} \tag{13.51}$$

13.3.3 ライブラリの用い方

ボディ間の並進ジョイント拘束のライブラリ func_translation_b2b は下記のように用いる。

[C, Cq, Ct, Cqt, Ctt, Cqdqq]

=func_translation_b2b(nb, ib, jb, q, v, u_loci, u_locj, s_loci, s_locj)

入力

nb　系全体のボディ数

ib, jb　並進ジョイントで拘束するボディの番号 i, j

q　系の一般化座標ベクトル $\boldsymbol{q}$

v　系の一般化速度ベクトル $\boldsymbol{v}$

u_loci, u_locj　ボディ i, j のそれぞれの上で並進ジョイントと平行なベクトルをボディ固定枠で表したもの $\boldsymbol{u}'_i$, $\boldsymbol{u}'_j$

s_loci, s_locj　ボディ i, j 内の並進ジョイント軸上の点（P_i, P_j）へのボディ固定枠で表した位置ベクトル $\boldsymbol{s}'_i$, $\boldsymbol{s}'_j$

出力

C, Cq, Ct, Cqt, Ctt, Cqdqq　ボディ間の並進ジョイントによる項

$\boldsymbol{C}_{\mathrm{trans}(i,\,j)}$, $\boldsymbol{C}_{\mathrm{trans}(i,\,j)\boldsymbol{q}}$, $\boldsymbol{C}_{\mathrm{trans}(i,\,j)t}$, $\boldsymbol{C}_{\mathrm{trans}(i,\,j)\boldsymbol{q}t}$, $\boldsymbol{C}_{\mathrm{trans}(i,\,j)tt}$, $(\boldsymbol{C}_{\mathrm{trans}(i,\,j)\boldsymbol{q}}\dot{\boldsymbol{q}})_{\boldsymbol{q}}$

13.3.4　例題 49：動解析（拡大法，並進ジョイント拘束の回転拘束表現 1，ライブラリ）

図 13.1 の系について，13.2.2 項の例題 47 と同じ例題を考える。拘束については拡大法のライブラリ

・func_rev_b2G（8.2.2 項参照）ボディ 1 とグラウンドの回転ジョイント拘束

・func_translation_b2b（13.3.3 項参照）ボディ 1 とボディ 2 の並進ジョイント拘束

を用いて表し，2 ボディ系の動力学解析を実施せよ。

解答

プログラム：13-3 振り子＋並進ボディ 回転 J 拘束 並進 J 拘束 拡大法 拘束ライブラリ

指定されたライブラリを用いる。パラメータ値と初期値は 13.2.2 項の例題 47，13.2.3 項の例題 48 と同じである。動解析を実施すると，この結果は例題 47 の図 13.4 と同じであることが確認できる。

14

第3部　回転ジョイント拘束と並進ジョイント拘束を含むシステム

実践演習：ピストンクランク系

本章では第3部のまとめとして演習を行う。回転ジョイント（グラウンドとボディ，ボディとボディ）と並進ジョイント（グラウンドとボディ）の双方を含むピストンクランク系を扱い，定式化，運動学解析，動力学解析を復習する。

14.1　モデルと定式化

① **モデル**　　モデルを**図 14.1** に示す。三つのボディ（ボディ 1（ピストン），ボディ 2（コンロッド，連結棒），ボディ 3（クランク軸，主軸））で

・ボディ 1：質量 m_1 で質量中心まわりの慣性モーメント J_1

・ボディ 2：質量 m_2 で質量中心まわりの慣性モーメント J_2

・ボディ 3：質量 m_3 で質量中心まわりの慣性モーメント J_3

からなり

・ボディ 1（点 A_1）とボディ 2（点 A_2）が回転ジョイント拘束

・ボディ 2（点 B_2）とボディ 3（点 A_3）が回転ジョイント拘束

・ボディ 3（点 B_3）とグラウンド（原点 O）が回転ジョイント拘束

・グラウンドとボディ 1 が並進ジョイント拘束

されている。重力加速度は，g〔$\mathrm{m/s^2}$〕とする。

② **枠**　　四つの枠を考える。

・全体基準枠 O-xy

・ボディ 1 の質量中心に固定されたボディ固定枠 G_1-$x'y'$

・ボディ 2 の質量中心に固定されたボディ固定枠 G_2-$x'y'$

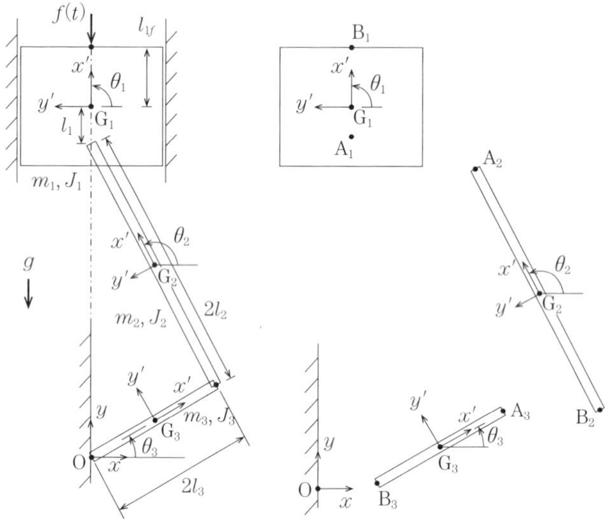

図 14.1　ピストンクランク系

・ボディ 3 の質量中心に固定されたボディ固定枠 G_3-$x'y'$

ここで，各寸法は図 14.1 に示す。

③　**一般化座標**　　ボディ 1，2，3 の質量中心の座標は全体基準枠で $\boldsymbol{r}_1=\{x_1 \quad y_1\}^T$，$\boldsymbol{r}_2=\{x_2 \quad y_2\}^T$，$\boldsymbol{r}_3=\{x_3 \quad y_3\}^T$ とする。ボディ 1，2，3 の姿勢 θ_1，θ_2 と θ_3 は全体基準枠 O-xy の x 軸を基準（$\theta_1=0$，$\theta_2=0$，$\theta_3=0$）とし，x 軸から y 軸への反時計回りの方向を正とする。そして，一般化座標 $\boldsymbol{q}$ を次式のようにとる。

$$\boldsymbol{q}=\{x_1 \quad y_1 \quad \theta_1 \quad x_2 \quad y_2 \quad \theta_2 \quad x_3 \quad y_3 \quad \theta_3\}^T \tag{14.1}$$

④　**各種マトリックスと一般化外力ベクトル**　　質量マトリックス $\boldsymbol{M}$ は次式となる。

$$\boldsymbol{M}=\mathrm{diag}[m_1 \quad m_1 \quad J_1 \quad m_2 \quad m_2 \quad J_2 \quad m_3 \quad m_3 \quad J_3] \tag{14.2}$$

一般化外力ベクトル $\boldsymbol{Q}$ は，重力とボディ 1 の点 B_1 に作用する周期外力 $f(t)$ を考慮し，次式になる。

$$\boldsymbol{Q}=\{\boldsymbol{Q}_1^T \quad \boldsymbol{Q}_2^T \quad \boldsymbol{Q}_3^T\}^T,$$

$$\boldsymbol{Q}_1=\{0 \quad -m_1g-f(t) \quad n_1\}^T,\ \ \boldsymbol{Q}_2=\{0 \quad -m_2g \quad 0\}^T,$$

$$\boldsymbol{Q}_3 = \{0 \quad -m_3 g \quad 0\}^T \tag{14.3}$$

なお，$\boldsymbol{Q}_1$ のモーメント n_1 は式(3.14)より次式で得られる。

$$\boldsymbol{r}'_{\mathrm{G1B1}} = \begin{Bmatrix} l_{1f} \\ 0 \end{Bmatrix},\ \ \boldsymbol{r}_{\mathrm{G1B1}} = \boldsymbol{A}_{\mathrm{OG1}}(\theta_1)\boldsymbol{r}'_{\mathrm{G1B1}} = \begin{Bmatrix} l_{1f}\cos\theta_1 \\ l_{1f}\sin\theta_1 \end{Bmatrix},\ \ \boldsymbol{f}(t) = \begin{Bmatrix} 0 \\ -f(t) \end{Bmatrix},$$

$$n_1 = (\boldsymbol{V}\boldsymbol{r}_{\mathrm{G1B1}})^T \boldsymbol{f}(t) = x_{\mathrm{G1B1}} f_y - y_{\mathrm{G1B1}} f_x = -l_{1f}\cos\theta_1 f(t) \tag{14.4}$$

14.2 拘　　束

14.2.1 回転ジョイント拘束

グラウンドとボディ，2 ボディどうしの回転ジョイント拘束は 8 章と 9 章で定式化して学んだものを用いて表す。

練習

回転ジョイントに関する拘束式 $\boldsymbol{C}_{\mathrm{rev}} = \boldsymbol{0}$ を求めよ。

解答

各ボディ内における質量中心から各拘束点までの位置ベクトルは以下となる。

$$\boldsymbol{r}'_{\mathrm{G1A1}} = \begin{Bmatrix} -l_1 \\ 0 \end{Bmatrix},\ \boldsymbol{r}'_{\mathrm{G2A2}} = \begin{Bmatrix} l_2 \\ 0 \end{Bmatrix},\ \boldsymbol{r}'_{\mathrm{G2B2}} = \begin{Bmatrix} -l_2 \\ 0 \end{Bmatrix},\ \boldsymbol{r}'_{\mathrm{G3A3}} = \begin{Bmatrix} l_3 \\ 0 \end{Bmatrix},\ \boldsymbol{r}'_{\mathrm{G3B3}} = \begin{Bmatrix} -l_3 \\ 0 \end{Bmatrix} \tag{14.5}$$

ボディ i とボディ j の回転ジョイント拘束を $\boldsymbol{C}_{\mathrm{rev}(i,\,j)}$ とする。グラウンドは添字 G で表す。それぞれの拘束は次式になる。

$$\begin{aligned} &\boldsymbol{C}_{\mathrm{rev}(2,1)} = \boldsymbol{r}_1 + \boldsymbol{A}_{\mathrm{OG1}}(\theta_1)\boldsymbol{r}'_{\mathrm{G1A1}} - (\boldsymbol{r}_2 + \boldsymbol{A}_{\mathrm{OG2}}(\theta_2)\boldsymbol{r}'_{\mathrm{G2A2}}) = \boldsymbol{0}, \\ &\boldsymbol{C}_{\mathrm{rev}(3,2)} = \boldsymbol{r}_2 + \boldsymbol{A}_{\mathrm{OG2}}(\theta_2)\boldsymbol{r}'_{\mathrm{G2B2}} - (\boldsymbol{r}_3 + \boldsymbol{A}_{\mathrm{OG3}}(\theta_3)\boldsymbol{r}'_{\mathrm{G3A3}}) = \boldsymbol{0}, \\ &\boldsymbol{C}_{\mathrm{rev}(\mathrm{G},3)} = \boldsymbol{r}_3 + \boldsymbol{A}_{\mathrm{OG3}}(\theta_3)\boldsymbol{r}'_{\mathrm{G3B3}} = \boldsymbol{0} \end{aligned} \tag{14.6}$$

これらの拘束式をまとめて示すと次式となる。

$$\boldsymbol{C}_{\mathrm{rev}} = \begin{Bmatrix} \boldsymbol{C}_{\mathrm{rev}(2,1)} \\ \boldsymbol{C}_{\mathrm{rev}(3,2)} \\ \boldsymbol{C}_{\mathrm{rev}(\mathrm{G},3)} \end{Bmatrix} = \boldsymbol{0}_{6\times 1} \tag{14.7}$$

理解を深めるために，この拘束式(14.7)を本練習の場合について陽に表してみる。ボディ 1 とボディ 2 の回転ジョイント拘束 $\boldsymbol{C}_{\mathrm{rev}(2,1)}$ は次式となる。

$$\begin{aligned} \boldsymbol{C}_{\mathrm{rev}(2,1)} &= \boldsymbol{r}_1 + \boldsymbol{A}_{\mathrm{OG1}}(\theta_1)\begin{Bmatrix} -l_1 \\ 0 \end{Bmatrix} - \left(\boldsymbol{r}_2 + \boldsymbol{A}_{\mathrm{OG2}}(\theta_2)\begin{Bmatrix} l_2 \\ 0 \end{Bmatrix}\right) \\ &= \begin{Bmatrix} x_1 - l_1\cos\theta_1 - x_2 - l_2\cos\theta_2 \\ y_1 - l_1\sin\theta_1 - y_2 - l_2\sin\theta_2 \end{Bmatrix} = \boldsymbol{0} \end{aligned} \tag{14.8}$$

ボディ2とボディ3の回転ジョイント拘束$\boldsymbol{C}_{\mathrm{rev}(3,2)}$は次式となる。

$$\boldsymbol{C}_{\mathrm{rev}(3,2)}=\boldsymbol{r}_2+\boldsymbol{A}_{\mathrm{OG2}}(\theta_2)\begin{Bmatrix}-l_2\\0\end{Bmatrix}-\left(\boldsymbol{r}_3+\boldsymbol{A}_{\mathrm{OG3}}(\theta_3)\begin{Bmatrix}l_3\\0\end{Bmatrix}\right)$$

$$=\begin{Bmatrix}x_2-l_2\cos\theta_2-x_3-l_3\cos\theta_3\\y_2-l_2\sin\theta_2-y_3-l_3\sin\theta_3\end{Bmatrix}=\boldsymbol{0} \tag{14.9}$$

ボディ3と原点Oの回転ジョイント拘束$\boldsymbol{C}_{\mathrm{rev}(\mathrm{G},3)}$は次式となる。

$$\boldsymbol{C}_{\mathrm{rev}(\mathrm{G},3)}=\boldsymbol{r}_3+\boldsymbol{A}_{\mathrm{OG3}}(\theta_3)\begin{Bmatrix}-l_3\\0\end{Bmatrix}=\begin{Bmatrix}x_3-l_3\cos\theta_3\\y_3-l_3\sin\theta_3\end{Bmatrix}=\boldsymbol{0} \tag{14.10}$$

14.2.2　並進ジョイント拘束

つぎに並進ジョイント拘束を示す。グラウンドとボディの並進ジョイント拘束は12章で定式化したものを用いて表す。

練習

並進ジョイントに関する拘束式$\boldsymbol{C}_{\mathrm{trans}}=\boldsymbol{0}$を求めよ。

解答

図14.2を用いてグラウンドとボディ1の並進ジョイント拘束$\boldsymbol{C}_{\mathrm{trans}(\mathrm{G},1)}$を考える。まず，グラウンドの点$\mathrm{A_g}$とボディ1上の点$\mathrm{A_1}$を並進ジョイントの線上にとる。そして，全体基準枠Oからグラウンドの点$\mathrm{A_g}$の位置ベクトル$\boldsymbol{s}_{\mathrm{g}}$およびボディ1のボディ固定枠原点$\mathrm{G_1}$から点$\mathrm{A_1}$の位置ベクトル$\boldsymbol{s}_1$をとる。そして，下記の三つのベクトルを考える。

・グラウンド内に固定された並進ジョイント方向に平行なベクトル$\boldsymbol{u}_{\mathrm{g}}$
・ボディ1内に固定されたベクトル$\boldsymbol{u}_1$
・グラウンドの点$\mathrm{A_g}$とボディ1の点$\mathrm{A_1}$を結びベクトル$\boldsymbol{u}_{\mathrm{g}}$と平行なベクトル$\boldsymbol{d}_{\mathrm{g1}}$

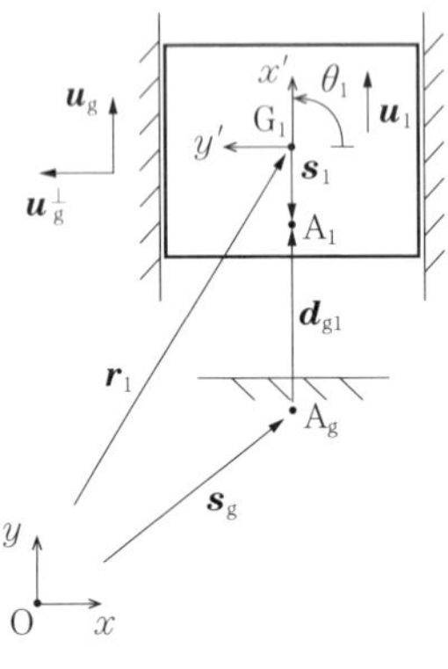

図14.2　グラウンドとボディ1の並進ジョイント拘束

ここで，ベクトル $\boldsymbol{u}_1$，$\boldsymbol{d}_{g1}$ は次式で表される。

$$\boldsymbol{u}_1=\boldsymbol{A}_{OG1}(\theta_1)\boldsymbol{u}'_1,\ \ \boldsymbol{d}_{g1}=(\boldsymbol{r}_1+\boldsymbol{s}_1)-\boldsymbol{s}_g=(\boldsymbol{r}_1+\boldsymbol{A}_{OG1}(\theta_1)\boldsymbol{s}'_1)-\boldsymbol{s}_g \tag{14.11}$$

このとき，並進ジョイント拘束は式(12.13)で表される。

$$\boldsymbol{C}_{\mathrm{trans}(G,1)}=\begin{Bmatrix}(\boldsymbol{V}\boldsymbol{u}_g)^T\boldsymbol{d}_{g1}\\(\boldsymbol{V}\boldsymbol{u}_g)^T\boldsymbol{u}_1\end{Bmatrix}=\boldsymbol{0} \qquad \text{Ref.(12.13)}$$

この系の並進ジョイント拘束はこの一つだけであり，まとめると下記となる。

$$\boldsymbol{C}_{\mathrm{trans}}=\boldsymbol{C}_{\mathrm{trans}(G,1)}=\boldsymbol{0} \tag{14.12}$$

理解を深めるために，この拘束式(12.13)を本練習の場合について陽に表してみる。まず，条件1（ボディがグラウンドに対して並進ジョイントと直交方向に運動しない：$(\boldsymbol{V}\boldsymbol{u}_g)^T\boldsymbol{d}_{g1}=0$）を具体的に示す。例として

$$\boldsymbol{u}_g=\{0\quad 1\}^T,\ \ \boldsymbol{u}'_1=\{1\quad 0\}^T,\ \ \boldsymbol{s}_g=\{0\quad 0\}^T,\ \ \boldsymbol{s}'_1=\{0\quad 0\}^T \tag{14.13}$$

とする。その結果

$$\boldsymbol{d}_{g1}=\boldsymbol{r}_1=\{x_1\quad y_1\}^T \tag{14.14}$$

となる。これらを代入すると

$$(\boldsymbol{V}\boldsymbol{u}_g)^T\boldsymbol{d}_{g1}=\left[\begin{bmatrix}0&-1\\1&0\end{bmatrix}\begin{Bmatrix}0\\1\end{Bmatrix}\right]^T\begin{Bmatrix}x_1\\y_1\end{Bmatrix}=\{-1\quad 0\}\begin{Bmatrix}x_1\\y_1\end{Bmatrix}=-x_1=0 \tag{14.15}$$

を得る。つぎに，条件2（ボディがグラウンドに対して回転運動しない：$(\boldsymbol{V}\boldsymbol{u}_g)^T\boldsymbol{u}_1=0$）を具体的に示す。例として式(14.13)を代入すると次式を得る。

$$\begin{aligned}(\boldsymbol{V}\boldsymbol{u}_g)^T\boldsymbol{u}_1&=\left(\begin{bmatrix}0&-1\\1&0\end{bmatrix}\begin{Bmatrix}0\\1\end{Bmatrix}\right)^T\left(\boldsymbol{A}_{OG1}(\theta_1)\begin{Bmatrix}1\\0\end{Bmatrix}\right)\\&=\begin{Bmatrix}-1\\0\end{Bmatrix}^T\begin{bmatrix}\cos\theta_1&-\sin\theta_1\\\sin\theta_1&\cos\theta_1\end{bmatrix}\begin{Bmatrix}1\\0\end{Bmatrix}=\begin{Bmatrix}-1\\0\end{Bmatrix}^T\begin{Bmatrix}\cos\theta_1\\\sin\theta_1\end{Bmatrix}=0\end{aligned} \tag{14.16}$$

まとめると次式となる。

$$\boldsymbol{C}_{\mathrm{trans}(G,1)}=\begin{Bmatrix}-x_1\\-\cos\theta_1\end{Bmatrix}=\boldsymbol{0} \tag{14.17}$$

14.2.3　系全体の拘束式，ヤコビマトリックスと加速度方程式

以上の拘束条件を，回転ジョイント拘束 $\boldsymbol{C}_{\mathrm{rev}}$ と並進ジョイント拘束 $\boldsymbol{C}_{\mathrm{trans}}$ の順番でまとめ，系全体の拘束式 $\boldsymbol{C}$ を求めると下記となる。

$$\boldsymbol{C}=\begin{Bmatrix}\boldsymbol{C}_{\mathrm{rev}}\\\boldsymbol{C}_{\mathrm{trans}}\end{Bmatrix}=\begin{Bmatrix}\boldsymbol{C}_{\mathrm{rev}(2,1)}\\\boldsymbol{C}_{\mathrm{rev}(3,2)}\\\boldsymbol{C}_{\mathrm{rev}(G,3)}\\\boldsymbol{C}_{\mathrm{trans}(G,1)}\end{Bmatrix}=\boldsymbol{0} \tag{14.18}$$

この拘束式 $\boldsymbol{C}$ は，陽に表すと次式となる。

$$\boldsymbol{C}=\begin{Bmatrix}\boldsymbol{C}_{\mathrm{rev}(2,1)}\\ \boldsymbol{C}_{\mathrm{rev}(3,2)}\\ \boldsymbol{C}_{\mathrm{rev}(G,3)}\\ \boldsymbol{C}_{\mathrm{trans}(G,1)}\end{Bmatrix}=\begin{Bmatrix}x_1-l_1\cos\theta_1-x_2-l_2\cos\theta_2\\ y_1-l_1\sin\theta_1-y_2-l_2\sin\theta_2\\ x_2-l_2\cos\theta_2-x_3-l_3\cos\theta_3\\ y_2-l_2\sin\theta_2-y_3-l_3\sin\theta_3\\ x_3-l_3\cos\theta_3\\ y_3-l_3\sin\theta_3\\ -x_1\\ -\cos\theta_1\end{Bmatrix}=\boldsymbol{0} \tag{14.19}$$

練習

拘束式 $\boldsymbol{C}=\boldsymbol{0}$ から，ヤコビマトリックス $\boldsymbol{C}_{\boldsymbol{q}}$，$(\boldsymbol{C}_{\boldsymbol{q}}\dot{\boldsymbol{q}})_{\boldsymbol{q}}$，および加速度方程式の右辺 $\boldsymbol{\gamma}$，バウムガルテの安定化法を考慮した加速度方程式の右辺 $\boldsymbol{\gamma}_{\mathrm{B}}$ を求めよ。

解答

一般化座標ベクトル $\boldsymbol{q}$ を表す式(14.1)と系の全拘束 $\boldsymbol{C}$ を表す式(14.19)より，ヤコビマトリックス $\boldsymbol{C}_{\boldsymbol{q}}$ は次式となる。

$$\boldsymbol{C}_{\mathrm{rev}(2,1)\boldsymbol{q}}=\begin{bmatrix}1&0&l_1\sin\theta_1&-1&0&l_2\sin\theta_2&0&0&0\\ 0&1&-l_1\cos\theta_1&0&-1&-l_2\cos\theta_2&0&0&0\end{bmatrix},$$

$$\boldsymbol{C}_{\mathrm{rev}(3,2)\boldsymbol{q}}=\begin{bmatrix}0&0&0&1&0&l_2\sin\theta_2&-1&0&l_3\sin\theta_3\\ 0&0&0&0&1&-l_2\cos\theta_2&0&-1&-l_3\cos\theta_3\end{bmatrix},$$

$$\boldsymbol{C}_{\mathrm{rev}(G,3)\boldsymbol{q}}=\begin{bmatrix}0&0&0&0&0&0&1&0&l_3\sin\theta_3\\ 0&0&0&0&0&0&0&1&-l_3\cos\theta_3\end{bmatrix},$$

$$\boldsymbol{C}_{\mathrm{trans}(G,1)\boldsymbol{q}}=\begin{bmatrix}-1&0&0&0&0&0&0&0&0\\ 0&0&\sin\theta_1&0&0&0&0&0&0\end{bmatrix} \tag{14.20}$$

まとめると，次式となる。

$$\boldsymbol{C}_{\boldsymbol{q}}=\begin{bmatrix}\boldsymbol{C}_{\mathrm{rev}(2,1)\boldsymbol{q}}\\ \boldsymbol{C}_{\mathrm{rev}(3,2)\boldsymbol{q}}\\ \boldsymbol{C}_{\mathrm{rev}(G,3)\boldsymbol{q}}\\ \boldsymbol{C}_{\mathrm{trans}(G,1)\boldsymbol{q}}\end{bmatrix} \tag{14.21}$$

$\boldsymbol{C}_{\boldsymbol{q}}\dot{\boldsymbol{q}}$ は次式となる。

$$\boldsymbol{C}_{\mathrm{rev}(2,1)\boldsymbol{q}}\dot{\boldsymbol{q}}=\begin{Bmatrix}\dot{x}_1+l_1\dot{\theta}_1\sin\theta_1-\dot{x}_2+l_2\dot{\theta}_2\sin\theta_2\\ \dot{y}_1-l_1\dot{\theta}_1\cos\theta_1-\dot{y}_2-l_2\dot{\theta}_2\cos\theta_2\end{Bmatrix},$$

$$\boldsymbol{C}_{\mathrm{rev}(3,2)\boldsymbol{q}}\dot{\boldsymbol{q}}=\begin{Bmatrix}\dot{x}_2+l_2\dot{\theta}_2\sin\theta_2-\dot{x}_3+l_3\dot{\theta}_3\sin\theta_3\\ \dot{y}_2-l_2\dot{\theta}_2\cos\theta_2-\dot{y}_3-l_3\dot{\theta}_3\cos\theta_3\end{Bmatrix},$$

$$\boldsymbol{C}_{\mathrm{rev(G,3)}\boldsymbol{q}}\dot{\boldsymbol{q}}=\begin{Bmatrix}\dot{x}_3+l_3\dot{\theta}_3\sin\theta_3\\ \dot{y}_3-l_3\dot{\theta}_3\cos\theta_3\end{Bmatrix},$$

$$\boldsymbol{C}_{\mathrm{trans(G,1)}\boldsymbol{q}}\dot{\boldsymbol{q}}=\begin{Bmatrix}-\dot{x}_1\\ \dot{\theta}_1\sin\theta_1\end{Bmatrix} \tag{14.22}$$

まとめると，次式となる。

$$\boldsymbol{C}_{\boldsymbol{q}}\dot{\boldsymbol{q}}=\begin{Bmatrix}\boldsymbol{C}_{\mathrm{rev(2,1)}\boldsymbol{q}}\dot{\boldsymbol{q}}\\ \boldsymbol{C}_{\mathrm{rev(3,2)}\boldsymbol{q}}\dot{\boldsymbol{q}}\\ \boldsymbol{C}_{\mathrm{rev(G,3)}\boldsymbol{q}}\dot{\boldsymbol{q}}\\ \boldsymbol{C}_{\mathrm{trans(G,1)}\boldsymbol{q}}\dot{\boldsymbol{q}}\end{Bmatrix} \tag{14.23}$$

$(\boldsymbol{C}_{\boldsymbol{q}}\dot{\boldsymbol{q}})_{\boldsymbol{q}}$ は次式となる。

$$(\boldsymbol{C}_{\mathrm{rev(2,1)}\boldsymbol{q}}\dot{\boldsymbol{q}})_{\boldsymbol{q}}=\begin{bmatrix}0&0&l_1\dot{\theta}_1\cos\theta_1&0&0&l_2\dot{\theta}_2\cos\theta_2&0&0&0\\0&0&l_1\dot{\theta}_1\sin\theta_1&0&0&l_2\dot{\theta}_2\sin\theta_2&0&0&0\end{bmatrix},$$

$$(\boldsymbol{C}_{\mathrm{rev(3,2)}\boldsymbol{q}}\dot{\boldsymbol{q}})_{\boldsymbol{q}}=\begin{bmatrix}0&0&0&0&0&l_2\dot{\theta}_2\cos\theta_2&0&0&l_3\dot{\theta}_3\cos\theta_3\\0&0&0&0&0&l_2\dot{\theta}_2\sin\theta_2&0&0&l_3\dot{\theta}_3\sin\theta_3\end{bmatrix},$$

$$(\boldsymbol{C}_{\mathrm{rev(G,3)}\boldsymbol{q}}\dot{\boldsymbol{q}})_{\boldsymbol{q}}=\begin{bmatrix}0&0&0&0&0&0&0&0&l_3\dot{\theta}_3\cos\theta_3\\0&0&0&0&0&0&0&0&l_3\dot{\theta}_3\sin\theta_3\end{bmatrix},$$

$$(\boldsymbol{C}_{\mathrm{trans(G,1)}\boldsymbol{q}}\dot{\boldsymbol{q}})_{\boldsymbol{q}}=\begin{bmatrix}0&0&0&0&0&0&0&0&0\\0&0&\dot{\theta}_1\cos\theta_1&0&0&0&0&0&0\end{bmatrix} \tag{14.24}$$

まとめると，次式となる。

$$(\boldsymbol{C}_{\boldsymbol{q}}\dot{\boldsymbol{q}})_{\boldsymbol{q}}=\begin{bmatrix}(\boldsymbol{C}_{\mathrm{rev(2,1)}\boldsymbol{q}}\dot{\boldsymbol{q}})_{\boldsymbol{q}}\\ (\boldsymbol{C}_{\mathrm{rev(3,2)}\boldsymbol{q}}\dot{\boldsymbol{q}})_{\boldsymbol{q}}\\ (\boldsymbol{C}_{\mathrm{rev(G,3)}\boldsymbol{q}}\dot{\boldsymbol{q}})_{\boldsymbol{q}}\\ (\boldsymbol{C}_{\mathrm{trans(G,1)}\boldsymbol{q}}\dot{\boldsymbol{q}})_{\boldsymbol{q}}\end{bmatrix} \tag{14.25}$$

この系における加速度方程式の右辺 $\boldsymbol{\gamma}$ は次式となる。

$$\boldsymbol{\gamma}=-((\boldsymbol{C}_{\boldsymbol{q}}\dot{\boldsymbol{q}})_{\boldsymbol{q}}\dot{\boldsymbol{q}}+2\boldsymbol{C}_{\boldsymbol{q}t}\dot{\boldsymbol{q}}+\boldsymbol{C}_{tt}) \tag{14.26}$$

バウムガルテの安定化法を考慮した加速度方程式の右辺 $\boldsymbol{\gamma}_{\mathrm{B}}$ を用いる場合は，式(7.32)から次式で得られる。

$$\boldsymbol{\gamma}_{\mathrm{B}}=\boldsymbol{\gamma}-2\alpha(\boldsymbol{C}_{\boldsymbol{q}}\dot{\boldsymbol{q}})-\beta^2\boldsymbol{C} \tag{14.27}$$

14.3 運動学解析（拡大法）

図 14.1 のピストンクランク系の自由度は，ボディ数（$n_{\mathrm{b}}=3$）×3 自由度で拘束式 8 個より 9−8=1 である。ここでは，クランク軸（ボディ 3）の姿勢角 θ_3 の運動を $\theta_3=\theta_{30}+\theta_{3\mathrm{amp}}\sin\omega t$ と与え，系の運動を調べる。

14.3.1 配　位　解　析

系のすべての配位 $\boldsymbol{q}$ について，幾何拘束の拘束式(14.19)につぎの駆動拘束式を併せて解くことにより配位解析を行う。

$$C_{\text{drive}} = \theta_3 - (\theta_{30} + \theta_{3\text{amp}} \sin \omega t) = 0 \tag{14.28}$$

幾何拘束の陽な拘束式(14.19)に駆動拘束式 $C_{\text{drive}}(t) = 0$ を組み合わせたものを示す。

$$\boldsymbol{C}_{\text{kinem}} = \begin{Bmatrix} \boldsymbol{C} \\ C_{\text{drive}} \end{Bmatrix} = \begin{Bmatrix} x_1 - l_1 \cos \theta_1 - x_2 - l_2 \cos \theta_2 \\ y_1 - l_1 \sin \theta_1 - y_2 - l_2 \sin \theta_2 \\ x_2 - l_2 \cos \theta_2 - x_3 - l_3 \cos \theta_3 \\ y_2 - l_2 \sin \theta_2 - y_3 - l_3 \sin \theta_3 \\ x_3 - l_3 \cos \theta_3 \\ y_3 - l_3 \sin \theta_3 \\ -x_1 \\ -\cos \theta_1 \\ \theta_3 - (\theta_{30} + \theta_{3\text{amp}} \sin \omega t) \end{Bmatrix} = \boldsymbol{0} \tag{14.29}$$

この駆動拘束 C_{drive} を組み合わせた拘束式 $\boldsymbol{C}_{\text{kinem}}(\boldsymbol{q}, t) = \boldsymbol{0}$ は配位変数 $\boldsymbol{q}$ に関する非線形式である。ここでは，8.4 節で述べたニュートン–ラプソン法を用いて解く。詳細は 8.4 節の説明を参照すること。

14.3.2 速　度　解　析

時刻 t における一般化座標 $\boldsymbol{q}(t)$ が得られたときの系のすべての速度 $\dot{\boldsymbol{q}}(t)$ を求める。まず，駆動拘束 $C_{\text{drive}} = 0$ による速度方程式を得る。

$$\dot{C}_{\text{drive}} = C_{\text{drive}\,\boldsymbol{q}} \dot{\boldsymbol{q}} + C_{\text{drive}\,t} = 0 \tag{14.30}$$

ここで，式(14.28)より

$$C_{\text{drive}\,\boldsymbol{q}} = [\boldsymbol{0}_{1\times 8} \quad 1], \quad C_{\text{drive}\,t} = -\theta_{3\text{amp}}\, \omega \cos \omega t \tag{14.31}$$

である。これらを 14.2 節で求めた幾何拘束 $\boldsymbol{C} = \boldsymbol{0}$ に関する速度方程式 $\boldsymbol{C}_{\boldsymbol{q}} \dot{\boldsymbol{q}} = \boldsymbol{0}$ に組み合わせて運動学解析のための速度方程式をまとめると次式となる。

$$\boldsymbol{C}_{\text{kinem}\,\boldsymbol{q}} \dot{\boldsymbol{q}} = -\boldsymbol{C}_{\text{kinem}\,t} =: \boldsymbol{\eta}_{\text{kinem}} \quad \Rightarrow \quad \dot{\boldsymbol{q}} = (\boldsymbol{C}_{\text{kinem}\,\boldsymbol{q}})^{-1} \boldsymbol{\eta}_{\text{kinem}} \tag{14.32}$$

ここで，式(14.21)を考慮すると

$$\boldsymbol{C}_{\mathrm{kinem}\,\boldsymbol{q}}=\begin{bmatrix}\boldsymbol{C}_{\boldsymbol{q}}\\ C_{\mathrm{drive}\,\boldsymbol{q}}\end{bmatrix}=\begin{bmatrix}\boldsymbol{C}_{\mathrm{rev}(2,1)\boldsymbol{q}}\\ \boldsymbol{C}_{\mathrm{rev}(3,2)\boldsymbol{q}}\\ \boldsymbol{C}_{\mathrm{rev}(\mathrm{G},3)\boldsymbol{q}}\\ \boldsymbol{C}_{\mathrm{trans}(\mathrm{G},1)\boldsymbol{q}}\\ C_{\mathrm{drive}\,\boldsymbol{q}}\end{bmatrix},\quad \boldsymbol{C}_{\mathrm{kinem}\,t}=\begin{Bmatrix}\boldsymbol{0}_{8\times1}\\ C_{\mathrm{drive}\,t}\end{Bmatrix}\tag{14.33}$$

である。この式(14.32)の右辺 $(\boldsymbol{C}_{\mathrm{kinem}\,\boldsymbol{q}})^{-1}\boldsymbol{\eta}_{\mathrm{kinem}}$ を 14.3.1 項の配位解析で得られている時刻 t における配位変数 $\boldsymbol{q}(t)$ を用いて評価すると，系のすべての速度 $\dot{\boldsymbol{q}}(t)$ がただちに得られる。

14.3.3　加速度解析

時刻 t における配位変数 $\boldsymbol{q}(t)$ と速度変数 $\dot{\boldsymbol{q}}(t)$ が得られたときの系の加速度 $\ddot{\boldsymbol{q}}(t)$ を求める。まず，駆動拘束に関する拘束式の加速度方程式を得る。

$$\begin{aligned}&\ddot{C}_{\mathrm{drive}}=(C_{\mathrm{drive}\,\boldsymbol{q}}\dot{\boldsymbol{q}})_{\boldsymbol{q}}\dot{\boldsymbol{q}}+2C_{\mathrm{drive}\,\boldsymbol{q}t}\dot{\boldsymbol{q}}+C_{\mathrm{drive}\,\boldsymbol{q}}\ddot{\boldsymbol{q}}+C_{\mathrm{drive}\,tt}=0\\ &\Rightarrow\quad C_{\mathrm{drive}\,\boldsymbol{q}}\ddot{\boldsymbol{q}}=-\left((C_{\mathrm{drive}\,\boldsymbol{q}}\dot{\boldsymbol{q}})_{\boldsymbol{q}}\dot{\boldsymbol{q}}+2C_{\mathrm{drive}\,\boldsymbol{q}t}\dot{\boldsymbol{q}}+C_{\mathrm{drive}\,tt}\right)=:\gamma_{\mathrm{drive}}\end{aligned}\tag{14.34}$$

ここで，$C_{\mathrm{drive}\,\boldsymbol{q}}$ は式(14.31)で示しており，それ以外は次式となる。

$$(C_{\mathrm{drive}\,\boldsymbol{q}}\dot{\boldsymbol{q}})_{\boldsymbol{q}}=\boldsymbol{0}_{1\times9},\quad C_{\mathrm{drive}\,\boldsymbol{q}t}=\boldsymbol{0}_{1\times9},\quad C_{\mathrm{drive}\,tt}=\theta_{3\mathrm{amp}}\,\omega^2\sin\omega t\tag{14.35}$$

幾何拘束の加速度方程式(6.28)を拡張し，駆動拘束の加速度方程式(14.34)と組み合わせて運動学解析の加速度方程式をまとめると次式となる。

$$\begin{aligned}&\boldsymbol{C}_{\mathrm{kinem}\,\boldsymbol{q}}\ddot{\boldsymbol{q}}=-\left((\boldsymbol{C}_{\mathrm{kinem}\,\boldsymbol{q}}\dot{\boldsymbol{q}})_{\boldsymbol{q}}\dot{\boldsymbol{q}}+2\boldsymbol{C}_{\mathrm{kinem}\,\boldsymbol{q}t}\dot{\boldsymbol{q}}+\boldsymbol{C}_{\mathrm{kinem}\,tt}\right)=:\boldsymbol{\gamma}_{\mathrm{kinem}}\\ &\Rightarrow\quad \ddot{\boldsymbol{q}}=(\boldsymbol{C}_{\mathrm{kinem}\,\boldsymbol{q}})^{-1}\boldsymbol{\gamma}_{\mathrm{kinem}}\end{aligned}\tag{14.36}$$

ここで，$(\boldsymbol{C}_{\mathrm{kinem}})_{\boldsymbol{q}}$ は式(14.33)で与えられており，それ以外は下記となる。

$$\boldsymbol{C}_{\mathrm{kinem}\,\boldsymbol{q}}=\begin{bmatrix}\boldsymbol{C}_{\boldsymbol{q}}\\ C_{\mathrm{drive}\,\boldsymbol{q}}\end{bmatrix},\quad (\boldsymbol{C}_{\mathrm{kinem}\,\boldsymbol{q}}\dot{\boldsymbol{q}})_{\boldsymbol{q}}=\begin{bmatrix}(\boldsymbol{C}_{\boldsymbol{q}}\dot{\boldsymbol{q}})_{\boldsymbol{q}}\\ (\boldsymbol{C}_{\mathrm{drive}\,\boldsymbol{q}}\dot{\boldsymbol{q}})_{\boldsymbol{q}}\end{bmatrix}=\begin{bmatrix}(\boldsymbol{C}_{\boldsymbol{q}}\dot{\boldsymbol{q}})_{\boldsymbol{q}}\\ \boldsymbol{0}_{1\times9}\end{bmatrix},$$

$$\boldsymbol{C}_{\mathrm{kinem}\,\boldsymbol{q}t}=\boldsymbol{0}_{9\times9},\quad \boldsymbol{C}_{\mathrm{kinem}\,tt}=\begin{Bmatrix}\boldsymbol{0}_{8\times1}\\ C_{\mathrm{drive}\,tt}\end{Bmatrix},\quad \boldsymbol{\gamma}_{\mathrm{kinem}}=\begin{Bmatrix}\boldsymbol{\gamma}\\ \gamma_{\mathrm{drive}}\end{Bmatrix}\tag{14.37}$$

この式(14.36)の右辺 $(\boldsymbol{C}_{\mathrm{kinem}\,\boldsymbol{q}})^{-1}\boldsymbol{\gamma}_{\mathrm{kinem}}$ を 14.3.1，14.3.2 項の配位解析，速度解析で得られている時刻 t における配位変数 $\boldsymbol{q}(t)$，速度変数 $\dot{\boldsymbol{q}}(t)$ を用いて評価すると，系のすべての加速度 $\ddot{\boldsymbol{q}}(t)$ がただちに得られる。

14.3.4　演習 10：運動学（拡大法）

図 14.1 で示したピストンクランク系について，クランク軸（ボディ 3）の姿勢角 θ_3 の運動を $\theta_3=\theta_{30}+\theta_{3amp}\sin\omega t$ と与えたときの運動学解析を行え。

解答

プログラム：14-1 ピストンクランク 回転 J 拘束 並進 J 拘束 運動学

パラメータ値と初期値を**表 14.1** で示す。

表 14.1　プログラムに用いたパラメータの記号，表記，値と説明

記　号	プログラム	値	説　明
l_1	l1	3	ボディ 1 の質量中心 G_1 から接続ジョイントまでの長さ〔m〕
l_2	l2	6	ボディ 2 の長さの半分〔m〕
l_3	l3	2	ボディ 3 の長さの半分〔m〕
θ_{30}	theta30	0.8	運動指令の初期角度〔rad〕
θ_{3amp}	theta3amp	0.4	運動指令の振幅〔m〕
ω	om	$3(2\pi)$	運動指令の変動角速度〔rad/s〕
$\theta_1(0)$	theta(1)	$\pi/2$	ボディ 1 の初期角度〔rad〕
$x_1(0)$	px(1)	$2x_3(0)+2x_2(0)$ $+l_1\cos\theta_1(0)$	ボディ 1 の x 方向初期位置〔m〕
$y_1(0)$	py(1)	$2y_3(0)+2y_2(0)$ $+l_1\sin\theta_1(0)$	ボディ 1 の y 方向初期位置〔m〕
$\theta_2(0)$	theta(2)	$2\pi/3$	ボディ 2 の初期角度〔rad〕
$x_2(0)$	px(2)	$2x_3(0)+l_2\cos\theta_2(0)$	ボディ 2 の x 方向初期位置〔m〕
$y_2(0)$	py(2)	$2y_3(0)+l_2\sin\theta_2(0)$	ボディ 2 の y 方向初期位置〔m〕
$\theta_3(0)$	theta(3)	θ_0	ボディ 3 の初期角度〔rad〕
$x_3(0)$	px(3)	$l_3\cos\theta_3(0)$	ボディ 3 の x 方向初期位置〔m〕
$y_3(0)$	py(3)	$l_3\sin\theta_3(0)$	ボディ 3 の y 方向初期位置〔m〕

(1)　配 位 解 析　　クランク軸（ボディ 3）の角度 $\theta_3=\theta_{30}+\theta_{3amp}\sin\omega t$ を駆動拘束式で入力として与え，ピストン（ボディ 1）やコンロッド（ボディ 2）の位置，角度は駆動拘束を組み合わせた拘束式 $\boldsymbol{C}(\boldsymbol{q},t)=\boldsymbol{0}$ を解くことにより求められる。配位解析で得られた一般化座標の時刻歴を**図 14.3** に示す。

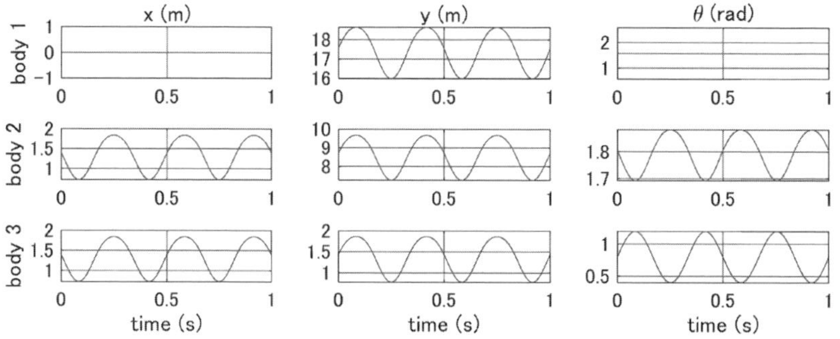

図 14.3 配位の変化

(2) 速 度 解 析　ボディ 3 の角速度 $\dot{\theta}_3 = \theta_{3\mathrm{amp}}\,\omega\cos\omega t$ が入力であり，その他の速度と角速度は（1）配位解析で求めた一般化座標の時刻歴と速度方程式(14.32)から求められる。得られた速度変数の時刻歴を**図 14.4** に示す。

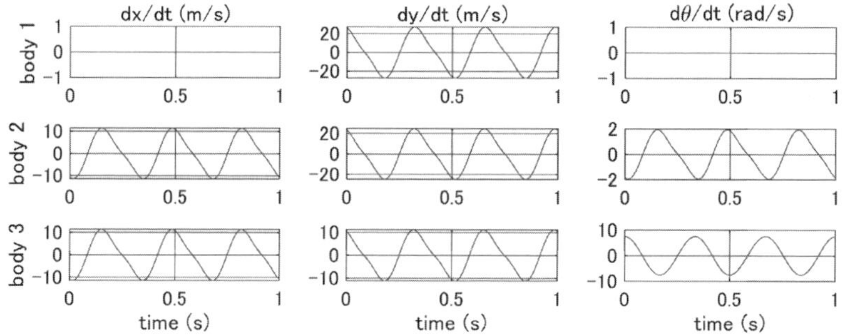

図 14.4 速度の変化

(3) 加速度解析　ボディ 3 の角加速度 $\ddot{\theta}_3 = -\theta_{3\mathrm{amp}}\,\omega^2\sin\omega t$ が入力であり，その他の加速度と角加速度は（1）配位解析と（2）速度解析で求めた一般化座標およびその時間導関数の時刻歴と加速度方程式(14.36)から求められる。得られた加速度変数の時刻歴を**図 14.5** に示す。

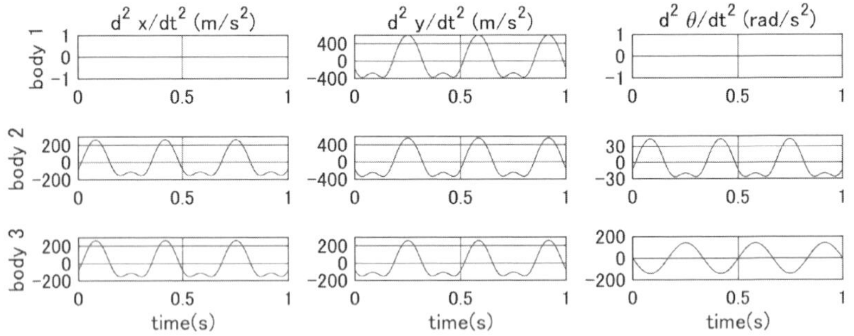

図 14.5　加速度の変化

14.3.5　発展　演習 11：運動学（拡大法，ライブラリ）

14.3.4 項の演習 10 と同じ課題を考える。拘束については拡大法のライブラリ

- func_rev_b2G（8.2.2 項参照）グラウンドとボディ 3 の回転ジョイント拘束
- func_rev_b2b（9.2.2 項参照）ボディ 1 と 2，2 と 3 の回転ジョイント拘束
- func_trans_b2G（12.3.2 項参照）グラウンドとボディ 1 の並進ジョイント拘束

を用いて表し，ピストンクランク系の運動学解析を実施せよ。

解答

プログラム：14-2 ピストンクランク 回転 J 拘束 並進 J 拘束 運動学 拘束ライブラリ

指定されたライブラリを用いる。配位解析ではニュートン-ラプソン法のループの中でこれらのライブラリを用いる。速度解析の際には，すでに配位解析で速度方程式(14.32)の $\boldsymbol{C}_{\mathrm{kinem}\boldsymbol{q}}$ と $\boldsymbol{\eta}_{\mathrm{kinem}}$ に関する情報は得られているのでライブラリを呼び出す必要はない。一方，加速度解析では，速度解析で得られた速度情報を用いて加速度方程式(14.36)の右辺 $\boldsymbol{\gamma}_{\mathrm{kinem}}$ を改めて求め直す必要があり，ライブラリを再度呼び出している。このプログラムを実行すると，図 14.5 と同じ結果が得られることが確認できる。

14.4　動力学解析（拡大法）

図 14.1 で示したピストンクランク系を拡大法で表し，ボディ 1 に外力 $f(t)$ が加わる場合の動的挙動を調べる。

14.4.1　初期条件の設定

系全体の一般化座標の初期配位 $\boldsymbol{q}(0)$ については，一般には幾何拘束の拘束条件式(14.19)に初期位置条件を加えた式を解いて求める。ここでは，クランク軸の初期姿勢 $\theta_3(0)$ を与えることとする。幾何拘束の拘束条件式(14.19)に初期位置条件（$C_{\mathrm{IC}}=\theta_3-\theta_3(0)=0$）を加えた次式を得る。

$$\boldsymbol{C}_{\mathrm{IC}}=\begin{Bmatrix}\boldsymbol{C}\\C_{\mathrm{IC}}\end{Bmatrix}=\begin{Bmatrix}x_1-l_1\cos\theta_1-x_2-l_2\cos\theta_2\\y_1-l_1\sin\theta_1-y_2-l_2\sin\theta_2\\x_2-l_2\cos\theta_2-x_3-l_3\cos\theta_3\\y_2-l_2\sin\theta_2-y_3-l_3\sin\theta_3\\x_3-l_3\cos\theta_3\\y_3-l_3\sin\theta_3\\-x_1\\-\cos\theta_1\\\theta_3-\theta_3(0)\end{Bmatrix}=\mathbf{0}_{9\times1} \tag{14.38}$$

この式を 8.4 節で述べたニュートン-ラプソン法により解いて，系全体の一般化座標の初期配位 $\boldsymbol{q}(0)$ を求める。

系全体の一般化座標の時間導関数の初期値 $\dot{\boldsymbol{q}}(0)$ については，一般には幾何拘束の拘束条件式(14.19)の速度方程式に初期速度条件 $C_{\mathrm{IC}}=0$ を加えた式を解いて求める。幾何拘束の拘束条件式(14.19)の速度方程式に初期速度条件の速度方程式（$\dot{C}_{\mathrm{IC}}=\dot{\theta}_3-\dot{\theta}_3(0)=0$）を加えると，次式を得る。

$$\boldsymbol{C}_{\mathrm{IC}_{\boldsymbol{q}}}\dot{\boldsymbol{q}}=-\boldsymbol{C}_{\mathrm{IC}_t}=:\boldsymbol{\eta}_{\mathrm{IC}},\quad \boldsymbol{\eta}_{\mathrm{IC}}=-\boldsymbol{C}_{\mathrm{IC}_t}=\begin{Bmatrix}\mathbf{0}_{8\times1}\\\dot{\theta}_3(0)\end{Bmatrix},$$

$$\boldsymbol{C}_{\mathrm{IC}_{\boldsymbol{q}}}=\begin{bmatrix}\boldsymbol{C}_{\boldsymbol{q}}\\(C_{\mathrm{IC}})_{\boldsymbol{q}}\end{bmatrix}=\begin{bmatrix}\boldsymbol{C}_{\mathrm{rev}(2,1)\boldsymbol{q}}\\\boldsymbol{C}_{\mathrm{rev}(3,2)\boldsymbol{q}}\\\boldsymbol{C}_{\mathrm{rev}(G,3)\boldsymbol{q}}\\\boldsymbol{C}_{\mathrm{trans}(G,1)\boldsymbol{q}}\\(C_{\mathrm{IC}})_{\boldsymbol{q}}\end{bmatrix},\quad (C_{\mathrm{IC}})_{\boldsymbol{q}}=[\boldsymbol{0}_{1\times 8}\quad 1] \tag{14.39}$$

この式から次式が得られる。

$$\dot{\boldsymbol{q}}=(\boldsymbol{C}_{\mathrm{IC}_{\boldsymbol{q}}})^{-1}\boldsymbol{\eta}_{\mathrm{IC}} \tag{14.40}$$

上記に式(14.38)を解いて得られている $\boldsymbol{q}(0)$ を用いれば，系全体の一般化座標の時間導関数の初期値 $\dot{\boldsymbol{q}}(0)$ が求まる。

14.4.2　演習 12：動力学（拡大法）

ピストンクランク系のピストン（ボディ 1）に，鉛直方向に周期外力 $f(t)=F_0\cos(\theta_3-\pi/2-\theta_{\mathrm{offset}})$ が加わるときの動力学解析を実施せよ。

解答

プログラム：14-3 ピストンクランク 回転 J 拘束 並進 J 拘束 拡大法

パラメータ値と初期値を**表 14.2** で示す。

表 14.2　プログラムに用いたパラメータの記号，表記，値と説明

記　号	プログラム	値	説　明
g	g	9.81	重力加速度〔m/s²〕
m_1	m1	5	ボディ 1 の質量〔kg〕
m_2	m2	5	ボディ 2 の質量〔kg〕
m_3	m3	3	ボディ 3 の質量〔kg〕
l_1	l1	3	ボディ 1 の長さの半分〔m〕
l_2	l2	6	ボディ 2 の長さの半分〔m〕
l_3	l3	2	ボディ 3 の長さの半分〔m〕
J_1	J1	$m_1(2l_1)^2/12$	ボディ 1 の慣性モーメント〔kgm²〕
J_2	J2	$m_2(2l_2)^2/12$	ボディ 2 の慣性モーメント〔kgm²〕
J_3	J3	$m_3(2l_3)^2/12$	ボディ 3 の慣性モーメント〔kgm²〕
$\theta_3(0)$	ptheta3	$\pi/2+5\pi/180$	ボディ 3 の初期角度〔rad〕
$\dot{\theta}_3(0)$	dtheta(3)	0.1	ボディ 3 の初期角速度〔rad/s〕
F_0	F0	200	ボディ 1 の周期外力の大きさ〔N〕
θ_{offset}	thetaoff	$5(\pi/180)$	ボディ 1 の周期外力の位相〔rad〕

各ボディの x 方向位置 x_2 と x_3，y 方向位置 y_1，y_2，y_3，姿勢 θ_2，θ_3 の計算結果を**図 14.6** に示す。図 14.6(b) では，ピストン（ボディ 1），コンロッド（ボディ 2）の y 方向位置はほぼ上下対称でほぼ正弦的に変化するが，クランク軸（ボディ 3）は下端の変化がより急激に変化する上下非対称の周期運動であることがわかる。図 14.6(d) からは，クランク軸（ボディ 3）の姿勢角 θ_3 が周期変動しつつ単調に増加（回転）する様子がわかる。

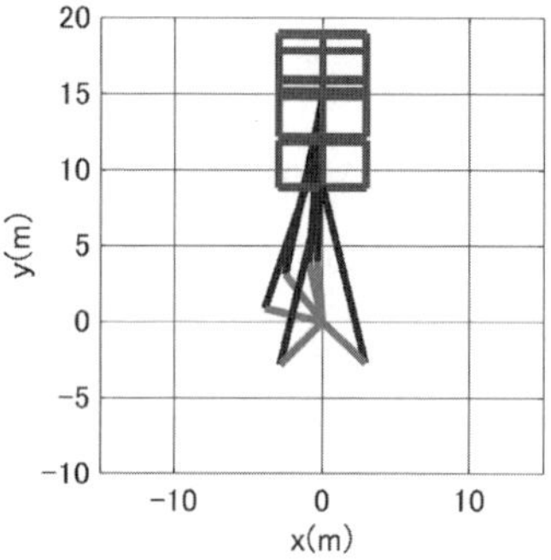

(a)　ピストンクランク系の運動

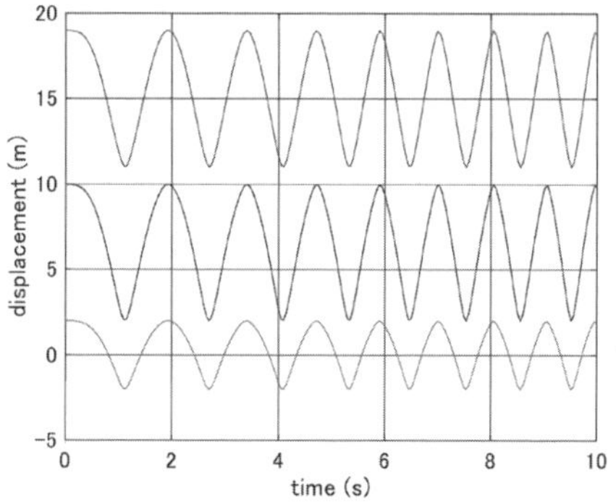

(b)　各ボディの y 方向位置

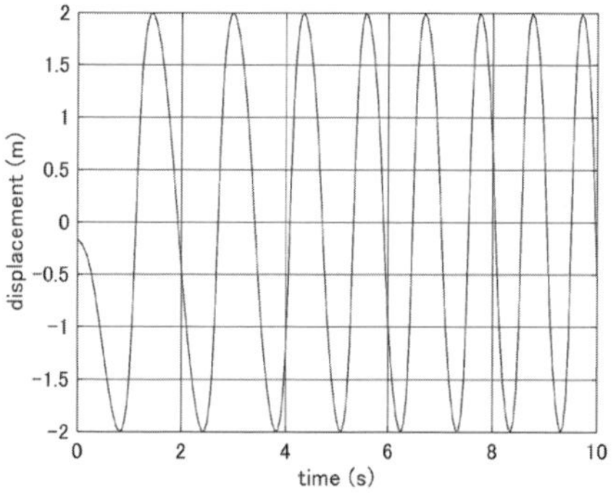

(c)　ボディ 2・ボディ 3 の x 方向位置

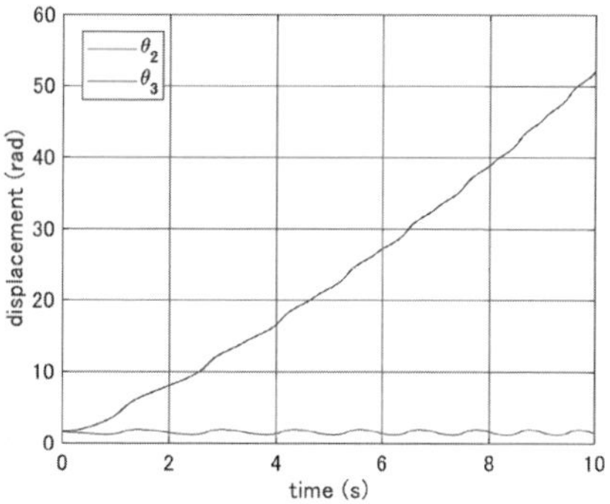

(d)　ボディ 2・ボディ 3 の姿勢

図 14.6　ピストンクランク系の動力学解析結果

14.4.3　発展 演習 13：動力学（拡大法，ライブラリ）

14.4.2 項の演習 12 と同じ課題を考える。拘束については拡大法のライブラリ

・func_rev_b2G（8.2.2 項参照）グラウンドとボディ 3 の回転ジョイント拘束

・func_rev_b2b（9.2.2 項参照）ボディ 1 と 2，2 と 3 の回転ジョイント拘束

・func_trans_b2G（12.3.2 項参照）グラウンドとボディ 1 の並進ジョイント拘束

を用いて表し，ピストンクランク系の動力学解析を実施せよ。

解答

プログラム：14-4 ピストンクランク 回転 J 拘束 並進 J 拘束 拡大法 拘束ライブラリ

指定されたライブラリを用いる。このプログラムを実行すると，図 14.6 と同じ結果が得られることが確認できる。

15

第3部　回転ジョイント拘束と並進ジョイント拘束を含むシステム

実践演習：平地・坂道を走行する車両

本書全体のまとめとして，ボディとボディの回転ジョイント，タイヤとグラウンドとの接触を含む車両の動解析を演習として行う。

15.1　平地を走行する車両のモデルと定式化

15.1.1　車両のモデルと定式化

① **モデル**　　車両はボディとタイヤ二つの系（3ボディ，2回転ジョイント，グラウンドとの接触）で表す。車両の平地走行モデルを**図15.1**に示す。この系は

・ボディ1（車体）：質量 m_1 で質量中心まわりの慣性モーメント J_1

・ボディ2（後輪）：質量 m_2 で質量中心まわりの慣性モーメント J_2

・ボディ3（前輪）：質量 m_3 で質量中心まわりの慣性モーメント J_3

の三つのボディからなり

・ボディ1（点 A_1）とボディ2（点 G_2）が回転ジョイント拘束

・ボディ1（点 B_1）とボディ3（点 G_3）が回転ジョイント拘束

されている。車体と前後輪の間のサスペンションは考慮しない。重力加速度は g〔m/s^2〕とし，鉛直下方に作用するとする。簡単のため，$l_{1f}=l_{1r}$ とする。後輪（ボディ2）にトルク T を加えて車両を動かす。車体に作用する空気抵抗力[26] f_d を考慮する。前後輪（ボディ2,3）とグラウンドの接触は5.2.2項の式(5.7)で示したKelvin-Voigtモデル（仮想的な線形ばね k_c と線形ダンパ c_c を用いた弾性接触力モデル）を用いた弾性接触力 f_{cr}，f_{cf} で表す。また，前後輪とグラ

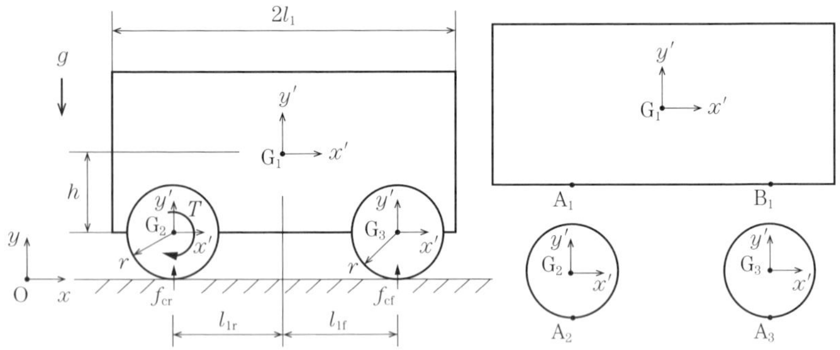

図 15.1　車両の平地走行モデル

ウンドとの摩擦力は5.3.1項の式(5.19)で示したクーロン摩擦力f_{tr}，f_{tf}で表す。

② **枠**　　四つの枠を考える。

・全体基準枠 O-xy

・ボディ 1 の質量中心に固定されたボディ固定枠 G_1-$x'y'$

・ボディ 2 の質量中心に固定されたボディ固定枠 G_2-$x'y'$

・ボディ 3 の質量中心に固定されたボディ固定枠 G_3-$x'y'$

ここで，各寸法は図 15.1 に示す。

③ **一般化座標**　　ボディ 1，2，3 の質量中心の座標は全体基準枠で $\boldsymbol{r}_1=\{x_1\quad y_1\}^T$，$\boldsymbol{r}_2=\{x_2\quad y_2\}^T$，$\boldsymbol{r}_3=\{x_3\quad y_3\}^T$ とする。ボディ 1，2，3 の姿勢 θ_1，θ_2 と θ_3 は全体基準枠 O-xy の x 軸を基準（$\theta_1=0$，$\theta_2=0$，$\theta_3=0$）とし，x 軸から y 軸への反時計回りの方向を正とする。そして，一般化座標 $\boldsymbol{q}$ を次式のようにとる。

$$\boldsymbol{q}=\{x_1\quad y_1\quad \theta_1\quad x_2\quad y_2\quad \theta_2\quad x_3\quad y_3\quad \theta_3\}^T \tag{15.1}$$

④ **各種マトリックスと一般化外力ベクトル**　　質量マトリックス $\boldsymbol{M}$ は次式となる。

$$\boldsymbol{M}=\mathrm{diag}[m_1\quad m_1\quad J_1\quad m_2\quad m_2\quad J_2\quad m_3\quad m_3\quad J_3] \tag{15.2}$$

作用する外力，外モーメントとしては，各ボディに作用する重力，後輪（ボディ 2）に作用するトルク $n_T=-T$，車体（ボディ 1）に作用する空気抵抗力 $\boldsymbol{f}_{\mathrm{d}}$ およびそれによるモーメント n_{fd}，前後輪（ボディ 2，3）の点 A_2，A_3 に作用するグラウンドとの弾性接触力$\boldsymbol{f}_{\mathrm{cr}}$，$\boldsymbol{f}_{\mathrm{cf}}$，およびそれらによるモーメント$n_{\mathrm{cr}}$，$n_{\mathrm{cf}}$，グラウンドとの摩擦力$\boldsymbol{f}_{\mathrm{tr}}$，$\boldsymbol{f}_{\mathrm{tf}}$，およびそれらによるモーメント$n_{\mathrm{tr}}$，$n_{\mathrm{tf}}$を考慮する。

④-1 空気抵抗力$\boldsymbol{f}_{\mathrm{d}}$ 空気抵抗力$\boldsymbol{f}_{\mathrm{d}}$は次式で表される[26]。また，空気抵抗力は車体（ボディ 1）の質量中心 G_1 に向かって作用し，そのモーメントn_{fd}はないとする。

$$\boldsymbol{f}_{\mathrm{d}}=\{f_{\mathrm{d}} \quad 0\}^T,\ \ f_{\mathrm{d}}=-\frac{1}{2}\rho\dot{x}_1^2C_{\mathrm{d}}A,\ \ n_{\mathrm{fd}}=0 \tag{15.3}$$

ここでρは空気の密度，C_{d}は車体の抵抗係数，Aは正面から見た車体面積である。

④-2 車輪とグラウンドとの弾性接触力$\boldsymbol{f}_{\mathrm{c}}$とそのモーメント$\boldsymbol{n}_{\mathrm{c}}$ 車両運動時の前後輪（ボディ 2，3）とグラウンドとの弾性接触力$\boldsymbol{f}_{\mathrm{cr}}$，$\boldsymbol{f}_{\mathrm{cf}}$は 5.2.2 項の式(5.7)で示した Kelvin-Voigt モデルで表すと次式となる。前後輪（ボディ 2，3）のグラウンドとの弾性接触力$\boldsymbol{f}_{\mathrm{cr}}$，$\boldsymbol{f}_{\mathrm{cf}}$はつねに車輪重心の鉛直下方で鉛直方向に作用するとし，そのモーメントn_{cr}，n_{cf}はないとする。

$$\boldsymbol{f}_{\mathrm{cr}}=\{0 \quad f_{\mathrm{cr}}\}^T,\ \ f_{\mathrm{cr}}=\begin{cases}-k(y_2-r)-c\dot{y}_2 & (y_2-r<0)\\ 0 & (y_2-r\geq 0)\end{cases},$$

$$\boldsymbol{f}_{\mathrm{cf}}=\{0 \quad f_{\mathrm{cf}}\}^T,\ \ f_{\mathrm{cf}}=\begin{cases}-k(y_3-r)-c\dot{y}_3 & (y_3-r<0)\\ 0 & (y_3-r\geq 0)\end{cases},$$

$$n_{\mathrm{cr}}=0,\ \ n_{\mathrm{cf}}=0 \tag{15.4}$$

なお，$l_{1\mathrm{f}}=l_{1\mathrm{r}}$としているため，車両静止時の弾性接触力は次式となる。

$$f_{\mathrm{cr(static)}}=f_{\mathrm{cf(static)}}=\left(\frac{m_1+m_2+m_3}{2}\right)g \tag{15.5}$$

④-3 車輪とグラウンドとの摩擦力$\boldsymbol{f}_{\mathrm{t}}$とそのモーメント$\boldsymbol{n}_{\mathrm{t}}$ 5.3 節の式(5.19)，(5.20)で述べたクーロン摩擦力の定式化を用い，前後輪（ボディ 2，3）のグラウンドとの摩擦力$\boldsymbol{f}_{\mathrm{tr}}$，$\boldsymbol{f}_{\mathrm{tf}}$とそのモーメント$n_{\mathrm{tr}}$，$n_{\mathrm{tf}}$を表す。**図 15.2** に，後輪（ボディ 2）の場合を例にとって弾性接触力$\boldsymbol{f}_{\mathrm{cr}}$と摩擦力$\boldsymbol{f}_{\mathrm{tr}}$，そのモーメント$n_{\mathrm{tr}}$を示す。

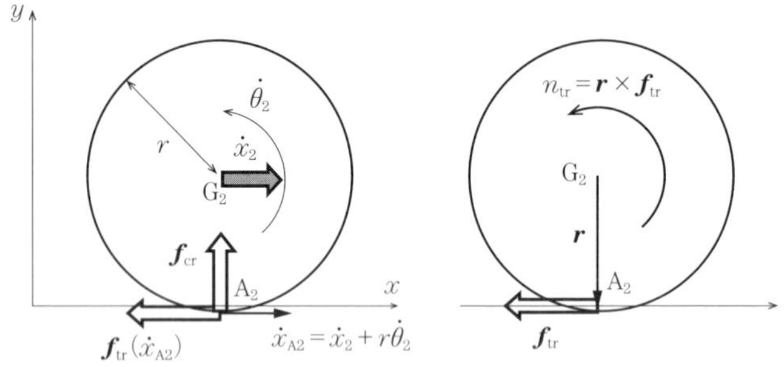

図 15.2　前後輪に作用する地面との間の摩擦力とそのモーメント

ここで，符号関数を用いて表すと，摩擦力 $\boldsymbol{f}_{tr}$，$\boldsymbol{f}_{tf}$ は次式となる。

$$\boldsymbol{f}_{tr}=\{f_{tr}\quad 0\}^T,\ f_{tr}=-\mu|f_{cr}|\mathrm{sign}(\dot{x}_{A2}),\ \dot{x}_{A2}=\dot{x}_2+r\dot{\theta}_2,$$
$$\boldsymbol{f}_{tf}=\{f_{tf}\quad 0\}^T,\ f_{tf}=-\mu|f_{cf}|\mathrm{sign}(\dot{x}_{A3}),\ \dot{x}_{A3}=\dot{x}_3+r\dot{\theta}_3 \tag{15.6}$$

ここで，μ は摩擦係数，sign は符号関数，$\dot{x}_{A2}$，$\dot{x}_{A3}$ は前後輪（ボディ 2，3）のグラウンドとの接触点における接線方向速度成分である。また，摩擦力 $\boldsymbol{f}_{tr}$，$\boldsymbol{f}_{tf}$ によるモーメントは 3.2 節より次式となる。

$$n_{tr}=\boldsymbol{r}\times\boldsymbol{f}_{tr}=(\boldsymbol{V}\boldsymbol{r})^T\boldsymbol{f}_{tr},\ n_{tf}=\boldsymbol{r}\times\boldsymbol{f}_{tf}=(\boldsymbol{V}\boldsymbol{r})^T\boldsymbol{f}_{tf},\ \boldsymbol{r}=\{0\quad -r\}^T \tag{15.7}$$

以上をまとめると，一般化力ベクトル $\boldsymbol{Q}$ は次式となる。

$$\boldsymbol{Q}=\{\boldsymbol{Q}_1^T\quad \boldsymbol{Q}_2^T\quad \boldsymbol{Q}_3^T\}^T,$$
$$\boldsymbol{Q}_1=\{f_d\quad -m_1g\quad n_{fd}\}^T,$$
$$\boldsymbol{Q}_2=\{f_{tr}\quad -m_2g+f_{cr}\quad n_{cr}+n_{tr}+n_T\}^T,$$
$$\boldsymbol{Q}_3=\{f_{tf}\quad -m_3g+f_{cf}\quad n_{cf}+n_{tf}\}^T \tag{15.8}$$

15.1.2　接触力の近似表現（atan 関数，シグモイド関数）

式(15.6)で用いた符号関数（sign 関数）は $\dot{x}_{A2}=0$ 付近で微分不可能かつ不連続であり，数値計算中に擬似的な転がり状態になるとその正負が振動的に繰り返し変化する。そして，このことが計算速度の低下をもたらすことが多い。そこで，この符号関数（sign 関数）の代わりに atan 関数やシグモイド関数を用いた近似表現式を用いる場合がある。その近似表現を次式に示す。

$$\mathrm{sign}(\dot{x}_{\mathrm{A2}}) \quad \Rightarrow \quad \frac{2}{\pi}\,\mathrm{atan}(a\dot{x}_{\mathrm{A2}}),$$

$$\mathrm{sign}(\dot{x}_{\mathrm{A2}}) \quad \Rightarrow \quad \frac{2}{1+\exp(-a\dot{x}_{\mathrm{A2}})}-1=\frac{1-\exp(-a\dot{x}_{\mathrm{A2}})}{1+\exp(-a\dot{x}_{\mathrm{A2}})} \qquad (15.9)$$

ここで，atan 関数ではその範囲（$-\pi/2 \sim \pi/2$）を sign 関数の範囲（$-1 \sim 1$）に対応させるため係数 $2/\pi$ を掛けて正規化する。パラメータ a は atan 関数やシグモイド関数の $\dot{x}_{\mathrm{A2}}=0$ 付近の変化勾配を決めるパラメータであり，解析者が適切に決める必要がある。**図 15.3** に sign 関数と atan 関数のグラフを示す。なお，以降の数値解析では $a=100$ を用いた。

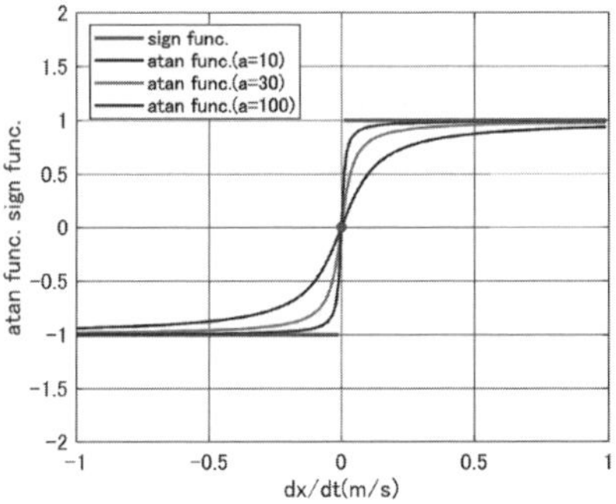

図 15.3　sign 関数と正規化した atan 関数（パラメータ a の影響）

15.2　系全体の拘束式，ヤコビマトリックスと加速度方程式

ボディどうしの回転ジョイント拘束は 9 章で定式化して学んだものを用いて表す。

練習 1

図 15.1 の系全体の拘束式 $\boldsymbol{C}=\boldsymbol{0}$ を求めよ。

解答

車体（ボディ 1）内における質量中心から前後輪（ボディ 2，3）との各拘束点までの位置ベクトル $\boldsymbol{r}'_{\mathrm{G1A1}}$，$\boldsymbol{r}'_{\mathrm{G1B1}}$ は次式となる。なお，ボディ 2，3 内における拘束点は質量中心 G_2，G_3 としているが，ライブラリ利用の便宜上，ボディ 2，3 内における質量中心から各拘束点までの位置ベクトル $\boldsymbol{r}'_{\mathrm{G2B2}}$，$\boldsymbol{r}'_{\mathrm{G3B3}}$ も導入し，$\boldsymbol{0}$ とする。

$$\boldsymbol{r}'_{\mathrm{G1A1}}=\begin{Bmatrix}-l_{1\mathrm{r}}\\-h\end{Bmatrix},\ \ \boldsymbol{r}'_{\mathrm{G1B1}}=\begin{Bmatrix}l_{1\mathrm{f}}\\-h\end{Bmatrix},\ \ \boldsymbol{r}'_{\mathrm{G2B2}}=\boldsymbol{r}'_{\mathrm{G3B3}}=\mathbf{0}_{2\times 1} \tag{15.10}$$

ボディ 1 と 2，1 と 3 のそれぞれの回転ジョイント拘束，およびそれらをまとめた系全体の拘束式 $\boldsymbol{C}$ は次式になる。

$$\begin{aligned}
&\boldsymbol{C}_{\mathrm{rev}(2,1)}=\boldsymbol{r}_1+\boldsymbol{A}_{\mathrm{OG1}}(\theta_1)\boldsymbol{r}'_{\mathrm{G1A1}}-(\boldsymbol{r}_2+\boldsymbol{A}_{\mathrm{OG2}}(\theta_2)\boldsymbol{r}'_{\mathrm{G2B2}})=\mathbf{0},\\
&\boldsymbol{C}_{\mathrm{rev}(3,1)}=\boldsymbol{r}_1+\boldsymbol{A}_{\mathrm{OG1}}(\theta_1)\boldsymbol{r}'_{\mathrm{G1B1}}-(\boldsymbol{r}_3+\boldsymbol{A}_{\mathrm{OG3}}(\theta_3)\boldsymbol{r}'_{\mathrm{G3B3}})=\mathbf{0},\\
&\boldsymbol{C}=\begin{Bmatrix}\boldsymbol{C}_{\mathrm{rev}(2,1)}\\\boldsymbol{C}_{\mathrm{rev}(3,1)}\end{Bmatrix}=\mathbf{0}_{4\times 1}
\end{aligned} \tag{15.11}$$

理解を深めるために，この拘束式(15.11)を本練習の場合について陽に表してみる。ボディ 1 とボディ 2 の回転ジョイント拘束 $\boldsymbol{C}_{\mathrm{rev}(2,1)}$ は次式となる。

$$\begin{aligned}
\boldsymbol{C}_{\mathrm{rev}(2,1)}&=\boldsymbol{r}_1+\boldsymbol{A}_{\mathrm{OG1}}(\theta_1)\boldsymbol{r}'_{\mathrm{G1A1}}-\boldsymbol{r}_2\\
&=\begin{Bmatrix}x_1-l_{1\mathrm{r}}\cos\theta_1+h\sin\theta_1-x_2\\y_1-l_{1\mathrm{r}}\sin\theta_1-h\cos\theta_1-y_2\end{Bmatrix}=\mathbf{0}_{2\times 1}
\end{aligned} \tag{15.12}$$

また，ボディ 1 とボディ 3 の回転ジョイント拘束 $\boldsymbol{C}_{\mathrm{rev}(3,1)}$ は次式である。

$$\begin{aligned}
\boldsymbol{C}_{\mathrm{rev}(3,1)}&=\boldsymbol{r}_1+\boldsymbol{A}_{\mathrm{OG1}}(\theta_1)\boldsymbol{r}'_{\mathrm{G1B1}}-\boldsymbol{r}_3\\
&=\begin{Bmatrix}x_1+l_{1\mathrm{f}}\cos\theta_1+h\sin\theta_1-x_3\\y_1+l_{1\mathrm{f}}\sin\theta_1-h\cos\theta_1-y_3\end{Bmatrix}=\mathbf{0}_{2\times 1}
\end{aligned} \tag{15.13}$$

したがって，系全体の拘束式 $\boldsymbol{C}$ を陽に表すと次式となる。

$$\boldsymbol{C}=\begin{Bmatrix}\boldsymbol{C}_{\mathrm{rev}(2,1)}\\\boldsymbol{C}_{\mathrm{rev}(3,1)}\end{Bmatrix}=\begin{Bmatrix}x_1-l_{1\mathrm{r}}\cos\theta_1+h\sin\theta_1-x_2\\y_1-l_{1\mathrm{r}}\sin\theta_1-h\cos\theta_1-y_2\\x_1+l_{1\mathrm{f}}\cos\theta_1+h\sin\theta_1-x_3\\y_1+l_{1\mathrm{f}}\sin\theta_1-h\cos\theta_1-y_3\end{Bmatrix}=\mathbf{0}_{4\times 1} \tag{15.14}$$

練習 2

拘束式 $\boldsymbol{C}=\mathbf{0}$ から，ヤコビマトリックス $\boldsymbol{C}_{\boldsymbol{q}}$，$(\boldsymbol{C}_{\boldsymbol{q}}\dot{\boldsymbol{q}})_{\boldsymbol{q}}$，加速度方程式の右辺 $\boldsymbol{\gamma}$ を求めよ。

解答

本練習の一般化座標ベクトル $\boldsymbol{q}$ を表す式(15.1)と系の全拘束 $\boldsymbol{C}$ を表す式(15.14)より，ヤコビマトリックス $\boldsymbol{C}_{\boldsymbol{q}}$ は次式となる。

$$\begin{aligned}
&\boldsymbol{C}_{\mathrm{rev}(2,1)\boldsymbol{q}}=\begin{bmatrix}1&0&l_{1\mathrm{r}}\sin\theta_1+h\cos\theta_1&-1&0&0&0&0&0\\0&1&-l_{1\mathrm{r}}\cos\theta_1+h\sin\theta_1&0&-1&0&0&0&0\end{bmatrix},\\
&\boldsymbol{C}_{\mathrm{rev}(3,1)\boldsymbol{q}}=\begin{bmatrix}1&0&-l_{1\mathrm{f}}\sin\theta_1+h\cos\theta_1&0&0&0&-1&0&0\\0&1&l_{1\mathrm{f}}\cos\theta_1+h\sin\theta_1&0&0&0&0&-1&0\end{bmatrix},\\
&\boldsymbol{C}_{\boldsymbol{q}}=\begin{bmatrix}\boldsymbol{C}_{\mathrm{rev}(2,1)\boldsymbol{q}}\\\boldsymbol{C}_{\mathrm{rev}(3,1)\boldsymbol{q}}\end{bmatrix}
\end{aligned} \tag{15.15}$$

$\boldsymbol{C_q}\dot{\boldsymbol{q}}$ は次式となる。

$$\boldsymbol{C}_{\mathrm{rev}(2,1)\boldsymbol{q}}\dot{\boldsymbol{q}}=\begin{Bmatrix}\dot{x}_1+\dot{\theta}_1(l_{1\mathrm{r}}\sin\theta_1+h\cos\theta_1)-\dot{x}_2\\ \dot{y}_1+\dot{\theta}_1(-l_{1\mathrm{r}}\cos\theta_1+h\sin\theta_1)-\dot{y}_2\end{Bmatrix},$$

$$\boldsymbol{C}_{\mathrm{rev}(3,1)\boldsymbol{q}}\dot{\boldsymbol{q}}=\begin{Bmatrix}\dot{x}_1+\dot{\theta}_1(-l_{1\mathrm{f}}\sin\theta_1+h\cos\theta_1)-\dot{x}_3\\ \dot{y}_1+\dot{\theta}_1(l_{1\mathrm{f}}\cos\theta_1+h\sin\theta_1)-\dot{y}_3\end{Bmatrix},$$

$$\boldsymbol{C_q}\dot{\boldsymbol{q}}=\begin{Bmatrix}\boldsymbol{C}_{\mathrm{rev}(2,1)\boldsymbol{q}}\dot{\boldsymbol{q}}\\ \boldsymbol{C}_{\mathrm{rev}(3,1)\boldsymbol{q}}\dot{\boldsymbol{q}}\end{Bmatrix} \tag{15.16}$$

$(\boldsymbol{C_q}\dot{\boldsymbol{q}})_{\boldsymbol{q}}$ は次式となる。

$$(\boldsymbol{C}_{\mathrm{rev}(2,1)\boldsymbol{q}}\dot{\boldsymbol{q}})_{\boldsymbol{q}}=\begin{bmatrix}0&0&\dot{\theta}_1(l_{1\mathrm{r}}\cos\theta_1-h\sin\theta_1)&0&0&0&0&0&0\\ 0&0&\dot{\theta}_1(l_{1\mathrm{r}}\sin\theta_1+h\cos\theta_1)&0&0&0&0&0&0\end{bmatrix},$$

$$(\boldsymbol{C}_{\mathrm{rev}(3,1)\boldsymbol{q}}\dot{\boldsymbol{q}})_{\boldsymbol{q}}=\begin{bmatrix}0&0&\dot{\theta}_1(-l_{1\mathrm{f}}\cos\theta_1-h\sin\theta_1)&0&0&0&0&0&0\\ 0&0&\dot{\theta}_1(-l_{1\mathrm{f}}\sin\theta_1+h\cos\theta_1)&0&0&0&0&0&0\end{bmatrix},$$

$$(\boldsymbol{C_q}\dot{\boldsymbol{q}})_{\boldsymbol{q}}=\begin{bmatrix}(\boldsymbol{C}_{\mathrm{rev}(2,1)\boldsymbol{q}}\dot{\boldsymbol{q}})_{\boldsymbol{q}}\\ (\boldsymbol{C}_{\mathrm{rev}(3,1)\boldsymbol{q}}\dot{\boldsymbol{q}})_{\boldsymbol{q}}\end{bmatrix} \tag{15.17}$$

この系では，拘束 $\boldsymbol{C}$ およびヤコビマトリックス $\boldsymbol{C_q}$ に時間 t が陽に現れないため

$$\boldsymbol{C}_t=\boldsymbol{C}_{tt}=\boldsymbol{0}_{4\times1},\quad \boldsymbol{C}_{\boldsymbol{q}t}=\boldsymbol{0}_{4\times9} \tag{15.18}$$

となる。結果として，この系における加速度方程式の右辺 $\boldsymbol{\gamma}$ は次式となる。

$$\boldsymbol{\gamma}=-((\boldsymbol{C_q}\dot{\boldsymbol{q}})_{\boldsymbol{q}}\dot{\boldsymbol{q}}+2\boldsymbol{C}_{\boldsymbol{q}t}\dot{\boldsymbol{q}}+\boldsymbol{C}_{tt}) \tag{15.19}$$

バウムガルテの安定化法を考慮した加速度方程式の右辺 $\boldsymbol{\gamma}_{\mathrm{B}}$ は次式となる。

$$\boldsymbol{\gamma}_{\mathrm{B}}=\boldsymbol{\gamma}-2\alpha(\boldsymbol{C_q}\dot{\boldsymbol{q}}+\boldsymbol{C}_t)-\beta^2\boldsymbol{C} \tag{15.20}$$

15.3 平地を走行する車両の動力学解析（拡大法）

図 15.1 の平地を走行する車両を拡大法で表し，ボディ 2（後輪）にトルクが加わる場合の動的挙動を調べる。

15.3.1 初 期 条 件

初期状態は静止しており，各ボディの鉛直方向位置は，重力と拘束力，グラウンドからの弾性接触力が釣り合った状態とする。全体基準枠の原点 O はグラウンド上にとる。車体（ボディ 1）の質量中心の初期位置は全体基準枠の原点の鉛直上方に置く。静止時の弾性接触力 $f_{\mathrm{cr(static)}}$ は式(15.5)で表されており，接触による食い込み量は $f_{\mathrm{cr(static)}}/k$ である。以上より系の初期状態 $\boldsymbol{q}(0)$ は次式

となる。

$$\boldsymbol{q}(0)=\{\boldsymbol{q}_1(0)^T \quad \boldsymbol{q}_2(0)^T \quad \boldsymbol{q}_3(0)^T\}^T,$$

$$\boldsymbol{q}_1(0)=\left\{0 \quad r-\frac{f_{\mathrm{cr(static)}}}{k}+h \quad 0\right\},$$

$$\boldsymbol{q}_2(0)=\left\{-l_{1\mathrm{r}} \quad r-\frac{f_{\mathrm{cr(static)}}}{k} \quad 0\right\},$$

$$\boldsymbol{q}_3(0)=\left\{l_{1\mathrm{f}} \quad r-\frac{f_{\mathrm{cr(static)}}}{k} \quad 0\right\} \tag{15.21}$$

15.3.2　演習 14：動解析（拡大法，一定トルク）

車両が静止状態から，後輪（ボディ 2）に一定トルク T〔Nm〕を加えたときの車両の動的挙動の解析を行え。ボディ間の回転ジョイント拘束は，陽に記述してもライブラリ func_rev_b2b（9.2.2 項参照）を用いて記述してもよい。なお，クーロン摩擦力は atan 関数の近似表現を用いよ。

解答

ボディ間の回転ジョイント拘束について，拘束式を陽に記述したものを
プログラム：15-1 平地 車両 弾性接触力 回転 J 拘束 拡大法
に示し，ライブラリ func_rev_b2b を用いたものを
プログラム：15-2 平地 車両 弾性接触力 回転 J 拘束 拡大法 拘束ライブラリ
に示す。また，パラメータと初期値を**表 15.1** で示す。

後輪（ボディ 2）に一定トルク $T=3\,000$〔Nm〕を加えた場合について，**図 15.4** に車両の運動の様子を示す。前後輪にはボディの姿勢を表すために円周上に●を付けており，時間の経過とともに前後輪（ボディ 2，3）が回転している。**図 15.5**，**図 15.6** はそれぞれ車体（ボディ 1）と後輪（ボディ 2）の動的挙動を示し，上段が配位 x，y，θ，下段が速度 $\dot{x}$，$\dot{y}$，$\dot{\theta}$ の時刻歴である。

図 15.5 から，車体（ボディ 1）の速度 $\dot{x}_1$ は時間にほぼ比例して増速しつつ，鉛直方向位置 y_1 と姿勢角 θ_1 はタイヤのグラウンドとの弾性接触に起因する小刻みな振動が減衰して一定値に収束している。図 15.6 から，ボディ 2（後輪）の鉛直方向位置 y_2 はタイヤの弾性接触に起因する微小な上下運動も減衰してほぼ 0.3m で一定に収束し，姿勢 θ_2 はスムーズに負方向に変化（時計回り回転）しており，グラウンドとの摩擦により回転して車両に推進力を与えている。ボディ 3（前輪）の動的挙動は，ボディ 2（後輪）の図 15.6 とほぼ同じであり説明を省略するが，この一定トルク $T=$

表 15.1 プログラムに用いたパラメータの記号，表記，値と説明

記　号	プログラム	値	説　明
l_1	l1	2.2	ボディ 1（車体）長さが $2l_1$〔m〕
l_{1r}	l1r	1.75	ボディ 1（車体）とボディ 2（後輪）の 質量中心の x 軸方向距離〔m〕
l_{1f}	l1f	1.75	ボディ 1（車体）とボディ 3（前輪）の 質量中心の x 軸方向距離〔m〕
h	h	0.65	ボディ 1（車体）とボディ 2，3（前後輪）の 質量中心の y 軸方向距離〔m〕
r	r	0.3175	ボディ 2，3（前後輪）の半径〔m〕
m_1	m1	1 000	ボディ 1（車体）の質量〔kg〕
m_2	m2	18	ボディ 2（後輪）の質量〔kg〕
m_3	m3	18	ボディ 3（前輪）の質量〔kg〕
k	k	3×10^5	ボディ 2，3（前後輪）のグラウンドとの 弾性接触力の剛性係数〔N/m〕
c	c	500	ボディ 2，3（前後輪）のグラウンドとの 弾性接触力の減衰係数〔Ns/m〕
ρ	rho	1.2	空気の密度〔kg/m^3〕
C_d	Cd	0.3	抵抗係数
A	A	2.0	面積〔m^2〕
μ	mu	9.0	転がり抵抗係数
T	T	3 000	ボディ 2（後輪）に加えたトルク〔Nm〕

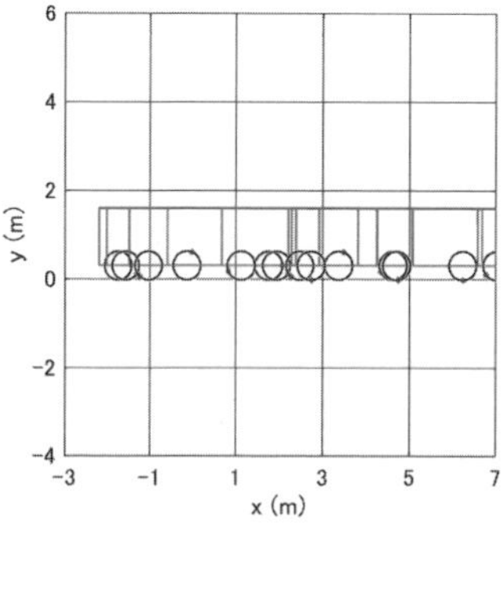

図 15.4 車両の運動

3 000〔Nm〕の場合はボディ 3（前輪）がグラウンドから浮かずにつねにグラウンドに接触し続けたため，後輪（ボディ 2）と似た動的挙動となる。

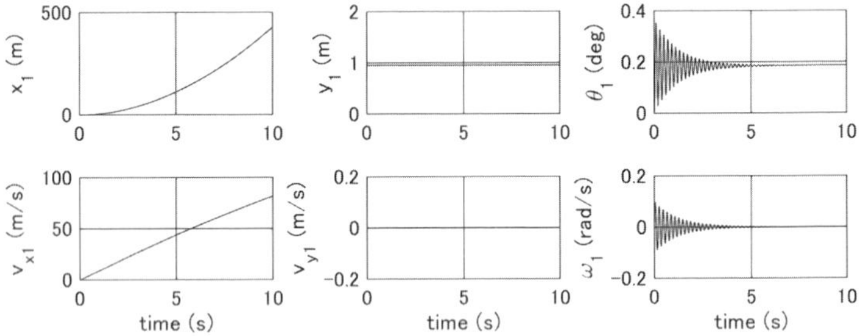

図 15.5　車体（ボディ 1）の時刻歴

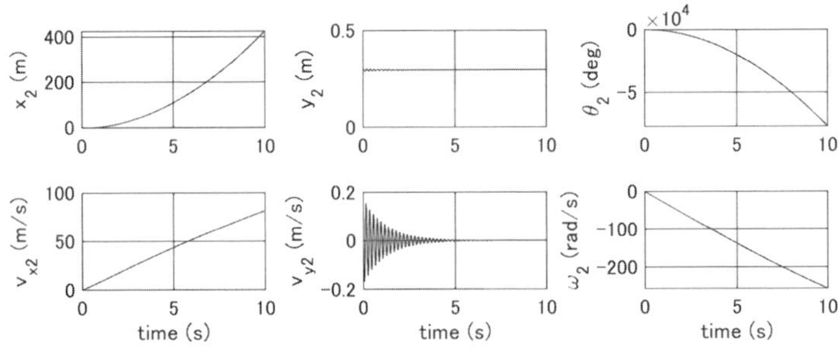

図 15.6　後輪（ボディ 2）の時刻歴

15.3.3　演習 15：動解析（拡大法，トルク増大）

一定トルクを $T = 8\,000$〔Nm〕と大きくしたときの車両の動的挙動を解析し，ボディ 1（車体），ボディ 2, 3（後輪，前輪）の挙動を説明せよ。なお，クーロン摩擦力は atan 関数の近似表現を用いよ。

解答

プログラムは同じで，トルク値を変えて解析をする。**図 15.7** に車両の運動とボディ 1 の時刻歴を示す。図 15.7 からは，トルクが大きいため加速が大きく前輪が浮き上がっていること，車体（ボディ 1）の姿勢角 θ_1 が上昇していることが確認できる。**図 15.8** にボディ 2, 3（後輪，前輪）の時刻歴を示す。後輪（ボディ 2）の鉛直位置 y_2 はほぼ変わらずグラウンドとの接触を示しているが，前輪（ボディ 3）の鉛直位置 y_3 は運動開始後 2 回バウンドし，その後にグラウンドから浮き上がっている。

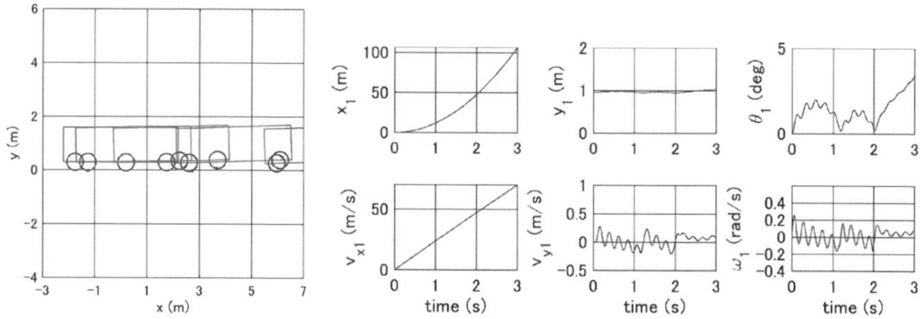

図 15.7　車両の運動とボディ 1（車体）の時刻歴

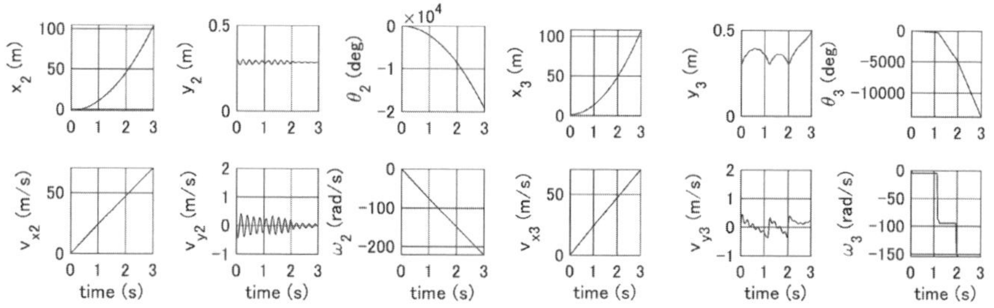

図 15.8　ボディ 2，3（後輪，前輪）の時刻歴

15.3.4　演習 16：動解析（拡大法，一定トルク，接触力表現の比較）

前後輪とグラウンドとの摩擦力の表現には，15.3.2 項の演習 14 と 15.3.3 項の演習 15 では式(15.9)で述べた atan 関数による近似表現を用いた。atan 関数による近似表現を用いた場合と符号関数（sign）を用いた場合を比較し，考察せよ。

解答

プログラム中の sub_carmodel.m において atan 関数と sign 関数の双方が準備してあり，コメントアウトで切り替えられる。なお，前後輪同時に変更する必要があることに注意する。

(1)　解析時間の比較　まず解析時間について，同じ解析条件（3 秒間）で atan 関数を用いた場合と sign 関数を用いた場合のシミュレーションの実行時間を比較した結果を**表 15.2** に示す。sign 関数を用いるよりも atan 関数を用いたほうが，解析時間が 4 倍程度速い。また，解析の進み方についても，atan 関数はスムーズに時間 t

表 15.2　解析開始から終了までに要した時間

関　数	時間 t
atan 関数	96 s
sign 関数	400 ～ 450 s

が進むが，sign 関数は時間 t の進み方にむらがあり，計算がなかなか進まない部分がある。

（2）　時刻歴応答結果の比較　　**図 15.9** に 15.3.2 項の演習 14 と同じ一定トルク $T=3\,000$〔Nm〕を加えた場合の車体と後輪（ボディ 1，2）の一般化座標の時刻歴を比較した結果を示す。atan 関数と sign 関数の時刻歴を重ねて示す（プログラムでは青線と赤線）が，各ボディの時刻歴の atan 関数と sign 関数の場合の結果は十分良好に一致している。

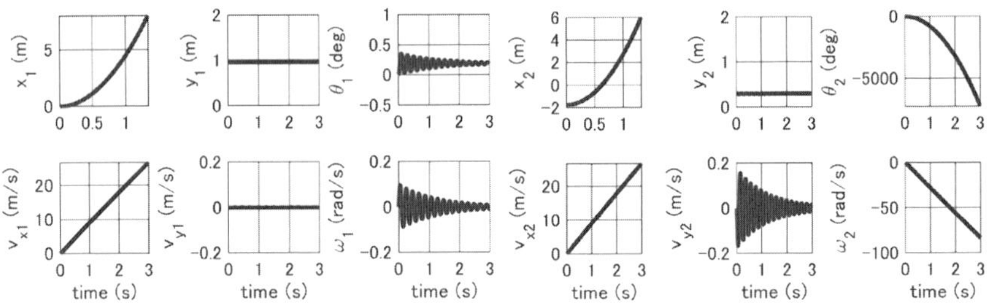

（a）　車　体　　　　（b）　後　輪

図 15.9　車体と後輪（ボディ 1，2）の時刻歴（atan 関数と sign 関数）

15.4　坂道を運動する車両（拡大法）

15.4.1　演習 17：坂道の場合のモデル化

図 15.10 のように水平面から角度 θ_0 の坂道を走行する車両を考える。平地の場合の図 15.1 および 15.1 節で述べた各種外力を，坂道を走行する場合に修正せよ。

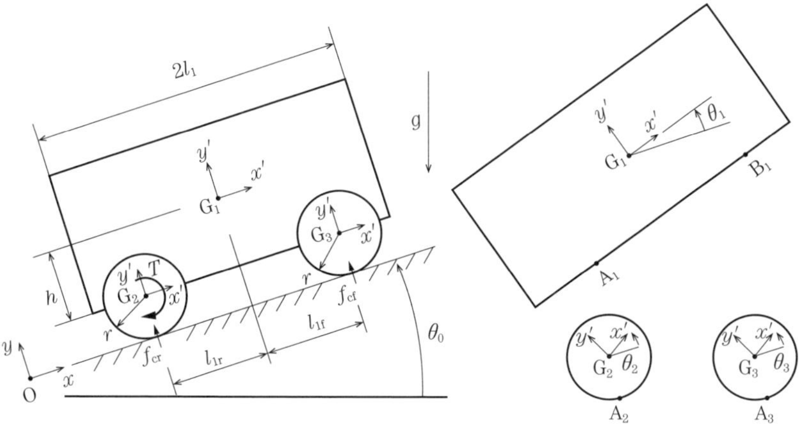

図 15.10　坂道を走行する車両のモデル

解答

平地の場合の図 15.1 および 15.1 節で述べたモデルと定式化の修正を考える。基準枠のとり方はさまざまで，外力の表現も基準枠のとり方によって変化する。ここでは各種外力の修正が最も少なくなるような一つのとり方で考える。斜面上に全体基準枠の原点 O をとり，斜面に沿って x 軸をとった全体基準枠 O-xy を考えると，ボディ 2，3 のグラウンド（斜面）との空気抵抗力，弾性接触力，摩擦力，およびそれらによるモーメントの表現は 15.1 節と同じとなる。一方，重力の作用は異なり，結果として一般化力ベクトル $\boldsymbol{Q}$ は次式となる。

$$
\begin{aligned}
&\boldsymbol{Q} = \{\boldsymbol{Q}_1^T \quad \boldsymbol{Q}_2^T \quad \boldsymbol{Q}_3^T\}^T,\\
&\boldsymbol{Q}_1 = \{f_{\rm d} - m_1 g \sin\theta_0 \quad -m_1 g \cos\theta_0 \quad n_{\rm fd}\}^T,\\
&\boldsymbol{Q}_2 = \{f_{\rm tr} - m_2 g \sin\theta_0 \quad -m_2 g \cos\theta_0 + f_{\rm cr} \quad n_{\rm cr} + n_{\rm tr} + n_T\}^T,\\
&\boldsymbol{Q}_3 = \{f_{\rm tf} - m_3 g \sin\theta_0 \quad -m_3 g \cos\theta_0 + f_{\rm cf} \quad n_{\rm cf} + n_{\rm tf}\}^T
\end{aligned} \qquad (15.22)
$$

15.4.2　演習 18：動解析（拡大法，一定トルク）

車両が静止状態から，後輪（ボディ 2）に一定トルク T〔Nm〕を加えたときの車両の動的挙動の解析を行い，斜面を登れる場合と登れない場合を観察せよ。

解答

ボディ間の回転ジョイント拘束について，拘束式を陽に記述したものを

プログラム：15-3 坂道 車両 弾性接触力 回転 J 拘束 拡大法

に示し，ライブラリ func_rev_b2b（9.2.2 項参照）を用いて表したものを

プログラム：15-4 坂道 車両 弾性接触力 回転 J 拘束 拡大法 拘束ライブラリ

に示す。

一定トルク $T=3\,000$〔Nm〕を後輪（ボディ 2）に加えた場合の解析結果を**図 15.11**，**図 15.12** に示す。図 15.11 から $T=3\,000$〔Nm〕は車両が斜面を登るのに十分であり，前後両輪とも斜面に接触しながら斜面を登って走行していく。

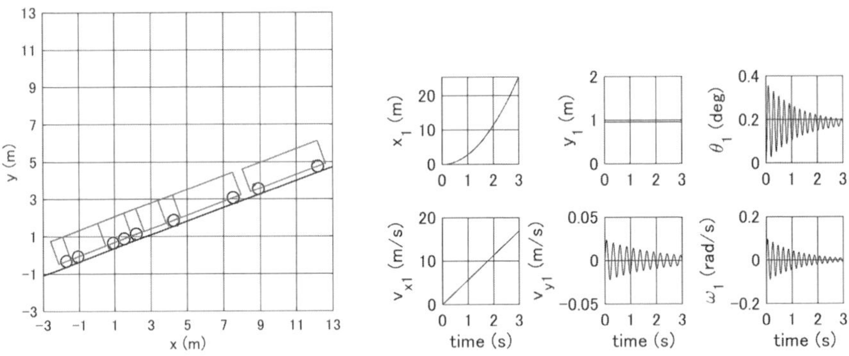

図 15.11　車両の挙動とボディ 1（車体）の時刻歴（atan 関数表現）

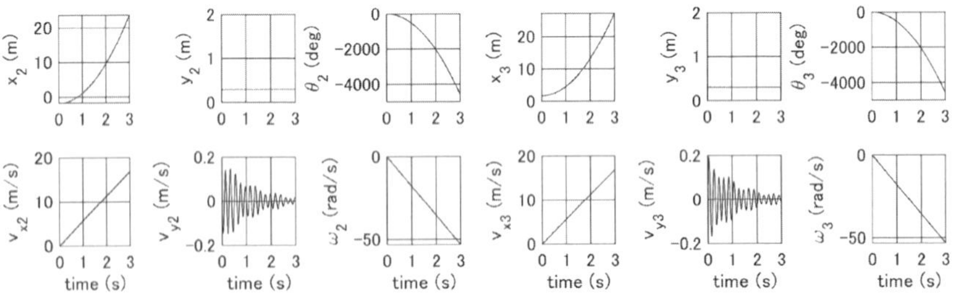

図 15.12　ボディ 2，3（後輪，前輪）の時刻歴（atan 関数表現）

つぎに，一定トルク $T=1\,000$〔Nm〕を後輪（ボディ 2）に加えた場合でプログラムを実行して得られた結果を**図 15.13**，**図 15.14** に示す。図 15.13 からトルク $T=1\,000$〔Nm〕は車両が斜面を登っていくのには不十分であり，前後両輪とも斜面を降りてきてしまう。また，図 15.14 から，前後輪（ボディ 2，3）ともに反時計回りに回転しつつ斜面を降りてくる時刻歴応答が確認できる。

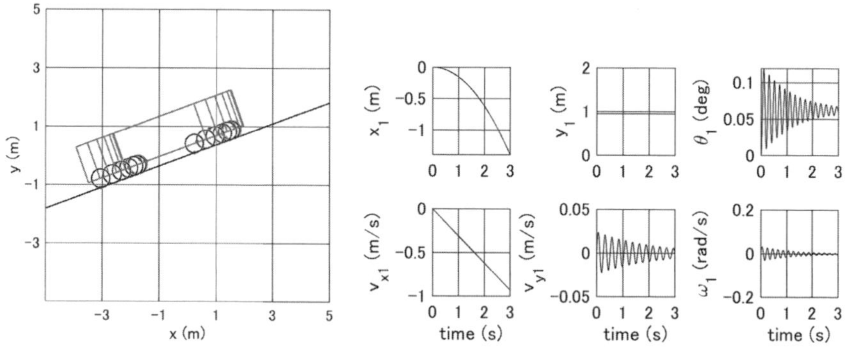

図 15.13 車両の挙動とボディ 1（車体）の時刻歴（atan 関数表現）

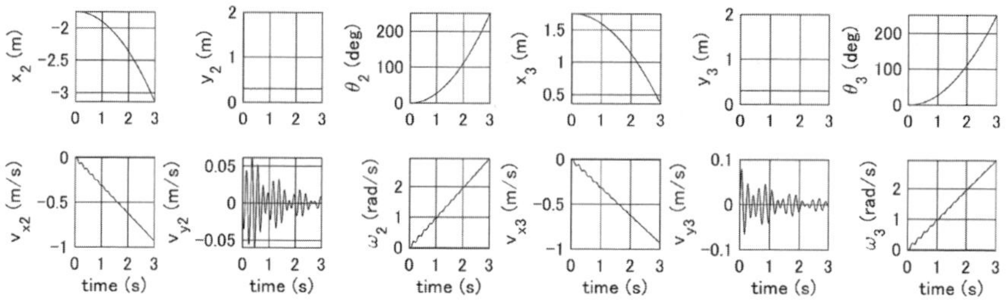

図 15.14 ボディ 2，3（後輪，前輪）の時刻歴（atan 関数表現）

16 おわりに：本書からの発展について

本書では，範囲を平面ダイナミクスに絞り，機械力学とマルチボディダイナミクスの体系的な説明と定式化を行った。また，実践を重視し，それらの定式化を用いた多種多様な例題・演習・プログラムを示した。これらの実践的な例題・演習の内容を組み合わせれば，読者が具体的な対象・状況を扱う際，あるいは汎用ソフトウェアを用いて対象の機械システムを解析してその結果を考察する際に十分対応できるものとした。

一方で，本書のページ数の都合上取り扱うことができなかった内容もある。その例を下記に示す。

・ギヤやラック＆ピニオンなどの各種機械要素

・逆動力学

・弾性体

・3 次元空間運動への拡張

本章では，これらについて概要のみ触れつつ，その詳しい説明については関連する他書を紹介していく。

16.1 ギヤやラック＆ピニオンなどの機械要素について

さまざまな**機械要素**（mechanical element）の内容については本書ではまったく触れることができなかった。しかし，これらの機械要素については平面ダイナミクスなら岩村の著書[4]に，平面および空間ダイナミクスなら遠山の著書[6]に対応する拘束式がわかりやすくまとめられている。これらは本書で学んだ各種の拘束の考え方，表し方の延長として理解することができるので，参照されたい。また，洋書では文献27）などが挙げられる。

16.2 逆動力学について

機械システムの**逆動力学**（inverse dynamics）の内容については，平面ダイナミクスにおいて岩村の著書[4]がわかりやすくまとめているので，著者の許可を得た上でそこから引用しつつまとめる。

拘束 $\boldsymbol{C}(\boldsymbol{q}, t)=\boldsymbol{0}$ を伴う機械システムの残りの自由度に対し，一般化制御力 $\boldsymbol{Q}_a$ を加えて，ある運動 $\hat{\boldsymbol{C}}(\boldsymbol{q}, t)=\boldsymbol{0}$ を実現させることを考える。この運動 $\hat{\boldsymbol{C}}(\boldsymbol{q}, t)=\boldsymbol{0}$ を拘束と捉えると，系全体の拘束式は次式となる。

$$\boldsymbol{C}(\boldsymbol{q}, t)=\boldsymbol{0}, \quad \hat{\boldsymbol{C}}(\boldsymbol{q}, t)=\boldsymbol{0} \tag{16.1}$$

この拘束式から，8.4節の運動学解析などで学んだ方法で $\boldsymbol{q}$，$\dot{\boldsymbol{q}}$，$\ddot{\boldsymbol{q}}$ を求め，運動方程式(7.8)を修正した次式

$$\boldsymbol{M}\ddot{\boldsymbol{q}}-\boldsymbol{Q}+\boldsymbol{C}_{\boldsymbol{q}}^T\boldsymbol{\lambda}=\boldsymbol{Q}_a \qquad \text{Ref.}(7.8)$$

に代入する。そして，適切な式変形を行うことにより，その運動を実現する際のラグランジュの未定乗数 $\boldsymbol{\lambda}$ と実現に必要な一般化制御力 $\boldsymbol{Q}_a$ を求めることができる。詳細は岩村の著書[4]を参照されたい。

16.3 弾性体について

弾性体（flexible body）の内容については文献28），29）から引用しつつ，一つの方法を紹介する。具体的に考えるために，**図16.1**に示すような（a）両端が自由端のはり，（b）片持ちはりを考える。

例として，長さ0.5 mで断面が幅50 mm，厚さ2 mmのはりを考える。この2次モードまでの固有振動数は，例えば文献30）の公式を用いると図(a)の場合は83.92 Hz, 231.32 Hz, 図(b）の場合は6.59 Hz, 41.32 Hzと得られる。このようなはりを n_b 分割してそれぞれ長さ l_b の剛体ボディとする。そして，

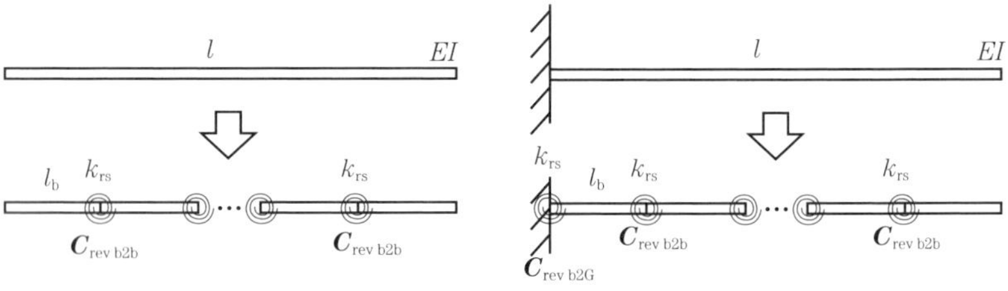

(a)　両端が自由端のはり　　　(b)　片持ちはり

図 16.1　はりの剛体ボディと回転ばねによる近似表現

図 16.1 に示すように，ボディどうしは回転ジョイントで接続し，さらに下記の回転ばね k_r で接続してモデル化する。

$$k_r = \frac{EI}{l_b} \tag{16.2}$$

例として，図(a) の場合を

プログラム：16-1 弾性はり 多リンク回転J拘束＋回転ばね表現（両端が自由端）

に示し，図(b) の場合を

プログラム：16-2 弾性はり 多リンク回転J拘束＋回転ばね表現（片持ちはり）

に示す。

これらのプログラムを用い，はりを 5 分割して各ボディ長さを $l_b = 0.1$〔m〕として解析した結果の時刻歴とスペクトル図を**図 16.2** に示す。破線はオイラーはりの理論解である。2 次までの固有振動数がおおむね表現できていることが確認できる。この近似モデルを用いれば，系の中に弾性体も含めてモデル化してその動特性を調べたい場合でも，本書の発展としておおよその挙動・動特性は予測できる。

ただし，この方法は近似手法であり，精度を上げるためには分割数を増やす必要がある。一方で，分割数を増やすと解析時間が飛躍的に増大する欠点がある。さらには，はりの厚さが大きくなるとせん断変形の影響が無視できなくなり，**せん断パラメータ**（shear parameter）を考慮する必要が出てくる。したがって，精度のよい解析を行うためには，ボディを弾性体として扱うフレキシブルマルチボディダイナミクスの解析手法を用いることが望ましい。この方法

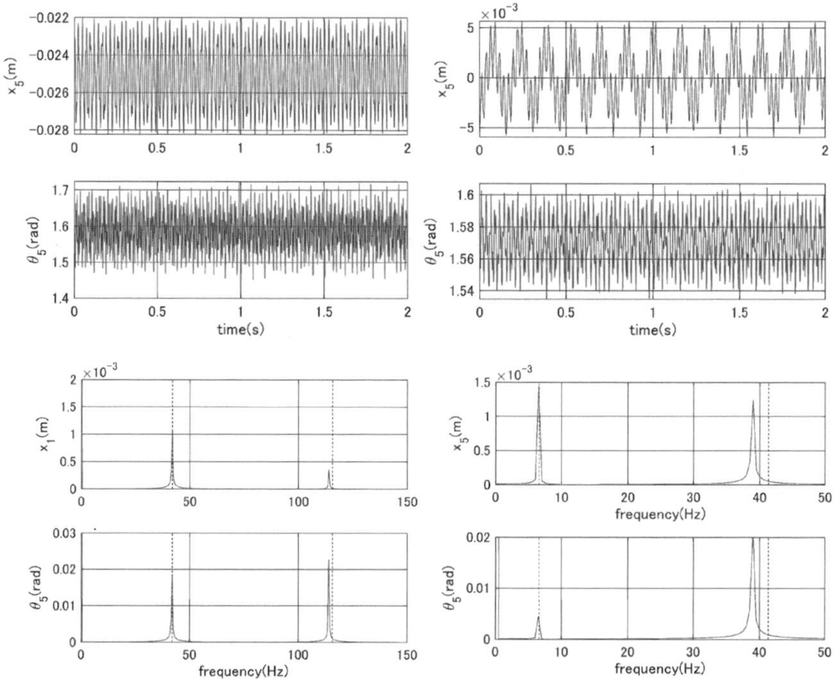

(a)　両端が自由端のはり　　　(b)　片持ちはり

図 16.2　はりを剛体ボディと回転ばねによる近似モデルで解析した結果

は，例えば文献2)，20)，3) で紹介されている。また，洋書では文献31) などが挙げられる。

16.4　3次元空間運動への拡張について

3次元の**空間運動**（spatial motion）の内容については清水らの著書[2)]や文献6)，32) に詳しく述べており，また別の著書[3)]で例題を用いてわかりやすくまとめている。ここでは文献2)，3) から引用しつつまとめる。2次元と3次元の最も大きな違いは運動方程式における下記の2点

① 姿勢の1階微分量と角速度の関係

② ボディ固定枠で表した運動方程式に現れるコリオリ力項

である。

①については，本書で学んだ2次元平面ダイナミクスの場合は，姿勢θの1階微分量と角速度ωの関係は

$$\dot{\theta} = \omega \qquad \text{Ref.(2.23)}$$

であるのに対し，3次元空間ダイナミクスの場合はこのような直接的な関係が得られない。その代わりに，3次元空間でのボディの姿勢は，例えばオイラー角$\boldsymbol{\theta}_E$やオイラーパラメータ$\boldsymbol{p}$を用いて表され，ボディの角速度は全体基準枠やボディ固定枠の3軸それぞれのまわりの角速度を成分とするベクトル（$\boldsymbol{\omega}'$あるいは$\boldsymbol{\omega}$）として得られる。そして，例えば，オイラー角の1階微分量$\dot{\boldsymbol{\theta}}_E$と物体固定基準枠の角速度$\boldsymbol{\omega}'$の関係式は，次式で与えられている[2),3)]。

$$\dot{\boldsymbol{\theta}}_E = \frac{1}{\sin\theta}\begin{bmatrix} \sin\psi & \cos\psi & 0 \\ \sin\theta\cos\psi & -\sin\theta\sin\psi & 0 \\ -\cos\theta\sin\psi & -\cos\theta\cos\psi & \sin\theta \end{bmatrix}\boldsymbol{\omega}' \tag{16.3}$$

3次元の空間運動では，式(16.3)のような物体の姿勢を表す量の1階微分量と角速度$\dot{\boldsymbol{\omega}}'$の関係式を，角速度$\dot{\boldsymbol{\omega}}'$に関する運動方程式と組み合わせて解く。

②については，2次元平面ダイナミクスの場合は姿勢に関する運動方程式は次式で簡単に得られた。

$$J\dot{\omega} = n \qquad \text{Ref.(2.24)}$$

しかし，3次元の空間ダイナミクスでは，ボディ固定枠で表した姿勢に関する運動方程式はベクトル形式で次式となる。

$$\boldsymbol{J}'\dot{\boldsymbol{\omega}}' + \tilde{\boldsymbol{\omega}}'\boldsymbol{J}'\boldsymbol{\omega}' = \boldsymbol{n}' \tag{16.4}$$

ここで，左辺の$\tilde{\boldsymbol{\omega}}'\boldsymbol{J}'\boldsymbol{\omega}'$はコリオリ力の作用を表し，回転を伴う3次元の空間ダイナミクスで現れる項である。これらの点①，②に注意すれば，本書の2次元平面マルチボディ解析で学んだ内容は3次元空間マルチボディ解析においても十分に役立つ。3次元空間マルチボディ解析の詳細は文献2)，3)，6)，32）を参照されたい。

引用・参考文献

1） 日本機械学会 編，藤川　猛，清水信行 編著：数値積分法の基礎と応用（コンピュータダイナミクスシリーズ 1），コロナ社（2003）

2） 日本機械学会 編，清水信行，今西悦二郎：マルチボディダイナミクス（1）—基礎理論—（コンピュータダイナミクスシリーズ 3），コロナ社（2006）

3） 日本機械学会 編，清水信行，曽我部　潔 編著：マルチボディダイナミクス（2）—数値解析と実際—（コンピュータダイナミクスシリーズ 4），コロナ社（2007）

4） 岩村誠人：マルチボディダイナミクス入門，森北出版（2018）

5） P. E. Nikravesh：Planar Multibody Dynamics：Formulation, Programming and Applications, CRC Press（2007）

6） 遠山茂樹：機械のダイナミクス—マルチボディ・ダイナミクス—，コロナ社（1993）

7） P. Flores, H. M. Lankarani：Contact Force Models for Multibody Dynamics, Springer（2016）

8） E. Corral, R. G. Moreno, M. J. G. García, and C. Castejón：Nonlinear phenomena of contact in multibody systems dynamics：A review, Nonlinear Dynamics, 104, pp.1269-1295（2021）, https://doi.org/10.1007/s11071-021-06344-z（0123456789().,-volV()0123456789().,-volV）

9） W. Goldsmith：Impact—The Theory and Physical Behaviour of Colliding Solids, Edward Arnold Ltd., London（1960）, https://doi.org/10.1007/BF02472016

10） H. Hertz：Ueber die Berührung fester elastischer Körper, J. fur die Reine und Angew, Math（1882）, https://doi.org/10.1515/crll.1882.92.156

11） K. H. Hunt and F. R. E. Crossley：Coefficient of restitution interpreted as damping in vibroimpact, J. Appl. Mech. Trans. ASME（1975）, https://doi.org/10.1115/1.3423596

12） H. M. Lankarani and P. E. Nikravesh：A contact force model with hysteresis damping for impact analysis of multibody systems, J. Mech. Des. Trans. ASME（1990）, https://doi.org/10.1115/1.2912617

13） S. A. Anagnostopoulos：Pounding of buildings in series during earthquakes,

Earthq. Eng. Struct. Dyn. (1988), https://doi.org/10.1002/eqe.4290160311

14) R. G. Herbert and D. C. McWhannell：Shape and frequency composition of pulses from an impact pair, J. Manuf. Sci. Eng. Trans. ASME (1977), https://doi.org/10.1115/1.3439270

15) Y. Gonthier, J. McPhee, C. Lange, and J. C. Piedboeuf：A regularized contact model with asymmetric damping and dwell-time dependent friction, Multibody Syst. Dyn. (2004), https://doi.org/10.1023/B:MUBO.0000029392.21648.bc

16) K. Ye, L. Li, and H. Zhu：A note on the Hertz contact model with nonlinear damping for pounding simulation, Earthq. Eng. Struct. Dyn, **38** (9), pp.1135-1142 (2009), https://doi.org/10.1002/eqe.883

17) P. Flores, M. Machado, M. T. Silva, and J. M. Martins：On the continuous contact force models for soft materials in multibody dynamics, Multibody Syst. Dyn. (2011), https://doi.org/10.1007/s11044-010-9237-4

18) S. Hu and X. Guo：A dissipative contact force model for impact analysis in multibody dynamics, Multibody Syst. Dyn. (2015), https://doi.org/10.1007/s11044-015-9453-z

19) H. Safaeifar and A. Farshidianfar：A new model of the contact force for the collision between two solid bodies, Multibody Syst. Dyn. (2020), https://doi.org/10.1007/s11044-020-09732-2

20) M. Géradin and A. Cardona：Flexible Multibody Dynamics：A Finite Element Approach, Wiley (2001)

21) O. A. Bauchau：Flexible Multibody Dynamics, Springer (2012)

22) H. Baruh：Analytical Dynamics, McGraw-Hill (1998)

23) C. Lanczos 著，一柳正和，高橋　康 訳：解析力学と変分原理（The Variational Principles of Mechanics），日刊工業新聞社（1992）

24) 石田幸男，井上剛志：機械振動工学，培風館（2008）

25) 藪野浩司：工学者のための非線形解析入門，サイエンス社（2004）

26) 流体技術部門委員会 編：自動車の空力技術（自動車工学図書シリーズ），自動車技術会（2017）

27) A. A. Shabana：Computational Dynamics 3rd Edition, Wiley (2010)

28) 杉山博之，小林信之：マルチボディダイナミクスを用いたスパゲティプロブレムの解析，機論 C, **65** (631), pp.910-915 (1999)，小林信之，小牧義雅，渡辺昌宏：スパゲティプロブレムにおける吸込み口の大きさの影響，機論 C，**67** (655)，pp.641-647 (2001)

29) 保坂　寛：多自由度モデルを用いた片持ち梁の振動解析，マイクロメカトロニクス，**49**(192)，pp.35-46(2005)
30) 坂田　勝：振動と波動の工学，共立出版（1979）
31) A. A. Shabana：Dynamics of Multibody Systems 5th Edition, Cambridge University Press(2020)
32) 田島　洋：マルチボディダイナミクスの基礎―3次元運動方程式の立て方―，東京電機大学出版局（2006）

索　　引

——著 者 略 歴——

1991 年　名古屋大学工学部電子機械工学科卒業
1993 年　名古屋大学大学院工学研究科修士課程修了（電子機械工学専攻）
1993 年　オークマ株式会社勤務
1995 年　名古屋大学助手
2000 年　博士（工学）（名古屋大学）
2001 年　名古屋大学大学院講師
2005 年　名古屋大学大学院助教授（2007 年から准教授に呼称替え）
2012 年　名古屋大学大学院教授
　　　　　現在に至る

ゼロから学ぶ
実践 マルチボディダイナミクス入門
Practical Introduction to Multibody Dynamics

2024 年 12 月 26 日　初版第 1 刷発行　★

検印省略

編　　者　マルチボディダイナミクス協議会
著　　者　井（いの）上（うえ）剛（つよ）志（し）
発 行 者　株式会社　コロナ社
　　　　　代表者　牛来真也
印 刷 所　壮光舎印刷株式会社
製 本 所　株式会社　グリーン

112-0011　東京都文京区千石 4-46-10
発 行 所　株式会社　**コ ロ ナ 社**
CORONA PUBLISHING CO., LTD.
Tokyo Japan
振替00140-8-14844・電話(03)3941-3131(代)
ホームページ　https://www.coronasha.co.jp

ISBN 978-4-339-04692-2　C3053　Printed in Japan　（齋藤）